科学出版社"十四五"普通高等教育研究生规划教材

中药学/药学研究生系列教材出版工程

药用植物生物技术

MEDICINAL PLANT BIOTECHNOLOGY

开国银　主编

科学出版社

北　京

内 容 简 介

　　本书概括地介绍了药用植物组织培养技术、毛状根和悬浮细胞培养技术、现代组学技术、微生物组与宏基因组学、基因工程技术、次生代谢调控、活性天然产物生物合成、分子鉴定技术、分子标记辅助育种技术、倍性育种技术以及品种遗传改良技术的基本原理及应用，并对每章知识点的研究热点进行了概述与展望。同时，本书配有二维码数字资源，方便研究生加深知识理解。期望通过本书的学习，中药学、药学及相关专业的研究生能够比较全面地掌握药用植物生物技术的基本原理、技术方法和具体应用，了解药用植物生物技术的发展趋势和研究热点，开拓视野，为日后从事相关领域的研究工作奠定扎实的基础。

　　本书可作为高等院校中医药、药学、植物生产类等相关专业的研究生和教师的教学、科研参考用书，也可作为科研院所从事药用植物生物技术研究的科研人员的参考书。

图书在版编目（CIP）数据

药用植物生物技术 / 开国银主编. -- 北京：科学出版社，2025. 6. --（科学出版社"十四五"普通高等教育研究生规划教材）. -- ISBN 978-7-03-082138-6

Ⅰ. R28

中国国家版本馆 CIP 数据核字第 2025X27Y10 号

责任编辑：周　倩　丁彦斌 / 责任校对：谭宏宇
责任印制：黄晓鸣 / 封面设计：殷　靓

科学出版社 出版
北京东黄城根北街 16 号
邮政编码：100717
http://www.sciencep.com

南京展望文化发展有限公司排版
广东虎彩云印刷有限公司印刷
科学出版社发行　各地新华书店经销

*

2025 年 6 月第 一 版　开本：889×1194　1/16
2025 年 6 月第一次印刷　印张：16 1/4
字数：450 000

定价：98.00 元
（如有印装质量问题，我社负责调换）

中药学/药学研究生系列教材出版工程
专家指导委员会

《药用植物生物技术》
编委会

主　　编　开国银

副 主 编　王宏斌　陈万生

编　　委（以姓氏笔画为序）

马　伟　黑龙江中医药大学

王宏斌　广州中医药大学

开国银　浙江中医药大学

邢世海　安徽中医药大学

刘　燕　成都中医药大学

刘春生　北京中医药大学

许　亮　辽宁中医药大学

肖　莹　上海中医药大学

谷　巍　南京中医药大学

陈万生　上海中医药大学

陈军峰　上海中医药大学

周　伟　浙江中医药大学

晋　玲　甘肃中医药大学

桂双英　安徽中医药大学

彭华胜　中国中医科学院

靳红磊　广州中医药大学

学术秘书　周　伟　浙江中医药大学

李勇鹏　浙江中医药大学

总　序

　　研究生教育处于国民教育体系的顶端,是教育、科技、人才的关键载体,是国家创新体系的重要组成部分,是深入推进科教兴国战略,加快建设教育强国、科技强国、人才强国的重要支撑。党的二十大首次把教育、科技、人才进行"三位一体"统筹安排、一体部署。党的二十大报告中指出,"我们要坚持教育优先发展、科技自立自强、人才引领驱动,加快建设教育强国、科技强国、人才强国",强调要"全面提高人才自主培养质量,着力造就拔尖创新人才",要"深化教育领域综合改革,加强教材建设和管理",为研究生教育改革发展指明了前进方向,提供了根本遵循。

　　教材作为教育教学的基本载体和关键支撑、教育核心竞争力的重要体现、引领创新发展的重要基础,必须与时俱进,为培育高层次人才提供坚实保障。研究生教材建设是推进研究生教育改革、培养拔尖创新人才的重要组成部分。教育部、国家发展和改革委员会、财政部联合印发的《关于加快新时代研究生教育改革发展的意见》(教研〔2020〕9 号)中明确提出,要"加强课程教材建设,提升研究生课程教学质量""编写遴选优秀教材,推动优质资源共享"。中药学、药学专业研究生教育肩负着高层次药学人才培养和创新创造的重要使命。为了进一步做好新时代研究生教材建设工作,进一步提高研究生创新思维和创新能力,突出研究生教材的创新性、前瞻性和科学性,打造中药学、药学研究生系列精品教材,科学出版社邀请全国 12 所中医药院校和中国中医科学院的 13 位中药学、药学专家,组成"中药学/药学研究生系列教材出版工程"专家指导委员会,共同策划、启动了"中药学/药学研究生系列教材出版工程"(以下简称教材出版工程)的遴选、审定、编写工作。教材出版工程入选了"科学出版社'十四五'普通高等教育研究生规划教材"。

　　本教材出版工程包括《中药药剂学专论》《分子药理学》《中药药理研究思路与方法》《药用植物生物技术》《中药分析学专论》《仪器分析专论》《中药化学专论》《现代药物分离技术》《中药监管科学》《中药系统生物学专论》《中药质量评价研究与应用》《中药新药研究与开发》《中药功效研究思路与实践》《中药资源化学专论》《生物药剂学与药代动力学专论》《天然药物化学专论》《药学文献检索》《中药炮制学专论》《中医药统计学专论》《中药药效物质研究方法学》《中药药代动力学原理与方法》《中药鉴定学专论》《中药药性学专论》《中药药理学专论》及《临床中药学专论》(第二版)等核心教材,采用了"以中医药院校为主,跨校、跨区域合作,出版社协助"的模式,邀请了全国近百所院校、研究所、医院及个别药企的中药学、药学专业的 400 余名教学名师、优秀学科带头人及教学一线的老师共同参与。本教材出版工程注重加强顶层设计和组织管理,汇集权威专家智慧,突出精品意识,以"创新培养方式、突出研究属性、关注方法技术、启发科研思维"为原则,着力打造遵循研究生教育发展规律、满足研究生创新培养目标、具有时代精神的高品质教材。

在内容上,本教材出版工程注重研究生个性化需求,从研究生实际需求出发,突出学科研究的新方法、新理论、新技术,以及科研思维。在编写风格上,既有丰富的图表,也有翔实的案例,体现了教材的可读性,大部分教材以二维码的形式呈现数字资源,如视频、知识拓展等,以方便学生自学、复习及课后拓展。

本教材出版工程仍有不少提升空间,敬请各位老师和研究生在使用过程中多提宝贵意见,以便我们不断完善,提高教材质量。

2023 年 12 月

前　言

2019年2月,中共中央、国务院印发了《中国教育现代化2035》,明确了推进教育现代化的基本原则,其中"坚持改革创新"就是基本原则之一。2020年9月,教育部、国家发展和改革委员会、财政部联合印发的《关于加快新时代研究生教育改革发展的意见》(教研〔2020〕9号)中,要求加强课程教材建设,提升研究生课程教学质量。将研究生课程教材质量作为学位点合格评估、学科发展水平、教师绩效考核和人才培养质量评价的重要内容。近几年,全国研究生招生规模逐年扩大,2024年实际招生人数更是突破135万人。然而,迄今为止市场上尚无适合中药学和药学研究生培养的系列规划教材。为服务研究生高质量培养的需要,科学出版社组织了中药学/药学研究生系列教材出版工程,并聘任浙江中医药大学陈忠校长作为出版工程专家指导委员会主任委员。委员会成立后,首期遴选了25本教材先行编著出版,本教材也有幸入围该出版计划。

药用植物生物技术是将中药资源学与生物技术进行学科交叉融合而发展起来的生物技术学科方向的重要分支之一,广泛应用于中药材的生产与鉴定,是探究中药活性成分的生物合成以及培育药用植物新资源等研究领域,并推动中药材产业高质量发展的新兴、交叉学科方向。经过近40多年的快速发展,药用植物生物技术已在高等院校的教学、科研和服务产业等领域,形成了内容完善、独具特色的知识和技术体系。目前国内许多综合性院校、医药院校、农业院校和科研院所,针对研究生开设了"药用植物生物技术"的课程。该课程具有实用性强的特点,且理论知识不断发展、研究领域技术革新快、多学科交叉创新性强。为更好地把握学科研究的前沿与热点,本教材组织国内中药学领域的知名专家团队进行教材的编写工作,由浙江中医药大学国家"万人计划"科技创新领军人才开国银教授担任主编,上海中医药大学国家杰出青年科学基金获得者陈万生教授、广州中医药大学国家杰出青年科学基金获得者王宏斌教授担任副主编,周伟教授和李勇鹏博士为编委会学术秘书。本教材的编写工作还得到了北京中医药大学、南京中医药大学、成都中医药大学、甘肃中医药大学、黑龙江中医药大学、辽宁中医药大学、安徽中医药大学和中国中医科学院等兄弟院校的大力支持。

本教材共十二章,章节设置思路细分为四个模块。第一模块:药用植物组织培养,包含药用植物组织培养技术,药用植物毛状根和悬浮细胞培养技术(覆盖第二章到第三章)。第二模块:生命密码解析与多组学,包含基因组学、转录组学、蛋白质组学、代谢组学、微生物组学与宏基因组学等现代组学技术(覆盖第四章到第五章)。第三模块:基因工程,包含药用植物基因工程技术、药用植物次生代谢调控、药用植物活性天然产物生物合成(覆盖第六章到第八章)。第四模块:药用植物生物技术育种应用,包含药用植物分子鉴定技术、药用植物分子标记辅助育种技术、药用植物倍性育种技术和药用植物品种遗传改良技术（覆盖第九章到第十二章）。开国银教授编写第一章；许亮教授编写第二章；谷巍教授编写第三章；邢世海和桂双英教授编写第四章；马伟教授编写第五章；靳红磊和王宏斌教授编写第六章；周伟教授编写第七章；刘燕教授编写第八章；彭华胜教授编写第九章；刘春生教授编写第十章；陈万生教授、肖莹研究员和陈军峰副研究员编写第十一章；晋玲教授编写第十二章。开国银教授、周伟教授、陈万生教授负责统稿和审定。此外，还要特别感谢各章编委研究团队的老师们在校稿工作中给予的大力支持，他们是北京中医药大学的任广喜、辽宁中医药大学的邢艳萍、甘肃中医药大学的朱田田、中国中医科学院的尹旻臻、广州中医药大学的史美惠、黑龙江中医药大学的任伟超、成都中医药大学的李德森，以及浙江中医药大学开国银教授团队的老师们。

作为科学出版社"十四五"普通高等教育研究生规划教材，本教材有以下四个特色：① 定位明确。本教材面向研究生培养的迫切教学需求，聚焦培养研究生发现问题、分析问题、解决问题的能力，以及培养研究生的科研思维和逻辑思考的能力。本教材与本科生教材不同，更偏向于启发性和实用性。② 内容新颖。本教材在编写中注重内容的系统性和新颖性，每章内容不仅包括基本概念及方法，更注重展示新思路、新方法、新技术在不同学科中的交叉应用。③ 实用性强。本教材每章的知识点都列举了 2~3 个典型研究案例来阐释章节知识点的具体应用场景，这有利于研究生更好地理解知识点，为自身实验的设计提供有力的参考，实用性极强。④ 聚焦前沿。本教材十分重视中药生物技术研究领域的前沿技术和最新成果，吸收了现代多组学技术（包括最新的表观基因组学、单细胞测序、质谱成像等最新的技术），以及基因编辑及合成生物学等最新技术及研究成果。每章的研究案例分享，均采用最新发表的典型论文阐释知识点的具体应用。

药用植物生物技术是现代生命科学应用研究领域知识创新和技术进步最快的分支学科之一，知识面广、理论体系深奥。因此，如何将基础理论知识、技术创新应用和前沿发展进行有机整合，并用生物恰当的语言以及经典的研究案例予以科学地表述，对本教材编写人员提出了较大的挑战。因编写组业务水平的限制，教材内容难免会存在一些不足，真诚期望各单位在教学和科研实践中对本教材提供宝贵的修改意见与建议，以便再版时改进。

《药用植物生物技术》编委会

2024 年 8 月

目 录

第一章
绪　　论

药用植物生物技术作为生物技术的重点研究领域之一,指的是将现代生物技术应用于药用植物研究当中。目前,尽管发达国家大多数使用的是现代合成药物,但药用植物在世界范围内的使用量也在逐年增加,各国市场对植物材料和提取的天然产品的需求更是持续高涨。其中制药行业不仅关注药用植物的整体应用,而且热衷于天然产物的开发。目前使用的合成药物中约40%的药物先导化合物来源于天然产物,包括具有里程碑意义的药物:阿司匹林和青蒿素。1972年,中国科学家屠呦呦带领团队成员,成功从药用植物黄花蒿中发现青蒿素。在过去的50多年时间里,青蒿素拯救了全球至少数百万人的生命。2015年10月5日,屠呦呦被授予"诺贝尔生理学或医学奖"。这是在国内进行科学研究的中国科学家首次获得诺贝尔科学奖,也是中医药成果获得过的国际最高奖项。这展现了药用植物在新药研发领域所具有的巨大前景和潜力。药用植物生物技术主要包括药用植物组织培养(简称组培)、药用植物遗传改良、药用植物现代组学、药用植物次生代谢途径等研究内容。

第一节　药用植物生物技术的概念

药用植物生物技术是通过现代生物技术研究药用植物的遗传特性与代谢机制,优化药用植物的种植与生产过程以提高其产量与品质,同时积极发掘与利用新型药用成分的一系列技术。"生物技术"一词由匈牙利工程师 Karl Ereky 于1919年首次提出,是指使用原材料在活生物体帮助下生产产品的科学和方法,是科学与工程的结合。作为一个多学科领域,生物技术用途广泛,涉及我们生活的方方面面,被称为"希望的技术"。

药用植物生物技术最早起源于古人的传统医学知识与实践。传统医学在中国的应用可以追溯到至少4500年前。在古代,人们通过实践和观察来总结草药的效果。例如,人们观察植物的形态、气味和生长环境,并尝试将其用于治疗各种疾病,经过实践发现某些中草药能减轻症状,便记录下这些草药的功效。这些实践经验逐渐形成了丰富的本草学和中医药学体系,如我国古代的《神农本草经》《本草纲目》《肘后备急方》等经典著作,为后来的药用植物研究奠定了基础。

20世纪中后期到21世纪初,生命科学与生物技术的飞速发展为药用植物研究带来了革命性的变革。植物组织培养技术、细胞生物学技术、分子生物学技术等的应用,使人们得以在细胞和分子等层面深入研究药用植物。随着基因组学、转录组学、蛋白质组学、代谢组学、单细胞组学等高通量技术的发展,药用植物生物技术的研究进入了全新的阶段。基于药用植物的高质量基因组学信息和成熟的植物组织培养和基因工程技术,研究人员可以通过转基因和基因编辑手段改良药用植物,使其具有更好的抗逆性和更高的产量,即有目的性地对药用植物进行智能设计育种。至此,药用植物育种实现了从原始育种(人工驯化育种)到传统育种(杂交育种)再到分子育种(转基因育种和智能设计育种)的迭代升级。

第二节 药用植物生物技术的研究内容与主要任务

药用植物生物技术的主要任务是综合运用多种现代生物技术手段如植物组织培养和离体快繁技术、多组学技术、基因编辑技术等解析药用植物中天然活性成分的生物合成途径及转录调控网络,促进药用植物的遗传改良和利用,提高药用植物的药用成分含量及生产效率,从而推动药用植物产业的发展。其研究内容涵盖四大模块:第一模块为药用植物组织培养,包括药用植物组织培养技术、药用植物毛状根和悬浮细胞培养技术(第二章和第三章);第二模块为生命密码解析与多组学研究,包括药用植物现代组学和药用植物微生物组和宏基因组学研究(第四章和第五章);第三模块为基因工程技术,包括药用植物基因工程技术、药用植物次生代谢调控和药用植物活性天然产物生物合成研究(第六章到第八章);第四模块为药用植物生物技术育种应用,包括药用植物分子鉴定技术、药用植物分子标记辅助育种技术、药用植物倍性育种技术和药用植物品种遗传改良技术(第九章到第十二章)。

一、植物组织培养

植物组织培养的研究内容主要包括以植物细胞、组织、器官作为研究对象,在无菌及离体条件下,在人工培养基上按照预定目标进行培养,研究细胞、组织、器官所需的营养条件和环境条件,以及它们的形态发育规律。此外,还包括植物材料的快繁、悬浮细胞和毛状根培养、原生质体融合等方面的探索。这一技术不仅有助于保存和扩繁珍稀或濒危植物种质资源,还能在短时间内获得大量遗传性状一致的优质种苗,从而满足市场需求。植物组织培养的关键在于选择合适的外植体、培养基及培养条件。药用植物青蒿、丹参、石斛、短小蛇根草等都已经建立了成熟的植物组织培养体系。

二、生命密码解析与多组学研究

植物的表型是由基因和环境共同决定的,药用植物现代组学可以从基因组学、转录组学、蛋白质组学、代谢组学等多个维度进行联合分析,进而研究植物生长发育的复杂机制,以全面解析药用植物的遗传、生理生化和代谢等方面的特性,提高育种的效率和准确性。这种综合性的研究方法有助于更深入地了解药用植物活性成分的生物合成途径及其与环境的相互作用。

(一)基因组学研究

基因组学主要关注生物体的基因序列、结构和功能,是其他生命科学分支的重要基础。药用植物基因组学研究为人们认识和利用药用植物提供了海量信息,通过基因组测序和注释,可以揭示药用植物的遗传背景、基因变异和进化关系。近十年来,随着测序技术、计算机硬件和生物信息学等领域的飞速发展,研究者们已经相继完成青蒿、丹参、长春花、甘草、人参、三七、菊花、喜树、短小蛇根草等药用植物的基因组测序。这些信息为药用植物的遗传改良、品种选育和种质资源保护提供了基础数据。

(二)转录组学研究

转录组广义上指生物体在某一环境(或生理条件)下一个器官/组织或一个细胞中所能转录出的所有 RNA 总和,包括信使 RNA(messenger RNA, mRNA)、核糖体 RNA(ribosomal RNA, rRNA)、转运 RNA(transfer RNA, tRNA)及非编码 RNA(noncoding RNA, ncRNA);狭义上则特指转录出的 mRNA。转录组学是一门在整体水平上研究细胞中基因转录及调控规律的学科。它旨在从 RNA 水平研究基因的表达情况,并关注特定细胞或组织在某一状态下的几乎所有基因或转录本序列。通过转录组测序,研究者可以深入了解基因表达量、结构、可变剪接,并预测基因功能及新的转录本等。通过转录组测序和分析,可以了解药用植物在不同生长阶段、不同组织部位或响应不同环境刺激时的基因表达模式。这有助于揭示药用植物活性成分生物合成的分子机制及其与环境的相互作用关系。药用植物单细胞转录组学是生物学技术的一个分支,它专注于从单个细胞的角度来研究药用植物的转录组学。这种技术使得研究人员能够在高分辨率下研究药用植物单个细胞的生物学特性,从而更深入地理解药用植物的代谢途径、基因表达和功能状态。在药用植物中,复杂的特殊代谢物(如天然产物)的生物合成途径不仅存在于不同的器官,如叶和根,而且也存在于这些器官中不同类型的细胞内。单细胞组学技术的出现具有巨大的潜力,可以彻底改变植物代谢途径相关基因的发现方式。它全面揭示了代谢途径是如何在不同细胞类型之间划分的,以及机体是如何对活性成分生物合成和运输所需特异性细胞进行调控的,这是理解特殊代谢物功能的核心组成部分。

(三)蛋白质组学研究

蛋白质是生命活动的直接执行者。蛋白质组学分析是指在特定时间点对生物系统(细胞、组织、器官、生物流体或生物体)的完整蛋白质(蛋白质组)进行系统鉴定和量化。质谱法是蛋白质组学分析中最常用的技术,主要有基于标记的蛋白质组学定量技术,如等重同位素标签相对和绝对定量技术(isobaric tag for relative and absolute quantitation, iTRAQ)和串联质谱标签(tandem mass tag, TMT),以及数据非依赖采集模式(data independent acquisition mode, DIA)和非标记定量技术(label-free quantitation, LFQ)。蛋白质组学联合转录组学分析有助于发现药用植物活性成分生物合成途径中的关键酶和调控因子,有助于推动药用植物资源的充分利用和可持续发展。

(四)代谢组学研究

基于液相色谱/气相色谱-质谱的代谢组学可以检测到药用植物中的天然小分子代谢物,而这些代谢物与药效成分合成均和植物生理状态密切相关。通过代谢组学分析,可以鉴定出药用植物中的关键代谢途径中间体和代谢物,为药用植物活性成分的生物合成调控和品质提升提供指导。药用植物质谱成像(mass spectrometry imaging, MSI)技术是一种将质谱分析与光学显微成像相结合的新型分析技术,用于研究药用植物中分子的空间分布和异质性。该技术不仅可以同时检测数千种化合物,而且无须标记,能够提供高分辨率的分子分布信息。在药用植物研究中,MSI 技术可以应用于成分分布分析、成分变化动态跟踪、药用价值评估等。通过对不同药用植物样品进行成分分析和成像,研究人员可以比较不同植物样品中有效成分的含量和分布情况,从而找出具有较高药用价值的药用植物种类。

(五)表观遗传修饰

表观遗传修饰是指在基因组水平上对 DNA 序列所进行的化学修饰,这些修饰可以影响染色质的结构和功能,从而调控基因的表达和遗传信息的传递。在药用植物中,表观遗传修饰的类型主要包括DNA 甲基化、组蛋白修饰、RNA 甲基化、染色质重塑、非编码 RNA、基因组印迹和母性效应等。

这些表观遗传修饰类型彼此关联,通过指导基因的时空表达参与生物学表型的重塑,对维持基因组稳定和药用植物正常的生长发育至关重要。例如,DNA 甲基化可以通过改变染色质结构、DNA 构象、组蛋白修饰及 DNA 与蛋白质的相互作用方式调控基因的表达,从而影响药用植物的生长和发育过程。同时,表观遗传修饰也在药用植物的适应环境胁迫、花期调控、体细胞无性系发育等方面发挥重要作用。

在药用植物研究中,表观遗传修饰研究有助于学者们深入了解药用植物的生长发育机制、次生代谢产物的合成途径,以及环境胁迫响应等方面的机制。通过解析表观遗传修饰与药用植物活性成分之间的关系,可以为药用植物的遗传育种和品质提升提供新的思路和方法。此外,表观遗传修饰的研究还有助于开发新的药用植物资源,为药物研发提供新的候选药物。

(六)药用植物微生物组和宏基因组学

药用植物微生物组是指与药用植物相关的微生物群体,这些微生物包括根际微生物组、根内生微生物组、叶内生微生物组、叶际微生物组和种子微生物组等。这些微生物对药用植物生长发育、营养吸收、抵抗生物和非生物胁迫等具有直接或间接的促进作用,并且可以促进药用植物次生代谢产物的积累,提升药用植物的品质。此外,药用植物微生物还可以产生具有药用活性的代谢产物,能够缓解部分药材资源紧缺的现状或者替代药用植物投入生产。

宏基因组学又称微生物环境基因组学、元基因组学,是一种研究微生物多样性的新方法。它通过直接从环境样品中提取全部微生物的 DNA,构建宏基因组文库,利用基因组学的研究策略来探究环境样品所包含的全部微生物的遗传组成及其群落功能。宏基因组学是在微生物基因组学的基础上发展起来的,并被用于开发新的生理活性物质(或获得新基因)。在药用植物研究中,宏基因组学技术可以应用于研究药用植物微生物组的多样性和功能,从而深入了解药用植物与微生物之间的相互作用和共生关系。

在药用植物研究中,结合药用植物微生物组和宏基因组学的技术,可以研究药用植物微生物组的多样性和结构,了解其与药用植物生长发育、次生代谢产物积累等方面的关系;同时挖掘药用植物微生物组中的有益微生物资源,开发新型生物农药、生物肥料等生物制品,能够促进药用植物的可持续生产。利用宏基因组学技术分析药用植物微生物组的遗传信息和功能活性,寻找与药用植物次生代谢产物密切相关的特异性微生物,为药用植物与微生物的共进化过程提供了新的见解。

三、基因工程技术

基因工程技术也称为基因拼接技术和 DNA 重组技术,是以分子遗传学为理论基础,利用分子生物学和微生物学的现代方法,在分子水平上对基因进行操作的复杂技术。这种技术通过体外重组将不同来源的基因按预先设计的蓝图构建杂种 DNA 分子,然后导入活细胞,以改变生物原有的遗传特性,用于获得新品种、生产新产品。基因工程的主要步骤包括基因分离、基因修饰和基因重组等。基因工程技术在药用植物活性成分代谢调控及生物合成和合成生物学研究中发挥重要作用。

(一)药用植物活性成分代谢调控

药用植物活性成分代谢调控是一个复杂的过程,涉及基因组水平、基因组表观修饰水平、转录水平、转录后水平、翻译水平和翻译后水平等一系列调控机制。在这些过程中转录因子能够与药用植物活性成分生物合成途径中的功能基因启动子区域中的顺式作用元件发生特异性相互作用,从而对基因转录产生激活或抑制作用,并最终影响药用植物活性成分的合成和积累。

在药用植物中,已报道的参与次生代谢调控的转录因子主要有 MYB 类、bHLH 类、AP2/ERF 类、WRKY 类、WD40 类、NAC 类和 SPL 类等。这些转录因子受环境/激素诱导后,分别在不同药用植物中呈现出对活性成分生物合成的显著调控能力。例如,MYB 类转录因子参与调控青蒿素、丹参酮、丹酚酸的生物合成;WRKY 类转录因子在植物响应环境刺激中起到重要作用,也参与调控与防御相关的次生代谢产物合成,如青蒿素、喜树碱、长春碱的生物合成。

(二)药用植物活性成分的生物合成途径解析及合成生物学生产

药用植物中的活性成分种类多样、结构复杂,包括苯丙烷类、萜类、生物碱等,往往具有独特的药理作用,对中医药产业具有重要意义。这些活性成分的生物合成是一个复杂且精细的过程,涉及一系列生物合成步骤和酶的参与。从分子遗传学和生物化学水平,阐明天然产物的生物合成途径和生化反应机制;以及通过分子生物学和合成生物学技术,操控生物合成途径,以达到提高活性天然产物产量、绿色制造活性天然产物或发现和创制具有临床应用价值新药物的目的,是药用植物生物技术关注的重点内容之一。目前,青蒿素、丹参酮、紫杉醇、人参皂苷、莨菪碱、长春碱、灯盏花素、大麻二酚等药用植物活性天然产物的生物合成途径解析和合成生物学生产已取得了重要突破。

四、药用植物生物技术育种应用

药用植物生物技术育种是指利用现代生物技术手段进行选育,培育出具有优良特性的药用植物新品种。这种技术主要运用遗传学、细胞生物学、现代生物工程技术等方法原理来培育品质好、产量高、抗病性强的药用植物新品种,为中医药产业的可持续发展提供有力支撑。其中包括了药用植物分子鉴定技术、药用植物分子标记辅助育种技术、药用植物倍性育种技术等一系列药用植物品种遗传改良技术和以下几方面内容。

（一）突变体的筛选与利用

通过物理、化学或生物诱变方法,产生药用植物的突变体,并从中筛选出具有优良性状(如活性成分含量高、抗逆性强)的个体。这些突变体可以作为新的种质资源,用于进一步的遗传改良和品种选育。

（二）优良基因的发掘与利用

发掘和分离药用植物中的优良基因,如与生长发育、抗逆性、活性成分生物合成和调控等相关的基因。这些基因可以通过基因工程技术导入到药用植物中,以改良其遗传特性。

（三）基因编辑技术的应用

借助 CRISPR/Cas9 等基因编辑技术,对药用植物基因组进行精准编辑,实现对特定基因的定点突变或敲除,从而优化药用植物的遗传结构,提高药用活性成分含量或改善其品质。

（四）杂交与基因聚合育种

通过选取具有不同优良性状的药用植物亲本进行杂交,结合分子标记辅助选择技术,实现优良基因的聚合,培育出综合性状更具优势的新品种。

第三节　药用植物生物技术的发展与展望

药用植物是中药药效物质基础和创新药开发的重要来源。加强对天然药用植物资源的合理开发与保护,推动传统药用植物与现代生物技术的结合,促进中药现代化和国际化是我国药用植物生物技术的发展方向。在生产中,药用植物生物活性成分的产量和质量往往受到虫害、病害等不利环境因素的严重影响。随着 DNA 测序技术和生物信息学的快速发展,越来越多药用植物的基因组信息被成功破译。结合转录组、表观修饰组和代谢组数据信息,药用植物与环境相互作用影响品质形成的分子机制将逐渐被揭示。这可以为利用遗传学和创新生物技术手段改良药用植物的遗传性状,从而得到品质良好、产量高、抗病性强的优良品种提供重要的理论基础,并有助于中药产业化的可持续推进。

近年来,基因组编辑技术已成为关键的遗传改造工具,彻底改变了植物分子生物学。其中,CRISPR/Cas9 以其高效、简便、低成本和易用性等优点迅速成为当今最主流的基因编辑系统之一。CRISPR/Cas9 的应用为药用生物技术带来了革命性的转变,可用于应对药用植物产业化过程中长期面临的挑战,如活性成分产量低的难题。目前将基因编辑工具导入植物的主要方法往往需要进行精细而费时的组织培养,然而许多药用植物缺乏有效的植物组织培养和遗传转化体系。最近朱健康院士团队开发的切-浸-生芽(cut-dip-budding, CDB)遗传转化系统无须经过组织培养,借助发根农杆菌直接感染具有强大再生芽分化能力的各种植物器官(如根、叶柄和下胚轴)诱导毛状根,而后形成再生植株,该方法可有效转化具有萌蘖生根能力的药用植物并进行基因编辑。目前,该团队已经在蒲公英、地黄、丹参和远志等药用植物中实现了转基因和基因编辑,为其他药用植物遗传转化和基因编辑开辟了新道路。

一些药用植物由于资源有限、生长周期长、活性成分含量低、提取过程复杂,生产成本增加。而化学合成可能面临反应过程复杂、产率低、能耗高和环境污染等问题。基于多组学信息和高灵敏度、高分辨率和高通量质谱技术,药用植物活性成分生物合成途径得以解析,使研究者们可以利用微生物和植物底盘来生产药用植物活性成分,从而减轻对植物资源的依赖。此外,合成生物学还可以结合计算机技术,预测代谢途径和化合物性质,提高合成效率和产量,这使得天然产物的合成变得更加高效和可控,为药物研发提供了新思路和新方向。

思 考 题

1. 举例说明植物组织培养技术在药用植物研究过程中的重要性。
2. 结合实例阐述单细胞转录组学技术在药用植物研究中的应用。
3. 结合案例阐述中药材道地性形成的根本原因。

第二章
药用植物组织培养技术

植物组织培养是指在无菌条件下,将植物体一部分,如植物器官、组织、细胞以及原生质体等,接种到人工培养基上,给予合适的培养条件,使之发育成完整植株或有特定内含物细胞的过程。通常把被培养的上述植物离体部分称为外植体。目前,市场对药用植物资源的需求量逐年增大,组织培养技术可为建立高效、低成本药用植物组织快繁体系提供思路,为实现种苗大规模生产奠定基础,利用组织培养技术生产有效成分,能节约资源和降低药材生产成本。本章介绍了药用植物组织培养技术方法与应用研究案例。

第一节　愈伤组织诱导与分化再生

组织培养技术根据所培养植物材料的不同,可以将植物组织培养分为 5 种类型:器官培养、茎尖分生组织培养、愈伤组织培养、细胞培养和原生质体培养。其中愈伤组织培养是最为常见的一种培养方式。愈伤组织原指植物在受伤之后于伤口表面形成的一层薄壁细胞,在组织培养中则指在人工培养基上由外植体诱导形成的一团无序生长的薄壁细胞。除茎尖分生组织和部分器官培养以外,其他几种培养形式一般都要经历愈伤组织阶段才能形成再生植株。另外,在悬浮培养和原生质体培养中也常以愈伤组织作为细胞来源。愈伤组织可用于大规模工厂化生产植物次生代谢产物,或用于细胞培养筛选医药生产上有用的无性系。愈伤组织培养不仅是一种植物快繁的新手段,同时也是植物改良、种质保存和有机化合物生产的理想途径。在植物组织培养中,将已分化的植物器官或组织进行培养,使之形成愈伤组织的过程,即返回到未分化的分生状态的过程,叫作脱分化。植物细胞具有一个完整的膜系统和一个有生命力的核,即使是高度成熟和分化的细胞,也仍然保持着恢复到分生状态的能力,即具有脱分化的能力。这种脱分化的能力源于植物细胞的全能性,是指植物的每个细胞都包含该植物的全部遗传信息,在适宜的条件下具有形成完整植株的能力。

一、愈伤组织培养的基本过程

愈伤组织诱导形成会受到内外环境因素的影响,一般可分为诱导期、分裂期和分化期。

1. 诱导期　又称启动期,是指细胞准备进行分裂的时期。它是愈伤组织形成的时期。外植体上已分化的活细胞在外源激素和其他刺激因素的作用下,内部发生复杂的生理生化变化,如合成代谢加强、迅速进行蛋白质和核酸的合成等。诱导期的长短因植物种类、外植体生理状况和外部因素而异,如菊芋(*Helianthus tuberosus*)的诱导仅需 1 d,藜麦(*Chenopodium quinoa*)的诱导需要 10 d。

2. 分裂期　外植体的外层细胞出现了分裂,中间细胞常不分裂,故形成一个小芯。由于外层细胞迅速分裂使得这些细胞体积缩小并逐渐恢复到分生组织状态,细胞进行脱分化。处于分裂期的愈伤组织的共同特征是:细胞分裂快,结构疏松,缺少有组织的结构,呈浅透明状。如果在原培养基上培养,细胞将发生分化,产生新的结构,但将其及时转移到新鲜培养基上,愈伤组织可无限制地进行细胞分裂,维持其不分化的状态。

3. 分化期　停止分裂的细胞发生生理代谢变化而形成由不同形态和功能的细胞组成的愈伤组织，在细胞分裂末期，细胞内开始发生一系列形态和生理变化，导致细胞在形态和生理功能上的分化，出现形态和功能各异的细胞。需要指出的是，虽然根据形态变化把愈伤组织的形成分为 3 个时期，但实际上它们并无严格区分，特别是分裂期和分化期，往往可以在同一组织块上几乎同时出现。

二、愈伤组织诱导生长与分化

（一）愈伤组织诱导生长

愈伤组织的生长时期主要为愈伤组织的诱导期和分裂期。外植体经表面消毒后，接种于愈伤组织诱导培养基，培养一段时间后，外植体开始膨大，切口处有少量愈伤组织产生，继续培养则愈伤组织进一步膨大，达到愈伤组织生长旺盛状态。愈伤组织如果在原始培养基上继续培养，细胞将不可避免地发生分化，若及时转移到新鲜的培养基上，愈伤组织可无限制地进行细胞分裂，而维持其不分化的状态。愈伤组织可以用继代培养的方式长期保存，也可以通过悬浮培养而迅速增殖，用作无性系转移的愈伤组织体积大小应适当，过大过小都不利于转移后的生长。一般愈伤组织块的直径以 5~10 mm 为好，质量以 20~100 mg 为宜。继代培养一般要求在 3~4 周更换一次新鲜培养基，但具体转移时间要根据愈伤组织的生长速率而定。愈伤组织的生长速率，从转移到新鲜培养基时算起，1~8 d 为平稳生长恢复期，9~20 d 为快速增长期，21~28 d 为慢速增长期，前 8 d 和后 8 d 平均每天的增重量只及中间 12 d 平均每天增重量的 1/5。这表明要想迅速增加愈伤组织的数量，必须 3 周左右转移一次，以保持愈伤组织始终处于旺盛生长状态。选择愈伤组织的正常健康部分进行转移，而非全部愈伤组织。转移过程中如果使愈伤组织原来靠近培养基的面仍然靠近培养基，则愈伤组织生长较快。

对某些植物来说，诱导启动细胞分裂和使细胞继续保持分裂能力可能需要相同的条件，即在不改变培养基成分和培养条件情况下，既可使外植体细胞完成脱分化过程，又可启动并连续进行活跃的分裂。而另外一些植物则不同，诱导启动细胞分裂和保持分裂要求具有不同的培养基成分和培养条件。一般说来，诱导启动阶段需要较高浓度的生长素和细胞分裂素（cytokinin, CTK），而细胞分裂阶段需要适当降低激素浓度，有的则需要去除生长素或细胞分裂素或二者都不加。产生愈伤组织的速度与数量是一个值得慎重考虑的问题，因为愈伤组织产生的量与再生植株的速率有关系，但既不是正相关，也不是负相关。如果愈伤组织生长过快，则表示激素浓度较高，很可能不利于下一步的植株再生，但愈伤组织生长太慢，也可能是激素浓度过低或过高，因为浓度过高时可能对生长起抑制作用，出现与浓度过低时相似的现象。根据愈伤组织产生的速度和形成的类型可判断愈组织的质量，一般质量较好的愈伤组织多呈绿色或无色，疏密程度适中，过于紧实或过于疏松的愈伤组织很难再诱导分化产生植株。但这种判断只能凭经验和感觉，很难量化，也不能对所有的植物一概而论。愈伤组织结构应该是不均匀者为好，就是说在整团愈伤组织中应有一些颗粒状或成簇的小细胞团，这些小细胞团往往是分化产生植株的核心，有的称其为芽点或原始胚状体，在光照培养下会逐渐显现出绿色，预示着有望会分化出芽或形成胚状体。如果整团愈伤组织从一开始形成时就十分紧密结实，且呈现浓绿色，则表明这种愈伤组织质量不好，很难再分化出再生植株。如果愈伤组织一开始就呈现白色的极度蓬松状，则预示着这种愈伤组织毫无用处，可能是由于缺乏某些成分或培养基渗透压不合适造成的。如果愈伤组织呈现红色、紫红色等，可能是由于花青素积累造成的，说明因培养基不合适而造成培养的植物组织碳氮比代谢失调，碳水化合物积累较多，引起细胞 pH 降低。

（二）愈伤组织分化再生

愈伤组织分化再生的时期为愈伤组织培养的分化期。当外界条件适宜时，愈伤组织可以再分化形成芽和根的分生组织，并由这些分生组织发育成完整植株，该过程主要受外植体自身条件、培养基和培养条件等因素影响。例如，青蒿芽和根的分化率均较花枝和花序低；分别使用 MS 和 1/2 MS 作为基本培养基进行不定苗生根诱导,发现 MS 培养基生根率低,生根数少,根也较细,而 1/2MS 培养基中组培苗生长状态及生根情况优于 MS 培养基,添加吲哚-3-丁酸(IBA)和萘乙酸(NAA)可缩短不定根长出的时间。愈伤组织形态发生有器官发生型和体细胞胚发生型两种类型。在组织培养中,通过器官发生型产生再生植株有以下 4 种基本方式:① 愈伤组织仅有芽或根器官分别形成,即无芽的根或无根的芽。② 先分化出芽,芽伸长后其幼茎基部长根,形成完整的小植株,大多数植株属于这种情况。③ 先分化出根,再在根上产生不定芽而形成完整植株。在双子叶植物中较为普遍,而单子叶植物很少有这种情况。④ 在愈伤组织的不同部位分别形成芽和根,然后二者的维管组织互相连接,成为具有统一的轴状结构的小植株。体细胞胚发生型有两种方式:① 培养中的器官、组织、细胞和原生质体直接分化成胚,中间不经过愈伤组织阶段。② 外植体先脱分化形成愈伤组织,然后由愈伤组织再分化形成胚。其中由愈伤组织产生胚状体最为常见。

三、愈伤组织培养的影响因素

(一) 外植体

在植物组织培养中,外植体的选择在很大程度上影响着无菌体系的建立。理论上讲,所有的植物组织都有被诱导产生愈伤组织的潜力。但根据细胞类型不同,其全能性的表现从强到弱依次为:营养生长中心>形成层>薄壁细胞>厚壁细胞(木质化细胞)>特化细胞(筛管、导管细胞)。根据细胞所处的组织不同,其全能性的表现从强到弱依次为:顶端分生组织>居间分生组织>侧生分生组织>薄壁组织(基本组织)>厚角组织>输导组织>厚壁组织。在一种植物中,外植体细胞分化程度越高,脱分化越困难,所需时间就可能越长,需要的培养基及培养条件也就越苛刻。例如,紫草的根、茎、叶都可以作为外植体,但以根的诱导效果最好,黄花蒿(*Artemisia annua*)花枝诱导率大于花序,花序大于叶片。一般茎尖或胚诱导的愈伤组织容易分化形成器官,这可能与这些愈伤组织有顶端分生组织的分生细胞有关,而经脱分化诱导的愈伤组织如果很少或较难形成分生细胞团,其发生器官或组织分化的难度就大。不同植物种类被诱导的难易程度大不相同。例如,烟草、矮牵牛、胡萝卜等容易诱导器官形成,而禾谷类、豆类、棉花等诱导比较困难;一般而言,藤类植物、裸子植物及进化水平较低级的苔藓植物较难诱导,进化水平较高的被子植物则较容易诱导,与草本植物相比,木本植物则不容易诱导。成熟种子在无菌条件下萌发产生的幼嫩植株的各个部分,包括子叶、幼芽、幼根、胚轴等,也是较为理想的外植体。木本植物、禾本科植物的硅质化较高的组织,多酚氧化酶活性较高的组织,都不宜作为外植体。此外,选择外植体时还需考虑植物的品种、取材的时间、材料的大小和消毒的难易等。

(二) 培养基

1. **培养基状态**　就培养基的形态而言,液体培养基常需要振荡,在气体交换和养分吸收方面均优于固体培养基。同时在液体的条件下,愈伤组织很容易分离成细胞和细胞团进行悬浮培养,从而产生较大的吸收面积。在液体培养基中愈伤组织易于增殖和分化。例如,在石刁柏培养过程中,需要改变培养基的形式,其方法是:第一阶段诱导形成愈伤组织,应用固体培养基;第二阶段为细胞和胚状体的增殖,应用液体培养基;第三阶段由胚状体发育成可移植的植株,应用固体培养基较多。

2. **无机盐类**　很多培养基都能诱导出愈伤组织,但不同类型的材料,对培养基的反应是不同的。一般无机盐浓度较高的培养基,如 MS 均可用于愈伤组织的诱导,较高的无机盐浓度似乎对愈伤组织的生长有利。例如,在北美短叶松下胚轴和子叶的愈伤组织诱导中,随着培养基中盐浓度的下降,愈伤组织的生长量也随之下降。

3. **糖类**　糖类浓度大小不仅影响愈伤组织诱导率,而且影响愈伤组织的质地和结构。在对藜麦愈伤组织的培养过程中,在相同激素的配比条件下,随着蔗糖浓度升高,愈伤组织增殖率增加,具有胚性细胞特点的愈伤组织增多。山梨醇作为一种糖源可以支持苹果或其他蔷薇科植物愈伤组织的生长。选用合适的糖浓度并且配以适当的激素,不仅会提高胚性愈伤组织的诱导率,提高愈伤组织的质量,而且可以控制植株的再生途径,从而提高组织再生的频率。

（三）植物生长调节剂

1. **植物生长调节剂对愈伤组织发生有重要的影响**　常用的生长素有 2,4 -二氯苯氧乙酸(2,4 -D)、吲哚乙酸(IAA)、NAA,浓度为 0.01~10 mg/L;常用的细胞分裂素有激动素(KT)、玉米素(ZT)、6 -苄基腺嘌呤(6 - BA),浓度为 0.1~10 mg/L。在诱导愈伤组织时,根据植物材料来源不同,采用不同的植物生长调节剂并选用合适的浓度。例如,白头翁以叶片或叶柄为外植体诱导愈伤组织时,在含有 6 - BA 与 IAA 的培养基中,外植体逐渐褐化死亡,不能诱导产生愈伤组织;而在含 ZT 或噻苯隆(TDZ)与 IAA 的培养基中均能诱导产生愈伤组织(资源2-1)。例如,以东北红豆杉的扦插苗幼茎为外植体诱导愈伤组织时,在 MS 培养基中 2,4 - D 和 NAA 同时存在诱导愈伤组织的效果比 NAA 单独存在要好。同时细胞分裂素对愈伤组织的生长有促进作用,与生长素有效结合时,可促进这种作用。例如,黄花乌头花药愈伤组织的诱导以 MS 培养基添加 2,4 - D 2.0 mg/L+KT 0.2 mg/L 效果最佳。以黄花乌头无菌苗叶片为外植体诱导愈伤组织时,单独使用 NAA 和 2,4 - D 愈伤组织诱导率不高,且愈伤组织质量差。当生长素与细胞分裂素配合使用时,如以 6 - BA 1.5 mg/L+2,4 - D 2.0 mg/L 激素组合使用,愈伤组织诱导率高达 100%,生长最旺盛。在双子叶植物培养中,当培养基中生长素与细胞分裂素浓度的比例高时,愈伤组织仅形成根,生长素与细胞分裂素浓度比例低时,则产生芽,而两种激素的比例适中时,产生愈伤组织。

2. **植物生长调节剂对愈伤组织形态发生的影响**　在培养愈伤组织形成再生植株的过程中,常常是分诱导不定芽与诱导不定根两步进行,即先利用分化培养基使愈伤组织形成不定芽,然后继代培养增加芽的繁殖系数。当不定芽长到一定大小时,再将试管苗从基部切下转入生根培养基中培养诱导生成不定根。影响试管苗茎芽分化的植物生长调节剂主要有 6 - BA、KT 等。影响试管苗不定根发生的植物生长调节剂主要有 IBA、NAA、IAA、2,4 - D 等生长素类和多效唑等生长延缓剂。例如,在花叶万年青无性快速繁殖时,首先用 MS 培养基附加不同浓度的 6 - BA、KT,促进芽的形成,然后将抽枝的小植株转移到附加不同浓度 NAA 的 MS 培养基上,诱导根的发生和生长。生长素对维管束组织分化具有显著的影响。一般情况下,生长素浓度和木质部发生之间存在着负相关,低浓度的生长素能刺激木质部的发生。另外,生长素对维管束组织分化所起的作用在很大程度上取决于糖的存在,含糖量不同,所形成的维管组织的部位也不同。在愈伤组织木质部形成中,IAA、脱落酸(abscisic acid,ABA)、赤霉素(gibberellin,GA3)等可抑制体细胞胚的发生。

（四）培养环境

光照对芽的形成、根的发生、枝的分化和胚状体的形成有促进作用。弱的光照条件下(1 500 lx),愈伤组织的色泽没有太大的变化;强的光照条件下(3 000 lx),愈伤组织的色泽有较大的变化,并且愈伤组织褐变情况加重。温度对愈伤组织的诱导和生长影响也很大。一般植物采用 22~25℃的恒温条件进行培养都可以较好地形成芽和根,但有研究表明,温度高低对器官发生的数量和质量均有影响,如温度对东北红豆杉外植体愈伤组织诱导率有很大的影响,25℃条件下东北红豆杉愈伤组织诱导率最高,长势很旺盛,而 15℃、30℃条件下也能产生愈伤组织,但诱导率较低,不利于东北红豆杉愈伤组织的诱导。

第二节　植物体细胞培养与分化再生

植物细胞培养是指在离体条件下对植物单个细胞或小的细胞团进行培养,使其增殖并形成单细胞

资源
2-1

无性系或再生植株的技术。这种培养方式具有操作简便、重复性好、群体量大等优点,而且通过植物单细胞的克隆,可以产生遗传组成基本一致的单细胞克隆系。在进行细胞代谢的研究及多细胞有机体细胞间相互关系的研究时,使用单细胞系比使用完整的器官或植株有更大的优越性。目前,植物单细胞培养研究已经取得了巨大进展,不仅能够培养游离的植物细胞,还能使培养在完全隔离的环境中的单个细胞进行分裂,并再生出完整的植株。目前,该培养方式已被广泛应用于突变体的筛选、遗传转化、次生代谢产物的生产等诸多方面。植物细胞培养的意义在于:第一,进行细胞生理代谢及各种不同物质对细胞代谢的研究;第二,通过单细胞的克隆化,即"细胞株",可以把微生物方面的技术应用于高等植物,进行农作物的改良;第三,细胞培养增殖在一定条件下可呈指数型增长,速度很快,适合大规模悬浮培养。把植物细胞培养同微生物培养一样应用到发酵工业,可生产一些高价值的产物,如许多植物的次生代谢产物,包括各种药材的有效成分等,并用于工业化生产。

一、植物单细胞培养

植物细胞具有群体生长特性,经过分离获得单细胞后按照常规的培养方法,往往达不到细胞生长繁殖的目的。而单细胞培养具有重要意义,如可以建立单细胞无性系、人工诱变突变细胞、排除体细胞干扰,以及可用于建立遗传转化受体,提高转化效率。因此,要发展单细胞培养技术。植物单细胞培养主要包括以下步骤。

（一）植物单细胞分离方法

1. 机械法 机械法分离植物细胞是先将叶片等外植体轻轻捣碎,然后通过过滤和离心分离细胞。叶片组织的细胞排列比较松弛,是分离单细胞的最好材料。其分离过程如下:① 用95%的乙醇和7%的次氯酸钙溶液依次对叶片进行表面消毒,之后用无菌水洗净。② 把叶片切成小于 1 cm² 的小块。③ 将切成的 1.5 g 小块叶片放入玻璃管中,用 10 mL 液体培养基制成匀浆。④ 将制成的匀浆通过两个无菌金属滤器过滤,滤器的孔径分别为 61 μm 和 38 μm。通过低速离心法将滤液中细微的碎屑除掉,离心时游离细胞会沉降在底层,弃去上清液,把细胞悬浮到一定容积的培养基中,使达到所要求的细胞密度。

2. 酶解法 酶解法是叶片组织分离单细胞的常用方法。酶解法分离植物细胞是利用果胶酶、纤维素酶等处理外植体材料,分离出具有代谢活性的细胞。酶解法所用的酶不仅能降解中胶层,而且还能软化细胞壁,所以用酶解法分离细胞的时候,须对细胞进行渗透压保护,可加入一些渗透压调节剂,如甘露醇、山梨醇或者适当浓度的葡萄糖、蔗糖、果糖、半乳糖溶液等,另外在酶液中适当加入一些硫酸葡聚糖钾有利于提高游离细胞的产量。一定浓度范围内,相同处理条件下,酶解时间越长所得细胞产量越高,但是细胞活力会变低。用酶解法分离植物细胞具有以下特点:细胞的结构一般不会受到大的伤害,相比于机械法获得完整的细胞或细胞团的数量较多,在某些情况下,有可能得到海绵薄壁细胞或栅栏薄壁细胞的纯材料。使用此法分离叶肉细胞,对酶的用量要求比较严格,否则很容易造成细胞损伤。

3. 愈伤组织分离法 由离体培养的植物愈伤组织分离单细胞不仅方法简便,而且是药用植物细胞培养较常用的方法。将从经过表面消毒的植物器官上刚刚切取下来的一小块组织,置于含有适当激素的培养基上,经过一段时间之后,外植体愈伤组织化,把愈伤组织由外植体上剥离下来,转移到成分相同的新鲜培养基上,通过反复继代培养,获得松散的愈伤组织。之后可按以下操作步骤进行单细胞的分离:① 选择质地疏松、颜色呈淡黄色的胚性愈伤组织转移到装有适当液体培养基的培养瓶中,然后将培养瓶置于摇床上,以 80~120 r/min 的速度进行振荡培养,温度为 24~25℃,获得悬浮细胞系。② 用孔径约 200 μm 的无菌网筛过滤,除去其中的大块细胞团,之后再以 4 000 r/min 速度离心,除去比单细胞小的残渣碎片,获得较为纯净的植物细胞悬浮液。③ 用孔径 60~100 目的无菌网筛过滤细胞悬浮液,再用孔径为 20~30 μm 的无菌网筛过滤后进行离心,除去细胞碎片。④ 回收获得的单细胞,并用液体培养基洗净,即可用于培养。

（二）植物单细胞培养方法

在植物单细胞的培养方法中,常见的主要有平板培养法、看护培养法、微室培养法和条件培养法等。

1. 平板培养（plating culture）法 是指将制备好的一定密度的单细胞悬浮液接种到 1 mm 厚的固体培养基上进行培养的方法。因为实际上接种过程是一个琼脂或琼脂糖培养基与细胞悬浮液混合植板的过程,而植板后细胞被包埋在固体培养基中形成一个平板,所以该方法被称为平板培养（资源 2-2）。该方法具有筛选效率高、筛选量大、操作简单等优点,因而被广泛应用于遗传变异、细胞分裂分化和细胞次生代谢产物合成及细胞筛选等各种需要获得单细胞克隆的研究中。

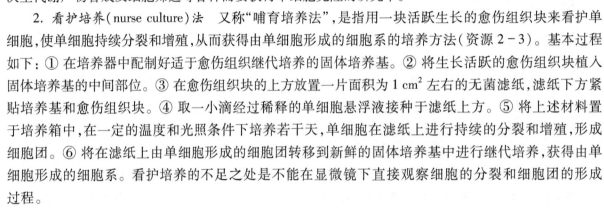

2. 看护培养（nurse culture）法 又称"哺育培养法",是指用一块活跃生长的愈伤组织块来看护单细胞,使单细胞持续分裂和增殖,从而获得由单细胞形成的细胞系的培养方法（资源 2-3）。基本过程如下:① 在培养器中配制好适于愈伤组织继代培养的固体培养基。② 将生长活跃的愈伤组织块植入固体培养基的中间部位。③ 在愈伤组织块的上方放置一片面积为 1 cm² 左右的无菌滤纸,滤纸下方紧贴培养基和愈伤组织块。④ 取一小滴经过稀释的单细胞悬浮液接种于滤纸上方。⑤ 将上述材料置于培养箱中,在一定的温度和光照条件下培养若干天,单细胞在滤纸上进行持续的分裂和增殖,形成细胞团。⑥ 将在滤纸上由单细胞形成的细胞团转移到新鲜的固体培养基中进行继代培养,获得由单细胞形成的细胞系。看护培养的不足之处是不能在显微镜下直接观察细胞的分裂和细胞团的形成过程。

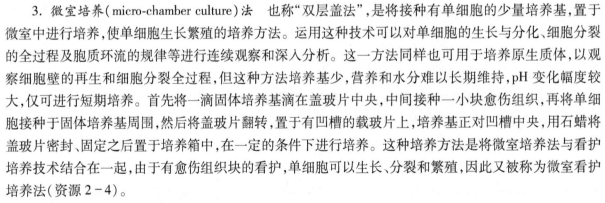

3. 微室培养（micro-chamber culture）法 也称"双层盖法",是将接种有单细胞的少量培养基,置于微室中进行培养,使单细胞生长繁殖的培养方法。运用这种技术可以对单细胞的生长与分化、细胞分裂的全过程及胞质环流的规律等进行连续观察和深入分析。这一方法同样也可用于培养原生质体,以观察细胞壁的再生和细胞分裂全过程,但这种方法培养基少,营养和水分难以长期维持,pH 变化幅度较大,仅可进行短期培养。首先将一滴固体培养基滴在盖玻片中央,中间接种一小块愈伤组织,再将单细胞接种于固体培养基周围,然后将盖玻片翻转,置于有凹槽的载玻片上,培养基正对凹槽中央,用石蜡将盖玻片密封、固定之后置于培养箱中,在一定的条件下进行培养。这种培养方法是将微室培养法与看护培养技术结合在一起,由于有愈伤组织块的看护,单细胞可以生长、分裂和繁殖,因此又被称为微室看护培养法（资源 2-4）。

（三）单细胞培养的影响因素

影响单细胞培养成功与否的因素有培养基、细胞密度、植物激素、温度、pH 和 CO_2 含量等。

1. 培养基 不同种类的植物单细胞对营养成分的要求各不相同,要根据不同的要求调整培养基的种类及培养基中有机成分和无机元素的浓度。此外,由于植物细胞具有群体生长的特性,单细胞难于生长、繁殖,所以用于单细胞培养的培养基中往往还需要加入一些特殊的成分,如看护培养基中需要植入愈伤组织块,添加酵母提取物、椰乳和水解酪蛋白等。有时为了获得药用植物的次生代谢产物还需加入一些诱导子,如茉莉酸甲酯（MeJA）诱导子、水杨酸（SA）诱导子、黑曲霉诱导子（ANE）及脱氮假单胞菌诱导子（PDE）等。

2. 细胞密度 单细胞培养对于接种的细胞密度有着比较严格的要求,一般平板培养要求达到临界细胞密度（10^3 个/mL）以上。如果细胞密度过低,则不利于细胞的生长繁殖;细胞密度过高时形成的细胞团容易混杂在一起,难以获得单细胞系。

资源 2-2
资源 2-3
资源 2-4

3. 植物激素　植物激素的种类、绝对浓度和相对浓度对植物单细胞的生长和增殖有着极为重要的作用。尤其是在单细胞的密度较低的情况下，如适当补充一些植物激素，可以显著地提高植板率。

4. 温度　植物单细胞培养的温度与细胞悬浮培养和愈伤组织培养的温度基本相似，因物种的不同而稍微有所不同，但一般控制在25℃左右。在许可的范围内适当提高培养温度，可以加快单细胞的生长速度。

5. pH　植物单细胞培养基的 pH 一般控制在5.2~6.0的范围之内，根据情况适当地调节培养基的 pH，也会有利于植板率的提高。

6. CO_2 含量　植物细胞培养系统中的 CO_2 含量对细胞生长繁殖也有一定的影响。植物细胞通常可以在空气中（CO_2 的含量约占 0.03%）生长繁殖，如果人为地降低培养系统中的 CO_2 含量（如用氢氧化钾等吸收系统中的 CO_2），细胞的分裂就会减慢或停止；相对的，如果将培养系统中的 CO_2 含量提高到1%左右，则对细胞的生长具有促进作用，再提高 CO_2 的含量至2%，则对细胞生长有较明显的抑制作用。

二、悬浮培养

悬浮培养（suspension culture）是指将游离的植物单细胞或细胞团按照一定的细胞密度，悬浮在液体培养基中进行培养的方法。细胞悬浮培养是一种十分常用的实验体系，在液体状态下便于细胞和营养物质的充分接触和交换，细胞状态可以相对保持一致，因此有利于在细胞水平上进行各种遗传操作和生理生化活动的研究，同时有利于植物细胞大规模培养。

（一）培养方法

植物细胞的悬浮培养可大致分为分批培养、半连续培养和连续培养三种类型。

1. 分批培养　分批培养（batch culture）是指将一定量的细胞或细胞团分散在一定容积的液体培养基中，当培养物增殖到一定量时，转接继代，目的是建立单细胞培养物。在培养过程中，除气体和挥发性物质可以与外界有一定交换外，基本上处于封闭状态。当培养基中主要的营养物质耗尽时，细胞即停止生长和分裂。为了使分批培养的细胞能不断增殖，必须及时进行继代。继代培养的方法可以是取出培养瓶中的一小部分细胞悬浮液，转移到成分相同的新鲜培养基中。也可用纱布或不锈钢网进行过滤，滤液接种，这样可提高下一代培养物中单细胞的比例。所用的培养基虽因物种而异，但凡适合愈伤组织生长的固体培养基，除去其中的琼脂，均可作为悬浮细胞的培养基。

在分批培养中，细胞数目会随着培养时间不断变化，呈现细胞生长周期，其增加的变化的趋势大致呈"S"形曲线（图 2-1）。在细胞接种最初的时间内细胞很少分裂，数目不增加或增长缓慢，称为延滞期；之后进入指数生长期，特点是细胞分裂活跃，数目迅速增加；之后进入直线生长期，此时期单位时间内细胞数目增长大致恒定，细胞增殖最快；随后由于培养基中某些营养物质耗尽，或是有毒代谢产物的积累，细胞增殖逐步减慢进入减缓期；最后生长趋于完全停止，进入静止期。在分批培养中，细胞繁殖一代所需的最短时间因物种不同而异，黑果枸杞（*Lycium ruthenicum*）一般为 10 d，太行菊（*Opisthopappus taihangensis*）一般为 4 d 左右。缩短延滞期和延长指数生长期可极大提高细胞产量。延滞期的长短主要取决于继代时培养细胞的成长状态即所处的生长期和转入的细胞数量，当转入细胞数量较少时，不但延滞期较长，而且在一个培养周期中细胞增殖的数量较少。另外，如果缩短继代培养的时间间隔，如每 2~3 d 继代一次，

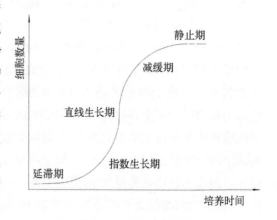

图 2-1　细胞生长周期

即可使悬浮培养细胞一直保持指数生长,如果使处于静止期的细胞悬浮液保持时间过长,则会引起细胞的大量死亡和解体。因此,当细胞悬浮液达到最大干重后,即在细胞增殖刚进入静止期时,必须及时进行继代培养。

2. 半连续培养　半连续培养(semi-continuous culture)是利用培养罐进行细胞大量培养的方式。在半连续培养中,当培养罐内的细胞数目增长到一定量后,倒出一半细胞悬浮液至另外一个新的培养罐中,再分别加入新鲜的培养基进行培养,如此这样频繁地进行再培养。半连续培养能够重复获得大量均匀一致的培养细胞供生化研究之用。

3. 连续培养　连续培养(continuous culture)是利用特制的培养容器进行大规模细胞培养的一种培养方式。连续培养的特点是:在连续培养中不断注入新鲜培养基,排掉用过的旧培养基,故在培养物体积保持恒定情况下,培养液中的营养物质能够不断得到补充,不会出现悬浮培养物营养亏缺的现象。连续培养可在培养期间使细胞长久地保持在指数生长期,细胞增殖速度快。连续培养适于大规模工厂化生产,有封闭型和开放型两种。

(1) 封闭型连续培养　封闭型连续培养是指在培养的过程中,新鲜培养基和旧培养基以等量进出,保持平衡,从而使培养系统中营养物质的含量总是超过细胞生长的需求量。同时把悬浮在排出液中的细胞经机械方法收集后,再放回到培养系统继续培养,因此在培养系统中,随培养时间延长,细胞数目和密度不断增加。

(2) 开放型连续培养　开放型连续培养是指在连续培养期间,注入新鲜培养基的速度等于排出细胞悬浮液的速度,细胞也随悬浮液一起排出,当细胞生长增殖达到稳定状态时,流出的细胞数基本相当于培养系统中新细胞的增加数。因此,培养系统中的细胞密度保持恒定,同时培养细胞的生长速度一直保持在一个稳定状态。为了保持开放型连续培养中细胞增殖的稳定性,可以采用以下两种方式加以控制:① 浊度恒定式。在浊度恒定的连续培养装置中,有一个细胞密度观测窗,用比浊计或分光光度计来测定培养液中细胞的浑浊度。新鲜培养基流入量和旧培养基的流出量都会受到光电计自动控制。当培养基中细胞密度增加时,光透量降低,即给培养基入口发送信号,加入一定量的新培养基,同时流出等量的旧培养基,以保持体积不变。② 化学恒定式。以固定速度注入新鲜培养基,并将培养基中的某种选定的营养成分(如氮、磷或葡萄糖)的浓度调节为一种生长限制浓度,从而使细胞的增殖维持在一种稳定状态。

(二) 培养基

适合愈伤组织培养的培养基,不一定完全适合悬浮细胞的培养,但能用来诱发和建立生长快、易散碎的愈伤组织的培养基,可以作为建立该物种悬浮培养体系的依据。当培养的植物细胞发生褐变、生长缓慢或停止时,应及时更换或调整培养基。依据实际情况,悬浮培养基中有时需附加柠檬酸、水解酪蛋白、脯氨酸、L-抗坏血酸、蔗糖等。为了提高植物培养细胞的分散程度,对细胞分裂素和生长素的比例需做一些调节。目前常用的培养基有 Murashige 和 Skoog 培养基(MS)、木本植物培养基(WPM)、埃里克松培养基(ER)、朱至清培养基(N_6)和甘保尔培养基(B_5),通常在这些培养基的基础上添加其他相关激素和营养物质。pH 和渗透压对细胞的活力和增殖有很大的影响,可以通过调节这两个方面来提高细胞活力和增殖的干重、鲜重。在植物细胞的悬浮培养中,为了改善液体培养基的通气状况,同时使愈伤组织破碎成单细胞和小细胞团,并使其均匀地分布于液体培养基中,需要对培养物进行振荡培养。在植物细胞的分批悬浮培养过程中,一般是将培养瓶放在摇床、转床或者旋转培养架上来实现培养基的振荡培养。而在连续培养的过程中,通常要在培养装置上安装搅拌器,来完成培养基的搅拌。在一般培养条件下,群体中的细胞处于不同的细胞周期时相之中。为了研究某一时相细胞,常需采取一些方法使细胞处于细胞周期的同一时相,这就是细胞同步化技术。细胞同步化(synchronization)是指同一悬浮培养体系中的绝大多数细胞都能同时通过细胞周期（G_1期、S期、G_2期和M期）的各个阶段，同步性的程度以同步百分数表示。由于植物细胞在悬浮培养中的游离性较差，容易团聚并进入不同程度的分化状态，因此要达到完全同步化很难实现。这种差异使得植物悬浮细胞的分裂、代谢和生理生化状态等更趋于复杂化。所以就需要一定的技术手段，使同一培养体系中的植物细胞能保持相对一致的生理学和细胞学状态。然而到目前为止，仍缺乏十分有效的技术手段来实现和控制细胞同步化。但可以通过一些物理方法和化学方法处理，实现部分细胞同步化。主要有分选法、低温处理、饥饿法和抑制剂法，但是需要注意的是每种方法都会对细胞造成一定的伤害，使细胞活力降低，所以在同步化处理之前要充分活化细胞，一般处于对数生长期的细胞最适合做同步化处理。

1. **分选法**　通过细胞体积大小分级，将悬浮培养细胞分别通过20、30、40、60目的网过滤，直接将处于相同周期的细胞进行分选，然后将同一状态的细胞于同一培养体系中继代培养，之后再过滤，重复几次后即可获得一致性较高的同步化细胞。该方法的优点是操作简便，且维持了细胞的自然生长状态。常规的分选方法还有梯度离心法，但由于植物细胞具有团聚性，培养中由于细胞壁的影响使其形状也不规则，从而使分选精细程度较差。因而可使用流式细胞仪来大幅度提高分选效率和精确度。用分级仪筛选胚性细胞可得到发育比较一致的体细胞胚，其原理就是根据不同发育时期的体细胞胚在溶液中的浮力不同，设计方法分选而来。

2. **低温处理**　冷处理后，DNA的合成受阻或停止，细胞停滞于G_1期，当温度恢复至正常后，大量的细胞进入DNA合成期，从而提高了培养体系中细胞同步化的程度。红豆杉悬浮培养细胞4℃低温处理24 h，再恢复培养24 h后，也可获得较明显的同步化效果。此外，低温处理可以明显影响半夏悬浮培养细胞的同步化，有效提高其分裂指数。

3. **饥饿法**　饥饿是调整细胞同步化的重要方法。在悬浮细胞培养体系中，如果细胞生长的基本营养成分丧失，则导致细胞因饥饿而分裂受阻，从而停留在某一分裂时期。当在培养基中加入所缺的成分或者将饥饿细胞转入完整培养基中继代培养时，细胞分裂又可重新恢复。饥饿导致的细胞分裂受阻，常常使细胞不能合成DNA，即不能进入S期；或细胞分裂不能进行即不能进入M期。因此，通过饥饿法可以得到处于G_1和G_2期的同步化细胞。

4. **抑制剂法**　通过使用DNA合成抑制剂，如5-氨基尿嘧啶、羟基脲、氟尿嘧啶脱氧核苷和胸腺嘧啶脱氧核苷等，也可使培养细胞同步化。当用这些化学药物处理细胞之后，细胞周期只能进行到G_1期为止，细胞都滞留在G_1期和S期的边界上。把这些DNA合成抑制剂去掉之后，细胞即进入同步分裂。用这种方法取得的细胞同步性只限于一个细胞周期。

（三）细胞增殖的测定

植物悬浮细胞的增殖可通过测定细胞鲜重、干重、密实体积和计数来衡量。

1. **细胞鲜重**　将悬浮培养物倒在下面架有漏斗的已知重量的湿尼龙丝网上，用清水洗去培养基，然后真空抽滤以除去细胞外附着的多余水分，称重，即可求得细胞鲜重。

2. **细胞干重**　用已知重量的湿尼龙丝网收集悬浮培养细胞（方法同细胞鲜重测定方法），在60℃下干燥48 h或在80℃下干燥36 h，待细胞干重恒定后再称重，即为干重，以每毫升培养物或每10^6个细胞重量表示。

3. **细胞密实体积（PCV）**　为了测定PCV，将一种已知体积的均匀分散的悬浮液（10~20 mL）放入一个刻度离心管（15~50 mL）中，在2 000~4 000 r/min下离心5 min。PCV以每毫升培养液中细胞总体积的毫升数表示。当悬浮液的黏度较高时，常出现一些细胞不沉淀的情况，这种情况下可以用适量水稀释。但是，用水稀释导致渗透压过低时，会出现细胞变形，从而影响PCV的真实性，所以用水稀释时应尽可能在最低限度内进行，并且动作要迅速。所用离心机的转头，应是悬式水平转头，这样沉淀物表面就不会出现斜面,以便准确测定。在测定细胞体积时,有时也可采用这样的方法,使细胞自然沉淀,测定其体积,所测值称为沉淀体积。

4. 细胞计数　计算悬浮细胞数即细胞计数,通常使用血细胞计数板。计算较大细胞数量时可使用特制的计数盘。可先用铬酸(5%~8%)或果胶酶(0.25%)对细胞和细胞团进行处理,使其分散,则可提高细胞计数的准确性。

(四)悬浮培养细胞的植株再生

在所用培养基适合、继代培养及时的情况下,悬浮培养的植物细胞能够保持较长时间的植株再生能力。由悬浮培养细胞再生植株的途径通常有两种:一种是由悬浮细胞直接形成体细胞胚,如在宿半夏的细胞悬浮培养中,在 MS+1.5 mg/L 2,4-D+0.5 mg/L 6-BA+300 mg/L 水解酪蛋白液体培养基中进行悬浮振荡培养,2 d 后就开始有细胞分裂,6~8 d 后可见到胚性细胞团块形成,14~16 d 后可观察到有胚状体的形成,30 d 后产生大量的胚状体,此时多数处在球形胚时期。40 d 后球形胚颜色变成绿色,而且在胚状体上可以看到有芽点产生,此时胚状体迅速增殖变大,直径为 5~6 mm,胚生长状况良好,可进一步发育形成成熟的胚。油棕悬浮细胞系在胚诱导培养基中培养 60 d 可获得直径大于 1 mm 的胚,最高 29 粒,将直径大于 1 mm 的胚转到固体培养基培养可获得再生植株。另一种是先将悬浮培养细胞(团)转移到半固体或固体培养基上诱导形成愈伤组织,然后再由愈伤组织生成一个独立的植株。在这种情况下,如果悬浮培养体系中的细胞团较大,则可将培养瓶短时间静置,令细胞团自然沉降后,用无菌吸管将细胞团转到半固体或固体培养基上培养,这种培养基的组成成分基本上与继代培养基一致,但也必须视情况做调整,尤其是在激素方面做一定的调整。但对于单细胞、低密度悬浮细胞或是过于小的细胞团,不宜直接把它们转到半固体或固体培养基上培养,而是要参照原生质体或单细胞培养方法,先对它们进行液体浅层培养或看护培养,待形成较大的细胞团后,再转到半固体培养基上诱导愈伤组织。

第三节　茎尖脱毒技术与应用

一、茎尖脱毒原理

植物组培脱毒技术是利用病毒在植物体内分布的不均匀性及植物细胞的全能性,采用不含病毒的植物组织或细胞进行组织培养,利用植物细胞的全能性可最终分化获得无病毒植株。过往的研究表明,不同的器官和组织中积累的病毒含量是各不相同的。老旧器官内由于新陈代谢累积,病毒含量会相对高一些,而在幼嫩的组织器官或茎尖中,病毒含量则比较低,其中生长点(直径 0.11 mm 区域)几乎不含病毒。在分生区域内无维管束,病毒只能通过胞间连丝传递,赶不上细胞不断分裂的速度,所以生长点病毒的数量极少,几乎检测不出。因此,利用茎尖培养进行脱毒苗生产的基本原理是:病毒在药用植物体中的分布是不均匀的,越是靠近茎尖部位病毒浓度越小,将茎顶端附近的生长点细胞切下,作为外植体进行培养可以获得许多无病毒的分生细胞或脱分化的其他体细胞,进一步使这些无病毒细胞繁殖、分化,最终便能够达到大量繁殖无毒植株的目的。茎尖能再生出无病毒植株的可能原因有以下几点:① 茎尖分生组织具有很高的代谢活性,病毒无法控制寄主的代谢机制。② 茎尖分生组织无维管组织。病毒是通过维管组织在寄主的组织中进行快速扩散的,由于分生组织中无细胞分化,因此存在于韧皮部的病毒就不可能侵染分生组织,而侵染非韧皮部的病毒也只能通过胞间连丝进行细胞间传播,但它的速度很慢,难以侵染快速分裂的茎尖细胞。③ 茎尖分生组织比其他组织的植物激素浓度高,可抑制病毒的增殖。茎尖培养还可以除去其他病原体,如细菌、真菌。

在进行茎尖培养时,所剪取的茎尖主要分微茎尖(指带有 1~2 个叶原基的生长锥,其长度不超过

0.5 mm)和普通茎尖(指取几毫米到几十毫米长的顶芽尖及侧芽尖)两种。切取的茎尖越小,带有病毒的可能性越小,但切取的茎尖太小,组织培养不易成活。对于顶端分生组织,由于是指的茎的最幼龄叶原基以上的部分,一般最大直径为 100 μm,最长长度为 250 μm,故取材过小很难剥离,即使剥离成功也很难培养成活,在实际生产中很少应用。对于茎尖,则是由顶端分生组织及其下方的 1~3 个叶原基构成,一般大小在 0.1~1 mm,它的剥离和培养比顶端分生组织容易,故在药用植物的脱毒培养中广泛应用。

二、茎尖脱毒的流程与影响因素

(一)茎尖脱毒的流程

1. 表面灭菌,对即将剥离茎尖的外植体,如带顶芽或侧芽的茎段进行灭菌,同时还应对解剖镜、工作台、操作器具等进行严格灭菌消毒。

2. 茎尖剥离,在剥离茎尖时,要将茎芽置于解剖镜(8~40 倍,最好冷光源)下,一手持细镊子将其按住,另一手用解剖针将叶片和叶原基剥离。当形似一个晶亮半圆球形的顶端分生组织充分露出来以后,用长柄刀将其切下来,再接种到培养基上。

3. 在适宜的培养基上,茎尖短时间内就会萌动并逐渐伸长,1~3 个月后可形成小植株。

4. 病毒检测。对每个茎尖产生的无性系进行病毒检测,确认不带有病毒后,才可进行大规模的快速繁殖,生产脱毒种苗。

(二)影响茎尖脱毒的因素

1. 培养基 选择正确的培养基种类和组成成分,可以提高茎尖再生获得脱毒植株的能力。早期的茎尖培养中,许多培养基对茎尖培养并不完全适合,培养基中某些离子特别是 K^+ 与 NH_4^+ 含量太低,会引起茎尖生长不良,故培养基中 K^+ 与 NH_4^+ 含量适当提高有利于茎尖的生长。目前常用的茎尖培养基是以 MS 培养基为基础,再根据具体培养植物加入相应的物质。铁棍山药茎尖脱毒及茎段侧芽成苗的研究结果表明,最适宜的茎段侧芽成苗培养基为 MS+6－BA 0.5 mg/L+ NAA 0.1 mg/L,可大大缩短成苗时间。

2. 激素 在进行茎尖培养时,常用的激素种类有 NAA、IAA、GA3 等,此外应该避免使用促进愈伤组织形成的激素如 2,4－D。添加合适的激素及激素组合往往会起到促进作用,如在龙牙百合的茎尖培养时,研究人员发现其不定芽诱导的最佳生长激素配比是 1.0 mg/L 6－BA+0.5 mg/L NAA 的 MS 培养基。

3. 茎尖剥离体大小 在最适宜培养基条件下,茎尖剥离体的大小对再生有一定影响。一般茎尖越大,再生植株越容易,茎尖若太小,则只形成愈伤组织,或是只能生根。但植株的脱毒效率与茎尖大小呈负相关,因此适宜的茎尖大小应是既能保证一定的再生频率,又能获得脱毒植株。除茎尖大小外,是否存在叶原基也会影响成株的能力,如大黄离体分生组织必须带有 2~3 个叶原基。其原因是叶原基能向分生组织提供生长和分化所需的生长素和细胞分裂素,有助于顶端分生组织在植株重建过程中迅速形成双极性轴。

4. 茎尖生理状态 在茎尖的离体培养过程中,茎尖的生理状态与再生频率密切相关。一般是从生长活跃的芽上切取,如菊花顶芽茎尖比腋芽茎尖效果好。但有时为了增加脱毒植株的总量,不得已也取腋芽的茎尖进行培养。

5. 取芽时间 茎尖培养的效率还与取芽时间有关,特别是对多年生的中草药植物。一般而言,茎尖培养的最佳取芽时间是春季。若在其他季节进行,必须进行适当的处理。

6. 培养条件 在茎尖培养过程中,光下培养的效果通常比暗培养效果好。近年来,为了培育壮苗,降低组织培养成本,开始对不同光质、光强和光周期下组织培养苗的生长情况进行探索,研究发现在不同 LED 组合光培养下的组织培养苗长势明显优于单色光培养下的组织培养苗。对山药珠芽生长发育的研究发现,珠芽的发育与光合有效辐射积累有关,强光整体抑制生长,弱光较中等光强生长较慢。

第四节　原生质体诱导与应用

原生质体(protoplast)是细胞壁以内各种结构的总称,也是组成细胞的一个形态结构单位,活细胞中各种代谢活动均在此进行。原生质体包括细胞膜(cell membrane)、细胞质(cytoplasm)、细胞核(nucleus)和细胞器(organelle)等。原生质体化学成分复杂,其组分也随细胞新陈代谢活动不断变化,其中蛋白质与核酸为主的复合物,是与生命活动相关最主要的成分。通俗来说,植物原生质体是指除去了细胞壁后裸露的球形结构,具有以下特征:① 无细胞壁的物理障碍;② 能获得遗传性状和生理性状较一致的细胞群体;③ 植物原生质体同样具有全能性;④ 用组织培养方法可进行大量繁殖。这些有利的特征决定了原生质体是一个极好的实验体系,在植物育种上有广泛用途。目前,药用植物原生质体培养已获得成功的包括夹竹桃科、五加科、紫草科、菊科、葫芦科、龙胆科、豆科、毛茛科、茄科、玄参科、伞形科、天南星科和百合科等数十科植物。

一、原生质体的分离

原生质体的制备主要是在高渗透压溶液中加入细胞壁分解酶,将细胞壁剥离,结果剩下由原生质膜包裹的类似球状的原生质体,它保持了原细胞的一切活性。从理论上讲,只要用适当的酶处理,就能从任何植物的任何活的组织或培养的细胞系中分离得到原生质体。而获得大量而有活力的原生质体是原生质体培养成功的关键。

(一)材料的选择和预处理

通常来说,植物体的幼嫩部分是制备原生质体的理想材料,如植物幼嫩的叶片、茎尖、萌发种子的胚轴和子叶等都是原生质体的良好来源,培养的愈伤组织和悬浮细胞由于生长快速、环境条件影响小,更易于获得大量高质量的原生质体。而成熟叶片制备原生质体,需要将叶片的下表皮撕去,以便酶液可以与叶肉组织作用。在单子叶植物中,特别是禾本科植物的叶片表面通常含有硅质,不易被酶液降解,因而不适合作为原生质体制备的起始材料。对于禾本科植物而言,疏松易碎的愈伤组织或悬浮培养的细胞是制备原生质体的理想材料。无论哪种材料,其特性和生理状况都是决定原生质体质量的重要因素之一,生长旺盛、生命力强的组织和细胞是获得高活力原生质体的关键,并影响着原生质体的复壁、分裂、愈伤组织的形成乃至植株再生。

即使是同一种植物,不同的基因型游离的原生质体,其分裂频率也会相差甚远,在进行原生质体分离前,一般还需要经过预处理或预培养,用以提高这些材料原生质体的活力和分裂频率,减少原生质体损伤。预处理主要有以下几种操作:枝条暗处理、低温预处理、光照调节预处理、叶片萎蔫预处理、叶片预培养、预先质壁分离处理、胚性愈伤组织和悬浮细胞系的预培养、药物处理等。根据不同实验材料应选取不同的预处理方法,如龙胆(*Gentiana scabra*)试管苗需在4℃低温预处理1个月,分离的原生质体才能持续分裂。

(二)分离

分离植物原生质体有机械法和酶解法。机械法:常用于分离藻类原生质体,采用渗透方法使细胞发生质壁分离,用刀把细胞壁切破,使原生质体流出,缺点是手工操作难度大,得率低,费时费力。酶解法:用酶,如琼脂酶、果胶酶、纤维素酶等将细胞壁分解。其优势为条件温和,原生质体完整性好,活力高,得率高,可在短时间内获得大量的原生质体。因此原生质体制备多采用酶解法。

酶解法是在酶的催化下分解植物细胞壁,获得游离原生质体。影响分离质量的主要有以下几点因素:① 酶种类与用量:纤维素酶制剂是从绿色木霉中提取的复合酶,主要包括作用于天然和结晶态纤维素的纤维素酶C,以及作用于无定形纤维素的纤维素酶Cx。崩溃酶是一种活力很强的酶的粗制剂,同时具有纤维素酶和果胶酶的活性,通常与果胶酶混合使用,常用于从根尖细胞和培养细胞中分离原生质体。果胶酶是从根霉中提取的,能够分解植物细胞之间由果胶质组成的中层,使植物组织解析为单个的细胞。半纤维素酶是专门分解半纤维素的酶类。蜗牛酶是从蜗牛胃液中分离得到的酶的粗制剂,含有多种解离酶,对孢粉素和木质素均具有一定的分解能力,可用于从花粉母细胞、四分体、小孢子或较老的植物组织中分离原生质体。在制备植物原生质体时,通常将果胶酶和纤维素酶混合使用,同时完成细胞的解离与细胞壁的分解。常用的分离植物原生质体的酶有纤维素酶、半纤维素酶和果胶酶等。一般来讲,酶液中只要含有一定浓度的纤维素酶和果胶酶即可分离出原生质体,有些材料需要加入半纤维素酶、蜗牛酶等,如在川芎(*Ligusticum chuanxiong*)、防风(*Saposhnikovia divaricata*)、前胡(*Peucedanum praeruptorum*)等伞形科植物的原生质体分离时,蜗牛酶作用显著。② 酶解时间和温度:酶解所需时间因材料而异,子叶、幼叶和下胚轴等一般需要几小时,而愈伤组织和悬浮细胞等难游离的材料,酶解时间需要十几小时。酶解温度控制在25~30℃的范围。③ 酶液渗透压:为了保持释放出的原生质体的活力和膜稳定性,酶液的渗透压必须与处理的细胞的渗透压处于同一等渗状态。相对来说,原生质体在轻微高渗溶液中比在等渗溶液中更为稳定,较高水平的渗透压可以阻止原生质体的破裂和出芽,但也有可能抑制原生质体的分裂。为了保持酶液的渗透压稳定,通常加入葡萄糖、蔗糖、山梨醇等渗透压调节剂来调节酶液的渗透压。④ 酶液酸碱度:酶溶液 pH 影响着原生质体的产量与活力,通常大多数植物原生质分离酶液 pH 最适宜的范围为 5.4~6.2,若 pH 降至 4.8,则原生质体破裂。⑤ 光照:光照可能引起质膜损伤,造成原生质体活力下降,所以酶解物应当放在黑暗或弱光条件下进行。

（三）纯化

酶解结束后,需要过滤酶解混合物,滤去未被酶解的组织残余物,如用 40~100 μm 孔径的筛网过滤。然后将原生质体与酶液的混合物进行离心,可低速离心 3~5 min(一般 500~800 r/min),收集原生质体,再用原生质体洗液或培养基洗 2 次,去掉残留的酶液。此外,还可以根据原生质体和细胞及细胞碎片之间的相对密度不同进行漂浮法或梯度离心法处理,以获得纯净的原生质体。

原生质体的活力是决定培养成功的关键因素之一。原生质体的活力可以用以下方法进行检测:① 原生质体的形态判断,活的叶肉细胞原生质体通常呈绿色,叶绿体和细胞内的小颗粒处于持续运动状态。源自愈伤组织或悬浮细胞的原生质体的活力,可根据细胞质环流速度或颗粒状内含物的布朗运动速率来判断。② 二乙酸荧光素(fluorescein diacetate, FDA)染色法,FDA 本身无荧光,其可自由通过完整的原生质体膜,被细胞内酯酶分解成能产生绿色荧光的荧光素,并在细胞内积累,在紫外线灯照射时能产生荧光,因此有活力的原生质体中有绿色荧光产生。③ 0.1%酚番红或伊文斯蓝染色来检测原生质体的活力,有活力的原生质体不被染色。④ 荧光增白剂(Calcofluor white, CFW)染色法:通过检测细胞壁的形成确定原生质体的活力,新制备的纯净原生质体,因为不含细胞壁,所以看不到绿色的荧光,若是叶肉原生质体则显示红色荧光。在培养过程中有活力的原生质体伴随细胞壁的再生,则可产生绿色荧光。以上检测方法以二乙酸荧光素染色法最为常用,此外,还有一些其他方法,如胞质环流法、渗透压法、氧电极法、形态观察法等。

二、原生质体的培养

（一）培养基

原生质体培养基与组织、细胞培养基类似,大多数只是存在部分成分的差异。目前原生质体培养基大多是从 MS 和 B₅ 这两种最基本的细胞培养基上发展而来的,在多数情况下原生质体所用的基本培养基为尼奇培养基(NT)、孔兹和米歇尔斯基 8 号培养基(KM8P)、多佐和帕金森培养基(DPD)、MS、B_5、Linsmaier 和 Skoog 培养基(LS)等。此外,适当控制培养基中的无机盐、激素、pH 的组合能够提升原生质体的分裂能力,如降低或去除无机氮或用有机氮代替无机氮的培养基可促进原生质体的分裂,用葡萄糖作为碳源和渗透剂的培养基可促进人参、当归、川芎和紫草等植物原生质体的持续分裂。

（二）培养方法

原生质体的培养方法大体上可分为液体培养、固体培养和固液结合培养等几种方法,并由此还派生出其他一些方法。例如,液体浅层静置法、固体平板法、悬滴培养法、微滴培养法、饲养层培养法等。培养方法对于原生质体的生长和分裂非常重要,不同植物的原生质体可能适应不同的培养方法。例如,琼脂糖包埋平板有利于水飞蓟原生质体分裂,液-固双层培养适合于子叶和半夏叶片原生质体的培养。一般认为,对于容易分裂的植物的原生质体,采用液体浅层和液体浅层-固体双层培养系统即可获得较好的结果。对于难以分裂的植物的原生质体,采用琼脂糖包埋、液体浅层-固体双层和看护培养系统效果较好。

（三）植板密度

原生质体的初始植板密度对原生质体的培养效率有显著的影响。密度对原生质体活力有着直接和长期的作用,也影响着原生质体的群体效应,在适宜的密度范围内原生质体易于分裂增殖,低密度培养的原生质体不会分裂,而太高的密度会在培养的后期产生一些有害的因子,对原生质体的生长不利。一般来说,原生质体培养的一般密度是每毫升 $1 \times 10^4 \sim 1 \times 10^5$ 个原生质体。采用饲养层培养法可进行低密度原生质体的培养,其密度可低至每毫升 $10 \sim 100$ 个原生质体。应用悬滴培养法和微滴培养法还可进行单个原生质体的培养。

（四）培养条件

1. 温度 不同的药用植物细胞原生质体对培养温度的要求不同,一般为 $24 \sim 28$℃,如蔷薇是 $25 \sim 30$℃,三叶半夏为 $26 \sim 28$℃,欧白英（*Solanum dulcamara*）为 $24 \sim 26$℃。较高的培养温度不仅能影响一些物种原生质体分裂的速率,而且在迄今不能分裂的原生质体中,还可能是启动和维持分裂的一个前提。在分化阶段,培养温度一般控制在 $25 \sim 26$℃。

2. 光照 研究发现,高光照强度对新分离的原生质体是有害的,因此,新分离的原生质体应在漫射光或黑暗环境中培养,当完整的细胞壁形成以后细胞具有了耐光的特性,才可以转移到光下培养。一般而言,对于叶肉、子叶和下胚轴等带有叶绿体的原生质体,在培养初期最好置于弱光或散射光下,由愈伤组织和悬浮细胞制备的原生质体可置于黑暗中培养。在诱导分化阶段,要将培养物置于光照下进行培养,其光强一般为 $1\,000 \sim 3\,000$ lx,光照时数每日 $10 \sim 16$ h。

（五）原生质体的发育和植株再生

原生质体在合适的培养条件下发育再生为植株大致可以划分为三个阶段,分别为细胞壁的再生阶段、细胞分裂和生长阶段以及植株再生阶段。

第一阶段为细胞壁的再生,原生质体培养数小时后开始再生新的细胞壁,一至数天内便可形成完整的细胞壁。这时原生质体的体积增大,由原来的球形逐渐变成椭圆形。新生的细胞壁用 0.1% 荧光增白剂（CFW）染色后,在荧光显微镜下观察可见到绿色荧光围绕在细胞的表面,证明细胞壁已经形成。只有能形成完好细胞壁的再生细胞才能进入细胞分裂和生长的阶段。第二阶段,原生质体培养数天后,胞质增加,细胞器增殖,RNA、蛋白质及多聚糖合成增加,不久即可发生核的有丝分裂及胞质分裂。一般原生质体培养 $2 \sim 7$ d 后开始第一次分裂,但开始第一次分裂的时间,随植物的种类、分离原生质体的材料、原生质体的质量、培养基的成分和培养条件而异,用幼苗的下胚轴和子叶、幼根、悬浮培养的细胞、未成熟种子的子叶等作材料分离的原生质体,一般比用叶肉分离的原生质体容易诱导分离,第一次分裂出现的时间较快。培养 1 周后再生细胞进行第二次分裂,之后很快进行第三、第四次分裂。培养 2 周后,形成多细胞的细胞团,3 周后形成肉眼可见的小细胞克隆,大约 6 周后形成直径 1 mm 的小愈伤组织。第三阶段,原生质体培养形成愈伤组织以后,将其转到分化培养基上诱导器官形成或胚胎发生,使其长成完整植株。形态器官的分化可通过愈伤组织诱导形态发生和胚状体发育成植株两条途径来实现。

三、原生质体的融合

(一)原生质体融合的方法

原生质体融合又称为体细胞杂交,是指将不同品种、亚种、种、属,甚至科间的原生质体通过人工方法诱导融合然后进行离体培养,使其再生杂种细胞和植株的技术。原生质体的自发融合率比较低,为了提高融合率,必须采用人工的方法诱导融合。诱导原生质体融合的方法主要有化学方法和物理方法两大类,此外,原生质体还可以进行自发融合。

1. 聚乙二醇(PEG)法　此法无须特殊设备,操作简单,融合率较高,并且无种属特异性,几乎可诱导任何原生质体间的融合。PEG 是一种大分子量的水溶性多聚化合物。采用 PEG 法,需将两种不同的原生质体以合适比例混合后,加入 28%~58% 的 PEG 溶液处理 15~30 min,然后用培养基进行清洗后即可培养。后来有学者对 PEG 法进行了改进,即逐步降低 PEG 的浓度,提高溶液中 Ca^{2+} 的浓度和 pH,使融合效果得到有效提高。影响 PEG 法融合率的因素主要有 PEG 的相对分子质量、纯度、浓度、处理时间、原生质体的生理状况和密度等。

2. 高 pH-高 Ca^{2+} 法　该法以钙盐作诱导剂,在高 Ca^{2+} 和高 pH 的条件下,使原生质体发生融合。高 Ca^{2+} 和高 pH 条件下经低速离心诱导烟草品种间原生质体的融合,融合率可达 20%~50%。在诱导原生质体融合的溶液中含有 0.05 mol/L $CaCl_2 \cdot H_2O$、0.4 mol/L 甘露醇,pH 为 10.5(0.05 mol/L 甘氨酸-NaOH 缓冲液)。原生质体处理后于 50g 下离心 3 min,然后在 37℃ 恒温水浴中温育 40~50 min,可诱导原生质体发生融合。当原生质体进行融合的数目被认为达到最大时,从水浴中移出,用融合洗涤剂(0.6 mol/L 甘露醇,0.05 mol/L $CaCl_2 \cdot H_2O$)代替融合液,静置 30 min 后,用原生质体培养基洗涤 2 次,然后进行培养。Ca^{2+} 决定胞质膜的稳定性和可塑性,高 pH 能改变胞质膜的表面电荷性质,从而有利于原生质体的融合。

3. 电融合法　电融合法是指用细胞融合仪产生交变电压和高压脉冲电场,使粘连的原生质体膜瞬间破裂,然后与相邻的不同原生质体连接闭合产生融合体,是目前最流行的物理方法。该方法的优点是没有化学残留、对细胞的毒害作用较小、操作简单、融合率高、一次可融合大量原生质体。

4. 激光微束穿刺法　激光微束穿刺法是利用聚焦到微米级的激光微束对组织进行穿刺,引起细胞膜的可逆性穿孔,从而导入外源 DNA 的一种基因直接转化方法。此法对细胞的损伤较小,并且可以准确定位于被照射的细胞,但是因为设备昂贵,故在大量培养生产中使用较少。

5. 亚原生质体融合　植物亚原生质体主要包括 3 种,分别是核质体、胞质体和微原生质体,其中最常用的是胞质体和微原生质体。胞质体-原生质体融合被认为是获得胞质杂种、转移胞质因子最为有效的方法。与传统方法相比,此法育种过程较短,生产效率更高。另外,微原生质体-原生质体融合也被称为微核技术,是指将供体原生质体经处理后使其仅含有一条或几条染色体,用膜包被后再与另一完整原生质体融合的技术。研究发现利用亚原生质体融合技术在茄科不同属植物间完成了目标染色体的转移,并成功获得植株。该技术虽可在不同种属间转移一条或多条染色体,并获得性状稳定的再生植株,但制备微原生质体的难度较大,因此该技术在实际应用中具有一定的局限性。

6. 自发融合　在酶解细胞壁形成原生质体的过程中,相邻的原生质体会因细胞胞间连丝的扩展和粘连而彼此融合形成同核体。每个同核体内可包含两个或多个核,这种类型原生质体的融合被称为自发融合。多核融合体常出现在植物幼嫩叶片或分裂旺盛的培养细胞制的原生质体中。

(二)融合方式

不管是物理方法还是化学方法,原生质体间的融合方式离不开以下两种情况。① 对称融合:指完整原生质体间发生了核与核、胞质与胞质的对称合并,融合细胞具有双二倍体的遗传组成。由此发育而成的再生植株可能是双二倍体杂种,也可能因染色体和细胞质在细胞分裂和分化过程中出现不平衡,产生不对称杂种。② 不对称融合:指用物理或化学方法处理亲本原生质体使一方细胞核失活,或使另一方的细胞质基因失活,再进行原生质体融合。这样得到的融合细胞及再生植株形成不对称杂种。不对称融合在育种上有更大的应用价值和前景。

四、应用

(一)种质资源保存

在 20 世纪 70 年代开始了原生质体的超低温保存研究。有些植物只有在一年的某个特定时期才能成功分离原生质体,而超低温保存的原生质体可以随时为研究提供所需的材料,并且是研究植物低温伤害及细胞内结冰的好材料。目前,原生质体已用于一些药用植物的超低温保存,如曼陀罗(*Datura stramonium*)。

(二)原生质体融合

原生质体是进行原生质体融合的材料。通过原生质体的融合,可以将决定药用植物有效成分的基因在不同种属间进行转移,达到改良药用植物的目的。其中不对称细胞杂交技术,可以获得转移部分基因的不对称杂种或胞质杂种,从而改良栽培品种的个别不良性状,具有广阔的应用前景。而且通过不同类型的原生质体融合,是植物细胞工程在育种上应用的重要内容。因此,原生质体融合是实现基因重组的一条新途径,是有性杂交的补充。例如,利用 PEG 法诱导石防风(*Peucedanum terebinthaceum*)与柴胡(*Bupleurum chinense*)的原生质体融合,在双亲材料的原生质体无法单独培养和分化的情况下,融合原生质体能分化出大量再生植株,说明伞形科植物的属间体细胞杂交中存在再生能力互补的效应。体细胞杂交技术与遗传转化技术相辅相成,与传统的常规育种技术相结合,将会在药用植物育种实践中发挥重要的作用。

(三)筛选突变体

在原生质体培养过程中能够产生体细胞无性系变异,或者在原生质体培养过程中诱导变异,从再生植株中筛选出具有优良性状的变异体,成为植物育种新材料,或直接育成新品系。

(四)植物遗传转化的理想受体

原生质体由于去除了细胞壁,容易摄取外源性遗传物质,如细胞器、细胞核、DNA 等,因而成为植物遗传转化的理想受体。这些年来,在利用原生质体的基础上,建立了多种直接转移基因的方法,如 PEG 法、电激转化法、脂质体介导的转化法、基因枪转化法、显微注射法、激光微束基因转移法等。

第五节　研究热点与展望

药用植物组织培养技术是生物技术领域中的一个重要分支,它在药用植物的快速繁殖、新品种选育及濒危药用植物的保护等方面发挥着重要作用。药用植物组织培养技术在药用植物体快繁技术、脱毒技术、原生质体诱导、单倍体诱导及多倍体育种等方面都得到了很好的研究与应用。提高培养效率、解决褐化问题、保护濒危植物、单倍体诱导技术的研究与应用、多倍体育种技术的应用与技术创新以及培养方式的优化等多个方面成为了当下药用植物组织培养技术的研究热点。

单倍体和多倍体育种技术在提高育种效率、缩短育种周期、改良品质等方面展现出巨大的潜力和价值。单倍体育种技术主要应用在农作物育种上,但药用植物方面也有不少成功案例,已经完成了柴胡、丹参在内的几十种药用植物的单倍体育种。近年来,在单倍体诱导研究上获得了重大突破,研究发现通过灵活操控生长环境温度可多方面优化母本和父本单倍体诱导效率,为在广泛的作物中推广单倍体诱导技术提供了关键性的线索。多倍体育种技术能够增加药用植物的染色体数目,从而改善其药用特性、增强抗逆性并提高生长速率。传统多倍体诱导的技术瓶颈包括诱导率低、纯合多倍体获取数量少、嵌合体纯化困难等方面制约了多倍体育种技术的应用。在木兰科植物多倍体高效诱导体系中,通过体细胞胚发生途径实现了纯合四倍体诱导率达到100%,多倍体胚性细胞系的建立突破了植物多倍体诱导的瓶颈,拓展了基因组加倍的表型变化,为多倍体育种创造了新机会。

茎尖脱毒是一种有效的植物病毒清除技术,对提高植物健康水平和生产可持续性具有重要意义。科研人员在茎尖脱毒技术研究方面已实现了龙牙百合、半夏、姜等多个药用植物的脱毒,技术也愈发成熟。原生质体可以再生细胞壁,形成新的植物细胞,并进一步分化为愈伤组织或再生植株,通过融合不同植物种类的原生质体,可以产生杂交细胞,进而形成新的植物品种。研究人员已经实现了白花前胡与川芎、石防风和柴胡在内的多种药用植物组合的原生质体融合。

最后,药用植物组织培养技术在优化培养基配方、培养条件和生长调节剂的使用,解决药用植物组织培养三大瓶颈"外植体污染、玻璃化、褐化现象",以及为野生资源紧缺或濒危的药用植物提供有效的保护和繁育手段等方面依旧需要进一步研究。

研究案例一　罗布红麻多倍体诱导条件优化及生物学特征变化分析

(一)研究背景

罗布红麻是夹竹桃科罗布麻属(*Apocynum*)的一类多年生宿根草本植物,具有分蘖能力强、适应范围广等特点。罗布红麻全身均可以入药,具有降血压、降血脂、镇静、安神等功效。化学诱导法是多倍体育种工作中最常见的方法,具有适用范围广、操作简单、经济实惠和诱导率高的特点,用秋水仙碱处理植物分裂旺盛的幼嫩部位可以使染色体数目加倍,从而获得多倍体。多倍体植株由于染色体数目的增加,其遗传多样性显著提高,植株具有抗逆性增强、内含物质增加、果实增大、无子果实、观赏价值和经济价值增加等特点。罗布红麻多倍体如何诱导,其多倍体的最佳诱导条件如何设置,以及其多倍体的生物学特征有何变化规律未知,探索罗布红麻多倍体的最优诱导条件,掌握其生物学特征及变化规律在生产上具有积极的研究意义。

(二)研究思路

该研究案例引自王悦等(2023),研究思路如图2-2所示。

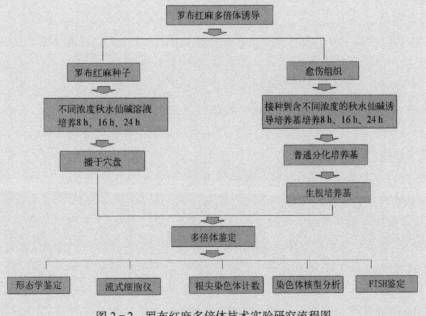

图2-2　罗布红麻多倍体技术实验研究流程图

FISH:荧光原位杂交

（三）研究结果

以种子为外植体的罗布红麻多倍体诱导：罗布红麻种子出芽率随着秋水仙碱浓度增加而显著降低，形态变异率随着秋水仙碱浓度增加而显著增加。同一秋水仙碱浓度下，罗布红麻种子出芽率随着诱导时间的增加而降低，形态变异率随着诱导时间的增加而增加。以愈伤组织为外植体的罗布红麻多倍体诱导，0.08%秋水仙碱处理24 h时的形态变化率最高，为37.11%，但存活率最低，为10.21%。在形态上，罗布红麻诱变植株叶片的长度和宽度均高于二倍体对照植株，叶形指数则相反。对植株的整体形态观察发现，诱变株与二倍体植株相比，它的茎秆粗壮，叶片较厚，颜色较深，生长较缓慢。正面、背面及气孔的扫描电镜观察发现，与对照株相比，诱变株叶片的表皮细胞较大。经秋水仙碱诱导处理后的多倍体植株的气孔大小及气孔密度均会发生变化，罗布红麻的气孔主要分布在叶片背面，气孔的保卫细胞凹入叶片表面，且观察发现诱变株的保卫细胞的宽度和长度均大于对照株。

（四）研究结论

以浓度为0.1%的秋水仙碱溶液浸泡罗布红麻种子24 h，可获得较高的罗布红麻种子出芽率和植株形态变异率，种子出芽率达70.10%以上，植株形态变异率为14.21%，可以作为罗布红麻种子多倍体诱导的最佳方式。

（五）亮点点评

以罗布红麻种子和愈伤组织为外植体，采用不同浓度的秋水仙碱进行诱变处理，通过出芽率、诱导率等指标测定及形态观察、流式细胞仪检测、根尖染色体计数、荧光原位杂交（FISH）分析等，开展诱变植株倍性鉴定。筛选出罗布红麻种子多倍体诱导的最佳方式，同时也确定了多倍体植株与二倍体植株形态的显著差异，为今后多倍体育种研究提供了基础。

研究案例二　龙牙百合茎尖脱毒技术

（一）研究背景

黄瓜花叶病毒（CMV）属于雀麦花叶病毒科（Bromoviridae）黄瓜花叶病毒属（*Cucumovirus*），被列为世界十大植物病毒之一。黄瓜花叶病毒的寄主范围广，包括果树、蔬菜、观赏植物等1 000多种植物，目前CMV已成为侵害龙牙百合的主要病毒之一。由于龙牙百合主要依靠鳞茎进行无性繁殖，因此该病毒逐代积累日趋严重，对龙牙百合的产量和品质造成严重影响。要解决因病毒侵染导致的种性退化问题，利用茎尖培养技术生产龙牙百合脱毒种苗是一条可行的途径。

（二）研究思路

该研究案例引自王茯苓（2022），研究思路如图2-3所示。

（三）研究结果

无菌龙牙百合组培苗：通过定期对茎尖进行观察发现，接种约7 d后茎尖开始启动生长，茎尖体积逐渐膨大，茎尖的颜色由白色变成嫩绿色，而没有发生任何反应的茎尖，此时颜色变成深褐色，而后开始逐渐枯萎死亡；20 d后茎尖体积继续变大，存活的茎尖有的分化成芽，部分膨大形成浅黄色愈伤组织；30 d后茎尖愈伤组织，此时出现了淡绿色小突起；40 d后愈伤组织表面的淡绿色小突起形成多个肉眼可见的小鳞茎并开始抽生新叶，部分不定芽周围还会分化出丛生芽；继续培养至50 d左右，新叶生长至瓶盖，不定芽和丛生芽也生长完成，已经伸长形成苗。通过PCR

病毒检测法检测,凝胶电泳结果表明茎尖培养的组织和阴性对照中没有目标条带,茎尖培养的脱毒效果良好。

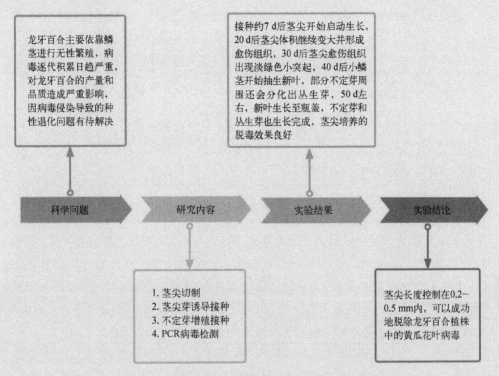

图2-3　龙牙百合茎尖脱毒技术实验研究思路流程图

（四）研究结论

龙牙百合在进行茎尖脱毒培养时,通过茎尖培养的实验将茎尖长度控制在0.2~0.5 mm内,可以成功地脱除龙牙百合植株中的黄瓜花叶病毒。

（五）亮点点评

该研究不仅为龙牙百合的组织培养和病毒脱除提供了有效的技术路线,也为其他植物的无菌组织培养和病毒清除提供了可行的方法,具有较强的实用性和推广价值。

研究案例三　生姜茎尖脱毒快繁

（一）研究背景

长期的无性繁殖导致生姜种性退化,产量、品质及抗性下降,利用脱毒快繁技术对种姜进行提纯复壮,能够降低或清除种姜有害病毒和细菌,提高生姜产量,减少农药施用量。

（二）研究内容

贵州省贞丰县小黄姜(ZF),遵义市湄潭县大白姜(MT),试验材料均取自当地主产区,实验研究思路见图2-4。

1. 高温钝化　挑选饱满、大块、肉色光亮的健康小黄姜和大白姜姜块,冲洗干净后用500倍多菌灵(80%含量)浸泡杀菌1 h,晾干后用进口泥炭土覆盖并适量浇水,28℃恒温培养,湿度维持在80%左右。待姜芽长至2~3 cm时,分批对姜芽进行高温处理,55℃处理5~8 min。

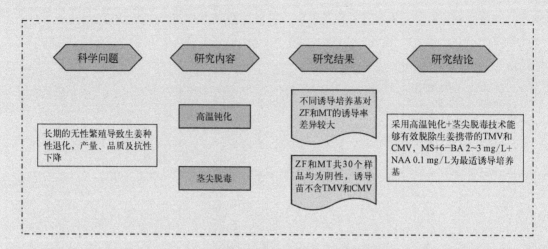

图 2-4　生姜茎尖脱毒快繁实验研究思路流程图

2. 茎尖脱毒　将高温处理过的姜芽用自来水冲洗 30 min,用 75% 乙醇消毒 45 s,并用无菌水清洗干净,再用 0.1% 氯化汞溶液消毒 8 min,用无菌水清洗 3~4 次。在超净工作台中利用双目解剖镜剥离生姜茎尖。切除离叶原基 0.1~0.2 mm 的茎尖接种到诱导培养基上,以茎尖分生组织诱导成苗阶段使用的培养基为诱导培养基。将茎尖接种到不同激素配比的培养基中,共 9 个处理,Y1~Y9 处理 6-BA(mg/L)与 NAA(mg/L)的配比分别为 1:0.1、2:0.1、3:0.1、1:0.3、2:0.3、3:0.3、1:0.5、2:0.5 和 3:0.5。其中 MS 为基础培养基,添加 3% 蔗糖、0.7% 琼脂,pH 为5.8~6.0,培养温度为 25~28℃,光照为 1 500~3 000 lx(14 h/d)。利用 TMV 检测试剂盒和 CMV检测试剂盒检测是否成功脱除烟草花叶病毒(TMV)和黄瓜花叶病毒(CMV)。并于接种后 30 d统计茎尖膨大率,于接种后 80 d 调查并统计诱导不定芽数,并计算诱导率。

（三）研究结果

生姜茎尖在诱导培养基上 7 d 左右开始膨大,30 d 后趋于稳定,ZF 和 MT 在不同的诱导培养基中膨大数差异较大。在接种 80 d 时,不同诱导培养基对 ZF 和 MT 的诱导率差异较大,分别为35%~81% 和 41%~90%,诱导率最高的 6-BA(mg/L)与 NAA(mg/L)培养基的配比分别为 2:0.1 和 3:0.1。说明不同品种生姜茎尖诱导所需的激素比例不同,NAA 最适浓度为 0.1 mg/L,过高的 NAA 含量不利于生姜茎尖的分化和诱导;而 6-BA 的最佳浓度为 2~3 mg/L。病毒检测 ZF和 MT 共 30 个样品均为阴性,诱导苗不含 TMV 和 CMV。

（四）研究结论

采用高温钝化+茎尖脱毒技术能够有效脱除生姜携带的 TMV 和 CMV,MS+6-BA 2~3 mg/L+NAA 0.1 mg/L 为最适诱导培养基。

（五）亮点点评

实验针对生姜长期无性繁殖导致的种性退化问题,通过脱毒快繁技术提高生姜的产量和品质,同时减少农药的使用,这对农业生产具有重要的实际意义。实验结果揭示了 NAA 和 6-BA的最佳浓度范围,以及不同品种生姜对激素浓度的不同需求,为生姜茎尖脱毒和快繁技术的应用提供了科学依据。

思 考 题

1. 结合我们自己的研究领域,谈谈组织培养技术都有哪些应用价值。

2. 近年来中药重新慢慢"热起来"了,中药的安全性和有效性越来越成为焦点。请结合当下的"中药热",列举并阐述理由,有哪些药用植物可以利用茎尖脱毒技术提高抗病性和产量,进而对中药的安全性和有效性产生积极影响。

3. 考虑到全球对新药的需求日益增长,特别是针对某些难以治愈的疾病,如癌症和罕见病,请探讨如何利用药用植物原生质融合技术来加速新药的开发过程。

第三章
药用植物毛状根和悬浮细胞培养技术

近年来,人类对药用植物次生代谢产物的需求不断扩大,需求量的提高驱使生产方法不断改进,因此寻求一条可持续发展道路来解决中药活性成分的来源问题迫在眉睫。药用植物毛状根和悬浮细胞培养体系的建立是生产药用植物次生代谢产物的一条新的有效途径,其能够在生物反应器中进行大规模培养,为实现次生代谢产物的工业化生产提供了可能。本章主要介绍药用植物毛状根和悬浮细胞培养的类型、方法与应用案例。

第一节　毛状根的诱导与筛选

毛状根培养是 20 世纪 80 年代发展起来的基因工程和细胞工程相结合的一项技术。该技术主要通过将发根农杆菌(*Agrobacterium rhizogenes*)中 Ri 质粒含有的转移 DNA(T-DNA)整合到植物细胞的 DNA 上,诱导植物细胞产生毛状根。发根农杆菌是一种土壤细菌,具有广泛侵染性,其携带的 Ri 质粒侵染植物后,双子叶植物大多数能够诱导出毛状根,而单子叶植物只有少数能够在感染部位长出毛状根。发根农杆菌诱导产生的毛状根具有次生代谢产物含量高、生理生化和遗传性稳定、生长速度快、无向地性、激素自养和易获得再生植株等优点。毛状根技术在药用植物的研究和应用中具有极大的生产潜力,成为药用植物研究的一个新方向。

一、毛状根的发根机制

毛状根,也称发根,是发根农杆菌感染植物后,植物表面被发根农杆菌诱导迅速生长并产生许多不定根,且不断分枝形成毛状结构的一种特殊表现型。

发根农杆菌上含有一个巨大的侵入质粒——Ri 质粒,大小为 200~800 kb,其上含有 2 个与转化有关的区域:Vir 区(致病区)和 T-DNA 区(转移区)。发根农杆菌作用于药用植物,感染后在伤口部位诱导出的毛状根就是由发根农杆菌 Ri 质粒上的 T-DNA 区和 Vir 区来实现的。在自然状态下,发根农杆菌上的 Ri 质粒作为基因载体可以直接作用于药用植物伤口处细胞;在药用植物伤口处,组织会产生乙酰丁香酮等酚类化合物及多糖物质,能够诱导 Ri 质粒内 *Vir* 基因表达;*Vir* 基因表达产物再作用于 T-DNA 区,使 T-DNA 区的 DNA 片段能插入整合到药用植物的基因组,DNA 片段整合到宿主细胞后表达,促使伤口处组织分化产生大量毛状根。

二、毛状根的特点

转化植株的形态、生理及生长发育特性因发根农杆菌种类以及所转化植物种类不同而不同。许多发根农杆菌转化植株表现为叶缘缺刻、叶片皱缩、节间缩短、顶端优势减弱、侧根和不定根分生能力增强等特点,但大多数转化植株产生的毛状根都具有一些共同的特征,表现在以下几个方面。

1. 繁殖能力强　毛状根具有很强的繁殖能力,可以制成人工种子长期保存。例如,用海藻酸钠凝胶包埋辣根毛状根并切段制成人工种子,能再生出植株;用辣根毛状根起源的细胞团制成的人工种子,在25℃贮藏60 d后仍保持再生根的能力。

2. 生长速度快且易于培养　毛状根是单细胞克隆产物,能在无激素的培养基上生长,适合用于离体培养,毛状根的生长习性表现为向地性部分或全部消失,趋向于水平生长。毛状根属于生长素自养型,通常能在无激素的培养基上旺盛生长,其生长速度远远超过细胞悬浮培养。与愈伤组织和细胞悬浮培养相比,毛状根具有生长快、无须外源激素、有效代谢物质含量高和易于大量培养等优点。例如,天仙子毛状根经培养后其鲜重能在1个培养周期内增加2 500倍。黄芩毛状根在培养16 d后其鲜重增加404倍,有效药用成分黄芩皂苷的含量略高于生药。金荞麦毛状根在培养19 d后,鲜重增加达1 256倍。这样的增殖速度是细胞悬浮培养或器官培养不能相比的。

3. 生产次生代谢产物　一些植物的毛状根具有向培养基中释放代谢产物的特性,这一特性有利于分离提取次生代谢产物。例如,黄花烟草毛状根培养物在16 d生长期内,向培养基中分泌的尼古丁高达10 g/L。短叶红豆杉毛状根在悬浮培养20 d期间,向培养液中分泌的紫杉醇含量达0.01～0.03 mg/L。

4. 细胞分化程度的影响　次生代谢产物的合成和积累量与细胞的分化程度有关。毛状根能够形成含量较高的次生代谢产物,如未分化的长春花细胞所含的生物碱含量非常低,而在毛状根中却比较高。此外,毛状根还能合成一些愈伤组织不能合成的有效成分,如在黄花蒿的愈伤组织中不含具有抗炎症作用的药用成分——青蒿素,但在毛状根中却能检测到青蒿素。

5. 生物转化功能　毛状根具有生物转化功能,能够产生许多新的化合物。例如,通过人参毛状根的生物转化作用,洋地黄毒苷配基可以生成5种新的化合物。用烟草、颠茄和拟南芥的毛状根分别转化4-甲基伞形酮-β-D-葡萄糖苷酸,皆能产生4-甲基伞形酮。将青蒿素添加到露水草毛状根培养体系中,经过8 d培养后,青蒿素转化为去氧青蒿素。在人参毛状根培养22 d后,向培养基中加入氢醌,持续转化22 h,检测发现外源氢醌转化为熊果苷的转化率达89%,所合成的熊果苷占干重的13%。

三、药用植物毛状根的诱导

药用植物毛状根诱导常用的方法有3种,即直接接种法、外植体共培养法、原生质体共培养法。在实际应用中,以外植体共培养法为主。

1. 直接接种法　利用药用植物种子获得无菌苗,在茎上划出伤口,将活化好的发根农杆菌接种到伤口上,继续培养一段时间后就会从伤口处长出毛状根,此种方法最为简单便捷。例如,通过直接接种法诱导,建立了防风毛状根体系。将活化好的LBA9402发根农杆菌菌液直接向培养在MS固体培养基上的何首乌无菌苗的茎、叶片、叶柄处多次注射,在暗处培养,能够诱导得到何首乌毛状根。

2. 外植体共培养法　取药用植物的叶片、叶柄、茎段等无菌外植体与活化好的发根农杆菌进行共培养,2～3 d后在加有抗生素的培养基上继代培养,除掉发根农杆菌,一段时间后在外植体切口处长出毛状根。此方法最常用,如利用发根农杆菌与青蒿无菌苗的子叶下胚轴、叶片、叶柄等外植体共培养转化获得毛状根。

3. 原生质体共培养法　将愈伤组织制备成原生质体,培养3～5 d后,与活化好的发根农杆菌混合共同培养,转化成功后,在含有激素或抗生素的选择培养基上对转化细胞进行筛选,得到转化细胞克隆。转化细胞分裂形成愈伤组织,最后这种愈伤组织在无激素的培养基上培养即可产生毛状根。该方法对原生质体要求高且筛选和除菌较麻烦。此外利用愈伤组织培养进行诱导,也是一个较好的方法。利用龙眼胚性愈伤组织在分化培养基上诱导出透明、幼嫩的小胚,再经发根农杆菌处理诱导得到毛状根。

四、影响毛状根诱导的因素

1. 外植体　在药用植物毛状根诱导时,外植体的选取十分重要。同一种发根农杆菌感染,不同药用植物同一外植体或同种药用植物的不同外植体及同一药用植株的不同发育阶段的外植体转化率都存在显著差异。同一种发根农杆菌对同属植物不同植株的同一外植体进行感染,转化率由于植株种类不同存在明显差异。例如,用发根农杆菌 ATCC15834 分别侵染唇形科黄芩属两种植物,二者毛状根诱导率差异较大,分别为 93.3% 和 56.6%。利用 ATCC15834 侵染伞形科木本植物 *Ferula pseudalliacea*,其毛状根诱导率为 29%,而其他研究表明该菌株对伞形科草本植物细叶糙果芹[*Trachyspermum ammi*(Linnaeus)Sprague]毛状根诱导率为 84.3%。另外,通过建立钩藤[*Uncaria rhynchophylla*(Miq.)Miq. ex Havil.]毛状根诱导体系研究了不同外植体对毛状根诱导率的影响,结果表明诱导效果叶片>幼茎>叶柄;还有研究发现,利用 R1601 侵染蒙古黄芪[*Astragalus membranaceus* var. *mongholicus*(Bunge)P. K. Hsiao]能够得到较高的毛状根诱导率。

2. 菌株种类　不同发根农杆菌菌株侵染力存在较大差异,同时外植体对各菌株侵染的敏感程度也不同,从而导致毛状根的诱导转化率表现出一定差异。目前广泛使用的发根农杆菌主要是含有农杆碱型 Ri 质粒的菌株,如 ATCC15834、LBA9402、A4、C58C1、ArQual、K599、MSU440、R1000、R1600等,但发根农杆菌种类差异对同一植物毛状根的诱导效果不同。如利用发根农杆菌 A4、A13、ATCC15834 侵染药蜀葵(*Althaea officinalis* L.)诱导毛状根,结果表明这三种菌株均可诱导出毛状根,但以 ATCC15834 在茎段外植体中诱导转化率最高。不同菌株诱导能力存在差异,目前也有研究对发根农杆菌进行改造,对天然 Ri 质粒进行修饰以导入外源基因以及利用 Ri 质粒开发双元载体,从而对植物进行快速的遗传操作,可进一步提高植物的遗传转化率。因此筛选合适菌株是提高毛状根诱导转化率的前提。

3. 预培养及共培养时间　药用植物外植体在感染发根农杆菌之前,接种到空白培养基预培养一定时间,可以提高转化率并解决外植体伤口处细胞因过敏反应导致的褐化问题。因为在预培养过程中,外植体伤口能够形成乙酰丁香酮等物质并释放出诱导发根农杆菌识别的信号分子。T - DNA 由发根农杆菌 Ri 质粒上转移并整合到受感染细胞 DNA 上需要一定的时间,所以,外植体与发根农杆菌共培养时间的长短直接影响到毛状根的诱导率。在诱导药用植物毛状根时,要适当延长共培养时间,以提高转化频率。共培养时间过短,Ri 质粒上的 T - DNA 还不能完成转移与整合,则无法得到转化的毛状根;共培养时间过长,发根农杆菌增长过量,易导致植物组织死亡。在长春花转化毛状根诱导的研究中发现,当预培养 2 d 时转化频率最高达到 44.44%,当共培养 2 d 时转化频率最高达到 50.70%。

4. 外源激素　药用植物毛状根诱导时,在培养基中加入一定量的外源激素,会使外植体伤口处细胞对发根农杆菌比较敏感,从而提高转化频率。例如,在人参毛状根转化系统研究中发现,外植体在含 NAA 3×10^{-6} mg/L、KT 0.3×10^{-6} mg/L 的培养基中愈伤化程度最高,转化频率也最高,达到 58%。在 Ri 质粒转化西洋参的研究中发现,西洋参外植体在添加 2,4 - D 1 mg/L、KT 0.1 mg/L 的 MS 琼脂培养基上培养,难以诱导出毛状根,而在添加 NAA 6 mg/L 的 MS 琼脂培养基中共同培养,成功诱导出毛状根。

5. 酚类物质　毛状根诱导发生过程中,植物外植体的伤口处会分泌某些酚类物质,这些酚类物质能够引起 Vir 区基因的活化,从而提高毛状根的转化频率。因而,可以人为地在诱导过程中加入促进转化的酚类物质来提高转化频率。目前广泛使用的酚类物质有乙酰丁香酮、香草酚、羟基乙酰丁香酮等。添加适量的乙酰丁香酮可以提高转化频率,但对有些药用植物诱导不仅无效,而且会有毒害作用。在进行人参毛状根转化系统的研究中发现,植株幼茎经 1×10^{-4} mol/L 的乙酰丁香酮处理后,其转化频率明显提高。

6. 培养条件 在毛状根诱导过程中,温度和光照也是重要的外界影响因素。发根农杆菌的增殖和活力对外界温度变化十分敏感。25~30℃时发根农杆菌的增长最快,在28℃时,*Vir* 基因表达能力最强,适当调节温度,可以提高转化频率。毛状根诱导过程中光照时间的长短也会影响诱导率,大多数植物毛状根的诱导在黑暗条件下进行,而有研究发现紫菀毛状根在 12 h/d 光照条件下的诱导频率比黑暗条件下高,在全天 24 h 光照条件下短叶红豆杉毛状根的诱导效果最佳。

7. 其他因素 药用植物毛状根诱导频率除以上几种影响因素外,还受到其他因素的影响。MS、LS 等高盐培养基有助于毛状根的形成;培养基中糖类物质的含量会影响毛状根的诱导率;超声波和真空渗透处理药用植物材料能增加发根农杆菌与药用植物外植体之间的接触面积,提高转化频率;适当的菌种浓度也会提高转化频率,发根农杆菌菌种浓度在 660 nm 波下的吸光度为 0.5~0.8 时,转化频率显著提高;共培养后除菌时抗生素种类和浓度的不同对转化频率也有一定的影响;培养基 pH 及 NH_4NO_3 含量对毛状根转化频率也有一定影响。

五、影响毛状根合成次生代谢产物的因素

毛状根中次生代谢产物的合成是由遗传物质控制的,同时也受到营养和环境因素的影响。培养基的成分(如碳源、氮源、激素等)和培养条件(如光照、温度、诱导子等)都会影响毛状根的生长和次生代谢产物的合成。下面将阐述各种培养条件对有效成分合成的影响,为大规模培养毛状根作为生物反应器生产次生代谢产物奠定一定的基础,同时也为药用资源可持续利用提供有效途径。

(一) 化学因素

培养基的化学组成对毛状根次生代谢产物合成有较大影响,其中主要集中在碳源、氮源、激素、pH 及培养基中的其他因素等方面。

1. 碳源 糖的种类和浓度不同,对毛状根积累次生代谢产物的影响不同。培养基中的碳源种类及浓度对毛状根合成次生代谢产物的影响可因植物种类的不同而有所差异。从已报道的结果来看,蔗糖是最好的碳源,在植物吸收时可以水解为葡萄糖和果糖,但蔗糖的利用速率因植物种类而异。尽管增加初始蔗糖浓度对毛状根生长以及次生代谢产物合成的影响较大,但究其原因,蔗糖浓度的增加并不能产生渗透效应,可能是由于次生代谢产物与生长相关联,因此生长速率提高,也就促进了次生代谢产物的合成。在培养黄花蒿(*Artemisia annua*)毛状根时发现,在一定范围内提高蔗糖浓度能促进青蒿毛状根的生长,其中5%的蔗糖最有利于毛状根中青蒿素的积累;但当蔗糖浓度达到8%时,毛状根的形态会发生明显的改变,分枝减少,根变粗,极易断裂,颜色由淡黄色变成浅黄色,生长受到严重抑制。在何首乌(*Polygonum multiflorum* Thunb.)毛状根培养过程中,培养基中蔗糖的消耗速率与毛状根培养物生物量积累的速率呈正相关。

2. 氮源 氮(包括 NH_4^+ 和 NO_3^-)是重要的大量元素,它与植物生长和基因表达的信号转导有关。硝态氮(NO_3^-)可提高氨基酸和蛋白质含量,降低根冠比,同时调节碳代谢,从而影响次生代谢产物的生物合成。研究发现,提升培养基中的 NO_3^-/NH_4^+ 比例,能够提高毛状根中次生代谢产物的含量。常采用的无机氮源主要是硝酸盐和铵盐。对青蒿素的研究表明,当 NO_3^-/NH_4^+ 比例为 5:1 时培养毛状根 24 d,其中青蒿素的产量比标准 MS 培养基高出 57%,说明培养基中的氮源是影响黄花蒿毛状根产生青蒿素的一个非常重要的因素。

3. 激素 植物激素是植物组织培养中的关键因子,不仅会影响细胞生长,还会影响细胞次生代谢产物的合成。毛状根可以在不含激素的培养基中快速生长,因为毛状根在生长过程中能够自身分泌或合成所需的激素,但这并不说明激素对毛状根中次生代谢产物的形成和积累没有影响。不同的激素

种类对毛状根的作用也不同,植物激素对植物细胞中各种酶的合成和活性具有调节作用。激素可通过促进合成或抑制降解来增加酶的活性。植物激素对酶活性的调节有助于从分子水平进一步探讨激素的作用机制。研究证明,生长素和细胞分裂素可以调节蛋白质的代谢,并且对植物基因的表达有显著的调节作用。植物激素之所以可以影响毛状根的生长及次生代谢产物的合成,可能是由于其对某些基因的调控,影响了次生代谢产物生物合成中某些关键酶的合成。

4. pH　培养基 pH 对毛状根生长和次生代谢产物的产生均有影响。液体培养基的 pH 会影响培养基中矿物质元素的存在状态,从而影响到毛状根对元素的吸收。不同植物毛状根生长对 pH 的要求不同,最适 pH 为 5.0~6.0。pH<6.0 时有利于黄花蒿毛状根生长和青蒿素的产生,有 70% 的青蒿素释放到培养基中;pH>6.0 时,青蒿素完全释放到培养基中。水母雪莲毛状根生长及总黄酮生物合成的最适 pH 为 5.8,过高和过低的 pH 都不适合水母雪莲毛状根中总黄酮形成。

5. 培养基中的其他因素　微量元素、溶解氧、氨基酸等对毛状根次生代谢产物的合成也会产生不同的影响。通过研究不同浓度的稀土元素镧对掌叶大黄毛状根和非转化根生长及蒽醌产量的影响,研究人员发现镧浓度对大黄根生物量积累有显著影响,培养基中镧浓度为 10 mg/L 时,对大黄根生长表现出明显的抑制作用;镧浓度对 3 种大黄根的蒽醌产量有极显著影响,当培养基中镧浓度为 1.0 mg/L 时,蒽醌产量最高;经稀土离子处理的 3 种大黄根中芦荟大黄素和大黄酸含量显著高于大黄素、大黄酚和大黄素甲醚。说明培养基中添加适宜浓度的稀土离子对掌叶大黄单克隆毛状根的生物量积累和醌类化合物的合成具有明显的促进作用。磷是影响植物生长和物质代谢最重要的大量元素之一,如磷缺乏或磷饥饿等不仅会影响其他矿物质元素的吸收,以致根的生长受到影响且结构发生变化,而且还能诱导或影响某些基因的表达,以致某些酶活性及蛋白质含量发生改变,从而促进根部有机酸的分泌及其次生代谢类型的改变。

(二) 物理因素

物理因素也可以明显影响植物毛状根次生代谢产物的合成,其中主要因素包括光照和温度。

1. 光照　在研究培养条件对毛状根产生次生代谢产物的影响中,主要研究的条件是光照。光照对诱导分化通常是必要的,它可以激活某些酶的活性及促进光诱导的叶绿体代谢产物的生成。光作为调节植物生长发育的重要影响因素,不仅可以调节植物的多种生理功能,还可以调节离体培养物的生长及其次生代谢产物的水平。研究表明,光照对毛状根合成产物的影响随植物种类的不同而有所差异。有研究发现了光对三裂叶野葛毛状根次生代谢产物的影响。与暗培养相比,蓝光和白光处理下的毛状根虽生长较缓慢,但其毛状根培养物中异黄酮类化合物含量更高,且白光的效果更明显。结果还表明,蓝光会抑制毛状根中葛根素的积累,而白光则会促进毛状根中葛根素含量的积累,这与光照影响人参(Panax ginseng)毛状根培养的结果一致。结果表明蓝光和白光培养的毛状根干重分别比暗培养的提高 37.1% 和 23.3%;而且白光处理的比蓝光培养的毛状根培养物中的葛根素含量高。毛状根培养一般不需要额外的光照,但有些植物的毛状根光照一段时间后开始变绿,这种绿色毛状根的生长速度及其次生代谢产物的含量都大幅度提高,可能是因为一些在原植物叶中表达的产物在绿色毛状根中也得到了表达,或是激活了合成途径中的某些酶,从而促进了次生代谢产物的合成。例如,无刺曼陀罗(Datura inermis Jacq.)毛状根在光照下变绿,其莨菪烷生物碱含量大幅度提高,但也有相反的情况,如高山火绒草(Leontopodium alpinum Cass.)的毛状根在黑暗的条件下培养能增加挥发油的浸出率。

2. 温度　温度对次生代谢产物的产生也有影响,然而温度对毛状根生长和代谢的影响不大受到重视,其原因主要在于一般认为生物的生长和代谢总是存在最佳的温度。但由于正常植物一天当中受到不同温度、光强度的影响,次生代谢产物的变化可能会很大,因此研究温度模式对毛状根生长和次生代谢的影响则显得较为重要。一般植物组织培养的温度为 20~25℃,次生代谢产物的积累对温度的依赖性依不同培养系而异。研究发现,不同温度(15~35℃)对黄花蒿毛状根生长和青蒿素生物合成有影响,25℃有利于毛状根生长,30℃促进青蒿素生物合成。通过温度改变的二步培养技术(培养前20 d温度控制在25℃,后10 d温度提高到30℃),青蒿素的产量得到明显提高,高于在恒温培养时(25℃或30℃)的结果。

(三)诱导子

诱导子是指在培养基中添加后能够刺激毛状根中次生代谢产物产生的化学或生物因子,同时也可能引起毛状根中次生代谢产物向外分泌。这些诱导子包括金属离子、除草剂、寡聚糖素、真菌菌丝等。常用的诱导子是从真菌中提取的多糖类物质和植物细胞壁粗提物。诱导子可作为研究药用植物次生代谢产物信号识别及其细胞内信息传递的良好载体。诱导子分为内源性诱导子和外源性诱导子,内源性诱导子多为植物细胞壁的降解产物,外源性诱导子是真菌入侵植物时自身的降解产物如多糖类、糖蛋白类、蛋白质类及不饱和脂肪酸类。目前研究较多的是采用真菌提取的多糖类物质作为外源性诱导子。真菌诱导子是来源于真菌的一种确定的化学信号。在植物与真菌的相互作用中,能快速、高度专一地选择性诱导植物特定基因的表达,进而活化特定次生代谢途径,积累特定的目的次生代谢产物。利用真菌诱导子作为调控植物次生代谢,进而提高目的次生代谢产物含量的手段,已在植物组织和细胞培养中得到广泛应用。在菊科植物毛状根培养基中加入疫霉菌(Phytophthora sp.)菌丝提取物,多炔类含量显著提高。在长春花毛状根培养基中加入曲霉菌(Aspergillus sp.)匀浆物,可使阿吗碱和长春碱含量分别提高66%和19%。在植物次生代谢调控中酵母提取物是使用较多的一种诱导子,如将酵母提取物加入紫草(Lithospermum erythrohizon)悬浮细胞培养物中,6 d后迷迭香酸含量增加2.5倍,在迷迭香酸合成前苯丙氨酸解氨酶活性迅速增加。

有研究比较了几种生物诱导子如酵母提取物、寡半乳糖醛酸、真菌诱导子,以及非生物诱导子如Ag^+、Co^{2+}和α-氨基异丁酸对丹参毛状根中丹参酮含量的影响。结果发现,生物诱导子和非生物诱导子都表现出了一定的诱导选择性。所有的生物诱导子都显著提高了丹参酮的生成量,而所有的非生物诱导子都选择性地提高了丹参酮Ⅰ的生成量,并且在大部分情况下,添加的诱导子都没有对丹参毛状根的生长产生明显的抑制作用。诱导子之间发生协同作用可能是由于那些非生物的成分激活了毛状根的系统性抗性,诱发根处于易感染状态。当系统性抗性被激活、处于易感染状态的毛状根接收到生物诱导子的刺激时,对它的侵害刺激更加敏感,毛状根内一系列与细胞防御反应相关的生理生化过程被强化,次生代谢途径活化程度被提高,次生代谢产物或植保素等防御性物质的积累增加。而不同诱导子组合之间的诱导选择性可能是由于不同的诱导子对次生代谢合成途径的作用位点不同而引起的。

赤霉素及其合成抑制剂可对丹参毛状根中丹参酮类活性物质含量产生影响。将不同浓度的赤霉素和多效唑分别加入丹参毛状根的液体培养基中,培养25 d后对毛状根中的隐丹参酮、丹参酮Ⅰ和丹参酮Ⅱ的含量进行测定,结果显示赤霉素可以促进丹参毛状根中丹参酮类活性物质的积累,而多效唑则抑制了其积累,从而推测多效唑是丹参毛状根中丹参酮Ⅱ等化合物的合成抑制剂,且赤霉素可以作为一种有效的丹参酮类活性成分的诱导子。赤霉素是一个较大的萜类化合物家族,在植物整个生命循环过程中起着重要的调控作用,同时也是一种应用广泛、价格低廉的植物生长调节剂,且长期实践证明其是安全无害的。外源赤霉素可以促进丹参酮类化合物含量的提高,其结果有助于发掘丹参毛状根应用的潜在价值。

此外,茉莉酸及其衍生物(如茉莉酸甲酯)被认为在植物次生代谢过程中起诱导信号转导作用。外源性茉莉酸类化合物能有效刺激植物次生代谢产物的生物合成,可引起植物次生代谢产物的迅速积累,其作用具有广泛性,能诱导包括萜类、黄酮类、生物碱类等化合物的积累。在长春花的毛状根培养物中加入茉莉酸,可使阿吗碱的含量增加80%。有研究发现,茉莉酸甲酯能显著提高紫杉醇和紫杉烷类化合物的产量。丹参脂溶性丹参酮类成分主要为二萜醌类化合物,具有与紫杉醇相似的二萜类化合物代谢通路。

六、药用植物毛状根的鉴定

通过发根农杆菌感染植物产生的毛状根均由一个细胞发育而来,具有很强的遗传稳定性。鉴定毛状根是否由发根农杆菌感染后产生,方法主要有形态学鉴定、抗性筛选、报告基因鉴定和基因鉴定。

（一）形态学鉴定

毛状根与正常植物根系在形态上有明显的差异。首先,经发根农杆菌感染产生的毛状根可在无激素的培养基上迅速生长,呈白色并具有白色绒毛、多根毛、多分枝和失去向地性等正常根系不具有的特点。其次,毛状根在液体培养基中生长速度大于正常根。这些特殊的形态为鉴别毛状根提供了有力的依据。例如,用发根农杆菌感染葡萄时只出现过冠瘿瘤而不出现毛状根。有研究报道用发根农杆菌感染葫芦巴叶子时,产生了大量的瘤状物,有的子叶在两表面形成很短的根状突起,却不能继续伸长为典型发根。

（二）抗性筛选

Ri 质粒上携带有外源抗性基因,经发根农杆菌介导转化植物后会产生带抗性的毛状根,则可通过在毛状根诱导培养基中添加一定浓度的抗生素来筛选阳性毛状根。目前常用于植物遗传转化载体中的抗性基因有卡那霉素和潮霉素等。

（三）报告基因鉴定

为了更为直观、快速地鉴定毛状根,研究人员在 Ri 质粒的 T - DNA 区插入绿色荧光蛋白(GFP)基因、β -葡糖醛酸糖苷酶(β - glucuronidase, GUS)基因等报告基因,这样可以直接通过观察荧光、GUS 染色反应等来鉴定阳性的毛状根,可用于阳性毛状根的早期鉴定。

（四）基因鉴定

提取毛状根基因组 DNA,设计特异引物,通过聚合酶链式反应(polymerase chain reaction, PCR)扩增 Ri 质粒中的冠瘿碱合成基因,或者外源基因、目的基因和报告基因,然后通过琼脂糖凝胶电泳观察目标 DNA 片段,直接从基因水平鉴定阳性的毛状根。

第二节　毛状根的继代与扩大培养

一、毛状根的继代培养

据文献报道,目前已有上百种药用植物成功通过发根农杆菌侵染外植体建立了毛状根培养体系,但由于每种植物均有其自身的生理特点,不同植物的毛状根有不同的诱导、培养方式。对于每种植物的诱导、培养条件没有固定模式可循,都需要进行大量的优化实验来确定其最适宜的培养条件。

（一）毛状根的除菌培养

将毛状根尖端部分放在有抗生素的培养基上继代培养 2~3 个星期后,转入没有抗生素的培养基上观察,确定没有发根农杆菌存在后进行分化培养。抗生素能够使毛状根生长停止或愈伤组织分化,因而可选用不含抗生素的培养基进行多次尖端继代培养,最终达到除菌的目的。

（二）毛状根的增殖培养

去除发根农杆菌的毛状根可在不含激素的培养基上迅速增殖。例如,在恒温、黑暗和振荡下,用 White 液体培养基培养毛状根一个月内可增殖上千倍。一些实验研究表明,1/2 MS 培养基也适用于毛状根的培养。但是在高盐浓度的 MS 培养基上,毛状根根端和后部将形成瘤状突起和愈伤组织,使毛状根停止生长。

（三）毛状根的选择培养

转化外植体诱导毛状根的生长速度、分枝形态会出现较大差异，这可能是由所转化的不同 T－DNA 造成的。毛状根生长缓慢可能是由于转化过程中 T－DNA 没有转入细胞，故有必要对诱导的毛状根进行筛选培养。

（四）毛状根的分化再生培养

从毛状根或愈伤组织上再生植株也在一些植物中有报道，如烟草毛状根在无激素的 MS 培养基上能产生大量的不定芽，再由芽产生完整植株。多数植物的毛状根植株再生需要在培养基中添加相应的激素才能实现。例如，马铃薯和油菜等是在 NAA 和 6－BA 的作用下，由不定芽产生的再生植株。

二、毛状根的扩大培养

毛状根培养是药用植物次生代谢产物重要的生产方式，在毛状根生产次生代谢产物的过程中，通过调节不同的培养条件可以有效增加毛状根生物量和次生代谢产物积累量。为了获得大量的次生代谢产物，实现次生代谢产物应用，仅仅通过实验室规模生产是不够的，需要对毛状根进行扩大培养，最终实现工业化生产。由此来看，生物反应器的相关技术研究是必不可少的。

（一）利用生物反应器大规模培养药用植物毛状根的特点

药用植物毛状根生产次生代谢产物的工业化前景，关键取决于适合毛状根培养的反应器的成功研制。生物反应器培养植物细胞具有工作体积大、单位体积生产能力高、物理和化学条件控制方便、不受时间和地点限制、随时随地规模化生产等许多优点，用以培养药用植物毛状根不仅可以缩短其生长周期，还能提高毛状根中次生代谢产物产量，为实现毛状根生产天然产物的工业化奠定了基础。利用生物反应器大规模培养毛状根，往往会受到毛状根自身生长特点和生物技术的限制。毛状根生长的一大特点是新生的根围绕着老根生长，容易形成团状结构，当生长密度较大时，毛状根团在反应器中处于静止状态，就会限制培养液的流动和氧的传输。与细胞悬浮培养相比，其混合、物质传递、供氧和培养环境的控制比较困难，毛状根对于剪切力也比其他类型的植物细胞更敏感。此外，不同大小、不同形状以及不同原理的生物反应器，对于毛状根生物量、增长速度和次生代谢产物含量均有较大影响。总而言之，反应器放大的关键因素可以归纳为以下几点：① 根的均匀分布；② 培养液的充分混合；③ 均一供氧；④ 低剪切力。其中，最关键的问题还在于剪切力和氧传递上的限制。通常毛状根的氧消耗率不高，但在反应器中维持足够的氧饱和度，对毛状根的生长以及次生代谢产物的积累都有一定的影响。

（二）适用于毛状根大规模培养的生物反应器

目前，生物反应器已成功应用于细胞悬浮培养与植物器官培养，如利用 10 000 L 规模生物反应器培养人参不定根生产人参皂苷。目前也有关于利用生物反应器培养毛状根来生产次生代谢产物的报道，但大多还在研究阶段。事实上，生物反应器生产次生代谢产物与摇瓶生产次生代谢产物的参数还存在差异，主要是因为随着培养物和培养基的增多，存在营养物质和氧气输送问题。现在用于培养的生物反应器的种类较多，如搅拌式反应器、营养薄雾培养器、鼓泡式培养器、滴流床反应器和气升式生物培养器。为了适应各种毛状根培养需要，人们还对生物反应器进行了各式各样的改造，如在鼓泡式培养器上增加聚丙烯网。生物反应器的通气量、通气方式、培养器罐体形状、装液量都对次生代谢产物生产有影响。研究发现，通过生物反应器在长春花（*Catharanthus roseus*）毛状根液体培养悬浮培养体系中获得了高达（34±2.3）mg/L 的阿吗碱含量。采用搅拌式反应器进行颠茄（*Atropa belladonna*）和旋花篱天剑（*Calystegia sepium*）毛状根的大规模培养可生产生物碱，容积达到 1.0 L。利用改进的 14 L 搅拌式反应器进行曼陀罗（*Datura stramonium*）毛状根培养生产天仙子胺，并通过一个不锈钢网将搅拌区和毛状根生长区分开,可获得较好的结果。利用 2.5 L 的鼓泡式反应器培养颠茄毛状根生产莨菪生物碱,经 20 d 培养,生物量干重达到 5.6 g/L,但在培养过程中发现混合效率差,部分毛状根沉积在底部。用带有不锈钢网导流筒的 9 L 气升式生物反应器大规模培养胡芦巴(*Trigonella foenumgraecum*)的毛状根生产薯蓣皂苷元,在此反应器中毛状根生长分布较为均匀,在生长过程中,毛状根逐渐挂到不锈钢导流筒上,然后向四周平衡生长。利用转鼓反应器大规模培养胡萝卜毛状根,并在转鼓内表面固定了一层聚氨酯泡沫,毛状根附着其上并且生长良好。

目前毛状根培养所用的生物反应器,大致分为液相反应器和气相反应器,包括气升式反应器、气泡塔反应器、搅拌槽反应器、滴流床反应器、营养雾反应器、喷雾反应器等。传统生物反应器的主要局限性是高剪切力和缺氧,因此要进行毛状根的工厂化生产,需要针对低剪切力和更好的氧气吸收进行改进设计,以提高生产力。在这些反应器的改造中,混合反应器即液相反应器和气相反应器的组合,为毛状根次生代谢产物的商业化生产提供了一种非常有前途的方法。

（三）毛状根大规模培养的新技术

为了提高药用植物的次生代谢物质的产出率,双相细胞培养技术也可应用于毛状根培养,该系统可以使产物及时同反应液分离,避免了产物的抑制效应,提高了培养效率。双相培养系统包括液液培养和液固培养,在液固培养系统中,固相包括药用炭、硅酸镁载体、沸石、丝绸、树脂 XAD-2、树脂 XAD-4、树脂 XAD-7、反相硅胶等;在液液培养系统中,加入的液体提取相有液体石蜡等有机溶剂。在双相培养系统中,次生代谢物产生后,可立即进入另一相,消除了负反馈作用,使目标产物的量得以提高。例如,用双相培养法培养孔雀草(*Tagetes patula*)毛状根生产噻吩,1 个月后可产生目标产物噻吩 465 μg,其中分泌于胞外的噻吩占 3%~70%,远高于单相培养的 30~70 倍。对特别贵重成分的生产,可以通过发酵培养一段时间后,收集毛状根,提取目的产物。由于毛状根也会向培养基中分泌次生代谢产物,因此对于大多数情况来说,定期从培养液中提取目的产物,及时补充各种营养物质,保证毛状根连续培养更为可取。为增加产量和降低成本,可将反应器与一分离柱串联。例如,利用毛状根生产莨菪胺时,采用 2 L 反应器串联一个填充 Amherlite XAD-2、体积为 25 mL 的填充柱,培养液经过填充柱后再被泵回到反应器中,6 个月后,97% 的莨菪胺被吸附于柱上,产出率提高了 5 倍,纯度达到 90%。由于光照对某些毛状根的次生代谢产物生成是必需的,所以也有研究者在毛状根的大规模培养中进行了反应器的光源研究。

第三节　悬浮细胞培养的方法与类型

悬浮细胞培养是指将游离的单细胞或细胞团按照一定的细胞密度悬浮在液体培养基中进行培养,一般是把未分化的易碎愈伤组织转移到液体培养基中,并使用适当的设备进行连续振荡培养。悬浮细胞培养对于植物次生代谢产物的生产产生了深远的影响,利用悬浮细胞培养技术生产有价值的次生代谢产物在药用植物生物技术中极有应用前景,许多重要的药用植物如紫草、人参、黄连、红豆杉、长春花、西洋参等细胞培养都十分成功,有些已实现工业化生产。

一、悬浮细胞培养方法

（一）悬浮细胞培养材料选择

悬浮细胞培养材料可以来源于愈伤组织、植物器官、吸胀胚胎、无菌苗、茎尖、根尖及叶肉组织等。根尖及叶肉组织的细胞排列松弛,是分离单细胞的好材料。这些游离的单细胞很多都能够在液体培养基中成活,并持续分裂。常用机械法和酶解法从叶肉组织中分离得到单细胞。机械法是将叶片轻轻研碎,然后通过过滤和离心将细胞净化。用机械法分离细胞的优点有:细胞不会受到酶的伤害,无须质壁分离。但机械法只适用于薄壁组织排列松散、细胞间接触点很少的材料。用机械法分离时,游离细胞的产量低,不容易获得大量活细胞。酶解法是从叶肉组织中分离单细胞的常用方法,能克服机械法细胞产量低的缺点。用于分离细胞的离析酶不仅能降解中胶层,而且能软化细胞壁,因此,用酶解法分离细胞时,必须对细胞进行渗透压保护。用酶解法分离叶肉细胞,有可能得到海绵薄壁细胞或栅栏薄壁细胞的纯材料。但在一些物种中,特别是小麦、玉米和大麦等禾谷类植物中,用酶解法分离叶肉细胞较困难。因为在这些禾谷类植物中,叶肉细胞伸长并在有些地方发生收缩,因而在细胞间可能形成了一种互锁结构,会阻止它们的分离。

由愈伤组织建立悬浮培养细胞系是目前广泛采用的一种方法。可以从植物的根、茎、叶、芽和胚等器官和组织中诱导愈伤组织,首先获得数量足够、疏松易碎的愈伤组织,在愈伤组织继代培养过程中筛选出单细胞和小的细胞集合体。宜选择颗粒细小、疏松易碎、外观湿润、鲜艳的白色或淡黄色愈伤组织,经过几次继代和筛选,可用于诱导培养悬浮细胞系。例如,利用对新鲜采集的雪胆根、茎、叶进行愈伤组织诱导,并通过继代培养优化培养条件,建立了稳定、快速生长的悬浮细胞培养体系。

(二)悬浮培养系的建立

悬浮培养系建立的基本过程是:将愈伤组织、植物器官、吸胀胚胎、无菌苗、茎尖、根尖及叶肉组织等,经匀浆机破碎后用纱布或不锈钢网过滤,得到的单细胞滤液作为接种材料,接种于试管或培养瓶等器皿中,置于振荡器上培养。

1. 植物器官分离单细胞

(1)机械法:叶肉组织分离单细胞可用机械法,将叶片轻轻研碎,通过过滤和离心将细胞净化。其方法如下:① 在研钵中放入 10 g 叶片和 40 mL 研磨介质(20 μmol/L 糖,10 mol/L MgCl$_2$,20 μmol/L Tris – HCl 缓冲液,pH = 7.8),用研杵轻轻研磨。② 将匀浆用两层细纱布过滤。③ 在研磨介质中低速离心,净化细胞。

(2)酶解法:利用叶肉细胞分离单细胞也可以用酶解法。以烟草为例,其具体步骤如下。① 从 60~80 日龄的烟草植株上切取幼嫩的完全展开叶,进行表面消毒,之后用无菌水充分洗净。② 用消过毒的镊子撕去下表皮,再用消过毒的解剖刀将叶片切成 4 cm×4 cm 的小块。③ 取 2 g 切好的叶片置于装有 20 mL 无菌酶溶液的三角烧瓶中。酶溶液组成为 0.5%离析酶、0.8%甘露醇和 1%硫酸葡聚糖钾。④ 用真空泵抽气,使酶溶液渗入叶片组织。⑤ 将三角烧瓶置于往复式摇床上,120 r/min,25℃振摇 2 h。其间每隔 30 min 更换酶溶液 1 次,将第一个 30 min 换出的酶溶液弃掉,第二个 30 min 后的酶溶液主要含有海绵薄壁细胞,第三个和第四个 30 min 后的酶溶液主要含有栅栏细胞。⑥ 用培养基将分离的单细胞洗涤 2 次后即可进行培养。

在酶溶液中加入硫酸葡聚糖钾能提高游离细胞的产量。为保持细胞完整,加入适当的渗透压调节剂,常用的有甘露醇、山梨醇,适宜浓度通常为 0.4~0.8 mol/L;也可以用葡萄糖、果糖、半乳糖、蔗糖等。

2. 愈伤组织分离单细胞　由离体培养的愈伤组织分离单细胞方法简便,故被广泛使用,其具体方法如下:① 将未分化、易散碎的愈伤组织转移到装有适当液体培养基的三角烧瓶中,然后将三角烧瓶置于水平摇床上以 80~100 r/min 进行振荡培养,获得悬浮细胞液。② 用孔径约 200 μm 的无菌网筛过滤,以除去大块细胞团;再以 4 000 r/min 速度离心,除去比单细胞小的残渣碎片,获得纯净的细胞悬浮液。③ 用孔径 60~100 μm 的无菌网筛过滤细胞悬浮液,再用孔径 20~30 μm 的无菌网筛过滤,将滤液进行离心,除去细胞碎片。④ 回收获得的单细胞,并用液体培养基洗净,即可用于悬浮培养。

如果愈伤组织十分紧密,其细胞不易分散,可采用如下两种方法。一是增加生长素的浓度,加快细胞分裂和生长速度;二是用果胶酶打破细胞间的连接,使愈伤组织成为游离细胞。将已建立的愈伤组织转移到锥形瓶或其他适当容器的液体培养基中,然后将容器置于摇床上不断振荡。由此得到的培养物称"悬浮培养物"。在此,振荡至少有两种作用。首先,振荡可以对细胞团施加一种温和的剪切力,使它们破碎成小细胞团和单细胞;其次,振荡可以使细胞和小细胞团在培养基中保持均匀分布。此外,培养基的运动还会促进培养基和容器内空气之间的气体交换。这种振荡方式适用于生长快、易散碎的愈伤组织培养基,一般来说也适用于该物种的悬浮培养。为了提高细胞的分散程度,对于生长素和细胞分裂素的比例需进行一些调节。在活跃生长的悬浮培养物中,无机磷酸盐的消耗很快,其浓度会变成一个限制因子。因此,为了进行高等植物的细胞悬浮培养,特别设计了 B_5 和 ER 两种培养基。但一般来说,这两种培养基及其他合成培养基,也只有当细胞的初始群体密度达到 $5×10^4$ 个/mL 或更高时才适用。当细胞密度较低时,在培养基中还需要加入其他成分。为了获得充分分散的细胞悬浮液,最重要的是尽可能使用疏松、易散碎且生长快的愈伤组织。如果把愈伤组织在半固体培养基上保存 2~3 个继代周期,它的松散性常会增加。然而,即使在分散程度最好的悬浮液中也存在着细胞团,只含有单细胞的悬浮培养是很难做到的。分批培养继代前应先使锥形瓶静置数秒,以便让大的细胞团沉降下去,然后再从上层吸取悬浮液。经过多次继代和选择后,就有可能建立起理想的细胞悬浮培养物。

3. 悬浮培养物的继代培养　将培养物摇匀,静置片刻,用吸管吸取培养物,也可过滤收集小细胞团进行继代培养。转移培养时要注意细胞与细胞培养基的比例,以在 120 r/min 条件下细胞可在培养液中浮起为宜。在更换培养基时,一般使用已经用于愈伤组织培养的培养基(称为条件培养基),应注意条件培养基(即培养瓶中原有的培养基)和新鲜培养基的比例,一般以 1∶3 为宜。

(三) 生长的测定

1. 细胞数目　细胞数目是悬浮细胞培养生长情况的重要参数之一。为了对细胞聚合体中的细胞进行计数,需要用三氧化铬处理细胞聚合体。1 体积细胞悬浮培养物加入 4 体积的 12% 三氧化铬水溶液,70℃加热至细胞完成染色并发生质壁分离。用吸管吹打细胞聚合体使其部分浸软。保温时间和需要浸软的程度随培养时间的长短而变化。原生质体的收缩使得统计细胞团中细胞的数目变得更容易,可以在普通显微镜下对细胞进行计数。

2. 鲜重　把预先称重的尼龙滤网放置在漏斗上,再把细胞收集到滤网中,用水冲洗除去培养基,真空抽干、称重。为得到相对合理、准确的细胞鲜重,取样细胞要多些。

3. 干重　取适量悬浮培养物(压缩细胞体积),置于梯度圆锥形离心管中离心计量,离心得到的体积为沉淀体积(即压缩细胞体积),单位是 mL 沉淀/mL 培养物,弃去上清液,将沉淀置于预先称重的滤纸上冲洗,80℃下过夜烘干,干燥器中冷却后称重即得细胞干重。

(四) 单细胞培养技术——Bergmann 细胞平板培养技术

在琼脂平板上进行细胞悬浮培养的技术,对于得到单细胞克隆特别有用。首先在未浸软条件下统计细胞数目,以便能够在单位体积平板介质中建立起数量已知的细胞单位。悬浮细胞可通过稀释或低速离心法进行细胞定量。第一步准备 2 倍浓度的悬浮培养物和含琼脂的营养介质,含有细胞团的悬浮培养物用筛子过滤,保证用作平板培养的都是好的悬浮培养物。第二步将等体积悬浮培养物和琼脂介质混匀,然后迅速分装到有盖培养皿中,分装时要保证细胞均匀而且以薄层分布,约 1 mm 厚。第三步将培养皿封口,于 5℃下保温培养 21 d。培养完成后,每板的克隆数可以按如下方法得到:把平板固定在一张照相纸上,以照相放大机为光源,得到每个平板的投影迹。这种照相法可以清楚记录下克隆数。

二、悬浮细胞培养的类型

(一) 分批培养

分批培养即将愈伤组织培养在一个有限且密闭的容器中,并在培养结束后一次收获的培养方式,是实验室常用的培养方式。分批培养一般经历四个时期：延滞期、对数生长期、稳定期和衰亡期。刚接种时，培养物需要适应新的生长环境，此时细胞生长缓慢，延滞期，是悬浮细胞系建立的初期，细胞基数小，分裂少，细胞还没有适应新的培养液，因此细胞增长缓慢；一段时间后，细胞开始适应新的培养环境，细胞数目逐渐增多，增殖速度呈指数级增加，进入对数生长期；之后进入稳定期，衰亡细胞与新生细胞基本处于平衡状态，需进行继代培养，否则过长时间培养将会导致细胞褐化死亡；一段时间后培养液中的营养物质逐渐消耗完毕，细胞数目开始减少，进入衰亡期。四个时期为悬浮细胞系的一个生长周期，生长曲线为"S"形。

小规模细胞悬浮培养的过程中，除了气体和挥发性代谢产物可以同外界空气进行交换外，其他都是隔离的。当培养基中的主要营养物质耗尽时，细胞的分裂和生长即停止，只有通过继代培养才能使培养细胞持续繁殖。故小规模细胞悬浮培养也称为分批培养或间歇培养。继代培养的方法：从培养瓶中取一小部分悬浮液，转移到一定比例成分相同的新鲜培养基中（约稀释5倍）。在对悬浮培养细胞进行传代时，可使用吸管或注射器，但其进液口必须小到只能通过单细胞或小细胞团（2~4个细胞）。传代前应先使培养瓶静置数秒，以便让大的细胞团沉降，然后再由上层吸取悬浮液。对于较大的细胞团，在传代时可将其在不锈钢网筛中用镊子尖端轻轻磨碎后，再培养。根据培养基在容器中的运动方式区分，分批培养时有4种振荡培养方法：① 旋转培养。培养瓶呈360°缓慢旋转移动，使细胞培养物保持均匀分布并保证空气供应。② 往返振荡培养。机器带动培养瓶在一直线方向往返振荡。③ 旋转振荡培养。机器带动培养瓶在平面上做旋转振动，摇床的转速是可控的，对于大多数植物组织来说，以转速30~150 r/min为宜（不要超过150 r/min），冲程范围应在2~3 cm。转速过高或冲程过大都会造成细胞破裂。④ 搅动培养。利用搅拌棒不断搅动培养基以使培养基运动。分批培养时，悬浮细胞充分分散是很重要的。选择易散碎的愈伤组织建立培养体系、合适的培养基和传代方法均可提高细胞的分散程度。分批培养所用设备相对简单，方法较简便，重复性好。

（二）连续培养

连续培养，将愈伤组织培养在一个恒定容积的流动系统中，使培养系统中的细胞数量和营养状态保持稳定。大规模细胞培养通过生物反应器进行，其共同特点是在连续培养中不断注入新鲜培养基，排掉用过的培养基，在培养物容积保持恒定的情况下，培养液中的营养物质不断得到补充。这种培养分为封闭型和开放型。在封闭型中，去除的旧培养基由加入的新培养基补充，进出数量保持平衡。悬浮在排出液中的细胞经机械方法收集后，又被放回到培养系统中。因此，在这种"封闭型连续培养"中，随着培养时间的延长，细胞数目不断增加。与此相反，在"开放型连续培养"中，注入的新鲜培养液与流出的原有培养液和细胞的容积之和相等，并通过调节流入与流出速度，使培养物的生长速度永远保持在一个接近最高值的恒定水平上。开放型培养又可分为两种方式。一是化学恒定式，二是浊度恒定式。在化学恒定式培养中，以恒定速率注入的新鲜培养基，其某种选定营养成分（如氮、磷或葡萄糖）的浓度被调节成一种生长限制浓度，从而使细胞的增殖保持在一种稳定状态之中。在这样一种培养基中，除生长限制成分外，其他成分的浓度皆高于维持生长所要求的浓度。而生长限制因子则被调节在这样一种水平，即它的任何增减都可由相应的细胞增长速率的增减反映出来。在浊度恒定式培养中，新鲜培养基是间断注入的，注入量取决于细胞增长引起培养液的浑浊度。可以预先选定一定细胞密度，当超过这个密度时则使细胞随培养液一起排出，因此能保持细胞密度的恒定。

（三）半连续培养

半连续培养采用的是"抽干与再装满"的方式。新鲜培养基的加入是不连续的，被偶尔的"抽干与再装满"过程隔开，所以被移出的培养基总是被相应体积的新鲜培养基取代。在该培养体系中，虽然细胞数目呈指数增加，但细胞密度维持在一定范围内，这个范围受流入与流出培养基的取代时间限制。这种培养方式可以说是开放式的，在加入新鲜培养基的间隔时间内，细胞密度和营养环境条件是在不断变化的。

连续培养和半连续培养多用于微生物的液体培养,在植物悬浮细胞系建立中并不常见。

三、悬浮培养细胞的同步化

在细胞悬浮培养中,细胞分裂是随机发生的,因此培养物是由处于不同发育时期或不同分裂时期(G_1、S、G_2、M)的细胞组成。在悬浮培养中,为了研究细胞分裂和细胞代谢等,在体细胞胚的工厂化生产以及利用生物反应器生产植物次生代谢产物时,常常使培养细胞同步化,即使大多数细胞都能同时通过细胞周期的各个时期。

(一)物理方法

物理方法主要是通过对细胞物理特性(细胞或细胞团的大小)或生长环境条件(光照、温度等)的控制实现高度同步化,其中包括按细胞团大小进行选择的方法和低温休克法等。将悬浮培养细胞分别通过 20、30、40、60 目的滤网过滤、培养、再过滤,重复几次后可获得同步化细胞。此法简便,是目前控制植物体细胞胚同步化常用的方法。用分级仪筛选胚性细胞也可得到发育比较一致的体细胞胚,其是根据不同发育时期的体细胞胚在溶液中的浮力不同而设计的。汰选液一般用 2% 的蔗糖,进样速度为 15 mL/min,经过几分钟的汰选后,体细胞胚即分为几级,由此可获得一定纯化的成熟胚。低温处理后,DNA 合成受阻或停止,细胞趋向 G_1 期;当温度恢复至正常后,大量培养细胞进入 DNA 合成期,从而实现培养细胞的同步化分裂。研究表明,4℃低温处理红豆杉悬浮培养细胞 24 h,再恢复培养 24 h 后,可在一定程度上使其同步化。另外,应用流式细胞术分析烟草细胞周期的变化,结果表明交变应力作用可直接影响细胞周期或细胞分裂的同步化,促进 S 期的 DNA 合成,有助于细胞有丝分裂,如在 400~800 Hz 的强声波作用下使得 S 期细胞明显增多。

(二)化学方法

化学方法的原理是使细胞遭受某种营养饥饿即饥饿法,或者是通过加入某种生化抑制剂阻止细胞完成其分裂周期即抑制法。研究表明,在长春花悬浮培养中,先使细胞经受 4 d 的磷酸盐饥饿处理,然后将其转移到含有磷酸盐的培养基中,结果实现了细胞周期同步化。采用氮、磷同时饥饿处理一种海藻培养细胞 50 h,使 50% 的细胞处于 G_1 期;解除饥饿后,细胞可立即进入 S 期,恢复生长,实现了细胞周期同步化。据报道,使烟草品种 Wisconsin 38 的悬浮培养细胞受到细胞分裂素饥饿,使胡萝卜细胞受到生长素饥饿,也取得了细胞周期同步化的效果。使用 DNA 合成抑制剂如 5-氨基尿嘧啶、氟尿嘧啶、羟基脲和胸腺嘧啶脱氧核苷等,也可使培养细胞周期同步化。当细胞受到这些化学药物处理后,细胞周期只进行到 G_1 期,细胞都滞留在 G_1 期和 S 期的边界上。当把这些抑制剂去除后,细胞即进入同步分裂。用羟基脲处理小麦、玉米、西芹等植物的培养细胞均能达到细胞周期同步化。例如,用羟基脲处理玉米悬浮培养细胞,发现大约有 55% 的细胞处于 G_1 期;解除抑制后 2 h,35%~40% 的细胞进入 S 期;8~14 h,进入 G_2 期的细胞可达 60%~70%。应用这种方法取得的细胞同步性只限于 1 个细胞周期。据报道,将氮气或乙烯定期通入大豆的化学恒定式培养物中,也能诱导细胞周期的同步化。此外,研究表明,通过控制培养基中 2,4-D 的含量来调控龙眼体细胞胚的发育进程也获得了一定效果。值得注意的是,上述细胞同步化处理对细胞本身也具有一定的伤害。如果处理的细胞没有足够的生活力,不仅不能获得理想的同步化效果,还可能造成细胞的大量死亡。因此,在进行细胞周期同步化处理之前,对预处理细胞应进行充分的活化培养。处于对数生长期的培养细胞适于同步化处理。

四、影响细胞悬浮培养的因素

(一)基本培养基的组成

1. 氮(N)　硝酸盐是最常用的氮源。其基本作用包括诱导与硝酸盐和亚硝酸盐还原酶、硝酸盐吸收和传递系统及基因系统(包括像促进呼吸作用这样的复杂系统)表达所需的 DNA 调节蛋白相关的基因。在具有功能性 NH_4^+ 和 NO_3^- 利用系统的培养中,氮的吸收效率常取决于培养基的 pH 和培养物的年龄。例如,矮牵牛悬浮细胞在 pH 4.8~5.6 的培养基中,起始吸收的 NO_3^- 比 NH_4^+ 多,在许多情况下,NH_4^+ 只能在低 pH 的培养基中被利用。低浓度的总氮通过刺激细胞分裂导致大量小细胞的形成,而高浓度的总氮往往有利于细胞生长。

2. 磷(P)　植物细胞以各种方式吸收磷。磷浓度常常是细胞分裂和生长的限制因子,它与由核苷酸库(ATP、ADP、AMP)所引起的能量水平及 RNA 和 DNA 合成直接相关。磷通常会抑制游离氨基酸的积累。

3. 硫(S)　硫的缺失会使所有蛋白质的合成自动停止。如果含硫氨基酸不能继续产生,它们便不能参加蛋白质的合成。用硫代硫酸盐、L-半胱氨酸、L-甲硫氨酸和谷胱甘肽代替无机盐,能使烟草悬浮细胞充分生长;而用 D-半胱氨酸、D-甲硫氨酸和 DL-高半胱氨酸代替无机盐,会使烟草悬浮细胞的生长速度保持最低。

4. 镁(Mg)、钾(K)、钙(Ca)　这些大量元素对细胞悬浮培养是绝对必要的。有关这些元素[如 K^+ 的最适浓度(胡萝卜为 1 mmol/L,矮牵牛和烟草为 20 mmol/L)]的研究认为,不同培养物在吸收能力方面的差异可能不大。例如,在大豆等植物的培养中,在培养期间几乎所有的 K^+ 都被培养细胞所吸收;相反,在烟草的细胞培养中,发现到了培养末期仍有最初浓度(20 mmol/L)一半的 K^+ 留在培养基中未被利用。

5. 氯(Cl)　氯通常影响光系统 II 的酶类及液泡形成体的 ATP 酶的活性,干扰细胞的渗透调节。在许多情况下,Cl^- 可由 Br^- 等所代替。

6. 微量元素　微量元素的影响与所用的材料密切相关。例如,锰对芸香(*Ruta graveolens*)是必需的,而对水稻无影响,对胡萝卜悬浮细胞的生长有促进作用。铁缺乏常会导致细胞生长的中途停止,而高浓度的铁(1 mmol/L)通常又会抑制细胞生长;在大多数情况下,铁浓度以 0.05~0.2 mmol/L 为宜。同时,我们应该考虑各种元素之间对吸收的相互作用效应。例如,极少量的钛(Ti)有助于所有大量元素和微量营养成分的吸收。

(二) 有机成分

1. 氨基酸类　除精氨酸和赖氨酸外,添加以 NO_3^- 作为氮源的替代物的氨基酸,通常会抑制细胞的生长。实际上,在某些情况下,精氨酸能够补偿其他氨基酸的抑制作用;相反,在颠茄的愈伤组织培养中,精氨酸又是一种抑制剂。但以 NH_4^+ 作为氮源时却没有抑制作用。此外,不同氨基酸之间是相互影响的。在烟草细胞悬浮培养中,半胱氨酸的吸收受 L-亮氨酸、L-精氨酸、L-酪氨酸和 L-脯氨酸的抑制,L-半胱氨酸和 L-高胱氨酸会抑制硫酸盐吸收,从而对蛋白质合成和细胞生长产生负面影响。

2. 维生素类　对维生素类的需求因植物而异。硫胺素(质量浓度为 0.1~30 mg/L)通常是必需的。在田旋花(*Convolvulus arvensis*)细胞悬浮培养中,硫胺素缺乏能够诱导细胞显著分裂。在假挪威槭(*Acer pseudoplatanus*)细胞悬浮培养中,如果硫胺素、吡哆酸、半胱氨酸、胆碱、肌醇都缺乏,悬浮细胞的生长速度会显著下降;但如果仅缺乏其中的一种,就无影响。在少数情况下,发现添加烟酸和吡哆醇能刺激细胞生长。

(三) 碳源

1. 碳水化合物　培养物对各种碳水化合物的反应取决于所培养的植物种类和碳水化合物含量。有些培养物在仅加葡萄糖时便能正常生长,而有些培养物需要在培养基中加入果糖或蔗糖(2%~3%)才能正常生长。肌醇对各种培养物都是必需的。

2. 二氧化碳(CO_2)　为了维持细胞生长及使光自养培养物完全绿化,需要连续提供 2%~5% 的

CO_2。通常,细胞生长随着 CO_2 质量分数的增加而增加,但也有例外。

（四）植物激素

1. 生长素类　生长素类的影响因所用植物种类及生长素种类的不同而异。2,4 - D 特别有利于薄壁细胞的生长,所以在植物细胞悬浮培养中,常加入适宜质量浓度的 2,4 - D。研究表明,含有 2 mg/L 2,4 - D 的 MS 培养基适合多数甘薯品种的细胞悬浮培养,实现了高频次植株再生。

2. 细胞分裂素　细胞分裂素的效果受多种因素的影响,因所选用的植物种类、激素种类及浓度的不同而异。植物细胞中的细胞分裂素可被细胞分裂素氧化酶钝化。在烟草中,细胞分裂素的降解似乎受到外源细胞分裂素的调控,后者导致细胞分裂素氧化酶的含量迅速增加。细胞分裂素诱导细胞分裂,从而使细胞数增加,这种细胞数的增加是由一种修饰磷脂模式来决定的。

3. 乙烯　内源乙烯生产是旺盛分裂细胞的特征,因此乙烯的生产受到生长素(IAA、NAA 和 2,4 - D)的促进作用。在非光合培养物中,乙烯可同其他激素产生协同作用。乙烯可诱导细胞壁增厚。使液泡体积减小,导致致密的细胞发育。

（五）培养基的 pH 及渗透压

1. pH　pH 对铁吸收以及悬浮细胞生活力的影响很大。H^+ 浓度的变化常常会影响特定酶的反应。在有些培养中,悬浮细胞生活力的下降可通过添加椰子汁(10%)或聚乙烯吡咯烷酮(PVP,1%)来改善,这是因为它们具有缓冲作用。

2. 渗透压　长期以来,渗透压对细胞生长的影响一直未引起重视。但是有研究发现,在各种植物的悬浮培养中,增加葡萄糖、蔗糖、山梨糖醇,特别是甘露醇的浓度($0.3 \sim 0.6$ mol/L),能够增加细胞干重和鲜重,同时使细胞体积变小。

（六）培养基成分对细胞悬浮培养物组成的影响

碳源对悬浮培养物组成的影响最显著。葡萄糖对细胞数、细胞团大小、细胞干重等的增加最有效。在帕尔斯猩红玫瑰的细胞培养中,在加入葡萄糖的情况下,每毫升培养基形成 103 800 个细胞,并且细胞团大小达到 100 个细胞。

（七）振荡频率

振荡频率对悬浮培养中的细胞团大小、细胞生活力和生长均有影响。例如,玫瑰细胞在 300 r/min 下仍能存活而且不被损伤,但烟草细胞只能耐受最大 150 r/min 的振荡。在狭叶毛地黄(*Digitalis lanata*)的悬浮培养中,有 2 个明显的范围:一个在低振荡频率(80~100 r/min),对细胞生长的刺激极小;另一个振荡频率在 100 r/min 以上,对细胞生长的刺激作用明显。研究表明,100 r/min 的振荡频率有利于甘薯细胞悬浮培养。

（八）培养条件

光的波长及光照强度对悬浮培养细胞具有影响。据报道,高光照强度能够提高烟草的绿色愈伤组织由来的单细胞植板效率,但抑制无叶绿素的培养物的细胞生长。一般来说,(26 ± 3)℃的温度适合植物生长,过高、过低的温度均不利于悬浮细胞的增殖。

第四节　悬浮细胞的放大培养

植物细胞大规模培养技术是公认的最有前景的珍稀植物药物资源生产技术之一,可以很好地解决天然植物资源匮乏问题,具有显著的社会经济效益。利用植物细胞大规模培养生产次生代谢产物有很多优势,如易于人工控制、生长速度快、统一的细胞类型、质量可控、气候环境可人工独立获得等。虽然多数利用细胞生产药用植物次生代谢产物仍处于实验研究阶段,但有些已进入工业化生产,如利用红豆杉细胞培养生产紫杉醇、利用人参细胞培养生产人参皂苷、利用紫草细胞培养生产紫草素、利用三七细胞培养生产三七皂苷等。

一、悬浮细胞放大培养技术

目前植物细胞大规模培养主要是液体悬浮培养，悬浮培养可以增加细胞与培养液的接触，保持均匀的传质与传氧环境，还可避免培养物产生的有害代谢产物聚集在局部导致浓度过高而伤害细胞。目前，悬浮培养一般采用两段法，第一阶段在生长培养基上进行，为了尽可能促使细胞快速增长，大量积累细胞生物量；第二阶段在生产培养基上进行，主要是加速次生代谢产物积累。在细胞培养整个过程中，可以根据不同阶段的需求在培养基中添加不同品种和浓度的植物激素或前体与诱导子等以促进细胞生长和代谢。

不同药用植物建立悬浮细胞培养系统的技术细节不尽相同。以细胞团法筛选高产细胞株为例，介绍药用植物建立离体细胞培养系统的一般步骤。第一，诱导产生愈伤组织，建立悬浮细胞培养体系。可通过种子表面消毒发芽获得无菌实生苗，或直接从野生苗取适当部位的外植体，置于适当培养基上诱导产生愈伤组织。适当的激素配比有时会直接影响诱导愈伤组织的能力。第二，高产细胞株的筛选和培养条件的建立。对于最初诱导而来的愈伤组织来说，合成次生代谢产物的能力往往不是很高甚至没有合成能力，必须使用一定的方法筛选出具有高产性状的细胞株。另外，培养基的成分和激素配比，以及光照、温度、pH等其他培养条件都可以直接影响培养细胞的合成和生长，因此，必须对各种因子效应做深入细致的研究，并最终确定最佳培养条件。第三，进行药用植物细胞的大量悬浮培养。实验室内研究时，常常使用大锥形瓶或圆底锥形瓶在摇床上按一定转速培养。生产时则需借助合适的生物反应器。

悬浮细胞放大培养关键技术介绍如下。

（一）高产细胞系的筛选

高产细胞系的筛选需经历愈伤组织培养、悬浮培养及单细胞培养几个阶段。由于植物细胞培养物都是由许多活体细胞组成的，而且这些细胞在核型、结构和大小上各不相同，其代谢方式、合成能力的差别也很大。因此，筛选生长速度快、次生代谢物合成能力高的细胞系是非常必要的。高产细胞系筛选的途径如下。

1. 形成细胞团　将所得到的纯净细胞群，以一定的密度接种在1 mm厚的薄层固体培养基上进行平板培养，使之形成细胞团，尽可能地使每个细胞团均来自一个单细胞，这种细胞团称为"细胞株"。

2. 筛选细胞株　根据不同培养目的对"细胞株"进行鉴定和测定，从中选择高抗、高品质、高产，即对某种氨基酸、生物碱、酶类、萜类、类固醇、天然色素类合成能力强的"细胞株"。

（二）利用生物反应器进行细胞大量培养

生物反应器是利用酶或生物体所具有的特殊功能，在体外进行生物化学反应的装置系统，是实现生物技术产品工业化最重要的技术之一。

二、生物反应器类型及改造

（一）常用生物反应器类型

生物反应器是基于细菌发酵罐原理，专门为植物细胞培养而设计的。经过大量培养后收获的细胞可用于检测和回收代谢产物。植物细胞培养的反应器主要有搅拌式、气升式、鼓泡式、转鼓式几种。选择和开发新型反应器一般有以下几点依据：是否能长时间维持无菌状态；是否能维持反应器内发酵液均匀混合；是否能很好地控制反应器内的温度、pH；是否能保持稳定的供氧；植物细胞对反应器流体剪切力的敏感程度；反应器放大的难易程度等等。

　　传统的反应器有搅拌式和气升式两种类型,搅拌式反应器通过搅拌和通气控制溶氧,混合效果好,供氧能力强,适应性广,在植物细胞大规模培养中广泛应用,其缺点是植物细胞壁对剪切力耐受性差,培养过程中搅拌产生的剪切力会对植物细胞产生伤害,直接影响细胞生长和次生代谢产物合成。桨叶形搅拌器产生的剪切力相对柔和,对植物细胞的伤害相对较小,适合细胞生长。因此可以通过调整搅拌桨样式、桨叶大小、搅拌速率等方式来减小搅拌产生的剪切力,降低对细胞的伤害,提高细胞及其次生代谢产物的产量。搅拌式生物反应器另一个不足之处是搅拌轴因长时间使用会密封不严,而植物细胞生长周期长,因此要求反应器有在相对长的时间里保持良好的防污染能力,这一点上,气升式反应器有明显的优势,它没有搅拌装置,整个系统封闭,容易保持反应器内无菌状态。另外气升式反应器结构简单,通过液体上升和下降产生的静压差实现气流循环,剪切力小,适合培养那些对剪切力敏感的植物细胞。气升式反应器的不足之处是容易发泡,起泡是初始培养基中高浓度的糖以及培养后期细胞释放的蛋白质所致。将气升式反应器与低速搅拌相结合可以加强混合,有利于氧传递,同时细胞所受剪切力降低,这样的新型植物细胞培养反应器具有很广泛的应用前景。

　　(二) 生物反应器的设计

　　生物反应器的设计需要为生物体的培养提供一个合适的环境,使得细胞可以保持比较高的生长速率和产物产率。植物细胞反应器的设计是以微生物反应器作为基础的,但是植物细胞独特的生理代谢特性又使得植物细胞的反应器与动物细胞和微生物细胞的反应器不同。从植物生理学和反应器硬件与操作两方面分析植物细胞悬浮培养工业化反应器设计中遇到的主要问题:细胞结团、贴壁生长,不均一性显著;随着培养密度的增加及细胞形态的变化,发酵液流变特性会发生很大的变化,导致后期传质、混合需求增加;植物细胞生长对氧气的需求;植物细胞对剪切力的敏感性。

　　1. 对剪切力敏感　植物单细胞粒径($10\sim100~\mu m$)为微米级,个体较大,细胞壁僵硬脆弱且胞内存在较大的液泡,故而植物细胞对剪切力敏感。适当的剪切力可起到良好混合和分散效果,促进细胞生长和增强代谢;而过大的剪切力会对细胞造成机械性损伤,使细胞活性降低或者细胞膜结构受到破坏,从而影响细胞生长代谢。剪切力仍是需要一直研究的因子,可为后期反应器扩大培养提供理论基础。

　　2. 结团显著　植物细胞在生长后期会分泌多糖类物质,或细胞分化后不易分散开,这两个原因会使细胞聚集成团,颗粒直径小至$100~\mu m$,大至肉眼可见的小团。植物细胞结团与内外因(自身因素和环境因素)存在一定相关性,即同一细胞在不同条件下结团情况不同,不同细胞在相同条件环境下结团情况也不同。而且细胞结团会导致混合困难,影响营养物质的利用,导致细胞生长和产物的生成受到影响,过小的细胞团生长相对较差。因此,细胞结团也是严峻的问题,需要较多的研究来了解其结团的机制并提出解决方案。

　　3. 多泡沫　泡沫可能是黏性物质的形成造成的,它的产生是反应器放大培养中常遇到的一个问题,过多的泡沫不利于细胞生长,故而如何解决这一问题是目前研究的重点之一。研究发现,随着泡沫形成时间的增加,泡沫中颠茄细胞的含量会逐渐增加,导致培养基中细胞含量降低,不利于颠茄细胞的生长发育,这一现象可能是因为细胞分泌的多糖等物质使培养液黏度增加所致。消泡剂的选择是解决该问题的有效方法,也是较为常用的方法。但是消泡剂的种类筛选、对细胞是否会产生副作用等也是需要考虑的因素,常用的消泡剂有大豆油、聚醚类、硅油等。

　　4. 流体学特征　流体根据流动特征指数n可分为三类:$n<1$时,为假塑性流体;$n=1$时,为牛顿流体;$n>1$时,为胀塑性流体。在高密度培养时,植物细胞密度逐渐增加,细胞会产生黏性物质,导致培养液黏度增大,故而此时培养液为假塑性流体。而目前植物细胞培养中针对搅拌桨的类型方面的研究较少,致使对于细胞反应中流场方面的研究认识不全面,搅拌桨的错误选择或者使用规范不当均会影响细胞的扩大培养。气液传质与搅拌桨结构是相关的,不同类型搅拌桨有不同的流场,流场与流体的物理特性共同决定了气泡的传质性能和动力学行为。

5. 气体成分和光照　一般培养过程中采用20%左右的溶氧即可满足细胞的生长所需,但是在生长后期提高溶氧可以促进细胞次生代谢产物的合成。二氧化碳、乙烯等气体也会对次生代谢产物产生重要影响,乙烯能抑制细胞生长或作为一种生产压力,促进次生代谢产物的生成或分泌。而二氧化碳可作为光合作用的原料。有关报道表示,光照能促进胡萝卜素、花青素、黄酮等次生代谢产物的合成。

（三）产业化难题

国内外学者对植物细胞培养生产技术中各个环节进行了广泛探索,研究出了一系列植物细胞次生代谢产物的增产策略,同时开发了一些更适合植物细胞培养的生物反应器。虽然植物细胞大规模培养生产有效成分取得了飞速发展,但目前真正实现工业化生产的事例并不多。主要是因为植物细胞大规模悬浮培养过程中某些关键技术还是难以突破,一系列的瓶颈问题使得工业化生产仍面临很大的挑战。例如,在悬浮培养过程中,由于植物细胞的团聚性,常常聚集在一起形成较大的细胞团,容易产生泡沫。也有的植物细胞会合成并分泌一些黏多糖类植物,使反应体系黏度增大,造成传质与传氧困难,最终使得细胞生长缓慢、部分细胞褐化死亡,造成有效成分含量降低;同时,悬浮细胞遗传稳定性较差,在连续继代培养过程中容易发生变异;植物细胞对流体的剪切力敏感等等,这些问题使得稳定高产的可控定向诱导合成技术、工业化放大生产、产物高效分离过程等关键技术等都有待于进一步优化。

第五节　研究热点与展望

长期对野生中药材资源的采挖必然导致天然资源枯竭,难以满足日益增长的医药及研发需求。植物组织培养技术繁殖速度快且稳定,可以其独特优势应用于药用植物资源的保护。

一、药用植物毛状根研究热点与展望

毛状根是植物次生代谢产物合成工厂,也是天然的植物遗传转化体系。已有许多报道表明,通过植物代谢工程技术可以成功改变植物代谢流甚至重构新的代谢途径,提高植物中目标活性成分的含量。虽然毛状根培养系统已经成功用于生产多种次生代谢产物,但是许多植物毛状根的次生代谢途径及其调控机制尚不明确。一般而言,植物次生代谢产物合成途径复杂多样,有的是合成酶呈线性排列,有的是合成酶呈网状分布;另外,调控次生代谢产物合成的除了关键酶外,还包括了转录因子、微RNA(miRNA)等,它们构成了调控次生代谢产物合成的分子调控网络。在利用毛状根大规模生产次生代谢产物的过程中,目前还存在许多问题有待解决。不同植物种类,培养条件不同时,其对发根农杆菌的敏感程度不同,毛状根的生长状况有较大差别,甚至某些植物毛状根生物量与代谢产物积累量的培养条件参数并不一致,需要确定兼顾毛状根生长与代谢产物积累的最优培养条件。而且诱导产生的毛状根多次继代培养后,会出现有效成分逐渐减少,甚至丢失的现象。此外由于毛状根液体培养过程中易聚集成团,易发生传质和传氧困难的问题,同时毛状根对剪切力比较敏感,培养过程中机械搅拌产生的剪切力会导致毛状根的破坏。

二、药用植物细胞悬浮研究热点与展望

植物离体培养技术除毛状根培养外还有愈伤组织培养、不定芽、细胞悬浮培养等。目前建立悬浮细胞培养体系的技术已经非常成熟,对悬浮细胞的研究可将重点放在以下3个方面:① 工业化生产方面,优化培养体系,提高次生代谢产物合成量,为工业化生产奠定基础,以此缓解药用植物资源紧缺的问题。

② 代谢途径研究方面,以悬浮细胞为基础研究材料,构建转基因悬浮细胞系,再经诱导转化成植株,研究植物细胞代谢途径上相关关键酶基因和转录因子的功能。③ 优选作物和资源保护方面,悬浮细胞可通过激素诱导培养成人工种子,进行转基因植物的研究,筛选出具有抗干旱、抗盐、可大量繁殖的植物品种,濒危植物也可以通过建立其悬浮细胞培养体系进行种质保存。在中药材种苗生产中,目前仅有几个品种实现了工厂化育苗,其他大部分药材仅作为种质资源保存或科研用途在实验室培养成功;在药用植物大规模培养中,人参细胞工业化发酵培养以及紫草细胞生产紫草素已获得成功,高丽参毛状根系列化妆品和保健品也被开发,研制毛状根生物反应器并生产次生代谢产物工业化前景巨大,但相对于我国丰富的药用植物资源,当前成功应用生物反应器进行植物细胞、组织和毛状根培养的药用植物并不多。

综上所述,我国药用植物组织培养在中药资源领域未来发展方向主要有以下几个方面:① 与医、食、妆制造业结合,以药食同源中药材工厂化育苗为突破,并逐步增加工厂化育苗药用植物种类和规模;② 应用茎尖脱毒、多倍体诱导和转基因技术等快速繁殖药用植物优良种质,与现代生物育种结合培育新品种、新品系;③ 通过悬浮细胞培养、毛状根、生物转化、酶促反应等现代生物技术手段实现药用植物次生代谢产物的工业化生产;④ 利用组织培养快繁技术建立濒危珍稀中药资源离体保存库。总而言之,悬浮细胞培养技术和毛状根技术在药用植物生产研究中的应用,一方面可以缓解目前药材资源紧张的情况,另一方面也为药用植物的代谢途径研究提供了基础。最重要的是,利用这些技术进行组织培养有利于作物优选和资源保护。

研究案例1　易脆毛霉内生真菌诱导子在丹参毛状根中产生初级和次级代谢产物的研究

(一) 研究背景

丹参(*Salvia miltiorrhiza* Bge.)是我国重要的药用植物,以干燥的根及根茎入药,在临床上被广泛用于治疗多种疾病。丹参的主要化学成分包括脂溶性丹参酮和水溶性丹酚酸,以及含氮化合物、多糖、类黄酮和类固醇等。近年来,人们越来越关注丹参的质量问题。虽然已有对丹参质量的研究,但大多数工作都集中在次级代谢产物上,考虑到初级代谢与次级代谢之间的内在联系,仅通过测定丹酚酸和丹参酮的积累量来评价丹参质量可能是不够的。因此研究丹参毛状根的初级和次级代谢产物对于了解有效的质量评价标准是很重要的。发根农杆菌可侵染丹参毛状根,该培养体系可产生丹参生物活性物质。外源诱导子可特异性促进丹参毛状根次级代谢产物的积累。根据来源的不同,这些诱导子可以是生物的或非生物的。多个诱导子可以表现出协同效应。例如,酵母提取物(YE)与银离子(Ag$^+$)一起使用,可以显著促进丹参毛状根中二级代谢产物的积累。虽然许多研究调查了诱导子对有效成分积累的潜在改善影响,但往往只关注次级代谢,然而,诱导子对丹参毛状根中脂肪酸和氨基酸等初级代谢产物的影响尚不明确,外源诱导子对丹参初级代谢产物的调节机制仍然未知。该文首次研究了易脆毛霉内生真菌对丹参毛状根中初级和次级代谢产物的影响。该研究检测了次生代谢产物的水平以及主要代谢产物的变化,包括脂肪酸和氨基酸。此外,该研究还利用实时荧光定量 PCR 技术检测了关键代谢基因 *SmAACT*、*SmGGPPS* 和 *SmPAL* 的表达水平。本研究结果可为探索激发剂处理下丹参毛状根的复杂代谢活性提供参考,为丹参质量的有效评价提供依据。

(二) 研究思路

研究案例引自 Xu 等(2021),该课题研究思路如图 3-1 所示。

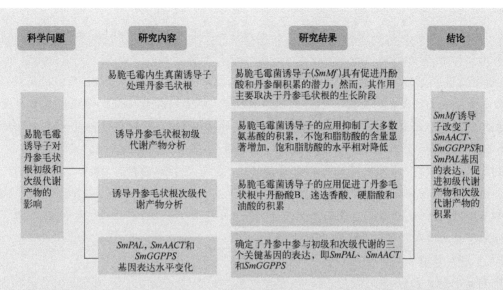

图 3-1 易脆毛霉内生真菌诱导子在丹参毛状根中产生初级和次级代谢产物的研究思路

（三）研究结果

易脆毛霉诱导子（SmMf）改变了 SmAACT、SmGGPPS 和 SmPAL 基因的表达，改变了 17 种初级代谢产物（氨基酸和脂肪酸）和 5 种次级代谢产物（二萜和酚酸）的积累。研究发现植物初级代谢和次级代谢过程密切相关，因此将初级代谢产物作为中药质量评价的生物标志物是合理的。萜类和脂肪酸、酚酸和氨基酸可以作为联合生物标志物成对分析，系统全面地评价丹参品质。

（四）研究结论

该研究从丹参中分离到内生真菌易脆毛霉菌。比较了内生真菌诱导子与酵母浸膏加银离子作为有效诱导子对丹参毛状根的影响。分析了诱导子处理后的 17 种初级代谢产物（氨基酸和脂肪酸）和 5 种次级代谢产物（二萜和酚酸）。菌丝体提取物促进丹参毛状根中丹酚酸 B、迷迭香酸、硬脂酸和油酸的积累。此外，定量聚合酶链反应（qPCR）显示，诱导子通过调节关键基因（SmAACT、SmGGPPS 和 SmPAL）的表达影响初级和次级代谢产物的积累。本研究结果对丹参的质量调控具有一定的指导意义。研究结果证实易脆毛霉是一种有效的内生真菌激发子，在药用植物的培育中具有良好的应用前景。

（五）亮点点评

在该研究中，研究了内生真菌诱导子对丹参毛状根初级和次级代谢产物积累的影响。易脆毛霉菌丝体提取物提高了丹参酮ⅡA、丹酚酸 B 和部分脂肪酸的代谢产物含量。通过对丹参毛状根初级代谢产物、次级代谢产物及关键基因（SmGGPPS、SmAACT、SmPAL）表达的综合分析，为了解诱导子处理后丹参毛状根代谢网络的整体变化提供了基础。

研究案例 2 转录组学和生理分析揭示了诱导子对红豆杉悬浮细胞中紫杉醇产生和生理特性的影响

（一）研究背景

东北红豆杉是一种有价值的、生长缓慢的常绿针叶树，属于红豆杉科，起源于第三纪冰川期，主要生长在中国东北、朝鲜半岛、日本和俄罗斯远东。它的针叶和树枝具有利尿和解毒作用，在中国古代被用于治疗霍乱和伤寒。据报道,东北红豆杉中含有150种紫杉烷类化合物,在这些紫杉烷类化合物中,紫杉醇被认为是最重要的,因为它具有强大的广谱抗癌作用(如乳腺癌、卵巢癌、非小细胞肺癌、卡波西肉瘤、头颈部癌症)。此外,随着市场需求逐渐增加,如何提高紫杉醇产量成为亟待解决的问题。紫杉醇作为一种次级代谢产物,它的含量很低。传统的紫杉醇生产方法是直接从树皮中提取它或其前体,这需要砍伐大量的树木,是不可持续的。为了克服这一问题,研究人员提出了紫杉醇生产的化学合成法、半合成法、内生菌法和红豆杉组织细胞培养法,但前三种方法成本较高,易产生不必要的有毒副产品,且易发生细胞突变,限制了紫杉醇的产量。在这些方法中,植物细胞和组织培养是最有前途的方法,它可以调节培养基组成和环境条件,方便诱导子刺激、生物反应器的连续和工业化生产,以及更容易提取紫杉醇。然而,联合诱导子提高悬浮细胞紫杉醇积累的调控机制尚不明确。

(二) 研究思路

研究案例引自 Zhao 等(2023),该课题研究思路如图 3-2 所示。

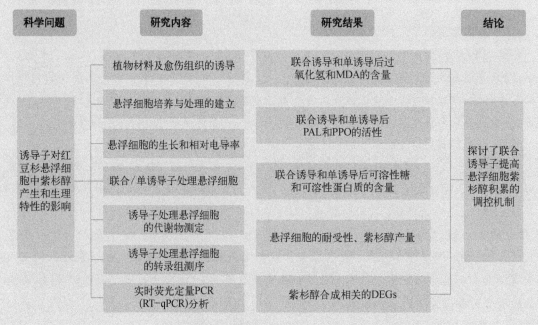

图 3-2 联合诱导子提高悬浮细胞紫杉醇积累的调控机制

(三) 研究结果

本研究考察了聚乙二醇(PEG)、环糊精(CD)、水杨酸(SA)(单独或联合使用)对东北红豆杉(*Taxus cuspidata*)悬浮细胞的生长、生理生化反应及紫杉醇产量的影响。为了揭示诱导子作用下红豆杉悬浮细胞紫杉醇合成的机制,研究人员比较了对照组和 P+C+S 组(PEG+CD+SA)的转录组学。结果表明,诱导子处理 5 d 后细胞生物量无显著差异。但与单一诱导子处理相比,联合诱导子处理后,过氧化氢(H_2O_2)和丙二醛(MDA)含量、苯丙氨酸解氨酶(PAL)和多酚氧化酶(PPO)活性降低。同时,联合诱导子处理提高了抗氧化酶(超氧化物歧化酶、过氧化氢酶和过氧化物酶)活性以及可溶性糖和可溶性蛋白含量。此外,三种诱导子(P+C+S)联合处理后的紫杉醇产量是对照组的 6.02 倍,这表明联合诱导子处理对红豆杉悬浮细胞中紫杉醇产量有显著影响。转录组学分析显示,对照组和 P+C+S 处理组之间存在 13 623 个差异表达基因(DEGs)。基因本体(gene ontology, GO)数据库与京都基因和基因组数据库(Kyoto Encyclopedia of Genes and Genomes, KEGG)分析均表明,DEGs主要影响代谢过程。确定了与抗氧化酶、紫杉醇生物合成酶和紫杉醇合成转录因子相关的DEGs。可以推测,在诱导子刺激下,悬浮细胞发生氧化应激,从而引起防御反应,并上调与抗氧化酶、紫杉醇生物合成酶、紫杉醇合成转录因子相关的基因表达,最终增加了紫杉醇的产量。

(四) 研究结论

联合诱导子处理能够提高紫杉醇的产量,这是因为三个诱导子能产生不同的防御反应信号,它们在信号通路中是交联的,并在增加紫杉醇产量方面表现出协同效应。诱导子通过增加相对电导率,提高过氧化氢和MDA的含量,引起悬浮细胞的氧化损伤,为了响应氧化损伤,悬浮细胞防御反应被激活,抗氧化酶活性和紫杉醇产量增加。与单诱导子处理相比,联合诱导子处理提高了抗氧化酶活性和可溶性糖、可溶性蛋白的水平,过氧化氢和MDA的含量有所降低,PAL和PPO的活性也有所降低。联合诱导子诱导后,悬浮细胞的耐受性提高,紫杉醇产量提高。鉴定与紫杉醇合成相关的DEGs,初步探讨联合诱导子提高红豆杉悬浮细胞紫杉醇积累的调控机制。

(五) 亮点点评

本研究首次研究了PEG、CD和SA(单独或联合)处理红豆杉悬浮细胞后的细胞生长、生理生化反应以及紫杉醇的产生。为揭示紫杉醇合成机制,比较了对照组和P+C+S组(PEG+CD+SA)的紫杉醇合成机制。三种诱导子(P+C+S)联合处理后的紫杉醇产量是对照组的6.02倍,说明联合诱导子处理对红豆杉细胞悬浮培养中紫杉醇产量有显著影响。结合转录组学分析得到假设,悬浮细胞的氧化应激是在诱导子刺激下发生的,从而导致防御反应,并导致与抗氧化酶、紫杉醇生物合成酶和紫杉醇合成转录因子相关的基因表达上调,最终增加了紫杉醇的产量。

思 考 题

1. 影响毛状根次生代谢产物合成的因素有哪些?
2. 毛状根的诱导对药用植物次生代谢产物的生成有何影响?
3. 悬浮细胞培养的科学意义是什么?
4. 如何提高悬浮细胞中次生代谢产物的含量?

第四章
药用植物现代组学技术

现代组学技术包括基因组学、转录组学、蛋白质组学、代谢组学等（图4-1），这些技术的发展使人们能以前所未有的规模和速度，获取并破译"生命天书"。2009年，陈士林团队提出本草基因组计划，专注于对具有重大经济价值和典型次生代谢途径的药用植物进行结构基因组学和功能基因组学研究。这为利用多组学技术揭示药用植物活性成分产生机制和优化药用植物资源利用等方面提供了重要基础。本章将介绍这些组学技术，并探讨其在药用植物中的应用。

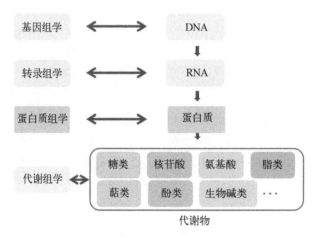

图4-1 现代组学研究内容

第一节 基 因 组 学

一、基因组学技术

基因组学这一术语最早由Thomas Roderick在1986年提出，标志着遗传学的重大飞跃。它包括遗传作图、测序和基因组分析等方面，是一门综合性新学科。全基因组测序技术的显著进步，推动了基因组学从作图测序向更深入的基因组功能研究发展，并逐渐分化为结构基因组学和功能基因组学两个主要分支。其中结构基因组学的目标是构建高分辨率的遗传、物理和转录图谱，为完整的DNA序列提供详细描述。而功能基因组学是指利用结构基因组学提供的信息和试剂，发展和应用全局性的（基因组范围或系统范围内）实验方法来评估基因功能。本节重点关注结构基因组学，该领域的研究不仅有助于我们理解生物体的遗传结构，也可为后续基因功能的解析奠定坚实的基础。

（一）遗传图谱

遗传图谱是指以遗传标记间重组频率为基础的染色体或基因位点的相对位置线性排列图。构建遗传图谱就是以重组子推算重组率并转化为遗传距离，从而把遗传标记顺序排列在连锁群的过程，其理论基础为染色体的交换与重组。遗传图谱的构建步骤大致包括：选择适合的遗传标记、构建标记处于分离状态的作图群体、测定群体内个体的基因型、进行连锁分析并作图。

遗传标记分为形态学、细胞学、生物化学和DNA分子标记四类，其中DNA分子标记是在DNA水平上检测，因其无表型效应且受环境影响小而广泛应用。DNA分子标记又分为四类。第一类是以分子杂交为核心的分子标记，如限制性片段长度多态性标记；第二类是基于PCR的分子标记，如随机扩增多态性DNA标记和微卫星重复序列标记；第三类是基于PCR与限制性酶切结合的分子标记，如扩增片段长度多态性标记等；第四类是基于单核苷酸多态性的分子标记，如单核苷酸多态性和表达序列标签。选择遗传标记应考虑其特点、作图植物的特性、研究情况及实验目的。

作图群体按其遗传稳定性可分为两大类：① 非永久性群体[如子二代(F_2)、子三代(F_3)、回交一代(BC_1)、三交群体]，易于短期构建但无法长期保存；② 永久性群体[如双单倍体(dihaploid，DH)、重组近交系(recombinant inbred strain，RIL)、近等基因系(near isogenic lines，NIL)]，虽然构建难度大但可长期保存。作图群体的选择需要考虑亲本的选择、作图群体的类型与作图群体的大小等因素。分子图谱构建完成后，需要将分子标记的连锁群与经典遗传图谱对接，并准确定位到染色体上。这一过程通常通过分析分子标记与已知染色体位置的形态标记之间的连锁关系来实现。

（二）物理图谱

物理图谱是指一些可识别标记（如限制性酶切位点、基因等）在DNA上的物理位置，图距是以物理长度为单位，如染色体的带区、核酸对的数量等。物理图谱的构建方法有五种：光学作图、限制性片段指纹、染色体步移、序列标签位点作图和荧光原位杂交。目前常用的构建物理图谱的技术有以BioNano为代表的光学作图和三维基因组技术高通量染色体构象捕获（high-throughput chromosome conformation capture，Hi-C）。

BioNano公司推出的Irys/Saphyr系统的光学图谱是基于单个DNA分子有序的全基因组限制性内切核酸酶酶切位点图谱。技术流程包括：提取高分子量DNA，使用单链内切酶特异性割开基因组DNA（gDNA）的磷酸二酯键（DNA分子并没有断），在具有链置换特性的DNA聚合酶的作用下引入带有荧光的碱基，并用连接酶修复，同时染色整条DNA。最后，通过纳米微流控芯片线性展开每条DNA分子，并进行荧光成像。在测序深度足够时，可获得基因组初步的草图。BioNano图谱技术可提供原始DNA景观，为基因组组装提供了染色体尺度的框架，并能高效检测到大片段纯合子和杂合子结构变异。

Hi-C是一种高通量染色体捕获技术，用于研究全基因组范围内染色质的空间关系，可获得高分辨率的染色质三维结构图谱。其原理是根据染色体内部的相互作用概率显著高于染色体间的相互作用概率进行聚类，同时在同一条染色体上，相互作用概率随着距离增加而减小，从而对染色体上的重叠群（contig）或支架（scaffold）进行排序和定向。实验流程包括：用甲醛固定邻近染色质片段；用限制性内切酶切断DNA并用生物素标记末端；用DNA连接酶连接切割末端生成嵌合分子；纯化并裂解嵌合分子，利用生物素标记分离DNA片段；最后对DNA文库测序，通过计算基因组不同区域间嵌合分子的频率以构建染色质相互作用矩阵。Hi-C技术有助于基因组在染色体水平的组装。

（三）基因组测序

1. DNA测序技术的发展

（1）第一代测序技术：1977年，Frederick Sanger和Walter Gilbert分别发明了双脱氧核苷酸链终止法和化学降解法进行DNA测序。由于化学降解法的健康风险，Sanger测序法成为主流，被认为是第一代测序技术。Sanger测序法利用PCR扩增待测DNA，在延伸步骤中向反应中添加脱氧核苷酸（dNTP）与双脱氧核苷酸（ddNTP）的混合物。当DNA聚合酶加入一个ddNTP时，延伸停止，产生不同长度的DNA片段，覆盖所有长度。早期方法使用凝胶电泳对这些片段进行分离，并根据条带大小读取序列。

后期技术进步使荧光标记取代放射性标记,毛细管电泳技术逐渐成熟,DNA 测序进入自动化时代,以 Sanger 测序法为核心的第一代测序仪应运而生(图 4 - 2)。该技术读长可达 1 000 bp,准确性高达 99.999%,但成本高、通量低,限制了大规模应用。

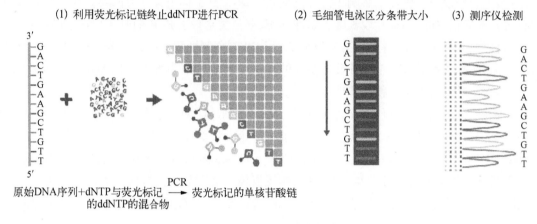

图 4 - 2 Sanger 测序法流程

(2) 第二代测序技术 随着测序技术的发展,为满足高通量、低成本测序的需求,开发出了第二代测序技术。其核心原理是边合成边测序或边连接边测序。具体来说,以待测序列为模板在测序引物的引导下利用荧光标记的 dNTP 合成互补链,在合成的过程中捕获相应核苷酸的荧光信号,通过识别信号读取碱基信息。科技公司曾提供三种高通量测序仪,分别是 Roche 公司的 454 测序仪、ABI 公司的 SOLiD 测序仪和 Illumina 公司的 Solexa 测序仪。其中,454 测序仪和 SOLiD 测序仪因其技术弊端难以承受巨大的市场压力先后停产。

Solexa 测序仪最初由 Solexa 公司开发,后被 Illumina 收购,是第二代测序技术的代表(图 4 - 3)。该技术通过桥式 PCR 扩增单链 DNA 文库。步骤包括将单链 DNA 两端加上接头序列,用接头序列将 DNA 固定到芯片表面形成寡核苷酸桥,随后进行 PCR 形成大量 DNA 簇。测序采用其专利的"可逆性末端终结反应",每轮反应中添加带有荧光标记的 dNTP 和 DNA 聚合酶,由于碱基末端被保护基团封闭,每次只能添加一个碱基。添加完成后,通过荧光识别所添加的碱基,去除保护基团后进行下一轮反应。Illumina 后续推出了 GA II、HiSeq 和 NovaSeq 等测序仪,常见读长为双端 150 个碱基对,以高通量和高性价比在市场中占据主导地位。

(3) 第三代测序技术 基因组是一个复杂的复合体,其中包含了多种重复序列、拷贝数变化、结构变异等。这对于植物生长发育、适应性及进化有着重要的意义。然而,短读长测序技术由于其读长限制,难以全面解析这些复杂元件。此外,尽管现代组装算法已较为成熟,但短读长测序使全基因组测序后组装仍面临挑战。目前,二代短读长测序技术仍占主导地位,但新兴的第三代测序技术因其长读长、快速和高通量的特性,受到广泛关注与应用。第三代测序技术目前主要有两大类,包括美国太平洋生物公司(PacBio Biosciences, PacBio)的单分子实时荧光测序及以英国牛津纳米孔公司(Oxford Nanopore Technologies, ONT)为代表的纳米孔测序。

PacBio 测序仪使用特制的反应单元单分子实时测序细胞(single-molecule real-time sequencing cell, SMRT Cell),其中包含成千上万的单独的底部透明的纳米小孔——零模波导孔(zero-mode waveguides, ZMW)(图 4 - 4)。PacBio 将聚合酶固定在 ZMW 的底部,每个 ZWM 孔只允许一条 DNA 模板进入,DNA 模板进入后,DNA 聚合酶与模板结合,加入 4 种不同颜色荧光标记 4 种 dNTP,其通过布朗运动随机进入检测区域并与聚合酶结合从而延伸模板,与模板匹配的碱基生成化学键的时间远远长于其他碱基停留

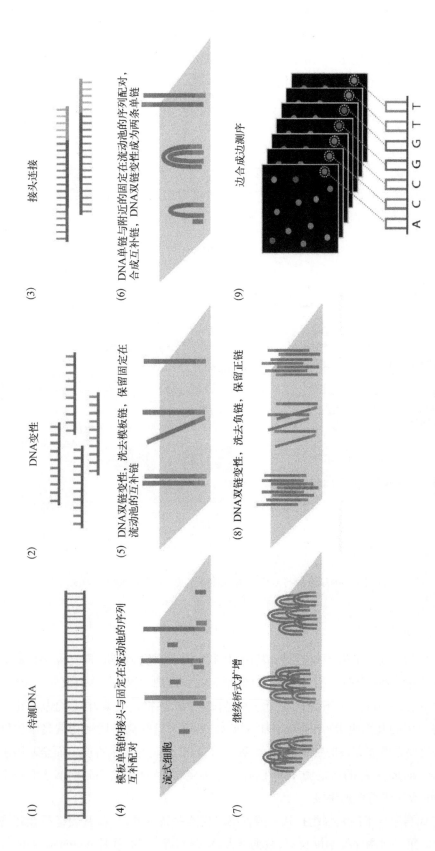

图 4 – 3 Solexa 测序流程

(1) 待测DNA

(2) DNA变性

(3) 接头连接

(4) 模板单链的接头与固定在流动池的序列互补配对

流式细胞

(5) DNA双链变性，洗去模板链，保留固定在流动池的互补链

(6) DNA单链与附近的固定在流动池的序列配对，合成互补链，DNA双链变性成为两条单链

(7) 继续桥式扩增

(8) DNA双链变性，洗去负链，保留正链

(9) 边合成边测序

A C C G G T T

的时间,因此统计荧光信号存在时间的长短,可区分匹配的碱基与游离碱基。通过统计 4 种荧光信号与时间的关系,即可测定 DNA 模板序列。PacBio 的碱基荧光标记在 3′端磷酸基团上,聚合酶在结合 dNTP 的过程中会切割 dNTP 结合的荧光基团,所合成 DNA 链无荧光标记,有助于延长测序读长。SMRT 平台使用环状模板,聚合酶多次读取模板,保证高准确率。PacBio 在测序前无须对待测样本进行 PCR 扩增,避免了引入的碱基错误和覆盖度不均一的问题。此外,PacBio 还具有可以检测广泛的碱基修饰及极低的 GC 偏好性的优点。

　　ONT 测序仪以其长读长、测序快、高通量和便携性闻名(图 4-4)。该仪器无须对样本进行 PCR 扩增,而是直接读取天然的单链 DNA(ssDNA)。ONT 测序利用纳米孔技术,孔内共价结合有分子接头,将纳米孔蛋白固定在电阻膜上后,再利用动力蛋白牵引核酸穿过纳米孔。核酸通过纳米孔时会改变电流,因为不同碱基的带电性质不同,导致电流发生变化。通过实时监测电流信号并解码,可以确定碱基序列。虽然 ONT 测序的准确度仍有待提高,但其技术提供了高效的测序方式。

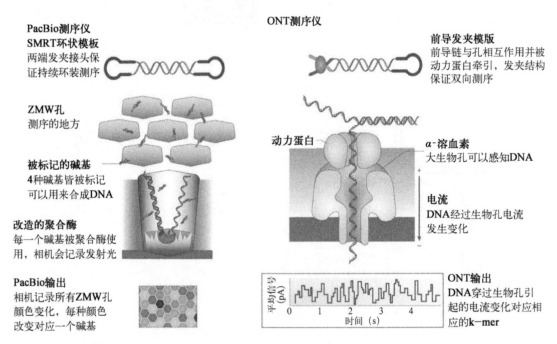

图 4-4　PacBio 测序仪测序流程与 ONT 测序仪测序流程(引自 Goodwin, et al., 2016)

k-mer: 定长核苷酸串

2. 基因组拼接技术

　　(1) 基于第一代测序技术的基因组拼接:基因组测序主要有两种策略,即克隆接克隆法和全基因组鸟枪法。克隆接克隆法是指按照大分子 DNA 克隆绘制的物理图,分别在单个大分子 DNA 克隆内部进行测序与序列的组装,然后将彼此相连的大分子克隆按排列次序搭建支架,构建全基因组序列。全基因组鸟枪法指从生物体的基因组 DNA 制作小插入文库、测序大量的克隆用生物信息学软件组装重叠群。克隆接克隆法需要先建立完整的物理图谱,昂贵费时,且有较高的技术难度。而全基因组鸟枪法成本低、速度快。对于 Sanger 测序的鸟枪法片段,已有多种拼接软件,这些软件分别基于 Hamiltonian path 算法和 Eulerian path 算法进行序列拼接。

　　(2) 基于第二代测序技术的基因组拼接:随着第二代测序技术的出现,基因组拼接算法也出现了新的发展适应变化。第二代测序技术读长短,数据量大,覆盖深度大,使用 Hamiltonian path 算法将会变得非常冗余。若短片段中有较多的重复序列,将为拼接带来更多的挑战。但 Eulerian path 算法能很好地适用于短序列的拼接,因此很快发展起来。市面上出现了一批拼接软件,其中以深圳华大基因研究院研发的 SOAPdenovo 最为突出。SOAPdenovo 可以进行从头拼接,也能很好地拼接高度重复和高 GC 含量的数据。

(3)基于第三代测序技术的基因组拼接:第三代测序技术实现了长读长测序,降低了基因组组装的成本和难度。尽管药用植物基因组研究面临着基因组庞大和高重复序列含量等挑战,但随着 Hi-C 和 BioNano 光学图谱技术的进步,这些问题能更有效地得到解决,从而构建出高质量的基因组。目前,PacBio 的 HiFi 序列和 ONT 的 Nanopore 序列成为主流基因组组装的数据来源。结合 Hi-C 和 BioNano 光学图谱,可以得到染色体水平的参考基因组。此外,研究人员开发出了多种组装算法和工具(如 Hifiasm、Canu、FALCON、Wtdbg2 和 Flye 等),推动了基因组组装技术的发展和应用。构建高质量的参考基因组是多组学研究的基石。通过这些技术的结合使用,我们不仅能够深入研究药用植物基因组的结构和功能,还能进一步推动药用植物的研究,增强对其的应用。

二、表观基因组学

表观遗传学是指对于基因组 DNA 序列没有差异的情况下发生的稳定的且可以遗传的基因表达变化的研究。表观基因组学即是从全基因组的水平研究这些 DNA 序列以外的表观修饰的学科。植物表观遗传修饰主要包括 DNA 甲基化、组蛋白修饰、染色质重塑、非编码 RNA 调控和 RNA 甲基化等。利用组学技术对这些修饰进行深入研究,有助于揭示植物在表观层面对生长发育和逆境响应的调控。对于药用植物而言,表观基因组学在研究环境因素如何影响其有效成分的合成,以及中药道地性的生物学基础方面具有显著的应用潜力。

(一)表观基因组学研究方法

1. DNA 甲基化检测　植物 DNA 甲基化通过 DNA 甲基转移酶添加甲基至胞嘧啶碱基形成 5-甲基胞嘧啶,这种修饰最常发生在胞嘧啶和鸟嘌呤(CpG)二核苷酸的胞嘧啶上,这种序列在基因组中呈 CpG 岛状分布,通常与基因的启动子区域相关联。DNA 甲基化似乎通过抑制转座子和重复序列的活性来保护植物基因组,它还可在一定程度上调节基因表达。在一些生物过程中,如基因印记,甲基化胞嘧啶可以被 DNA 糖基化酶家族去除。目前有三种常见的检测 DNA 甲基化的高通量技术,分别是全基因组重亚硫酸盐测序(whole genome bisulfite sequencing, WGBS)、简化甲基化测序(reduced representation bisulfite sequencing, RRBS)和甲基化 DNA 免疫共沉淀测序(methylated DNA immunoprecipitation sequencing, MeDIP-Seq)。除了这些广泛使用的方法,第三代测序技术可以直接分辨出未修饰的胞嘧啶和甲基化胞嘧啶,可以直接检测 DNA 序列上的甲基化位点。WGBS 被认为是确定 DNA 胞嘧啶甲基化的金标准。其原理是基因组 DNA 经亚硫酸氢盐处理后,未甲基化胞嘧啶转换为尿嘧啶(经扩增后最终转换为胸腺嘧啶),甲基化的胞嘧啶保持不变,随后通过建库测序可以区分甲基化和未甲基化的胞嘧啶。RRBS 是利用限制性内切酶 *Msp* I 对基因组进行酶切,富集 CpG 片段及启动子等区域,用亚硫酸氢盐处理后,再进行建库测序,从而对富集片段的甲基化展开分析。与 WGBS 相比,测序数据变少,性价比更高。Me-DIP-Seq 利用 5mC 抗体特异性富集基因组上甲基化的 DNA 片段,然后通过高通量测序可以在全基因组水平上进行高精度的 CpG 密集的高甲基化区域研究。

2. 组蛋白修饰分析　植物组蛋白修饰对于响应内源信号和外源刺激调控基因表达非常重要。主要的修饰包括乙酰化、甲基化、泛素化、磷酸化、小分子泛素相关修饰物蛋白(small ubiquitin-like modifier, SUMO)化和 ADP-核糖基化等,其中赖氨酸的乙酰化和甲基化是研究最多的两个组蛋白修饰标记。激活型组蛋白修饰和抑制型组蛋白修饰的强度和组合可以动态调节植物基因组可及性,从而影响下游基因的表达。组蛋白修饰的分析依赖于染色质免疫共沉淀测序技术(chromatin immunoprecipitation

sequencing, ChIP-Seq)。而新兴的 CUT&Tag 技术(cleavage under targets and tagmentation)也可用于检测组蛋白修饰,功能上与 ChIP-Seq 相似。

ChIP-Seq 是一种用于探究体内蛋白质与 DNA 相互作用的技术,能够识别转录因子调控的靶基因,也可以检测全基因组范围内特定组蛋白的修饰情况。该技术在活细胞中通过甲醛交联将蛋白质与染色质 DNA 结合,随后利用超声或酶处理切割染色质,利用特异性抗体沉淀目标蛋白修饰的片段,反转交联以释放 DNA,建库并进行测序分析,从而高分辨率揭示组蛋白修饰在全基因组中的分布情况。CUT&Tag 则通过蛋白特异性抗体引导 Protein A-Tn5 酶在 DNA 结合位置切割,并添加测序接头,经过建库和测序分析后,解析与目标蛋白结合的 DNA 片段。较之 ChIP-Seq,CUT&Tag 无须交联,减少了表位掩盖的影响,且样品需求少,操作简单,实验重复性好。

3. 染色质可及性分析　真核生物基因组上的核小体呈现不均匀分布,转录活跃区域的染色质结构相对松散且易被调节蛋白结合,这些区域的可接近程度称为染色质可及性。生物中染色质可及性在生长发育和逆境响应过程中呈现动态变化。越来越多的证据表明,染色质可及性可能通过调控基因的表达,从而影响生物体的发育分化和环境响应。染色质可及性检测主要通过染色质 DNA 对各类核酸酶降解作用的敏感程度来衡量,这些核酸酶包括脱氧核糖核酸酶 I(deoxyribonuclease I,DNase I)、微球菌核酸酶(micrococcal nuclease, MNase)和转座酶等。目前,染色质可及性检测方法有:解析染色质开发区域的 DNase-Seq 和染色质可及性测序(assay for transposase accessible chromatin with high-throughput sequencing, ATAC-Seq),以及确定核小体定位情况的 MNase-Seq。ATAC-Seq 利用超高活性转座酶 Tn5 将开放染色质区域 DNA 片段化并加上接头,建库后测序分析可得到全基因组染色质可及性图谱。ATAC-Seq 相较于 DNase-Seq 建库简便高效,适用于低样本起始量。

4. RNA 甲基化检测　N^6-甲基腺苷(N^6-methyladenosine, m^6A)是真核生物 RNA 上最丰富的化学修饰。m^6A 甲基转移酶和去甲基化酶协同调控 m^6A 修饰的动态变化,而识别酶特异性地识别 m^6A 修饰位点,影响 RNA 的代谢和加工,从而调控不同的生物学功能。在植物中,m^6A 修饰在生长发育、逆境响应和作物性状改良中发挥重要作用。甲基化 RNA 免疫沉淀测序(m^6A-specific methylated RNA immunoprecipitation with next generation sequencing, MeRIP-Seq)是检测植物 RNA m^6A 修饰的首选技术,利用 m^6A 抗体进行免疫富集、文库构建和测序分析。随着测序技术的发展,第三代测序技术可直接对 m^6A 进行分析。在 PacBio 测序中,逆转录酶通过 m^6A 修饰位点时产生的动力学信号明显不同于未经修饰的 A 信号,因此可用于 m^6A 检测。在 ONT 的纳米孔测序中,不同的核苷酸通过纳米孔时产生不同的电流信号强度,可根据电流的变化区分正常核苷酸和被修饰的核苷酸。

5. 调节型非编码 RNA 的检测　基因组转录产物不仅有编码蛋白质的信使 RNA(messenger RNA,mRNA),还有不编码蛋白质的非编码 RNA(non-coding RNA, ncRNA)。非编码 RNA 可以根据其表达形式和功能分为看家非编码 RNA 和调节型非编码 RNA。调节型非编码 RNA 根据序列长度差异分为长链非编码 RNA(long noncoding RNA, lncRNA)和小 RNA(small RNA, sRNA)。小 RNA 包括微 RNA(microRNA, miRNA)和干扰小 RNA(small interfering RNA, siRNA)。lncRNA 以长链形式或通过产生 miRNA 或 siRNA 的方式在生物体内发挥作用。miRNA 在转录水平和转录后水平负调控基因表达。siRNA 主要参与内源性或外源性 RNA 降解,引发 RNA 沉默或者基因沉默。其中 lncRNA 的信息可以通过 lncRNA-Seq 得到,而 sRNA 的表达情况可以通过 sRNA-Seq 检测。

lncRNA-Seq 实验流程大致包括提取样本总 RNA 后,去除核糖体 RNA(rRNA),将 RNA 片段化后进行链特异性建库,上机测序。在数据分析阶段,lncRNA-Seq 与 sRNA-Seq 的分析方法相似,但存在一些关键的差异,特别是在 lncRNA 的鉴定上。lncRNA 的鉴定采取以下策略:首先,去除长度短于 150 nt 或丰度低的转录物。其次,同该物种注释文件相比较,去除该物种中已知 mRNA 及其他非编码

RNA。最后,利用软件判定转录本编码潜能,排除具有明显编码潜能的转录本。经过三轮筛选后保留下来的 RNA 即为潜在的 lncRNA。sRNA-Seq 实验步骤如下:提取样本总 RNA 后,在 RNA 的两端连接接头,进行反转录 PCR 建库,凝胶电泳选择并回收合适大小的 DNA 片段作为最终文库,上机测序。将测序数据过滤后,与相应的物种的基因组、转录组或表达序列标签序列进行比对,通过与 miRBase 等数据库中的序列进行比对可以对 sRNA 进行分类,再利用 BLAST、psRNATarget、NONCODE database 等进行靶基因预测。后续可利用 5′端 RACE 改良法(RNA ligase-mediated RACE, RLM-RACE)和降解组等方法对 miRNA 靶基因进行验证。

（二）表观基因组学的应用

1. 调控药用植物次生代谢 药用植物的有效成分大多是次生代谢产物,多项研究表明植物可以从表观遗传学层面调控次生代谢产物的合成。例如,利用氮杂胞苷对石斛(*Dendrobium nobile*)组培苗进行去甲基化处理,发现该处理显著提高了组培苗中多糖和生物碱含量,并显著上调了相关酶基因的表达。这表明氮杂胞苷的去甲基化可能促进了这些基因的表达,证实了 DNA 去甲基化在调控石斛次生代谢产物合成中的重要作用。

2. 调控药用植物生长发育 在植物中,表观遗传修饰参与调控多种植物形态建成和生长发育过程。例如,对不同年限的生地黄(*Rehmannia glutinosa*)进行测序,并通过差异性比较得到 89 个保守的 miRNAs 和 6 个新的 miRNAs。通过与拟南芥(*Arabidopsis thaliana*)中已鉴定的 miRNAs 和靶基因比较,预测 miR156 和 miR157 的靶基因为 SPL 转录因子,其他 miRNA 预测调节的靶基因为 ICU2 和生长素响应因子等,这些基因与植物开花、不定根发育等相关,暗示这些 miRNAs 可能与地黄块根发育过程有关。

3. 调控药用植物逆境响应 植物在遭遇逆境时,可以发生表观遗传的改变以适应环境的变化。例如,为了探究菘蓝(*Isatis indigotica*)的逆境应答机制,检测了盐胁迫下菘蓝基因组内 CCGG 位点的 DNA 甲基化情况。结果表明在盐胁迫下,菘蓝基因组中共 44 个 CCGG 位点发生甲基化状态改变,并有 31 个位点发生超甲基化,还有 13 个位点发生了去甲基化。这可能与植物对逆境的适应性相关。

第二节 转录组学

转录组的定义可以分为广义和狭义两种。在广义上,转录组指从一种细胞或组织的基因组中转录出来的所有 RNA,包括编码蛋白质的 mRNA 和各种 ncRNA。而狭义上的转录组仅指 mRNA。转录组能够反映特定时间点活跃表达的基因,并随时间和环境的变化而变化。相比于基因组,转录组更加动态。转录组在解析基因功能和研究表型分子机制上具有重要意义。随着技术进步,我们可以通过不同精度的转录组分析获得信息。常规转录组分析提供组织层面的基因表达信息,而单细胞转录组则解决组织内细胞异质性,为理解不同细胞类型或单个细胞的转录过程提供了可能性。

一、转录组学技术

（一）转录组学技术的发展

转录组数据的获取和分析技术历经了几代演变。早期,基于 PCR 技术的互补 DNA 片段长度多态性和基于杂交技术的芯片技术为转录组研究奠定了基础。随着技术的进步,基于 Sanger 测序的转录组测序技术应运而生,包括序列分析基因表达、大规模并行签名测序、互补 DNA(complementary DNA, cDNA)文库及表达序列标签的测序分析。这些方法虽然为转录组研究提供了重要工具,但通量低、成本高。第二代测序技术的出现,为转录组测序[又称 RNA 测序(RNA sequencing, RNA-Seq)]带来了革命性的变化。因其快速、高通量、高分辨率和高灵敏度的特点,迅速成为转录组研究的主流方法,极大地推动了该领域的发展。近年来,第三代测序技术的发展进一步拓展了转录组研究的边界。这项技术能够实现全长转录组测序,捕捉从转录本的 5′端到 3′端 PolyA 尾的完整序列。这为研究基因异构体、可变剪接、融合基因以及基因全长等复杂现象提供了强有力的工具。

(二) RNA‐Seq 工作流程

RNA‐Seq 是全转录组水平分析差异表达基因和研究 mRNA 剪接必不可少的工具。它的标准工作流程一直没有太大变化,大致如下:样品的采集与保存、RNA 的提取、富集 mRNA 或消除 rRNA、合成 cDNA、构建测序文库、高通量测序(通常是 Illumina)以及数据分析。而数据分析又可根据是否有参考基因组分为有参考基因组的转录数据分析和无参考基因组的转录数据分析。

1. 有参考基因组的转录数据分析　许多模式生物的基因组测序工作已完成并注释详尽。在进行转录组学分析时,研究人员会利用这些基因组序列及其注释信息,包括基因的起始位点、外显子区域和编码区等,来确定最终的转录本序列及其表达水平。此外,转录组学研究还有助于发现新基因,揭示基因的不同剪接形式,从而进一步完善基因组的注释。

(1) 数据的质量控制:进行转录组学分析时,首要步骤是对测序得到的序列数据进行质量控制,包括识别并过滤测序误差碱基,以及去除接头和引物序列。目前,针对 Illumina 测序平台的数据,已有多种软件工具用于这些操作。常用的软件包括 Fastq、SolexaQA、PRINSEQ 和 Cutadapt 等。

(2) 测序数据的比对:在完成数据预处理后,则需要将过滤好的数据比对到参考基因组序列上。目前常用的性能出色的软件有 Bowtie、BWA 和 SOAP。

(3) 基因的表达量分析:将测序得到的读长(reads)比对到参考基因组后,需要对基因表达量进行定量和比较。直接用 reads 数表示基因表达量不够准确,因为 reads 数受基因长度和测序深度的影响。表达量越高,reads 数越多;基因越长,匹配到基因的 reads 数也越多;测序深度越高,得到的 reads 数也相对更多。因此,必须对数据进行标准化,标准化对象包括基因长度和测序深度。常用的标准化方法有每百万 reads 中来自某基因每千碱基长度的 reads 数(reads per kilobase of transcript per million mapped reads, RPKM)、每百万 reads 中来自某基因每千碱基长度的片段数(fragments per kilobase of transcript per million mapped reads, FPKM)和每百万 reads 中来自某基因每千碱基长度的转录本数(transcripts per kilobase of transcript per million mapped reads, TPM)。在标准化后,通常使用 DEGseq 和 edgeR 等软件检测样本间的基因表达差异,以确定差异表达基因。

(4) 差异表达基因注释:在获得样本间差异表达基因后,下一步是对这些基因进行功能注释和分类,以揭示它们在生物学过程中的作用。通常利用 GO 和 KEGG 等数据库进行注释,目的是识别差异表达基因所涉及的代谢途径或功能类别。通过这种注释,我们可以将转录组学数据转化为对生物学问题的深入理解,从而推进对生物现象的认识。常用的富集分析软件有 DAVID、BiNGO、GoMiner 等。

2. 无参考基因组的转录数据分析　随着第二代测序技术普及及成本降低,越来越多的物种采用 RNA‐Seq。然而,全基因组测序成本高,且不是所有物种都有深入注释的参考基因组。因此,无参考基因组情况下,转录组数据分析面临两大挑战:一是如何组装转录组测序数据为原始转录本序列;二是对未知转录本序列进行功能注释。

(1) 转录组的从头组装:在缺乏参考基因组的情况下,转录组数据的分析依赖转录组的从头组装。为此,一系列基于 De Bruijn 算法的转录组从头组装软件被开发出来。这些软件主要分为两大类:一类使用不同的 k-mer 值多次拼接生成多个结果,如 SOAPdenovo‐MK、Trans‐AbyS、Oases‐MK、Rnnotator;另一类采用单一 k-mer 方法一次性生成结果,如 Trinity、AbySS、Oases。研究表明,Trinity 通常在组装效果上优于其他软件。

(2) 功能注释:转录本从头组装后通常缺乏注释,其生物学功能也未知。因此,对这些序列进行功能注释至关重要。由于蛋白质是生物功能的主要执行者,并且物种间同源蛋白质之间存在一定的保守性和相似性,可以根据已知的蛋白质信息对这些转录本序列进行注释。美国国家生物技术信息中心(NCBI)的非冗余蛋白质数据库因其信息全面且更新快成为比对首选数据库。此外,Swiss - Prot、KEGG和GO数据库也可用于对转录本序列进行更深入的注释。

(三) RNA - Seq 在药用植物中的应用

1. 药用植物功能基因挖掘　在药用植物缺乏参考基因组的背景下,转录组测序提供了一种快速有效的方法,用于比较基因序列、发现和鉴定表达基因。研究发现,对芦荟的根和叶组织进行了转录组测序,分别获得 161 733 和 221 792 个转录本,并鉴定出 113 062 和 141 310 个唯一基因。研究还识别了 16个与皂苷、木质素、蒽醌和类胡萝卜素生物合成密切相关的基因。这是第一个芦荟转录组数据库,对进一步研究芦荟及其他芦荟物种重要次生代谢产物生物合成相关基因及其代谢调控具有重要意义。

2. 药用植物发育机制研究　长期以来,中药材种植面临管理不精和品种选育技术落后等问题,导致品种退化和抗逆性不足日益严重。转录组的应用为药用植物生长发育及其抗病抗逆的分子机制研究提供了新途径。通过深入分析转录组数据,可揭示影响药用植物生长发育的关键因素,为栽培和育种提供科学基础。例如,对 7 个发育阶段西洋参根进行转录组测序,检测到了所有人参皂苷骨架生物合成途径的合成酶基因,并通过协同表达分析获得了大量人参皂苷生物合成途径下游候选基因。结果显示,人参皂苷生物合成与植物的发育阶段显著相关,达玛烷型人参皂苷生物合成主要在植物衰老期积累,而次生人参皂苷在整个发育阶段均有合成。

3. 药用植物转录本结构变异研究　转录后基因表达的多样性可通过多种机制实现,如基因重排、RNA 编辑和可变剪接等。RNA - Seq 及基于第三代测序技术的全长转录组测序是发现基因可变剪接高效且有效的手段。He 等(2017)对铁皮石斛(*Dendrobium officinale*)进行全长转录组的研究,鉴定出石斛茎和叶中的差异表达基因;同时发现了两个编辑糖基转移酶和 4 个编辑纤维素合酶的基因转录时存在可变剪接。

4. 药用植物分子标记的开发　DNA 分子标记反映生物个体或种群间基因组中某种差异的特异性DNA 片段。简单重复序列(simple sequence repeat, SSR)标记由于多态性高、操作简单、共显性、易于检测、覆盖范围广等优点,在遗传图谱构建、遗传多样性分析、基因定位、亲本关系鉴定等领域发挥着重要作用。利用转录组测序获得 SSR 分子标记,无须全基因组信息,快速廉价获取大量的重复序列位点,避免周期长、成本高的全基因组测序。目前,已广泛应用于丹参、沙棘、甘草、茯苓等多种药用植物中。

二、单细胞转录组测序

植物功能是不同组织中每个细胞协同作用的结果,因此为了解析复杂组织中关键的细胞过程,就需要捕获同类细胞或者单个细胞的信息。而普通的 RNA - Seq 是对一群细胞进行转录组测序,所获得基因表达量是这些细胞基因表达量的平均值,这掩盖了细胞间的异质性,丢失了重要的生物学信息。单细胞转录组测序(single-cell RNA sequencing, scRNA - Seq)的出现解决了这一问题,scRNA - Seq 可以获得单细胞尺度上的转录组数据,为研究不同细胞类型或单个细胞的转录过程创造了可能。

(一) 单细胞转录组测序技术

单细胞转录组测序流程包括单细胞分离、文库构建与测序及数据分析三个步骤。单细胞分离是整个测序过程的起点。单细胞分离技术有有限稀释法、激光显微切割、流式细胞分选和微流控技术等。在scRNA - Seq 的文库构建与测序技术方面,虽然方法众多,但直到 2014 年,scRNA - Seq 的通量仍受限于100 个细胞以下。2014~2015 年间,CytoSeq、Drop - Seq、inDrop 等技术突破了这一限制,将通量提高至10 000~100 000 个细胞。2017~2018 年,随着 10x Genomics 和 BD Rhapsody 等商业平台的推出,单细胞技术开始普及,进入了"大众化"的新阶段。截至2023年4月,植物学领域发表的单细胞相关研究论文中,高达93%的研究者采用了10x Genomics平台。

10x Genomics平台是单细胞转录组测序的热门技术,其优势包括高细胞通量、高捕获率和短项目周期等(图4-5)。其技术关键点之一在于凝胶微珠的设计,每个微珠上有细胞条形码、唯一分子标识符(unique molecular identifier,UMI)和poly(dT)。每个凝胶微珠都标记有一种独特的细胞条形码,用以区分不同的细胞。UMI用于标记每条mRNA以区分同一细胞内的不同mRNA分子,而poly(dT)序列则用于捕获mRNA。操作时使用微流控技术对细胞进行分选。含有细胞悬浮液的水相与含有凝胶微珠的裂解缓冲液水相汇合,使一个凝胶微珠吸附一个细胞,并通过油相通道形成油包水结构。一旦细胞被包裹在油滴中,它们会立即裂解,释放出RNA,并在油滴中被反转录成含细胞条形码和UMI的cDNA。将同一批cDNA混合后建库测序。

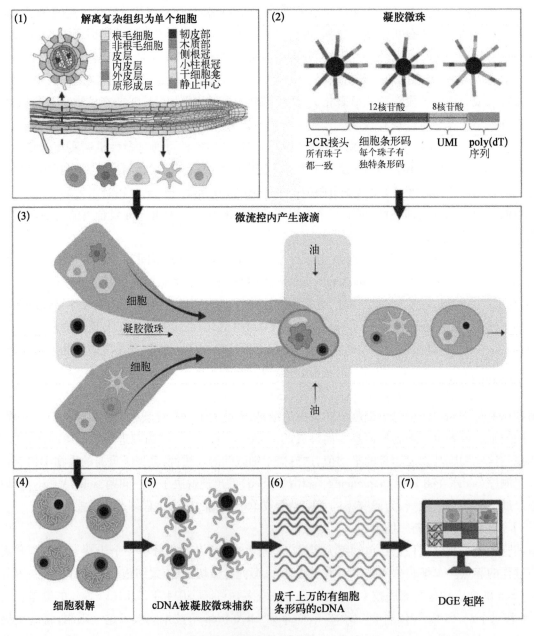

图4-5   10x Genomics单细胞转录组测序流程(引自 Rich-Griffin, et al., 2020)

BD Rhapsody 技术源于 CytoSeq 的蜂窝板技术,相比 10x Genomics,其细胞捕获率更高,但操作较为复杂。BD Rhapsody 的蜂窝板上拥有超过 20 万个微小孔洞,这些孔洞的数量足以确保每个孔洞仅容纳一个细胞。在操作过程中,将细胞悬液均匀铺展在蜂窝板上,细胞会沉降到这些微孔中。随后,均匀地在蜂窝板上撒布磁珠,并添加细胞裂解液。裂解过程中,细胞释放的 mRNA 会被磁珠有效捕获。通过回收磁珠,可以进行后续的逆转录、扩增和测序等步骤。磁珠上的序列设计与 10x Genomics 中的凝胶微珠设计类似。

(二)单细胞转录组数据分析

植物单细胞转录组学的数据处理流程通常可以分为三个阶段:从原始测序数据生成表达矩阵,基于表达矩阵为细胞分类,以及基于矩阵和其他数据库进行深入分析(图 4-6)。以 10x Genomics 测序平台为例,在第一阶段使用 Cell Ranger 生成表达矩阵,筛除背景噪声和损伤细胞。第二阶段的数据处理包括过滤、标准化、归一化、筛选高变异性基因、主成分分析(principal component analysis, PCA)、聚类以

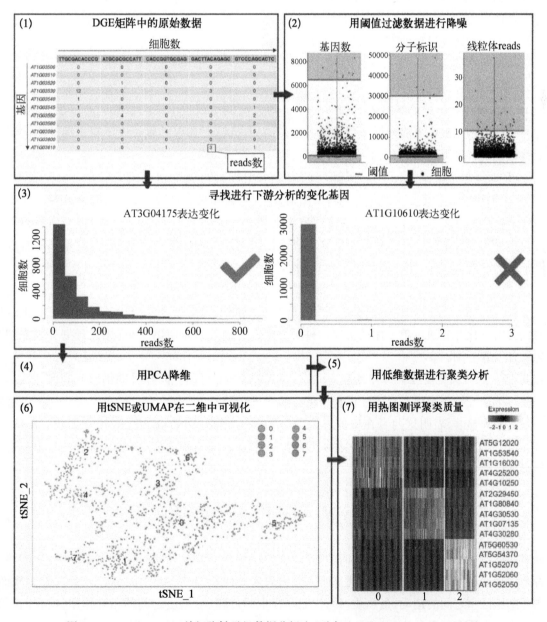

图 4-6 10x Genomics 单细胞转录组数据分析流(引自 Rich-Griffin, et al., 2020)

及细胞类型注释。用于此阶段的工具有 SCANPY、Seurat 和 scPlant。首先,根据这些基因在细胞中的表达数量和细胞中表达的基因数量,分别对基因和细胞进行筛选。其次,通过 Linnorm、SCnorm 或 sctransform 等工具进行标准化和归一化处理,确保较小的表达值不会被大值所掩盖,从而提高检测的敏感性。然后,进行主成分分析,维度参数通常在 10~30。再然后,应用 PAGA 等聚类方法对细胞进行分组。每个细胞群可以通过 t 分布随机邻域嵌入(t-distributed stochastic neighbor embedding, t-SNE)或统一流形逼近与投影(uniform manifold approximation and projection, UMAP)技术在二维空间中展示。最后,每个聚类的差异表达基因将通过 t 检验或 Wilcoxon 秩合检验等方法确定。可以通过标记基因与差异表达基因匹配情况对细胞类群进行注释。在第三阶段,根据研究目的进行一些可选择的分析,比如拟时序分析和基因调控网络推测等。SCANPY、scPlant 和 Seurat 等工具也可以在此阶段使用。"拟时序"可用于研究未分化分生细胞向成熟组织的发育。在这个分化过程中,不同发育阶段的细胞会展现出不同的基因表达模式。由于细胞转变的速度可能不同,这种异步性表明不能简单地根据时间来评估基因表达的变化,而应该根据它们在发育过程中的位置来进行评估。拟时序分析提供了一种抽象的方法来捕捉这种发育进展,它通过机器学习技术对细胞进行排序,以反映它们在发育轨迹上的位置,从而提供对细胞发育阶段和转变过程的深入理解。常用的软件还有 Monocle 和 Slingshot 等。SCENIC 软件可以用来进行调控网络推测。

(三)单细胞转录组的应用

1. 绘制植物单细胞转录组图谱　scRNA‐Seq 可以绘制组织中不同类型细胞的基因表达图谱,为分析各类细胞的功能提供可靠依据。到目前为止,研究人员已经在单细胞尺度下对拟南芥不同组织的各类细胞建立了转录组图谱,如主根、侧根、茎尖、叶片维管组织等。

2. 揭示生物合成途径　scRNA‐Seq 已被用于次生代谢产物生物合成的研究。研究表明,利用 scRNA‐Seq 构建了长春花叶片的单细胞转录图谱,发现单萜吲哚生物碱合成的区室化现象。该途径在内部韧皮部薄壁细胞启动,中间步骤发生在表皮细胞,后期反映在异形细胞中。科研工作者对红豆杉幼茎进行 scRNA‐Seq,鉴定了 8 个紫杉醇生物合成途径关键酶基因的时空表达模式,为紫杉醇合成的研究提供了新的见解。

3. 构建细胞动态发育轨迹　scRNA‐Seq 数据的拟时序分析可以预测选定细胞的分化轨迹。将 scRNA‐Seq 与遗传学手段相结合解析了拟南芥叶片组织中不同类型细胞分化的动态模型。拟时序分析表明气孔的分化并非通过单一途径实现。科研工作者对荆芥的 scRNA‐Seq 中发现荆芥表皮细胞逐渐分化发育为腺毛细胞。

4. 研究跨物种细胞类型的保守性和多样性　scRNA‐Seq 可研究跨物种间细胞间的保守性和分化情况。在对单子叶植物水稻和双子叶植物拟南芥的根进行分析时,观察到它们在大多数细胞类型特异性转录本上差异显著,表明这两者在根的进化上的保守性较低。而在比较玉米和水稻的 scRNA‐Seq 数据时,发现根毛、内皮层和韧皮部等多种细胞类型中存在保守的基因表达模式,这表明单子叶的玉米和水稻根在进化上保守性较高。

第三节　蛋白质组学

蛋白质处于中心法则下游,是生命活动的最终执行者和体现者,在所有生物体的结构、功能和调节中起着至关重要的作用。蛋白质组学通过研究蛋白质何时何地表达、蛋白质的丰度、蛋白质的修饰、蛋白质在亚细胞区室之间的运动、蛋白质参与代谢途径中的过程、蛋白质之间的相互作用,使我们更深入地理解生命的本质和复杂的生物过程,因此蛋白质组学作为最重要的研究领域之一,受到广泛关注。

一、定义与起源

蛋白质组学（proteomics）是一门以蛋白质组为研究对象，对细胞、组织或生物体中蛋白质组成及其变化规律进行大规模、高通量、系统化研究的科学，其研究内容包括组成蛋白质一级结构的氨基酸序列、蛋白质的丰度、蛋白质的修饰以及蛋白质之间的相互作用。蛋白质组（proteome）的概念最先由 Marc Wilkins 提出，该词源于蛋白质（protein）与基因组（genome）两个词的组合，意指"一种基因组所表达的全套蛋白质"。蛋白质组是在生物体、系统或生物环境中产生的一组蛋白质，其因细胞而异，并随时间而变化。在某种程度上，蛋白质组反映了潜在的转录组，蛋白质组除了受相关基因的转录水平影响外，还受到许多其他因素的调节。

二、研究内容

（一）蛋白质的鉴定和定量

全面鉴定生物体内的蛋白质是蛋白质组学的第一要务。采用质谱仪等高通量技术，可以对生物体中的蛋白质进行高效、高通量的鉴定，以揭示细胞中存在的各种蛋白质，为后续的研究奠定基础。此外，蛋白质组学还需对鉴定到的蛋白质进行定量。在生物体内，不同器官/组织或不同处理条件下蛋白质的丰度会发生变化，这种变化往往与生物过程的调控密切相关。蛋白质组学通过使用定量质谱技术，可以对蛋白质的表达量进行精确测量。这可以帮助研究人员了解生物体在不同状态下蛋白质的变化规律，进而揭示生物过程的调控机制。

（二）蛋白质的结构和定位

蛋白质的功能多种多样，包括酶活性、结构支持、信号传导等，蛋白质的结构和定位往往会影响其活性的发挥。蛋白质的结构通常被划分为四个层次，即一级结构、二级结构、三级结构和四级结构。近年来结构生物学发展迅速并和其他学科相互渗透交叉，特别是受到结构基因组学等热点学科的极大带动。作为结构生物学的基本手段和技术，蛋白质晶体学从解析简单的蛋白质三维结构延伸到解决各类生物大分子及复合物结构，派生出诸如基于结构的药物设计等应用性很强的分支。蛋白质的定位是指蛋白质在细胞或生物体内的具体位置和分布，通常由其自身的序列、翻译后修饰及与其他分子的相互作用共同决定。

（三）蛋白质的翻译后修饰

蛋白质的翻译后修饰（post-translational modification，PTM）是在现有蛋白质中引入结构变化，以参与多种生物过程。生物体除了通过特定的选择性 mRNA 剪接实现基因的多样性编码外，蛋白质侧链或骨架氨基酸残基的各种结构修饰如磷酸化、乙酰化、糖基化、甲基化、泛素化等，也可以涉及整个蛋白质的结构变化，这促进了蛋白质组水平的复杂性增加，也是蛋白质组多样性的关键。

1. 磷酸化修饰　蛋白质磷酸化是激酶将 ATP 中的磷酸基团添加到氨基酸侧链上的过程，通常将疏水非极性蛋白质转化为亲水性极性蛋白质。磷酸化是一种可逆的 PTM，磷酸化由激酶催化，去磷酸化由磷酸酶介导。大多数磷酸化事件发生在丝氨酸、苏氨酸和酪氨酸残基上。蛋白质磷酸化系统由激酶、磷酸酶、磷酸化底物和磷酸化结合蛋白组成。蛋白激酶广泛分布于细胞核、细胞质、线粒体和微粒体等细胞器中。根据发生磷酸化的氨基酸类型主要分类为丝氨酸/苏氨酸蛋白激酶（STK）、酪氨酸蛋白激酶（PTK）、双特异性蛋白激酶（DSK）和组氨酸蛋白激酶（HPK）。蛋白磷酸酶也可根据其底物特异性分为磷酸蛋白磷酸酶（PPP）家族、金属依赖性蛋白磷酸酶（PPM）家族和蛋白-酪氨酸磷酸酶（PTP）家族。

2. 乙酰化修饰　蛋白质乙酰化是乙酰基供体（如乙酰辅酶 A 和乙酰磷酸酯）以酶或非酶方式共价结合蛋白质 N 端和赖氨酸侧链的过程，是蛋白质构象和活性变化的调节开关。乙酰化有三种形式：赖氨酸乙酰化（Nε-乙酰化）、蛋白质 N 端乙酰化（Nα-乙酰化）和 O-乙酰化。这三种乙酰化修饰中 Nα-乙酰化是一种不可逆的修饰,其他两种类型的乙酰化是可逆的,Nε-乙酰化更具生物学意义。乙酰化在染色质稳定性、蛋白质-蛋白质相互作用、细胞周期控制、核转运和肌动蛋白成核等生物过程中起着至关重要的作用。

3. 糖基化修饰　蛋白质糖基化是蛋白质翻译后修饰的一种重要形式,它是指在糖基转移酶的催化下,糖分子与蛋白质分子上的特定氨基酸残基通过糖苷键共价结合的过程,形成糖蛋白。这种修饰对蛋白质的结构、稳定性和生物活性具有显著影响,在细胞生物学和疾病发生机制中扮演着重要角色。蛋白质的酶促糖基化涉及复杂的代谢网络和不同类型的糖基化途径,实现了蛋白质组的扩增,从而产生了蛋白质组及其生物功能的多样性。定量转录组学、蛋白质组学和基于核酸酶的基因编辑的重大进展,通过分析和靶向参与糖基化过程的酶来探索蛋白质糖基化。

4. 甲基化修饰　蛋白质甲基化是一种重要的翻译后修饰,甲基化反应是由甲基转移酶介导的,它将活化的甲基集团从 S-腺苷-L-甲硫氨酸转移到以氮氧硫为核心的氨基酸残基上。通常用于在细胞信号转导途径中传递信息。蛋白质通常是在其 N 端和 C 端及精氨酸(Arg)和赖氨酸(Lys)残基的侧链氮原子上发生上甲基化,也可以是在组氨酸(His)、半胱氨酸(Cys)和天冬酰胺(Asn)等其他氨基酸残基的侧链上发生甲基化。蛋白质甲基化修饰与染色质重塑、转录调控、RNA 加工、蛋白质/RNA 运输、信号转导和 DNA 修复有关。

5. 泛素化修饰　细胞需要不断降解和重新合成蛋白质以维持细胞稳态。细胞通过两个严格控制和调节的途径——溶酶体-蛋白酶体途径和泛素-蛋白酶体途径(UPP)来降解蛋白质和再利用氨基酸。UPP 已成为调节多种细胞过程的关键途径,负责大多数细胞内蛋白质的稳态调节,对功能失调和错误折叠的蛋白质进行降解,以维持细胞稳态和细胞存活。泛素化是指泛素分子(Ub)与蛋白质的赖氨酸残基连接的过程。多个泛素分子的连接,称为多泛素化,泛素化标记的蛋白通常随后被 26S 蛋白酶体识别降解,这是细胞清除异常、老化或受损蛋白质的重要途径。蛋白酶体具有三个不同的活性位点,这些活性位点包含在核心内,只允许未折叠的蛋白质进入,从而使蛋白酶体也具有高度特异性。细胞内蛋白质的泛素化涉及 UPP 中的 E1、E2 和 E3 三种酶所催化的泛素激活、泛素偶联和泛素连接三步酶促过程,每种酶在降解的蛋白水解过程中都具有独特的作用。具体来说,首先由 E1 泛素激活酶通过 ATP 依赖的方式激活泛素,然后 E2 泛素结合酶与活化的泛素-E1 酶复合体结合,催化泛素从 E1 转移到 E2 的活性半胱氨酸位点,最后,E3 泛素连接酶与靶蛋白的赖氨酸和泛素的 C 端甘氨酸形成异肽键,形成单泛素-底物复合体(图4-7)。一旦用单个泛素分子标记,就会向其他连接酶发出信号以将额外的泛素连接到

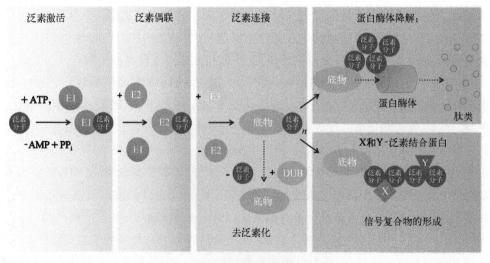

图4-7　泛素依赖性蛋白质降解模式图
DUB:泛素化酶

蛋白质上,随后将泛素部分添加到该络合物中形成多泛素链,该链可以被 26S 蛋白酶体识别,从而标记蛋白质进行水解。

（四）蛋白质的相互作用

蛋白质的相互作用是生命科学领域的一个重要研究内容,它指的是在细胞内或细胞间,两个或多个蛋白质之间通过结合或相互作用,形成复合物或信号传导通路的过程。相互作用蛋白质组学是研究蛋白质间相互作用的方法和技术。通过构建和分析蛋白质相互作用网络,可以揭示细胞内蛋白质之间的关系,进而理解细胞功能和疾病机制。质谱技术在鉴定和定量蛋白质之间的相互作用过程中具有重要作用。

三、技术与方法

（一）蛋白质分离与鉴定技术

蛋白质的分离和鉴定是蛋白质组学研究中的重要内容,蛋白质分离是获得蛋白质样本的重要来源,蛋白质鉴定即对蛋白质进行定性或定量分析,两者通常是前后相继进行的。理想的蛋白质分离方法首先要具备超高的分辨率,能够将成千上万种蛋白质包括它们的修饰物同时分离并与后续的鉴定技术有效衔接,还应对不同类型的蛋白质,包括酸性的、碱性的、疏水的、亲水的等有效地进行分离。常用的蛋白质分离技术包括电泳技术（一维电泳、双向电泳、荧光差异显示凝胶电泳和毛细管电泳等）和色谱分离技术（液相色谱、离子交换色谱、亲和色谱、反相色谱、尺寸排阻色谱等）。分离后的蛋白质可以进行如分子质量、氨基酸序列含量及翻译后修饰鉴定等,目前最常用的蛋白质鉴定技术是高分辨率、高灵敏度和高准确度的质谱技术。

1. 双向凝胶电泳技术（2 - dimensional gel electrophoresis, 2 - DE） 2 - DE 是一种重要的蛋白质分离技术,由 O'Farrel 及 Klose 和 Scheele 等人于 1975 年发明。该技术是等电聚焦和十二烷基硫酸钠聚丙烯酰胺凝胶电泳（SDS - PAGE）两种方法的结合,基于蛋白质的等电点（pI）和分子量（MW）的差异,先将蛋白质在等电聚焦中通过等电点进行分离后,再通过 SDS - PAGE 进行二次分离,将复杂蛋白混合物中的蛋白质在二维平面上分开,从而实现对蛋白质的分离和分析。2 - DE 上的每个蛋白质斑点都可以通过高通量质谱法进行洗脱和鉴定。该技术除了实现蛋白质分离,还可实现蛋白质分子量、等电点和含量等信息的测定。

2. 化学标记法 等重同位素标签相对和绝对定量技术（isobaric tag for relative absolute quantitation, iTRAQ）和串联质谱标签（tandem mass tag, TMT）技术都是多肽体外标记定量技术,通过特异性标记多肽的氨基酸基团,实现蛋白质的相对定量。iTRAQ 试剂是一种可与氨基酸末端氨基及赖氨酸侧链氨基连接的同位素标记试剂。iTRAQ 技术采用 4 种或 8 种同位素编码的标签,通过对氨基酸 N 端和赖氨酸残基进行酶解,然后用 iTRAQ 试剂进行特异性标记,而后进行串联质谱分析,可同时比较 4 种或 8 种不同样品中蛋白质的相对含量。iTRAQ 试剂包括 3 个部分：报告基团、平衡基团和肽反应基团。TMT 标记涉及使用一系列重量不同的化学标签,这些标签可以结合到肽段的氨基末端和侧链上。通过这种方法,可以同时处理多个样本,然后将它们混合在一起进行质谱分析。TMT 技术允许对多达 16 个不同的样品同时进行定量分析,使其成为蛋白质组学研究中的一个强大工具。

3. 非标记定量技术（label-free quantitation） 非标记定量技术是通过液质联用技术对蛋白质酶解肽段进行质谱分析,无须使用昂贵的稳定同位素标签做内部标准,只需分析大规模鉴定蛋白质时所产生的质谱数据,比较不同样品中相应肽段的信号强度,从而对肽段对应的蛋白质进行相对定量。一般来说,通过分析肽段一级离子的信号强度和其特有的同位素峰可以实现对蛋白质的定量与定性分析。非标记定量技术的灵敏度要比标记定量低。但是,因为非标记定量技术所需实验步骤较少,且不涉及标记,所以可用于分析蛋白质含量比较低的样品,并且对样品的数量没有限制。

（二）蛋白质相互作用技术

蛋白质相互作用技术是生物科学和医学领域研究的重要手段,用于揭示蛋白质功能及其参与的复合体的组成成分、结构、拓扑和相互作用机制等方面的信息。

1. 酵母双杂交（yeast two-hybrid，Y2H）　Y2H 最初由 Fields 等在研究酵母转录因子 GAL4 的性质时建立,后续经过不断改进,现已发展成为一种成熟的蛋白质相互作用研究技术,被广泛应用于相互作用蛋白质的筛选、蛋白质相互作用的鉴定和验证、蛋白质相互作用机制的探究、蛋白质连锁图谱绘制等工作。Y2H 的建立是基于对真核生物调控转录起始过程的认识。酵母起始基因转录需要有反式转录激活因子的参与。反式转录激活因子,如 GAL4 包括两个彼此分离但功能必需的结构域,分别是位于 N端 1~147 位氨基酸残基区段的 DNA 结合域（DNA binding domain，DNA - BD）和位于 C 端 768~881 位氨基酸残基区段的转录激活域（activation domain，AD）。DNA - BD 能够识别位于 GAL4 效应基因的上游激活序列（upstream activating sequence，UAS）,并与之结合。而 AD 则是通过与转录机器中的其他成分之间的结合作用,以启动 UAS 下游的基因进行转录。DNA - BD 和 AD 单独分别作用并不能激活转录反应,但是当二者在空间上充分接近时,则呈现完整的 GAL4 转录因子活性并可激活 UAS 下游启动子,使启动子下游基因得到转录。利用酵母中基因表达的调控机制,将两个待研究的蛋白质分别与转录因子的 DNA 结合域和激活域融合表达,通过检测报告基因的表达情况来判断两个蛋白质之间是否存在相互作用。Y2H 技术允许检测活酵母细胞中的相互作用蛋白质。两种蛋白质之间的相互作用会激活报告基因,使其能够在特定培养基上生长或产生颜色。Y2H 可用于全基因组范围内蛋白质相互作用的高通量研究。

2. 免疫共沉淀技术（co-immunoprecipitation，Co - IP）　Co - IP 是以抗体和抗原之间的专一性作用为基础来研究蛋白质相互作用的经典方法。是确定两种蛋白质在完整细胞内生理性相互作用的有效方法。当细胞在非变性条件下被裂解时,完整细胞内存在的许多蛋白质-蛋白质间的相互作用被保留了下来。当用预先固化在琼脂糖珠子上的蛋白质 A 的抗体免疫沉淀 A 蛋白,那么与 A 蛋白在体内结合的蛋白质 B 也能一起沉淀下来。

3. 免疫沉淀-串联质谱分析（immunoprecipitation-mass spectrometry，IP - MS）　IP - MS 是目前应用最广泛的蛋白质相互作用研究方法之一。其主要原理是基于特异性抗体或其他亲和试剂与靶标蛋白的亲和作用,通过 Co - IP 将靶标蛋白及其相互作用蛋白从复杂的样本中提取出来,进而进行质谱检测以鉴定靶标蛋白的相互作用蛋白。理想的 IP - MS 实验会通过特异性靶向目的蛋白以检测更接近生理状态下的蛋白质相互作用,但这种检测准确性很大程度上会受到目的蛋白内源表达水平低或抗体效价低等因素的干扰。因此,过表达目的蛋白并带有融合标签是一种很好的选择。

4. 蛋白沉降实验（pull down experiment）　蛋白沉降实验是一种在体外检测蛋白质之间相互作用关系的实验技术。其基本原理是将一种目标分子如蛋白质固定于某种基质上,作为"诱饵",当细胞抽提液或其他含有潜在相互作用分子的溶液流经该基质时,与目标分子相互作用的配体分子会被吸附,而其他无相互作用的分子则随洗脱液流出。被吸附的配体分子可以通过改变洗脱液或洗脱条件而回收下来,进而进行后续的纯化和分析。GST pull down 是蛋白质相互作用研究中常用的一种方法,当细胞抽提液流经该基质时,与靶蛋白相互作用的配体蛋白会被吸附并纯化出来。该技术具有操作简便、灵敏度高等优点,在蛋白质相互作用研究领域得到了广泛应用。

5. 双分子荧光互补技术（bimolecular fluorescence complementation，BiFC）　BiFC 技术是将荧光蛋白（如 YFP）拆分成 N 端和 C 端两个不具有荧光活性的片段（即 N - YFP 和 C - YFP）,再将两个目的蛋白分别与其中的一个荧光片段融合,若两个蛋白相互作用,则会在空间位置上互相靠近,从而能将之前拆分的不具有荧光活性的片段重组成完整的、具有活性的荧光蛋白,因此在激发光的照射下可以检测到荧光信号;反之则检测不到荧光信号。BiFC技术不仅可以检测两个蛋白是否发生相互作用,还可以直接观察到相互作用发生的具体位置。

6. 荧光共振能量转移(fluorescence resonance energy transfer,FRET)　FRET是采用物理方法检测分子间的相互作用的方法,是一种检测蛋白质-蛋白质相互作用的技术,它的最大优势是能从"时间、空间、动态、连续"对活细胞中蛋白质之间的相关作用进行检测;也可以与其他技术结合,既能研究两个蛋白质之间的相互作用,还可研究三个或者更多蛋白质之间的相互作用,甚至是对信号网络的研究。FRET的产生必须具备两个条件,一是供体的发射光谱和受体的激发(或吸收)光谱必须有部分重叠;二是供体和受体之间的距离必须足够小(一般小于10 nm)。

（三）基于计算的技术

1. 蛋白质结构预测技术　通过模拟计算或分子动力学模拟等方法,预测蛋白质的三维结构及蛋白质之间的相互作用模式。蛋白质结构预测方法主要有三种:同源建模、穿线法、从头预测法和基于人工智能(AI)的预测。同源建模是利用已知结构的同源蛋白质(即序列相似的蛋白质)作为模板,通过序列比对和结构调整,预测目标蛋白质的结构。这种方法依赖于蛋白质数据库(如PDB)中丰富的结构信息。穿线法对于非同源但具有相似折叠结构的蛋白质,通过搜索数据库中的折叠模式,将目标序列与这些模式进行匹配,从而预测其结构。对于那些没有可识别同源性或相似性的蛋白质,从头预测法通过物理和化学原理,直接预测其三维结构。这种方法通常基于能量最小化原理,通过模拟蛋白质折叠过程中的能量变化,寻找能量最低的稳定构象。近年来,随着人工智能技术的飞速发展,基于AI的蛋白质结构预测技术取得了显著进展。这些技术利用深度学习、机器学习等算法,从大量蛋白质序列和结构数据中学习规律,实现对蛋白质结构的准确预测。代表性工具:① AlphaFold:由谷歌DeepMind团队开发的AlphaFold系统,是蛋白质结构预测领域的标志性成果。② HelixFold－Single:由百图生科宋乐博士联合百度自然语言处理部的研究人员开发的一种新型蛋白质结构预测工具。HelixFold－Single不依赖多序列比对(MSA),仅从初级结构(氨基酸序列)出发,利用大规模蛋白质语言模型(PLM)和AlphaFold2优越的几何学习能力,实现对蛋白质结构的准确预测。该工作打破了AlphaFold2等主流依赖MSA检索模型的速度瓶颈,将蛋白质结构预测速度平均提高数百倍,实现了秒级别预测,该工作的发表也为产学研各界带来了使用门槛更低、适用范围更广的蛋白结构预测解决方案,有望促进我国生命科学、生物医药、蛋白质研究等领域的发展。③ NeuralPlexer:由美国加州理工学院、英伟达和美国AI制药公司Iambic Therapeutics等团队开发的生成式AI模型。NeuralPlexer能够端到端地预测蛋白质-配体复合物结构及其构象变化,为药物设计和精准医疗等领域提供了新的工具。

2. 分子对接技术　利用分子对接算法,对蛋白质复合物的空间排列结构进行分析和预测。蛋白质分子对接技术,是一种计算化学方法,旨在预测蛋白质与小分子之间的结合模式与亲和力。该技术通过模拟分子识别的过程,帮助研究人员理解分子之间的相互作用,并在药物设计、酶发现与催化等领域发挥重要作用。该技术基于配体与受体结合的互相匹配原则,即配体与受体在几何形状、静电、氢键、疏水相互作用等方面需要互补匹配。通过计算模拟的方式,将小分子"对接"到蛋白质的合适位置上,并优化它们的相对位置和构象,从而寻找最优的配体-受体结合模式。蛋白质分子对接技术主要分为刚性对接、半柔性对接和柔性对接三种类型。

第四节　代 谢 组 学

代谢组是指在一个特定生物系统中发现的完整的一套小分子化学物质,从一个细胞器到一个完整的有机体。小分子的定义是分子质量<1.5 kDa(<1 500 g/mol)。但也有例外,一些脂质和白蛋白也被计入代谢组中。由于代谢组学是不断变化的,并由大量不同大小、结构和功能的分子组成,所以没有任何一种单一的分析技术和样品处理程序可以分析一个代谢组系统中所有的小分子。

一、代谢组学分类

代谢组学是研究源自细胞和生物体代谢的小分子的技术,它反映了生命系统中复杂的生化反应结果。作为组学家族的最新成员,依托于质谱技术的进步和优化,代谢组学在过去十年中取得了显著的进展。代谢组学研究根据实验流程和所用数据库主要分为三种:非靶向代谢组学、靶向代谢组学和类靶向代谢组学。

（一）非靶向代谢组学

非靶向代谢组学是指采用气相色谱-质谱联用技术、液相色谱-质谱联用技术、毛细管电泳-质谱联用技术和核磁共振技术,无偏向性地检测细胞、组织、器官或者生物体内受到刺激或扰动前后所有小分子代谢物(主要是分子质量1 000 Da以内的内源性小分子化合物)的动态变化,并通过生物信息学分析筛选差异代谢物,对差异代谢物进行通路分析,揭示其变化的生理机制。

（二）靶向代谢组学

靶向代谢组学是针对特定一类代谢物的研究分析。非靶向代谢组学与靶向代谢组学各有优缺点,经常结合使用,用于差异代谢产物的发现和定量,对后续代谢分子标志物进行深入的研究和分析,这在食品鉴定、疾病研究、动物模型验证、生物标志物发现、疾病诊断、药物研发、药物筛选、药物评估、临床研究、植物代谢研究、微生物代谢研究中发挥重要作用。

（三）类靶向代谢组学

类靶向代谢组学是根据部分标准品打出的质谱碎片提取离子,同时结合公共数据库进行代谢数据的解析,从而建立一个本地数据库;根据目标代谢物,调取本地数据库中的离子对等信息,采用多反应监测模式采集生物样本代谢组数据,实现对代谢物的定性和相对定量。

二、技术与方法

（一）气相色谱-质谱联用技术

气相色谱-质谱联用技术(gas chromatography-mass spectrometry,GC-MS)是一种将气相色谱(GC)与质谱(MS)通过适当接口相结合,借助计算机技术进行联用分析的技术。该技术结合了气相色谱的强分离能力和质谱的高灵敏度、高鉴别能力的优点,成为分离和检测复杂化合物的有力工具。GC-MS的工作原理主要包括气相色谱分离和质谱检测两部分。气相色谱分离:样品首先被转化为气态(如果原本是液体或固体),然后注入色谱柱中。色谱柱内填充具有分离功能的固定相,样品中的不同组分因挥发性、亲水性、亲油性等特性在色谱柱中进行分离。各组分在色谱柱中的停留时间不同,从而实现样品的分离。质谱检测:从色谱柱中分离出的化合物进入质谱仪,通过电离源转化为带电离子。这些离子在电场和磁场的作用下,按照质荷比(m/z)进行分离,并被检测器检测。最终,质谱仪会生成每个化合物的质谱图谱,用于物质的鉴定和定量。

（二）液相色谱-质谱联用技术

液相色谱-质谱联用技术(liquid chromatography-mass spectrometry,LC-MS)是一种结合了液相色谱(或高效液相色谱技术)的物理分离能力和质谱的质量分析能力的分析化学技术。样品通过液相色谱分离后的各个组分依次进入质谱检测器,各组分在离子源被电离,产生带有一定电荷、质量数不同的离子。不同离子在电磁场中的运动行为不同,采用质量分析器按不同质荷比(m/z)把离子分开,得到依质荷比顺序排列的质谱图。通过对质谱图的分析处理,可以得到样品的定性和定量结果。LC-MS为常温操作,主要针对不挥发性化合物、极性化合物、热不稳定性化合物及大分子量化合物(蛋白质、多肽、聚合物等)的分析测定。其分析数据暂无商品化的谱库,只能通过建立谱库或自己解析谱图分析数据。

(三)气相色谱/液相色谱-串联质谱

气相色谱/液相色谱-串联质谱(GC/LC-tandem mass spectrometry, GC/LC-MS/MS)是一种强大的分析技术,结合了气相色谱/液相色谱的分离能力和串联质谱(MS/MS)的定性及定量分析能力。MS/MS,也称为二级质谱或多级质谱,是指在一台质谱仪中串联两个或多个质量分析器,通过特定的碎裂模式对样品进行进一步的分析。在第一个质量分析器中,选定的母离子被选择并碎裂成多个子离子,这些子离子随后进入第二个质量分析器做进一步的检测和分析。这种方法大大提高了检测的特异性和灵敏度,使得在复杂混合物中识别和量化目标化合物成为可能。

(四)核磁共振技术

核磁共振技术(nuclear magnetic resonance, NMR)的基本原理是磁矩不为零的原子核,在外磁场作用下自旋能级发生塞曼分裂,共振吸收某一定频率的射频辐射的物理过程。具体来说,原子核有自旋运动,在恒定的磁场中,自旋的原子核将绕外加磁场做回旋转动(进动),进动频率与所加磁场的强度成正比。当再施加一个固定频率的电磁波,并调节外加磁场的强度,使进动频率与电磁波频率相同时,原子核进动与电磁波产生共振,吸收电磁波的能量,记录下的吸收曲线就是核磁共振谱,可用于测定分子中某些原子的数目、类型和相对位置,以推测分子的结构。NMR波谱法按照测定对象的不同,可分为多种类型,其中最常见的是^{1}H-NMR(氢谱,测定对象为氢原子核)和^{13}C-NMR(碳谱)。此外,还有氟谱、磷谱、氮谱等其他类型的NMR谱。由于有机化合物和高分子材料主要由碳和氢组成,因此在材料结构与性能研究中,氢谱和碳谱的应用最为广泛。氢谱不能测定不含氢的官能团,如羰基和氰基等;对于含碳较多的有机物,如甾体化合物,常因烷氢的化学环境相似,而无法区别,这是氢谱的不足;而碳谱弥补了氢谱的不足,它能给出各种含碳官能团的信息,几乎可分辨每一个碳核,能给出丰富的碳骨架信息。但是普通碳谱的峰高常不与碳数成正比是其缺点,而氢谱峰面积的积分高度与氢数成正比,因此二者可互为补充。

(五)质谱成像技术

质谱成像技术(mass spectrometry imaging, MSI)是基于质谱发展起来的一种分子影像技术,通过直接扫描生物样本,可以同时获得多种分子的空间分布特征,具有免荧光标记、不需要复杂样品前处理等优点,已经成为基础医学、药学、微生物学等研究领域的关键技术之一。质谱成像技术借助于质谱仪进行分子的离子化和检测。截至目前,研究人员为质谱成像设计了几十种方案,最常用、发展较好的有三种,分别是次级离子质谱成像技术、基质辅助激光解析质谱成像技术和电喷雾解析电离成像技术。

三、代谢组学在药用植物研究中的应用

(一)药用植物活性成分的鉴定

通过代谢组学分析,可以全面鉴定药用植物中的活性成分,如利用广泛靶向代谢组学技术来探索汉麻籽品种间代谢物的差异。先前研究表明,汉麻籽含有大量的必需氨基酸和脂质。通过代谢组学分析在汉麻籽中鉴定了103种氨基酸和衍生物(包括必需氨基酸),以及159种脂质[包括游离脂肪酸、磷脂酰胆碱(PC)和磷脂酰乙醇胺(PE)],表明汉麻籽是理想的营养物质。

(二)药用植物药用部位的鉴别

同一种中药材的不同部位可能含有不同的化学成分,从而具有不同的药理作用与功效。例如,麻黄根具有固表止汗的功效,用于治疗自汗、盗汗;麻黄茎具有发汗解表、宣肺平喘、利水消肿的功效,用于治

疗风热感冒、咳嗽气喘等表证。现采用植物代谢组学技术对中药不同部位化学成分进行分析,为中药资源的合理利用提供依据。另外,采用非靶向代谢组学方法对丹参的根、茎、叶和花进行了全面的代谢谱分析,揭示了不同植物部位特别是地下和地上部分代谢物丰度的显著差异。丹参酮在根中特异性富集,而酚酸则在所有部位均被检测到,但含量和类型可能不同。这些发现为理解丹参的生物合成途径和药效提供了有价值的见解。

(三) 药用植物生长发育阶段的研究

中药采收期是影响中药质量的关键因素之一,不同采收期中药质量可能存在较大差异,监测不同生长阶段药用植物代谢物的变化,了解其生长发育规律,为最佳采收时间的确定提供依据。研究表明,麦冬在2月下旬到4月底其所含有效成分呈现先升高再降低的趋势,3月份是其有效成分快速积累的时期。为提高临床疗效,合理选择药材最佳的采收期则是十分必要的。

(四) 药用植物品种鉴定和质量控制

道地药材具有品质优良、效果显著的特点,是中医临床长期实践中具有"标杆品质"的药材。然而,随着药材需求量的日益增加,道地药材的数量已不能满足临床的需求,市场上开始出现大量的替代品及伪品。中药材来源复杂,质量参差不齐,中药质量的控制成为最为棘手的问题。为了规范中药材市场,结合代谢组学技术可对其进行研究,实现从整体上评价中药的质量,选择道地产区。另外,不同基原的中药材,如果入药部位相同,显微结构也极为相似,但其化学成分种类与含量却存在显著差异,其临床疗效可能也具有明显差异。多数中成药处方中含有多基原中药,其组合数量较大,对安全性、有效性的研究也是十分困难的。因此,对不同基原中药进行规范、统一用药是亟待解决的问题。

第五节　研究热点与展望

基因组学、转录组学、蛋白质组学和代谢组学的应用推动了对药用植物重要性状机制的深入研究,为这些植物的有效利用奠定了坚实的基础。未来,组学技术在药用植物研究中的应用可能朝着以下方向展开探索:① 随着第三代测序技术和 BioNano 光学图谱的发展,越来越多药用植物的基因组得以低成本组装到染色体级别,为进入功能基因组学时代奠定基础。② 早期的药用植物表观基因组研究主要关注 miRNA 和 DNA 甲基化,染色质可及性和组蛋白修饰等问题尚未得到重视。药用植物的道地性问题与表观遗传修饰密切相关,未来应更多关注。③ 单细胞转录组技术在药用植物研究中正逐步深入,尽管目前有些研究中数据挖掘尚浅,但未来有望提升。目前数据分析中存在的细胞标记基因缺失问题,预计将随着空间转录组技术的应用而得到改善。④ 人工智能(AI)和机器学习(ML)通过改进预测和加快蛋白质发现和设计,提供了有前景的解决方案。通过将 AI 和 ML 整合到蛋白质研究中,可以在预测结构、设计定制蛋白质和优化生产过程方面取得进展。⑤ MSI 技术也在不断进步,为科学家们深入探究分子世界提供了有力工具。整合空间转录组学等空间组学技术与新兴的 MSI 技术,将帮助植物科研人员更深入地研究复杂的生命活动规律。随着单细胞 MSI 技术的进步,单细胞空间多组学将革新植物科学研究领域并产生重要的新发现。

研究案例1　单细胞转录组图谱揭示长春碱的区室化生物合成

(一) 研究背景

单萜吲哚生物碱(monoterpenoid indole alkaloid, MIA)是植物生物碱中最大和最多样化的一类,已知结构超过3 000 种。这些 MIA 中的一些成员在医药领域发挥着重要的作用,被用于抗癌、抗心律失常、抗高血压和抗疟疾等。长春花[*Catharanthus roseus* (L.) G. Don]能够合成130多种MIA,其中包括抗癌药物长春碱和长春新碱,以及降压药物阿吗碱和蛇根碱等。由于长春花能够产生所有主要MIA的骨架,它已经成为研究MIA生物合成的重要模式植物。尽管长春花中MIA生物合成过程已经得到深入的研究,并且已经有超过30种参与MIA生物合成的酶被成功鉴定,但这些酶在单细胞层面的表达模式仍有待进一步探究。

(二) 研究思路

该研究案例引自Sun等(2023),该课题研究思路如图4-8所示。

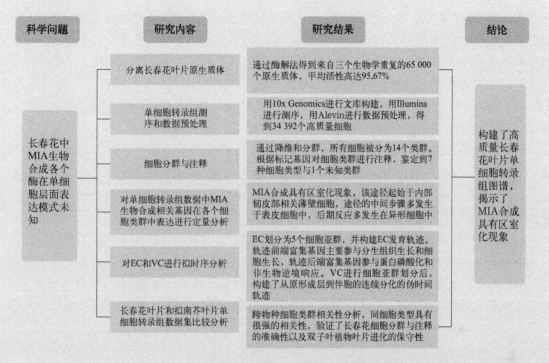

图4-8　单细胞转录组探究长春花碱合成的研究思路

(三) 研究结果

1. 单细胞转录组测序与数据预处理　研究者通过PacBio长读长测序、BioNano光学图谱和Hi-C等技术构建了染色体水平的长春花参考基因组,为后续单细胞转录组的数据分析奠定了基础。通过优化的酶解法从长春花叶片获得来自三个生物学重复的共计65 000个原生质体,利用10x Genomics和Illumina技术构建文库并测序,获得了34 392个高质量细胞。

2. 细胞分群与注释　通过降维和分群,所有细胞被分为14个类群。研究者根据以下策略对标记基因列表进行编制:①已被RNA原位杂交或免疫组化确认表达位置的长春花基因;②在其他物种中已被充分研究的长春花同源基因。利用标记基因对细胞类群进行注释,长春花叶片单细胞转录组中共鉴定出7种细胞类型,分别是增殖细胞(proliferating cell,PC)、叶肉细胞(mesophyll cell,MC)、内部韧皮部相关薄壁细胞(internal phloem-associated parenchyma cell,IPAP)、异形细胞(idioblast cell,IC)、维管束细胞(vascular bundle cell,VC)、表皮细胞(epidermal cell,EC)和保卫细胞(guard cell,GC)。7号群由于缺乏标记基因被命名为未知类群(unknown,UN)。研究者后续利用RNA原位杂交技术对MC、IPAP、EC和VC身份进行了确认。

3. MIA生物合成的多细胞区室化　对单细胞转录组数据中MIA生物合成途径基因在不同

细胞群中的表达进行定量分析发现,甲基赤藓糖醇(MEP)途径和环烯醚萜途径的前七步反应是在 IPAP 中完成的,甲羟戊酸(MVA)途径的大多数酶基因在 EC 中表达,推测 MIA 骨架的萜类部分主要通过 MEP 途径合成。MIA 合成途径中间部分主要在 EC 中完成。文多灵途径前几步主要在 EC 中完成,最后两步在 IC 中完成。其他 MIA 分支的酶基因多在 IC 中高表达。MIA 的多细胞趋势化合成需多个转运蛋白转运中间产物。在长春花叶片单细胞转录组中发现了潜在的转运蛋白。

4. EC 与 VC 发育轨迹的重建 研究者通过拟时序分析重建了 EC 和 VC 的发育轨迹。EC 被分为 5 个亚群,并构建了 EC 的发育轨迹。在发育轨迹开始时主要表达的基因参与分生组织生长调节和细胞生长过程,符合表皮细胞发育早期的状态,而在轨迹末端富集的基因主要参与蛋白质的磷酸化与非生物逆境响应。这与成熟表皮对环境刺激具有较高敏感性相一致。分析 MIA 合成基因在表皮发育过程中的动态表达情况,发现 MIA 合成基因在 EC 发育过程中受到严格调控。VC 被划分为 6 个亚群,其中 8_1 为原形成层细胞,8_2 和 8_5 为伴胞。基于这些亚群构建了从原形成层到伴胞的连续分化的伪时间轨迹。

5. 跨物种细胞群比较分析 研究者比较了长春花叶片和拟南芥叶片的单细胞转录组数据集,不仅进一步验证了长春花细胞分群与注释的准确性,也证实了双子叶植物叶片进化的保守性。此外,上文中的未知类群 UN 与拟南芥 MC 具有较高相关性,且细胞聚类分析中发现 UN 与 MC 相邻,这些结果表明 UN 可能是一种叶肉细胞。

（四）研究结论

该研究构建了高质量的长春花叶片单细胞转录组图谱。通过定位途径基因转录本的空间分布,发现 MIA 合成具有区室化现象。该途径起始于内部韧皮部相关薄壁细胞,中间步骤多发生在表皮细胞中,后期反应多发生在异形细胞中。本研究还发现一些转运蛋白可能参与了 MIA 中间体在细胞间或细胞内的跨膜转运过程。

（五）亮点点评

本研究成功获得首个重要药用植物单细胞转录组图谱,即长春花叶片单细胞转录组图谱,揭示了长春碱生物合成途径在叶片中的空间分布规律。这一发现为研究药用植物中有效成分的生物合成、转运和储存机制提供了新视角。研究将有效成分的生物合成研究从线性一维扩展到三维空间,从组织器官层面深入到单细胞水平,提升了我们对这些机制的理解,并为药用植物的分子育种和合成生物学研究提供了更多潜在的靶点。

研究案例 2　拟南芥 TOPLESS 可逆乙酰化对茉莉酸信号传导的调控

（一）研究背景

植物激素茉莉酸(JA)通过核心转录因子 MYC2 介导的转录重编程调控植物免疫和适应性生长。在静息状态下,抑制蛋白 JAZ 直接或通过接头蛋白 NINJA 招募转录共抑制因子 TOPLESS(TPL)来抑制 MYC2 的转录活性。然而,TPL 介导的转录抑制机制及激素依赖的抑制和去抑制之间的转换机制尚不清楚。

在调控花发育的过程中,TPL 招募组蛋白去乙酰基酶(HDAC)对组蛋白进行去乙酰化修饰,来抑制靶基因表达。据此,在现有的 JA 信号转导模型中,人们推测 TPL 采取类似机制招募去乙酰化酶 HDA6 和 HDA19 对 MYC2 靶基因区域的组蛋白进行去乙酰化修饰,从而抑制 JA 响应基因的表达。然而有研究表明,HDA6 和 HDA19 的功能丧失突变体均表现出 JA 响应基因的诱导表达显著削弱的表型,这与现有模型相矛盾。

(二) 研究思路

该研究案例引自 An 等(2022),该课题研究思路如图 4-9 所示。

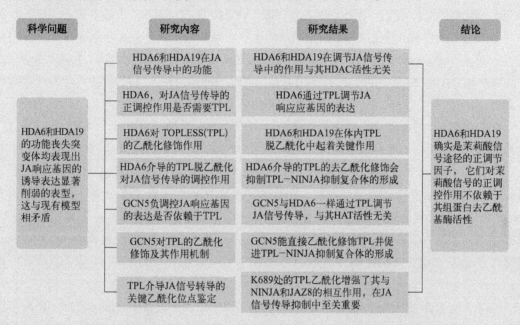

图 4-9　拟南芥 TOPLESS 可逆乙酰化对 JA 信号传导调控的研究思路

(三) 研究结果

1. HDA6 和 HDA19 独立于其 HDAC 活性,正调控 JA 响应基因的表达　科研人员研究了 HDA6 和 HDA19 突变对几种 JA 响应标记基因表达的影响。与相应的野生型(WT)相比,HDA6 和 HDA19 功能丧失突变体 axe1-4 和 hda19-3 中这些标记基因的本底及甲基茉莉酸盐(MeJA)诱导的表达水平分别显著降低,证实 HDA6 和 HDA19 确实是 JA 信号传导的正调节因子。染色质免疫沉淀定量 PCR(ChIP-qPCR)检测显示,在这两个突变体和 WT 之间,这些 JA 响应标记基因中 H3K9ac 和 H3K14ac 的基础水平和 MeJA 诱导的水平是相当的,这表明 HDA6 和 HDA19 在调节 JA 信号传导中的作用与其 HDAC 活性无关。

2. HDA6 调控 JA 响应基因表达依赖 TPL　接下来,研究人员重点研究了 HDA6,并检验了它对 JA 信号传导的正调控作用是否需要 TPL。鉴于原始显性负突变体 tpl-1 对温度敏感,并在早期苗期表现出严重的发育缺陷,研究人员创制了 axe1-4-tpl-tpr1-tpr4 四重突变体。与表现出 JA 反应受损的 axe1-4 相比,JA 响应基因的本底和 MeJA 诱导的表达水平升高。axe1-4-tpl-tpr1-tpr4 四重突变体与 tpl-tpr1-tpr4 三重突变体非常相似,表明 HDA6 通过 TPL 调节 JA 响应应基因的表达。

3. HDA6 能直接去乙酰化修饰 TPL　随后,研究人员研究了 JA 信号传导过程中 HDA6 和 TPL 之间遗传关系的生化机制。根据之前的报告,HDA6 和 TPL 在体内以蛋白质复合物的形式存在,CoIP 与 GST-pull down 结果显示,HDA6 在体内和体外都与 TPL 相互作用。这暗示 HDA6 以非组蛋白脱乙酰化的形式将 TPL 脱乙酰化。免疫沉淀实验证实,TPL-GFP 融合蛋白在拟南芥植物中发生了乙酰化。用 HDAC 抑制剂曲古抑菌素 A(TSA)处理 *TPL-GFP* 转基因植物后,TPL-GFP 乙酰化水平升高。通过杂交实验和烟草瞬时表达系统,表明 HDA6 在体内 TPL 脱乙酰化中起着关键作用。同样 HDA19 也在体内 TPL 脱乙酰化中发挥作用。

4. HDA6 介导的 TPL 的去乙酰化修饰会抑制 TPL-NINJA 抑制复合体的形成及功能发挥　鉴于 TPL 是由 NINJA 在 MYC2 靶启动子上物理招募的,推断 HDA6 介导的 TPL 脱乙酰化可能会影响 TPL-NINJA 相互作用。CoIP 检测表明,NINJA-FLAG 在 *axe1-4* 中的本底和 MeJA 诱导的下拉内源性 TPL 的能力比 WT 更强,表明 HDA6 介导的 TPL 脱乙酰化作用削弱了 TPL-NINJA 相互作用。ChIP-qPCR 检测显示,HDA6 介导的 TPL 脱乙酰化抑制了其向 *MYC2* 靶启动子的募集。这些结果表明,HDA6 介导的 TPL 脱乙酰化削弱了 TPL-NINJA 相互作用及 TPL 对 *MYC2* 靶启动子的募集,从而促进了 *MYC2* 从 TPL 调控的转录抑制中释放。

5. GCN5 负调控 JA 响应基因的表达依赖于 TPL　HDA6 通过脱乙酰化 TPL 来促进 JA 响应性基因的表达,暗示乙酰转移酶参与此过程。GCN5 负调控 JA 信号传导,但其潜在机制尚不清楚。研究人员检测了 GCN5 功能丧失突变体 *hag1-6* 中 JA 反应基因的表达。与野生型相比,*hag1-6* 中 JA 响应标记基因的本底表达和 MeJA 诱导的表达均显著升高,证实 GCN5 确实是 JA 信号传导的负调控因子。通过创制 *hag1-6-TPL-tpr1-tpr4* 四重突变体及在 *hag1-6* 背景下过表达 *TPL-GFP* 融合基因证实了 GCN5 与 HDA6 一样通过 TPL 调节 JA 信号传导。全基因组乙酰化及 ChIP-qPCR 检测表明,GCN5 对 JA 响应基因表达的负调控与其 HAT 活性无关。

6. GCN5 能直接乙酰化修饰 TPL 并促进 TPL-NINJA 抑制复合体的形成　CoIP 与 GST-pull down 实验结果表明,GCN5 在体内和体外都与 TPL 相互作用,并且在体外和体内能乙酰化 TPL。ChIP-qPCR 检测表明 GCN5 介导的 TPL 乙酰化促进了这种抑制复合体向 *MYC2* 靶启动子的募集。总的来说,GCN5 介导的 TPL 乙酰化增强了 TPL-NINJA 相互作用和 TPL 对 *MYC2* 靶启动子的募集,从而促进了 TPL 介导的 JA 反应基因的抑制。

7. K689 处的 TPL 乙酰化通过促进 TPL-NINJA 和 TPL-JAZ8 相互作用增强其共抑制活性　研究人员通过质谱分析了 TPL-GFP 的潜在乙酰化位点为 K148、K531 和 K689。因为已知赖氨酸(K)到精氨酸(R)的取代会阻断乙酰化而不影响残基的正电荷,研究人员用 R 取代了每个潜在 TPL 乙酰化位点的 K 残基,产生了三种 TPL 变体蛋白(TPLK148R、TPLK531R 和 TPLK689R)。随后在本氏烟草叶片中进行体内乙酰化测定,结果表明每个 K-to-R 取代都大大降低了 TPL 乙酰化水平,证实 K148、K531 和 K689 都是 TPL 乙酰化位点。进一步研究结果表明,K689 处的 TPL 乙酰化增强了其与 NINJA 和 JAZ8 的相互作用,对其在 JA 信号传导中的抑制作用至关重要。

(四) 研究结论

HDA6 和 HDA19 是 JA 信号途径的正调节因子,并存在功能冗余,它们对 JA 信号的正调控作用不依赖于其组蛋白去乙酰基酶活性。在静息状态下,GCN5 介导的乙酰化作用与 HDA6 介导的去乙酰化作用使乙酰化的 TPL 蛋白维持在较高的水平,保持对 MYC2 的抑制活性,JA 响应基因的表达处于关闭状态。而当植物体内 JA 水平上升时,HDA6 的表达被快速诱导而 GCN5 的表达保持稳定,从而降低 TPL 的乙酰化水平,削弱其对 MYC2 的抑制作用,促进 JA 响应基因的表达(图 4-10)。

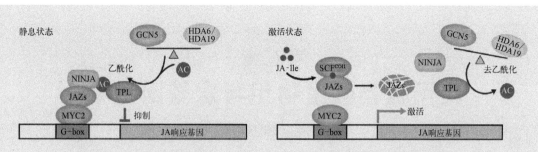

图4-10　GCN5和HDA6介导的TPL乙酰化稳态参与调控JA信号通路

（五）亮点点评

该研究是对现有JA信号转导模型的重要修正和补充，不仅揭示了参与广泛生物学过程的转录共抑制蛋白TPL对JA信号通路动态调控的分子机制，还拓宽了人们对乙酰基转移酶和组蛋白去乙酰化酶作用机制的认识。作为动物、植物和微生物中保守的蛋白质翻译后修饰形式，蛋白质的乙酰化修饰参与调控诸多生物学过程。然而相比较动物中非组蛋白的研究，关于植物非组蛋白乙酰化修饰的功能和调控机制还知之甚少，因而该研究为植物中非组蛋白乙酰化修饰的功能和调控机制研究提供了范例。

思 考 题

1. 如何设计实验将转录组和单细胞测序联用更高效地挖掘功能基因？
2. 靶向和非靶向代谢组学的区别是什么？在实验设计过程中如何选择？
3. 如何利用代谢组学更高效地挖掘目标化合物？

第五章
药用植物微生物组与宏基因组学

植物并不是一个孤立的有机体,而是与众多微生物一起组成的共生功能体,即将植物和与之相关的微生物看作一个整体。这些微生物对植物的生长发育、营养吸收、抵抗生物和非生物胁迫等具有直接或间接的促进作用,被认为是实现可持续生态农业的重要资源。药用植物微生物不仅拥有与普通农作物微生物同样的促生和抵抗胁迫的能力,还可以促进药用植物次生代谢产物的积累,提升药用植物的品质,甚至可以产生具有药用活性成分的代谢产物,能够缓解或者替代药用植物生产。因此,药用植物微生物也必将成为中药生态农业高质量发展的宝贵资源。

第一节　药用植物根际微生物组

土壤养分可以直接影响药用植物的生物活性成分并影响土壤微生物组成。土壤微生物不仅参与养分循环和有机质转化,还通过各种生理生化机制改变土壤生境。这种微生物介导的土壤特性改变会对微生物组的组装产生局部影响,并产生明显的生态影响。土壤微生物可以促进根部对养分的吸收,增强植物对病害和昆虫的抵抗力,并提高植物抵抗干旱、盐分和重金属胁迫的能力。药用植物和根际微生物之间关联密切,相互之间的作用机制比较复杂,在两者关系的分析过程中,也需要找到相互之间的平衡位置,以此来提升此组关系的应用价值,为进一步研究积累有用数据。

一、药用植物根际微生物的主要研究方法

(一)微生物平板培养法

微生物平板培养法是一种传统的研究方法,它使用不同营养成分的培养基对土壤可培养微生物进行培养分离,然后通过各种微生物菌落形态及其菌落数来测定微生物的数量及类型。微生物平板培养法廉价、易于操作,可以提供活的、异养类型的种群信息。

(二)磷脂脂肪酸法

磷脂脂肪酸(phospholipid fatty acid, PLFA)是构成活体细胞膜的重要组成部分,其含量在正常生理条件下相对稳定且具有特异性,可作为微生物群落标记分析物,因此可以用 PLFA 的变化情况,对待测样品中根际微生物种类、具体数量等内容进行测定,实验结果准确性相对较高。在实际应用过程中,利用 PLFA 分析法可以对许多药用植物进行检测,如红花根、党参等,而且该方法在使用过程中,不需要利用培养基进行微生物培养,可直接利用相关仪器测定群落的具体动态,操作过程较为便捷。但是该方法在使用期间易受到外界环境干扰,这也需要在测定中按要求完成抽样工作,以提高测定结果的准确性。

(三)分子生物学技术

目前应用较多的分子生物学技术包括 PCR 扩增技术、变性梯度凝胶电泳技术、DNA 限制分析技术等。以 PCR 扩增技术为例,该技术利用已知微生物基因序列来制作对应的匹配序列,利用该序列的特定性来识别根际中的微生物种类和数量,具备检测精准度高、兼容性强等优势,在很多药用植物检测中

有着良好应用。

二、药用植物对根际微生物的影响

（一）不同品种植物

在对该内容进行分析时,需组建相应实验来完成测定。在实验过程中,将不同品种植物作为实验中的自变量,如可以准备黄芪、党参、芍药等药用植物作为实验材料,而需要检测的内容为植物根际微生物的数量、分布、丰富度,根据药用植物生长习性对其进行培养,采集样本后依次进行分析,采集数据进行后续分析。基于数据资料可以了解到,不同品种植物根际微生物丰富度存在着非常明显的差异,导致此类情况出现的主要原因在于:不同药用植物在生长过程中,对于根际环境中的温度、水分、营养物需求存在差异,根系完成目标物质吸收后,残留物质所提供的生长环境具备选择性。

（二）不同生长时期

在对该内容进行分析时,也需要组建相应实验来完成测定。在实验过程中,将某一品种药用植物不同生长周期,如幼苗期、生长期、开花期等作为实验中的自变量,而需要检测的内容为植物在不同生长阶段根际微生物数量、分布、丰富度变化情况,整理数据后进行下一阶段的数据分析。基于数据资料可以了解到,植物在不同的生长阶段,其根际微生物丰富度存在着非常明显的差异,导致此类情况出现的主要原因在于:在药用植物生长初期,其分泌能力相对较弱,根际还没有完全形成,微生物丰富度较低;在生长期,药用植物的分泌能力越来越强,相对应根际微生物丰富度也快速增长,在某个时间达到最大值;进入到结果期后,根际微生物丰富度开始下降,维持在某一稳定水平。

（三）不同种植模式

在对该内容进行分析时,也需要组建相应实验来完成测定。在实验过程中,将某一品种药用植物不同种植模式,如轮作、套作、间作等作为实验中的自变量,而需要检测的内容为植物在不同种植模式下,根际微生物数量、分布、丰富度变化情况,整理数据后进行数据分析。基于数据资料可以了解到,植物在不同种植模式下,其根际微生物丰富度存在着非常明显的差异,导致此类情况出现的主要原因在于:土壤中有机质在无外力(人工施肥)作用下,会处于一个消耗和自然补充的阶段,不同的种植模式对于土壤中有机质消耗速度和补充速度存在较大差异,如连作模式下补充速度小于消耗速度,这样便会造成根际营养物不足,随后降低了根际微生物的丰富度。

三、根际微生物对药用植物的影响

（一）植物生长

根际微生物群为植物宿主提供了多种益处,微生物可促进植物生长和养分吸收,提高植物对非生物胁迫的耐受性,保护植物宿主免受病原体侵害,并调节植物免疫系统诱导抗性。根际微生物对于植物生长有着非常重要的影响,植物的根系会从土壤中吸收营养物和水分,而根际微生物在新陈代谢的过程中,所产生的代谢物有利于土壤中元素的释放,从而营造出良好的植物生长环境帮助其生长。但是在根际微生物浓度过高时,也会对植物根系发育进行抑制,导致植株生病的情况。根际有益微生物可以促进植物对氮、磷、钾及铁等矿物质元素的吸收,直接促进植物的生长。

（二）抗病能力

根际微生物对于植物抗病能力的影响非常重要,根际环境中存在一些微生物,其会对染病病原菌起到一定的抑制作用,同时也会诱导植物自主形成相应的防御机制。我国中药材种类繁多、药用部位多样、产区跨度大、生物学特征差异明显,从而导致病虫害种类多样性高且危害严重。多年生中药材地下病虫害尤其普遍,常见的主要有根腐病、黑斑病、根结线虫病、白粉病、圆斑病等。姜黄根际土壤中的链霉菌对植物病原菌具有较强的抗菌活性。人参根际分离出的解淀粉芽孢杆菌能够抑制由人参锈腐病菌引起的根腐病。灰黄青霉菌能够显著抑制附子中土传根病原菌,如尖孢镰刀菌和齐整小核菌的生长。

(三) 抗逆能力

植物在生长过程中,受复杂生长环境的影响,其本身会建立各种类型的保护机制来适应复杂环境。根际微生物对于植物抗逆能力也有着非常重要的影响,根际环境中的微生物在新陈代谢过程中,会产生一些刺激性物质,促进植物根系进行游离脯氨酸的积累等代谢互动,从而使植物抗逆能力得到进一步提升。低温、高温、干旱、盐碱、水涝、重金属等不利因子会扰乱植物的生理生化状态,影响植物的生长发育,严重的会导致植株死亡。根际微生物通过调控植物体内与胁迫相关基因的表达,增强植物在胁迫条件下的养分吸收,提高植物的应急耐受性。

(四) 连作障碍

连作障碍的形成是土壤养分缺乏和理化性质改变、根系分泌物和根残留物引起的化感自毒作用、土壤传染性病虫害加剧等多种因子相互作用的结果。研究表明尖孢镰刀菌能刺激植株内酚酸类物质的积累,导致植株程序性死亡。酚酸类物质能差异性地调节根际土壤微生物群落,促进致病菌的增殖同时使有益菌衰减。酚酸类物质与土壤致病菌的正相互作用,可能是连作障碍形成的主要机制。

目前解决连作障碍的措施主要包括选育抗连作障碍的药用植物品种、建立合理的耕作制度、施用有机肥和微生物菌肥。在农业生产中,间套作和轮作制度是一种有效地减轻或避免连作障碍的种植模式。施用添加木霉的有机肥使黄瓜连作土壤更接近初始土壤,影响了其根际微生物的组成,提高了真菌多样性,改善了植株生长状态。根际微生物能够改善土壤微环境,增加根际微生物的生物量和土壤酶活性,降低土壤中真菌/细菌的比例,缓解连作障碍。例如,施用有益微生物复合菌剂能够缓解太子参、三七、广藿香、滇重楼等中药材的连作障碍。三七-玉米连作后,土壤中的细菌和真菌数量增多,微生物酶活性显著高于三七单作体系。

(五) 次生代谢产物

植物根部富集着多种次生代谢产物,如苯并噁嗪类化合物、香豆素、类黄酮、吲哚类化合物和萜烯,这些物质有助于形成和调节根际微生物群落。例如,槲皮素、小檗碱和白藜芦醇已被报道可调节微生物群组成、肠道代谢物和肠道屏障,改善宿主代谢性疾病。而根际环境丰富度的提升,对这些次生代谢产物的产生具有积极的影响,而且根际微生物新陈代谢产物有利于药用植物代谢所需,从而起到增加代谢产物产量的作用。

四、药用植物与根际微生物互作机制分析

(一) 药用植物作用于根际微生物

药用植物可作用于根际微生物,维持该关系的物质以药用植物代谢后产生的化学物质为主。根系在生长过程中所产生的代谢物以有机物和无机物为主,这些营养物质在根际环境中,能够为根际微生物提供新陈代谢所需的化合物,并吸引更多的微生物在根际环境中停留,产生相应的次生代谢产物。例如,许多根际微生物会以氨基酸作为营养物质,同时也会代谢出其他次级代谢产物,反作用于药用植物,从而影响到根际环境的稳定性。

植物功能基因调控根际微生物的多样性和功能见图 5-1。① 根形态的发育是由相关的植物基因决定的,这些基因通常在遗传和转录水平上调节根形态所需物质的合成。根系结构的变化暗示着根系提供养分能力的差异,这在一定程度上影响了根际微生物群落的聚集。② 植物功能基因通过控制根分泌物(如酚类物质、类黄酮、激素)影响根际微生物多样性和结构。③ 宿主特有基因的表达对土壤酶活性有调节作用,而土壤酶活性又与微生物密切相关。然而,植物功能基因是否能通过调节土壤酶活性来影

响微生物的多样性和功能,还有待进一步证实。简而言之,植物基因可以改变根际微生物的多样性和组合。然而,在这些根际微生物的变化过程中,原有微生物群落的功能可能随着新招募的微生物而改变。

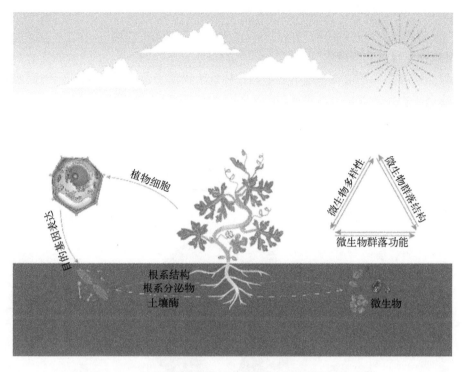

图 5-1　植物功能基因调控根际微生物的多样性和功能

（二）根际微生物作用于药用植物

在实际应用中,根际微生物也作用于药用植物,对于药用植物生长而言,需要利用根际微生物代谢时产生的有益物质来加快植物的生长速度。在根际微生物当中,包括根际促生菌、生物防治微生物等,这些微生物在生长过程中,具备良好的促生作用,并且还可以提升植物本身的抗逆能力,使植物处于稳定的生长环境中,减少一些病害带来的负面影响。根际微生物对植物生长发育、开花时间和抗逆性等的影响见图 5-2。① 微生物改善了 N_2 的生物固定。② 根际微生物直接或间接调节植物的开花时间。

图 5-2　根际微生物对植物生长发育、开花时间和抗逆性等的影响

③ 在生物和非生物胁迫下,微生物影响防御基因的表达(如气候、病原体和营养匮乏),进而激活防御信号通路。根际是植物和土壤进行资源交换的重要界面。植物可以通过改变根系分泌物的组成来改变根际微生物的组成和多样性,以及改变土壤 pH、减少有益微生物竞争、提供能量来源和根系沉淀富集等来影响微生物,而植物可以从根际微生物中通过特定的功能基因来维持健康。

（三）连接植物和微生物的技术

利用从植物组织中获得的植物基因组数据和各种微生物测序技术获得的微生物序列数据进行植物功能基因和根际微生物功能探针。植物基因中心技术和根际微生物功能中心技术的整合是促进植物基因与根际微生物相互作用研究的关键(图 5-3)。

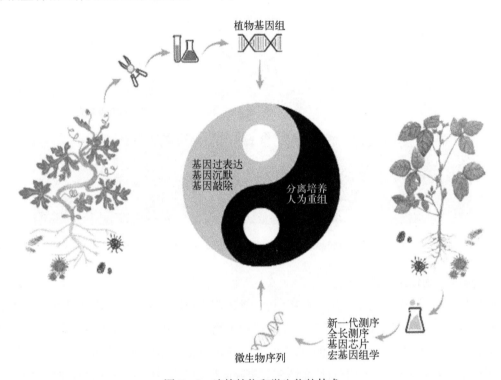

图 5-3   连接植物和微生物的技术

（四）药用植物调控根际微生物组成的分子机制

植物在塑造根际微生物群落方面起着至关重要的作用。植物根系分泌物、根系代谢、根系角质层成分和植物免疫系统是植物调控根际微生物组成的主要途径(图 5-4)。

药用植物的质量受到遗传背景和其他几个因素的影响,如土壤养分、植物相关微生物组和气候条件。土壤养分可以直接影响药用植物的生物活性成分并影响土壤微生物组成。近年来,水稻、玉米和柑橘等主要作物根系微生物组中不同分类群落的多样性和相对丰度已得到充分证明。最近的研究证明了土壤微生物组在植物生长、健康和病害管理中的重要性,它可以促进根部对养分的吸收,增强植物对病害和昆虫侵害的抵抗力,并提高植物抵抗干旱、盐分和重金属胁迫的能力。这些研究使我们能够了解微生物组对植物免疫反应和其他生理过程的影响。植物根系微生物组被称为植物的"第二基因组",在植物生长、发育和健康等方面发挥了重要的作用。植物与其根系微生物之间的相互作用是非常复杂和动态的,受到植物发育阶段和土壤环境的强烈影响。由于农业集约化程度的不断提高,过量化肥的投入不仅造成了严重的环境污染,而且破坏了植物与微生物间的有益相互作用,造成了一系列的生态环境问题。因此,揭示作物根系微生物组的发育动态及其对不同施肥制度的响应,对于充分利用微生物资源、促进农业可持续发展至关重要。

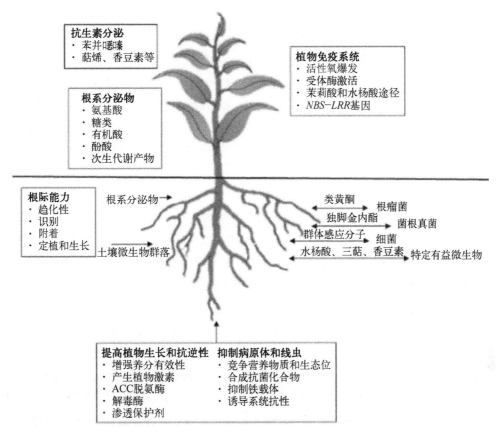

图 5-4　根际微生物与植物相互作用的分子机制

第二节　药用植物土壤微生物组

一、植物对土壤微生物的影响

植物和土壤微生物群落之间的反馈可能是植被动态的一个强大驱动力。植物能够引起土壤微生物群落的组成变化,促进或抑制同一地点的同种生物,从而调节种群密度和物种间的依赖性。这种影响常常被归因于根际土壤中宿主特异性拮抗或有益微生物群的积累。土壤微生物需求的营养来自植物的凋落物和根系分泌物,植物的多样性也促进了微生物间的协同进化,使土壤微生物多样性得到提升。例如,细菌和真菌对凋落物的主要成分纤维素和木质素的分解利用方式不同,因此不同种类的凋落物组成的影响也不同;发达的植物根系会增加根部的分泌物,致使土壤生物活性增强;草地植被生长的根系可通过土壤微生物增加土壤中碳的衰变速率等。

（一）植物多样性

植物物种组成、多样性变化能通过改变凋落物性质影响土壤微生物数量、群落结构及活性。草地植被的多样性差异导致凋落物和地下根系分泌物的组成和结构上存在差异,从而对土壤微生物生长具有选择性刺激作用。另外,植物多样性可以通过调节土壤物理性质影响微生物生物量和呼吸,且地上植物多样性与土壤微生物之间存在相互作用关系,所以对维持地下生态系统功能至关重要。研究发现,植物对土壤微生物群落特别是根际土壤微生物群落组成有选择性影响,且这种影响的强度随植物不同而有所差异,这种选择性和特异性在微生物中真菌的菌根菌和弗兰克氏菌等与植物共生中表现得尤为明显。

（二）地表凋落物

凋落物是地上植被归还养分的重要路径,是陆地生态系统的重要组成部分。植物生长所需的基质和营养物质主要来自土壤,在生长过程中主要以凋落物的形式返还给土壤,从而影响土壤的理化性质,促进土壤生态系统的良性循环。研究表明,土壤微生物群落的变化主要受凋落物的基质数量和质量的调控,而后者受植物群落结构和物种组成的直接影响。微生物多样性通过对 C、N 残余率、残余 C/N 及凋落物质量的作用,间接影响土壤微生物群落的多样性和结构。凋落物分解速率会直接影响微生物生物量和土壤呼吸。凋落物会通过分解速率、多样性或群落组成改变土壤理化性质和生物活性,进而直接或间接地影响微生物的群落结构和多样性。

（三）根系分泌物

非生物和生物胁迫对植物的生长和生产会产生不利影响。在胁迫下,植物的主要反应之一是调节根际中排泄的渗出物,从而导致常驻微生物群落的改变。因此,植物根系排入根际环境的渗出物在植物-微生物相互作用的关联和形成中发挥着重要作用。根系分泌物是一个重要途径,其作为地上地下物质交换和信息传递的重要载体在植物的生长发育、根际生态过程调控和生物地球化学循环方面发挥着重要作用。不同植物的根际分泌物构成了不同的根际微生态系统特征,从而对植物-微生物间的相互作用过程产生影响。目前,根际微生物群落结构如何受根系分泌物的影响已成为植物与土壤微生物相互作用的研究热点之一。植物根系分泌的化合物是动态变化和非均匀的,主要受植物的生长发育阶段、种类组成、根系特征和其他因素影响,化合物种类主要包括氨基酸、脂肪酸、有机酸和糖类等代谢物质,形成了一个复杂的微环境,根际微生物群落因此聚集从而增强了植物适应环境的能力。根系分泌物能从丛枝菌根真菌(arbuscular mycorrhizal fungi, AMF)中诱导低聚脂寡糖的释放,促进微生物对 N 和 P 的吸收和转化。

二、土壤微生物对植被调节的响应和反馈

微生物主要通过共生、分解、抗逆等活动参与生态系统中的物质循环和能量流动过程,对地上植被植物群落组成和结构变化产生强烈影响。例如,菌根真菌与植物共生、土壤微生物对有机物的分解、土壤菌肥在植被抗逆性中的应用等。

（一）共生

共生在自然界中是普遍存在的生物学现象。自然群落中 90% 以上的陆生植物能与泡囊-丛枝菌根真菌(vesicalar arbuscular mycorrhizal fungi, VAMF)共生形成菌根。菌根真菌能通过根外菌丝将矿物质元素和水分等输送给植物吸收利用,从而提高成活率和促进生长,还能显著提高植物的抗病性和抗逆性。杨树可与多种真菌和细菌类群建立共生关系,且这些共生菌能对杨树的营养吸收和生长发育等生理生态过程产生积极调控作用。菌根真菌通过介导土壤养分转移和植物化学信号的传递,产生维生素和对抗拮抗剂,影响植物的生长发育。在养分缺乏的生态系统中,植物共生体菌根植物通过与丛枝菌根形成互惠关系来克服这一困难,即通过真菌菌丝从土壤中获取水分和养分,增强生态系统的生产力。

（二）分解

土壤微生物可将可溶和不溶状态的有机物转化为无机小分子形态供植物吸收利用。微生物对地上动植物残体的分解和转换速率是微生物响应地上环境变化的主要指标。土壤微生物的数量和活性,分解有机物的能力受到植被群落的影响,同时为植物的生长和群落正向演替提供了良好条件。海拔梯度上的水热条件差异会导致群落的演替,高海拔区域阔叶树种丰富的凋落物可为微生物提供大量高营养、易分解的底物,增加了土壤养分含量,促进了细菌繁殖和地上植物的多样性。土壤微生物组控制着对植

物生长至关重要的大量营养素、微量营养素和其他元素,养分的富集会使微生物种间竞争激烈,进而促进地上和地下物种的多样性。因此,土壤微生物对矿物质元素的分解不仅调控着地上植物群落生长发育,还促进其在生态系统的多样性和稳定性。

(三)抗逆性

拮抗作用是指微生物在生命活动中抑制或干扰其他微生物生命活动的现象。植物可以通过内生细菌的拮抗作用减缓重金属对植物的伤害、促进对营养物质的吸收、增强自身的抗病抗逆能力等。与植物共生的微生物可以通过多种机制影响植物的适应性,包括改变单个植物基因型的适合度、调节与适合度相关植物性状的表达及对生殖适合度的影响,这些影响可以改变种群自然选择的强度和方向,从而调整植物对环境胁迫的进化反应,进而促进植物的生长。

三、植物与微生物相互作用关系的研究方法

(一)根系分泌物的收集与鉴定

根系分泌物的收集与鉴定是研究植物与微生物之间相互作用的基础。其中,根系分泌物的收集是研究中至关重要的一步,可分为室内收集和野外原位收集。室内收集中按培养介质的不同可分为水培收集、土培收集和基质培收集;而在野外原位收集中,又可分为连续性根系分泌物收集法、原位抽提法及原位监测法等。每种方法都有其优缺点,还需要新技术的介入和新方法的创新。根系分泌物的鉴定方法主要有仪器分析法和生物测试法。仪器分析法,如紫外-可见光谱仪(ultraviolet-visible spectra, UV-VIS)、红外光谱仪(infrared spectrometer, IR)、毛细管电泳仪(capillary electrophoresis, CE)、气相色谱仪(gas chromatograph, GC)、液相色谱仪(liquid chromatography, LC)、高效离子色谱仪(high performance ionic chromatography, HPIC)、质谱仪(mass spectrometer, MS)和核磁共振仪(nuclear magnetic resonance, NMR)分析,以及色谱质谱联用技术,如 GC-MS、LC-MS 等。生物测试法是根据某些细菌、真菌和植物幼苗对分泌物中特定组分的敏感性进行定性分析。因此,可以根据植被与微生物相互作用研究的具体需要,选择相应的定性或定量方法来研究根系分泌物。

(二)凋落物测定

凋落物作为地上植被与土壤微生物相互作用的连接桥梁,其质与量、活性的变化会直接影响微生物底物的利用效率和分解能力。涉及凋落物分解的指标包括 ① 凋落物的初始化学性质,主要有养分含量(C、N、P、K)、木质素、纤维素、C/N 比、木质素/N 比等。其中,全 C 含量采用高温外加热重铬酸钾氧化-容量法,全 N 含量采用凯氏消煮法,全 P 含量采用酸溶-钼锑抗比色法,全 K 含量采用酸溶-火焰光度法,木质素和纤维素含量主要采用凡氏法。② 凋落物层酶活性,主要有纤维素分解酶、过氧化物酶、脲酶、转化酶、多酚氧化酶,采用的方法主要有超速离心技术、超声波降解法和凝胶电泳技术等。

(三)土壤微生物分析方法

复杂的土壤环境使得土壤生态系统具有最丰富的微生物类群,突破对土壤生态系统的认知需要先进技术和方法的支撑。随着蛋白质组学的发展和测试技术的进步,土壤微生物的研究方法经历了化学或生物法到基于现代分子生物学技术法的蜕变,尤其是高通量测序技术和生物信息学方法在土壤微生物群落领域的应用,对微生物群落结构的测试技术产生了里程碑式的影响。基于化学或生物学的方法主要包括传统的平板计数法、群落水平生理学指纹方法、磷脂脂肪酸谱图分析方法和脂肪酸甲酯谱图分析方法。基于现代分子生物学技术的方法主要有群落水平总 DNA 分析、分子杂交技术的分子标记法、PCR 技术、变性梯度凝胶电泳(denaturing gradient gel electrophoresis, DGGE)、温度梯度凝胶电泳(temperature gradient gel electrophoresis, TGGE)、核糖体基因间区序列分析(ribosomal intergenic spacer analysis, RISA)、基于 DNA 或 RNA 序列测定的研究方法(如宏基因组、宏转录组测序技术)等。

四、植物-土壤微生物相互作用的影响因素

森林土壤微生物多样性受植被凋落物、植被结构和植被多样性等影响,而土壤微生物多样性反过来又影响植被的群落结构和功能。植被与土壤微生物相互作用的影响因素主要为土壤性质、气候条件等,这些环境因子往往因为研究地域差异具有显著的时空分异特征。

(一) 土壤性质

地上植被主要通过对土壤理化性质的调节来影响微生物群落结构和多样性。地上植物多样性的增加会影响土壤的理化性质,增加养分利用率和通气性,促进土壤真菌的多样性和微生物对植物入侵的抗性。土壤微生物赖以生存的物质基础和能量来源是通过植被的凋落物向土壤输入有机质来提供,从而引起微生物种类多样性正反馈。因此,土壤微生物群落结构和多样性变化会随着环境的变化对土壤性质产生积极的响应。

(二) 气候条件

光照强度和水热等自然条件会随气候变化而变化,从而导致地上植被群落结构、功能和土壤微生物反馈机制的变化。海拔变化引起的水热差异会导致植被的地带性变化,从而对土壤微生物生物量及其比值产生不同程度的影响。森林类型因季节性的光照、水热条件变化具有明显的时空异质性,导致微生物量和水溶性有机碳有着明显的季节性动态变化。高山不同植被带对增温的响应不同,导致土壤微生物类群随之变化,细菌比真菌对温度的响应更敏感,真菌对增温有一定的耐受能力。全球气候变化下,CO_2 含量在一定程度上增加了森林初级生产力,增加了植物凋落物含量,促进了微生物对凋落物的分解,导致更高的碳排放。影响土壤微生物与植物相互作用关系的因子因研究区域和生态系统的差异而表现不同,未来应深入开展不同区域、不同生态系统影响土壤微生物与植物相互作用关系的影响因子研究。

第三节　药用植物根际微生物宏基因组

宏基因组学是将分子生物学技术应用于微生物基因总和研究的一门新兴学科,现已广泛应用于医药、农业、海洋生态环境、土壤生态环境等领域。

一、宏基因组的概念与应用

宏基因组学(metagenomics)又称微生物环境基因组学、元基因组学。它通过直接从环境样品中提取全部微生物的 DNA,构建宏基因组文库,利用基因组学的研究策略研究环境样品所包含的全部微生物的遗传组成及其群落功能。它是在微生物基因组学的基础上发展起来的一种研究微生物多样性、开发新的生理活性物质(或获得新基因)的新理念和新方法。其主要含义是:对特定环境中全部微生物的总 DNA(也称宏基因组,metagenome)进行克隆,并通过构建宏基因组文库和筛选等手段获得新的生理活性物质;或者根据 rDNA 数据库设计引物,通过系统学分析获得该环境中微生物的遗传多样性和分子生态学信息。采用宏基因组技术及基因组测序等手段,来发现难培养或不可培养微生物中的天然产物及处于"沉默"状态的天然产物。宏基因组不依赖于微生物的分离与培养,因而减少了由此带来的瓶颈问题。土壤中可培养微生物仅占土壤微生物的一小部分,但土壤绝大多数不可培养微生物信息也尤为重要。现代高通量测序技术使人们不仅局限于研究特定的基因,而是可获得宏基因的全部信息。

二、宏基因组技术

宏基因组技术流程见图 5-5。

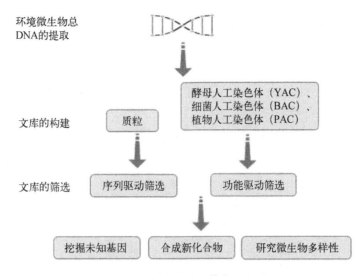

图 5-5 宏基因组技术流程

三、根际微生物对道地药材形成的影响

根际微生物可以通过直接或间接的方式影响植物的生长和抗逆性。对植物生长有益的土壤微生物通常被称为植物根际促生菌,主要包括根瘤菌属、假单胞菌属、芽孢杆菌属、菌根真菌、木霉菌属等。根际微生态系统由植物、土壤与微生物相互作用形成,其中根际微生物细菌数量可达到 $1 \times 10^9/cm^3$,影响着土壤的物质转化和能量传递,调节根际微生态系统的动态平衡和提高植物对环境的适应性。

根际微生物对道地药材的影响主要体现在以下几个方面。

1. 活化根际土壤营养元素,调节根际微环境的物质循环 根际微生物可以将有机物分解为无机物,为根系提供生长所需养料。例如,微生物可以分泌磷酸酶和植酸酶,将土壤中的磷从有机态转化为无机态,进而被根系有效地吸收利用。微生物自身可以分泌生长刺激素、维生素等多种促根生长物质。

2. 影响植物根分泌物 根的分泌物可在土壤微环境中为微生物提供重要的能量和营养物质,从而影响微生物的种类和数量。反之,根际微生物的种类、数量及代谢情况又直接决定是促进还是抑制根的生长发育。微生物对根分泌物的作用体现在影响根细胞的通透性、影响根的代谢、修饰根分泌物和改变根际营养成分。通过这几种途径改变植物体内的生理生化过程,最终导致同种植物不同生境下的质量上的较大差别。

3. 增强植物对病虫害的抵抗作用 某些根际微生物可分泌抗生素来抑制植物病原微生物的繁殖。目前市场上已有多种微生物病虫害防治剂,如苏云金芽孢杆菌(*Bacillus thuringiensis*)、厚孢轮枝菌(*Verticillium chlamydosporium*)、木霉菌(*Trichoderma* sp.)、金龟子绿僵菌(*Metarhizium anisopliae*)等。

四、利用根系微生物宏基因组研究道地药材形成机制

不同生态型道地药材根际微生物种群结构存在差异,而不同微生物种群的生物学功能不同,从而影响药用植物次生代谢过程。宏基因组学是一种整体性的研究策略,可研究不同生态型土壤微环境对道地药材形成的影响。从环境样本中直接提取微生物 DNA,将 DNA 片段克隆到载体上,转化宿主菌,构建宏基因组文库。然后对文库进行随机序列测定以研究微生物群落的组成或筛选文库以发现特异的基因。具体流程见图 5-6。基于高通量测序技术,运用宏基因组学的研究手段对道地药材生长的土壤微生物群落和结构进行研究,比较不同生态型道地药材根际土壤的微生物基因组,分析基因组结构,寻找编码分泌蛋白、与道地药材次生代谢产物合成相关的基因。探索微生物对于道地药材的生长、次生代谢产物的合成等方面的影响,为道地药材形成的土壤微环境研究开辟了新道路。

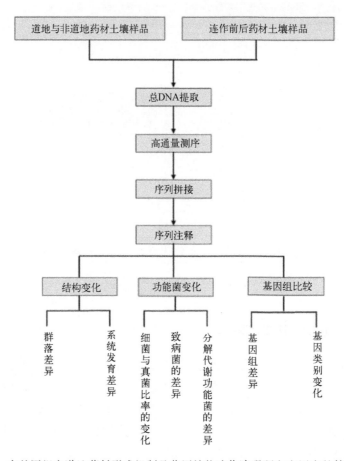

图 5-6 宏基因组在道地药材形成机制及药用植物连作障碍研究应用中的技术路线图

五、利用根系微生物宏基因组学解决药用植物连作障碍

同一作物或近缘作物连作以后,即使在正常管理的情况下,也会产生产量降低、品质变劣、生育状况变差的现象,称为连作障碍。导致连作障碍的因素主要有:土壤理化性状改变、土壤生物学环境变化、药用植物自毒作用。连作障碍加剧了药用植物-土壤之间的矛盾。同一种药用植物对土壤中的营养元素具有单一消耗的作用,从而引起土壤物理、化学、生物活性等方面的改变。连作障碍一直以来都是药用植物种植面临的困境之一,是一项迫切需要解决的棘手问题。目前已报道存在连作障碍的药用植物有人参、三七、太子参、地黄、薯蓣、当归、牛膝等。栽种过人参的土壤俗称"老参地",这类土壤栽种人参会出现烧须、病害加剧、产量降低等严重后果。目前仍缺乏有效的措施解决连作障碍的问题,使得人参产业的发展严重受阻。根际微生物是导致药用植物连作障碍的重要因素之一。随着种植年限的延长,栽培土壤连作障碍因素日益突出,病害在连作障碍中占85%左右,尤其是土传细菌及真菌病害。利用宏基因组学技术对连作土壤中根际微生物样本进行基因组学分析,采集连作前后土壤样品,提取总 DNA,应用高通量测序技术,将得到的数据进行序列拼接、注释,利用与数据库中已提交的已知微生物种类进行对比,分析连作前后土壤微生物种类、数目的变化,为解决药用植物连作障碍提供新的研究思路。

第四节　药用植物内生菌宏基因组

随着宏基因组学研究方法的普遍使用,宏基因组学研究尝试从各种环境中获取微生物相关序列信息,发现植物病毒、植物细菌、植物真菌、植物内生菌等相关宏基因组学在药用植物相关研究中的广泛运用。采用宏基因组技术对中药材的生长发育及栽培育种加入微生物条件干预,对道地中药的土壤周际微生物分布与组成进行深入研究;对中药材饮片及生产运输中可能存在的微生物环境进行鉴定与监控;对中药材的品质进行把控。该技术不仅在优化药材质量的同时为优质药材的鉴别提供新依据,更考虑尝试从药材生长发育的源头环境与其内环境共同作用对中药质量进行优化(图5-7)。

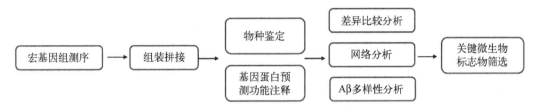

图5-7 宏基因组学研究技术流程

一、药用植物内生菌菌群结构差异

药用植物内生菌菌群结构产生差异的原因有以下几点:其一是外界环境因素综合影响,不同生长环境下的根际土壤样品真菌物种组成丰富多样,根际土壤真菌群落组成、分类单元的相对丰度及优势分类单元皆存在不同程度的差异。其二是宿主选择所导致,自然界中菌种的分布与宿主本身存在极大联系,尤其是内生菌的自然分布具有明显的宿主限制性。植物在生长过程中会面临许多环境胁迫的问题,优胜劣汰后作为高质量的道地药材往往在道地产区具有更良好的抗性能力。宿主对环境的拮抗作用与和它共生的菌群息息相关,病害的严重程度也与拮抗性内生菌呈负相关。植物微生物的多样性和群落特征受到植物基因型、生长发育、季节气候、海拔、湿度、周边生物组成分布等多种因素共同影响。中药材的有效成分研究是一个复杂过程,其在生长发育过程中与环境因子相互作用所产生的代谢产物也常在天然药物化学中被认为是具有临床疗效的活性成分,不同的微生物以不同的方式影响着植物的生长发育、药材性状、有效成分累积等生理活动过程,通过一定的选择规律最终导致了道地药材与非道地药材的形成。由此,对不同道地药材其道地产区生态环境的充分了解与对微生物环境的深度剖析,对于道地药材质量控制与优质药材的培育都极为关键。

二、药用植物内生菌次生代谢产物

药用植物内生菌结构复杂多样的药用活性成分是中药材发挥药效的物质基础,是进行新药开发的重要物质来源,而许多中药均面临活性物质难提取、珍稀药材生长缓慢、活性物质含量低且难合成等问题。近年来,研究人员从药用植物中分离得到了多种内生菌,将内生菌培养后检测得到许多与宿主植物相同或相似的活性物质,同时研究发现,药用植物生长过程中存在部分微生物与其协同进化,并且能产生与药用植物相同或相似的活性成分,同样具有相同或相似的药用作用及价值。有内生菌存在的药用植物中常含有更多的活性物质及成分。目前发现,内生菌自身产生的活性物质大多为抗肿瘤(萜类、生物碱、苯丙素类、甾体类)、抗炎、抗菌类成分。人们逐渐认识到药用植物内生菌、根际微生物等微生态的因素一直以不同的方式直接或间接地影响着药用植物的各个方面,从而研究并揭示药用植物微生态结构变化规律与药材自身质量及效用之间的关系更显重要。相关菌群在药用植物生长过程中也会使代谢机制发生改变,从而影响中药疗效。

第五节　研究热点与展望

目前,高通量测序广泛应用于研究药用植物微生物,特别是根系分泌物和根系形态是植物根际理化性质的主要影响因素。不同植物物种与不同微生物群落相关联,这塑造了它们独特的根际微生物组,尤其是当它们生长在同一土壤中时。此外,基因型不同的作物定植的微生物群落不同。例如,生长旺盛的作物拥有功能更多样化的微生物组,这有助于提高植物的生产性能。作物及其有益微生物很有可能发生了共同进化。然而,这些研究中很大一部分应用了单一的组学技术,导致对植物微生物组的复杂性了解有限。因此,迫切需要从单一的分类和功能研究转向综合研究。实际上,采用多种组学并不足以增加粮食产量以满足全球人口的需求,但成功的整合组学研究将有助于更深入地阐明植物微生物组的生物学功能。例如,综合组学方法的使用有助于合成群落的微生物组工程,具有促进生长和保护个别作物的特性,从而增加粮食供应,减少农业系统中肥料、除草剂、杀菌剂和杀虫剂中有害化学物质的使用。

宏基因组学和宏转录组学工作流程的基因组学技术已经产生了大量有助于理解植物微生物群落复杂性的数据集。宏基因组学为潜在的微生物群落谱提供了新的见解,并生成了可作为宏转录组学参考序列的基因组序列。同样,宏转录组学在提供基因表达水平方面至关重要。虽然转录后和翻译后的基因表达可以调节蛋白质合成,但基因表达水平的变化使细菌等微生物能够快速适应环境的变化。因此,宏转录组学的应用有可能提供实时调控植物-微生物相互作用和其他环境响应变化。同样,代谢组学提供了各种物种相互作用的代谢途径及微生物-宿主相互作用的潜在机制的全面图景。它为研究根际复杂的生物相互作用及植物和微生物之间的反应提供了重要的机会。

目前,中药材产业发展面临着持续挑战,不稳定的气候和其他环境因素是主要限制因素。为了应对这些挑战,需要更深入地了解作物与其微生物群落相互作用的遗传变异、细胞、发育和分子途径,从而实现作物的抗逆性和高产适应性。植物-微生物相互作用的分子机制研究正在逐步采用多组学平台进行。这将有助于选择和育种具有有益微生物群的作物,以产生改良的高生产性能作物,综合组学揭示了作物和微生物更有效相互作用的潜力,并利用这些跨学科研究技术,以了解植物、微生物、线虫和昆虫之间的相互作用。

近年来,系统生物学方法在植物-微生物相互作用研究中的应用引起了人们的广泛关注。计算建模技术被用于通过关注物理化学约束来理解代谢网络中的隐藏功能。例如,代谢基因组尺度模型(genome-scale metabolic model, GEM)为微生物群落提供了有价值的信息。高通量 GEM 管道可用于建模,以模拟与微生物群落相关的时空动态。了解时空动态已被确定为植物-微生物相互作用研究的关键瓶颈,因为微生物群在密集的空间结构群落中相互关联。此外,物种水平的代谢网络有能力通过微生物和宿主-微生物相互作用的代谢评分来识别相互作用的类型。建立植物-微生物相互作用计算模型受益于整合多组学数据集,从而降低退化程度并提高分辨率。虽然计算模型已经得到了显著改进,但组学数据和机器学习方法的融合将此领域进一步深度融合。这种整合将进一步加强计算模型的预测潜力,通过剖析多向数据集来理解多组学数据集中表型和基因组之间的复杂关系。此外,将转录组学、基因组学和代谢组学纳入代谢反应网络可以帮助识别参与宿主适应环境干扰的条件特异性基因。例如,应用综合组学和机器学习方法来理解植物根际细菌群落的组装。它们整合了扩增子测序、宏基因组学和机器学习方法,根据生长速率或生态位来识别宏基因组组装基因组(metagenome-assembled genomes, MAG)中富集的关键功能特征。研究表明,细菌生长速率潜力是决定细菌在根际定植能力中最重要的预测因子。此外,整合通量平衡分析(flux balance analysis, FBA)和不同的机器学习方法,以破译和预测树木根际植物相关假单胞菌物种的生态位。最后,CRISPR/Cas 介导的基因组编辑技术的应用,将促进鉴定和表征单个植物/作物或微生物候选基因的新的创新方法,重点关注它们从不同土壤成分向植物转移某些最优养分的能力。未来的研究还应侧重于分析和理解调控植物-微生物相互作用的分子机制,以响应多种矿物质营养素的相对丰度。这些努力将为支持植物育种、连作障碍、在生物学上应用有益微生物以及通过可持续和创新的做法提高作物生产力建立一个基准。

研究案例 1　宏基因组学揭示丛枝菌根真菌改变根际微生物群落功能基因表达以增强鸢尾对铬胁迫的抗性

(一) 研究背景

鸢尾(*Iris tectorum*)是一种生长迅速的多年生草本植物,根系发育良好,能在极端环境下茁壮成长,积累重金属,是植物修复的理想候选植物。植物与微生物的相互作用对于植物对非生物胁迫的反应至关重要,丛枝菌根真菌被认为是修复重金属污染土壤的一种经济有效的技术。然而,铬(Cr)胁迫下接种 AMF 对鸢尾根际微生物的影响,以及根际微生物与宿主和污染物相互作用的机制研究鲜见报道,研究接种 AMF 后鸢尾根际有益菌对提高植物抗逆性的作用十分有必要。

(二) 研究思路

该研究案例引自 Zhao 等(2023),研究思路如图 5-8 所示。

图 5-8　宏基因组学揭示丛枝菌根真菌改变根际微生物群落功能
基因表达以增强鸢尾对 Cr 胁迫的抗性的研究思路图

(三) 研究结果

1. 在接种的 AMF 处理中,菌丝体出现在鸢尾根系周围,形成了共生的菌根系统。AMF 能够增强植物的抗逆性,使 Cr 胁迫后鸢尾鲜重、株高、叶绿素、类胡萝卜素和叶绿素 a 增多,促进植物生长。

2. AMF 可以促进植物对土壤养分的吸收,降低环境中 Cr 含量,从而改善土壤微环境。

3. 宏基因组测序共注释了 1 955 111 个非冗余单基因。

4. 不同 Cr 浓度下接种 AMF 和未接种 AMF 的群体之间的根际微生物群落显著分离。

5. 暴露于 Cr 胁迫后,与复制、重组和修复、无机离子转运和代谢、信号转导机制和防御机制相关的功能增强。接种 AMF 后,在 Cr 胁迫下,能量产生和转化、脂质运输和代谢、翻译、核糖体结构和生物发生,以及次级代谢产物的生物合成、运输和分解代谢等功能呈减弱趋势。

6. 接种 AMF 显著增强了根际微生物的氨基酸代谢、膜转运、核苷酸代谢和脂质代谢,氨基酸的代谢、碳水化合物代谢、能量代谢、代谢辅因子和维生素及信号转导途径也更丰富。

7. 在 Cr 胁迫下接种 AMF 显著增加了谷氨酸脱氢酶、谷氨酰胺合成酶、谷氨酸合成酶、硝酸还原酶、一氧化氮还原酶亚基 B 酶、亚硝酸还原酶、亚硝酸盐氧化还原酶的丰度。

8. 在 Cr 胁迫下,未接种 AMF 组根际微生物群落物种 Hmrg 共生网络包含 550 个节点和 1 599 条边缘,接种 AMF 后包含 709 个节点和 1 698 条边缘。

(四) 研究结论

本研究通过对鸢尾与 AMF 微生物的相互作用,探讨菌根共生系统促进 Cr 胁迫下鸢尾生长的有益机制。结果表明,AMF 在促进鸢尾对 C、N、P 养分元素的吸收和提高根际微生物群落中养分循环(N、P)和重金属抗性(chrA、arsB)相关功能基因丰度方面发挥了显著作用。同时,根际菌根共生系统网络的复杂性和稳定性是提高植物抗汞、铅、铬胁迫能力的主要因素。这些结果为菌根共生系统促进植物生长的有益机制提供了证据,并展示了 AMF 修复 Cr 污染土壤的潜力。

(五) 亮点点评

Cr 会扰乱植物正常的生理和代谢功能,严重影响微环境。然而,关于 Cr 胁迫下接种 AMF 对鸢尾根际微生物的影响,以及根际微生物与宿主和污染物相互作用的机制研究较少。该团队通过温室盆栽试验,研究了接种 AMF 对 Cr 胁迫下鸢尾根际微生物群落生长、养分和重金属吸收及功能基因的影响。为 AMF 调节根际微生物群落以提高植物生长和重金属胁迫耐受性提供了证据,并有助于理解 AMF 共生条件下湿地植物修复 Cr 污染土壤的潜在机制。

研究案例 2　根际细菌的宏基因组学研究及其在甘草化感作用中的缓解作用

(一) 研究背景

甘草(*Glycyrrha uralensis* Fisch.)中的甘草酸和甘草苷具有抗肿瘤和抗氧化特性,已被广泛应用于医药、食品、烟草及糖果中,甘草是中国西北地区重要的经济作物。化感作用与根际生物过程密切相关,根际微生物群落对植物发育至关重要。然而,目前对甘草中化感物质影响下的根瘤菌群落的了解仍然有限。筛选根际微生物降解化感物质的潜在能力有助于缓解甘草连作问题,不仅可以提高甘草产量,还可以促进土地的可持续利用。因此,在本研究中,我们采用组学测序方法和盆栽接种试验相结合的方法:① 研究了外源化感物质添加下甘草植株和土壤特性的变化,以及根际细菌的多样性和功能;② 阐明了根际细菌接种剂对甘草幼苗生长的影响。

(二) 研究思路

该研究案例引自 Liu 等(2023),研究思路如图 5-9 所示。

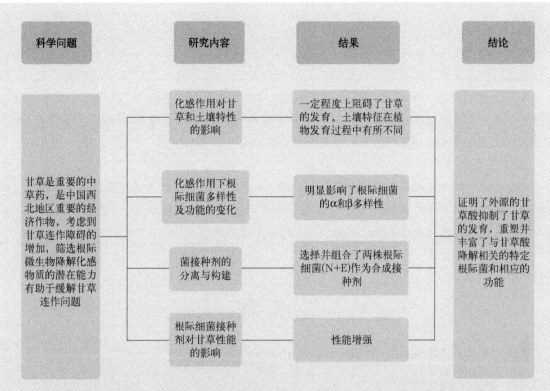

图 5 - 9　根际细菌的宏基因组学研究及其在甘草化感作用中的缓解作用的研究思路图

（三）研究结果

1. 化感物质作用对甘草和土壤特性的影响　鲜茎重和鲜根重表现出相似的变化趋势，在中后期，水处理均高于化感物质处理。根据 qRT - PCR 分析数据，化感物质处理在中后期抑制了甘草酸合成基因 HMGR、β - AS、CYP88D6 的表达，提高了 luphil 合成基因（LUS）的表达水平。根际土壤 pH 随甘草生长而显著升高，化感物质处理下 pH 更高。水处理的土壤含水量显著高于化感物质处理。化感物质处理的土壤有机质和土壤总碳值显著高于水处理。

2. 化感物质作用下根际细菌多样性及功能的变化　利用宏基因组测序技术进一步探索根菌群落的功能变异。与前期相比，化感物质处理在后期和中期分别显著富集了 146 和 145 通路相关基因。此外，在两个差异表达的基因组之间观察到相当多的重叠。在与水处理的比较中也发现了类似的观察结果，仅观察到参与环状化合物降解的基因丰度略高。

3. 菌接种剂的分离与构建　为了探索上述富集和组装的根细菌的功能，纯化分离得到 4 株菌株。将分离物命名为 *Ensifer sesbaniae*（E），*Novosphingobium arvoryzae*（Na），*Novosphingobium resinovorum*（N）和 *Hydrocarbonphaga effuse*（H）。随后，将特定分离物在液体筛选培养基中培养，使用 LC - MS/MS 分析其代谢物和化感化学降解率。在培养中，单个 N 菌株的降解率最高（87.94%），其次是 E、Na 和 H。然而，菌株之间的降解代谢产物相似，包括人参皂苷 Rh、人参皂苷 Rh2、白桦酸、齐果酸和熊果酸，以及一些甾体化合物。此外，对 4 株菌株进行了全基因组测序并设计了特异性引物。分离株的核心基因主要与核糖体组装、DNA 复制、转录和翻译等基础功能相关。

4. 根际细菌接种剂对甘草性能的影响　根际细菌接种剂对甘草的潜在保护措施可归因于其在根际土壤中的定植和化感降解能力。

（四）研究结论

本研究通过两个盆栽试验研究了甘草及其根际细菌群落对外源甘草酸的响应,阐明了特定的分离根际细菌对甘草化感作用的影响。外源甘草酸在一定程度上阻碍了甘草的生长发育,但对土壤性状影响不大。此外,甘草酸还不同程度地降低了根际细菌群落 α 多样性,改变了根际细菌群落组成。本研究结果也加深了我们对根际细菌群落与植物化感物质相互作用的理解,为从根际微生物群落角度治理药用植物农业连作障碍提供了一个框架。

（五）亮点点评

化感作用与根际生物过程密切相关,根际微生物群落对植物发育至关重要。在本研究中,结合组学测序方法和盆栽接种实验证明了外源的甘草酸抑制了甘草的发育,重塑并丰富了与甘草酸降解相关的特定根际菌和相应的功能。

思 考 题

1. 根际微生物组受哪些因素的影响?
2. 根系分泌物与根际微生物有着怎样的关系?
3. 利用宏基因组学能够解决哪些科学问题?

第六章
药用植物基因工程技术

药用植物基因工程技术是通过克隆药用植物活性成分关键基因,将基因与载体进行体外重组,然后进行遗传转化,以达到定向改造遗传性状的目的。合理应用药用植物基因工程技术,不仅可以提高有效活性成分含量,培育优良品种,促进药用植物的种植和保护,还可以探索药用植物生理特性及其分子调控机制。本章介绍了药用植物基因工程技术的方法、过程与应用研究案例。

第一节　目的基因克隆技术

药用植物基因工程的目的是采用合适的载体,将目的基因导入一个新的受体细胞中使之表达,产生基因产物或产生一个由目的基因控制的新的遗传性状。其中所涉及的目的基因通常序列和结构是已知的,是利用基因工程的操作研究该基因的功能和调控方式;或者目的基因的主要功能是确定的,因而可以通过基因工程将该基因导入某些特定的受体细胞中去表达一个已知的产物或使受体获得一个预期的新的遗传性状。获得药用植物目的基因的途径通常有基因组文库分离法、PCR扩增法、cDNA法、化学合成法及定点突变改造法等。随着分子生物学的发展,紫花苜蓿、人参、青蒿、银杏、红豆杉等40多种药用植物的功能基因相继被发掘和克隆,其中多酚类合成酶、黄酮类合成酶和细胞色素CYP450等活性成分的功能基因的克隆研究比较多。

一、基因组文库分离法

药用植物基因组文库是指在细菌中增殖来自某一药用植物的染色体DNA或cDNA所形成的全部DNA片段克隆的集合体。或者说,是将某个药用植物的基因组DNA或cDNA片段在体外与适当的载体通过重组后,转化宿主细胞,并通过一定的选择机制筛选后得到的大量的阳性菌落或噬菌体的集合体。完整基因文库中应包含该药用植物的所有染色体DNA及cDNA序列,但不一定是全部经过测序,或者说不一定每段DNA的序列都是已知的。根据外源DNA来源不同,可将药用植物基因文库分为基因组DNA文库和cDNA文库。

（一）基因组文库的构建战略

基因组文库的概念是指把某种生物的基因组DNA全部提取出来,切成适当大小的片段,分别与载体连接构建成重组DNA分子后,再导入适宜的宿主细胞形成克隆。这样的克隆片段的总汇,就是基因组文库。基因组文库的构建一般包括下列基本步骤:① 细胞染色体大分子DNA的提取和制备;② 载体的准备;③ 载体与基因组大片段DNA的连接;④ 体外包装成重组噬菌体,侵染大肠杆菌以及基因组DNA文库的扩增;⑤ 重组DNA的筛选和鉴定等(图6-1)。研究人员以4年生吉林人参-大马牙须根为材料成功地构建了世界上第一个人参基因组文库,为吉林人参功能基因组研究,特别是对人参皂苷生物合成相关基因克隆、分析、开发和利用提供了技术体系。

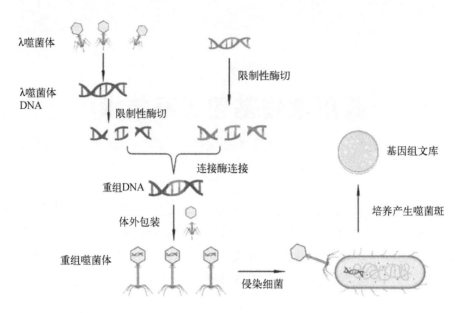

图6-1 基因组文库构建过程示意图

（二）基因组文库的筛选

在文库中将目的基因筛选出来,通常采用菌落(噬菌斑)原位杂交法。菌落(噬菌斑)原位杂交是直接以菌落或噬菌斑为对象来检测目的基因重组子的技术。首先在含有选择性抗生素的琼脂平板上放一张硝酸纤维素滤膜,将菌落点在硝酸纤维素滤膜上,并倒置平板培养。然后通过碱裂解法使菌落释放变性的 DNA 并使 DNA 结合于硝酸纤维素滤膜上,固定 DNA。最后设计探针,并进行同位素标记,用标记好的探针与滤膜杂交。如果出现阳性杂交信号,说明目的基因在文库中。根据滤膜上阳性克隆的位置找到菌落,挑选该菌落扩增培养,酶切得到目的片段(图6-2)。

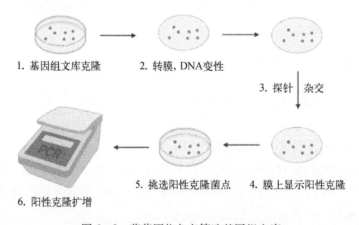

1. 基因组文库克隆   2. 转膜,DNA变性

3. 探针 杂交

6. 阳性克隆扩增   5.挑选阳性克隆菌点   4. 膜上显示阳性克隆

图6-2 菌落原位杂交筛选基因组文库

随着 PCR 技术的广泛使用,特别是近年来基因组数据的大量涌现,一些药用植物的基因组序列基本上被分析出来,并在公共数据库中共享,因此药用植物基因克隆的方式早已不再局限于通过构建基因文库来实现,通过引物设计和 PCR 扩增可以获得大多数所需要的基因。

二、PCR 扩增法

PCR 扩增法即聚合酶链反应(polymerase chain reaction, PCR),利用这项技术可从痕量的药用植物DNA 样品中,特异性快速扩增某一区域的 DNA 序列。从药用植物目的基因的分离克隆上讲,PCR 扩增法比目前已经建立起来的任何方法都更简便、快速、有效和灵敏。

(一) PCR 扩增 DNA 的基本原理

PCR 的基本原理离不开 DNA 复制的基本规律,DNA 复制是通过拷贝的方式将 DNA 重新制造一份的过程,待拷贝的 DNA 称为模板。在 PCR 过程中模板可以是双链 DNA 也可以是单链 DNA,最后扩增得到的产物是双链状态。与 DNA 复制不同的是,PCR 扩增总是在两个引物的存在下对 DNA 的两条链同时复制,复制的结果是得到一条双链 DNA。通过仪器的自动控制,使 DNA 复制重复进行,从而得到大量目的片段(图 6 - 3)。

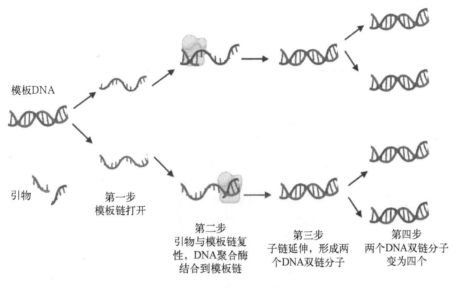

图 6 - 3　PCR 反应原理

PCR 反应体系中通常包括 5 种成分:待扩增的模板 DNA、一对寡聚核苷酸引物、4 种脱氧核苷酸底物、耐高温的 DNA 聚合酶、酶所需要的缓冲液。

1. 寡聚核苷酸引物　PCR 的特异性是由引物决定的,在 PCR 反应中,引物设计与选择是决定 PCR 成败的关键因素。引物设计一般要考虑以下几个问题:引物长度、解链温度(T_m 值)与复性温度、引物的 GC 含量等。

2. 模板　PCR 的模板是含有待扩增序列的基因组 DNA 或从 mRNA 反转录来的 cDNA。在一定浓度范围内,PCR 产率与模板浓度成正比。

3. 脱氧核苷酸(dNTP)　脱氧核苷酸是 DNA 合成的底物,包括 dATP、dTTP、dCTP 和 dGTP。

4. DNA 聚合酶　PCR 反应中使用的 DNA 聚合酶耐高温,在 90℃ 以上的高温下仍有活性。目前使用的高温 DNA 聚合酶有很多种,包括① Taq DNA 聚合酶,具有 5′→3′聚合酶活性和 5′→3′外切酶活性,无 3′→5′外切酶活性;② Pwo DNA 聚合酶,具有 3′→5′外切酶活性且具有高保真度的 PCR 酶;③ 混合酶,将 Taq DNA 聚合酶的强启动能力和具有 3′→5′外切酶活性的高温 DNA 聚合酶的高持续活性和校正功能结合。

5. 缓冲液　缓冲液包括 Tris - HCl、Mg^{2+} 或 Mn^{2+}、K^+ 等。

PCR 扩增的步骤(图 6 - 3):① 变性,首先将模板 DNA 置于 92~96℃ 进行变性处理,使双链 DNA 在高温下解链为单链 DNA;② 退火,将温度降至 37~72℃,使引物与模板互补区结合;③ 延伸,在 72℃ 条件下,DNA 聚合酶将 dNTP 连续加到引物 3′羟基(3′- OH)端,合成 DNA。这 3 个热反应过程称为 1 个循环,经过 20~40 个循环,可扩增得到大量位于两条引物序列之间的 DNA 片段。最后,在 72℃ 保持

5~10 min,使产物延伸完整。

(二) PCR 扩增产物的克隆

利用 PCR 技术可以大量扩增药用植物的特定 DNA 靶序列,但在某些情况下,PCR 扩增产物仍需克隆在受体细胞中,如目的基因的高效表达和永久保存等。PCR 单一扩增单位的克隆有如下方式。

1. T 载体克隆法   在用 *Taq* DNA 聚合酶进行 PCR 扩增时,扩增产物的两个 3′端往往会各含一个非模板型的突出碱基 A。由于该突出碱基的存在,克隆时既可以采用 TdT 末端加同聚尾的方法与载体拼接,也可以使用一种专门的线形载体,即如图 6-4 所示的 T 载体(来自 pUC18/19)。

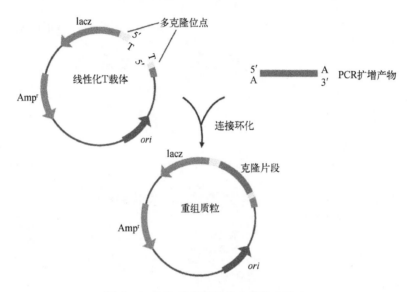

图 6-4   PCR 扩增产物的 T 载体克隆法

2. In-Fusion 克隆法   PCR 扩增产物能在一种特殊 In-Fusion 酶作用下直接与任意载体拼接,待克隆片段两端无须限制性酶切口,重组过程也不需要 DNA 连接酶,允许多片段克隆,具有很高的实用性。这种 In-Fusion 克隆程序模拟的是广泛存在于细胞内的 DNA 同源重组过程,要求待克隆片段两端分别包含至少 15 bp 与载体克隆位点相同的序列(即同源序列),具体操作原理如图 6-5 所示。

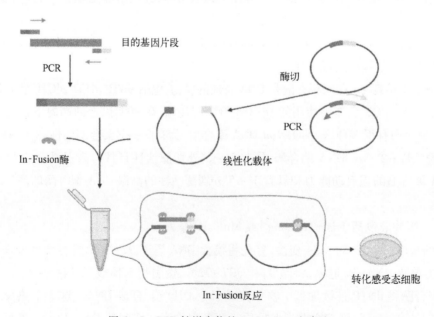

图 6-5   PCR 扩增产物的 In-Fusion 克隆法

3. 反向 PCR　反向 PCR 是将待扩增片段环化,通过方向相反的一对引物扩增已知序列两侧的基因序列(图 6-6)。对扩增的 DNA 模板先进行酶切,然后连接环化,使其引物方向成为相对,然后进行 PCR 扩增。

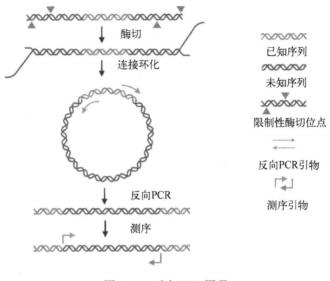

图 6-6　反向 PCR 原理

(三) PCR 扩增技术的应用

PCR 技术的应用范围极广,除了上述的目的基因分离与克隆之外,大致有下列几个方面:① 扩增 DNA 靶序列并直接测序。② DNA 靶序列的突变分析。③ 痕量 DNA 样品的检测与分析。利用 PCR 技术可以从痕量的药用植物器官、组织,甚至保存了几千年的药用植物标本中复制大量的 DNA 样品,供进一步分析鉴定之用,因而在药用植物研究中发挥着不可替代的作用。④ DNA 的定点突变。

三、cDNA 法

逆转录 PCR(reverse transcriptase - PCR, RT - PCR)又称反转录 PCR,是以 mRNA 为模板进行的特殊 PCR。逆转录 PCR 一般分两个步骤,第一步是在 42℃ 以 mRNA 为模板用逆转录酶合成 cDNA 的第一条链,第二步再以 cDNA 的第一条链为模板做常规 PCR,从而获得双链 cDNA 分子。逆转录 PCR 是获得特异性双链 cDNA 分子的有效方法。在 PCR 反应的初期,只有一条模板链,所以是不对称扩增的。但是经过几轮反应之后,两条模板链都起作用,最终得到双链 cDNA 分子(图 6-7)。

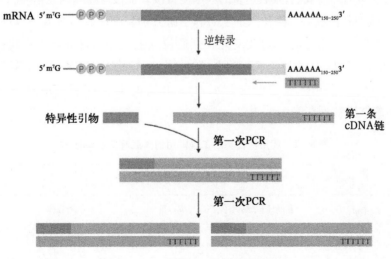

图 6-7　逆转录 PCR 原理示意图

第二节　载体改造和重组子构建

一、DNA 重组的载体

将目的基因运送到受体细胞内的工具称基因工程载体。一个理想的载体至少应具备下列四个条件：① 具有对受体细胞的可转移性或亲和性；② 具有与特定受体细胞相匹配的复制位点或整合位点；③ 具有多种且单一的核酸内切酶识别切割位点；④ 具有合适的选择性标记。载体的可转移性和可复制性取决于它与受体细胞之间严格的亲缘关系，不同的受体细胞只能使用相匹配的载体系统。本节主要涉及具有代表性的大肠杆菌载体系统，包括质粒载体、病毒或噬菌体载体等，这里主要介绍质粒载体。

（一）质粒的分类与用途

人工构建的载体质粒根据其功能和用途可分为下列几类。

1. 克隆质粒　这类质粒常用于克隆和扩增外源基因，它们或者拥有氯霉素可诱导的松弛型复制子结构，如 pBR 系列；或者其复制子经过人工诱变，解除了质粒复制的负控制效应，使得质粒在每个细胞中可达数百甚至上千个复制拷贝，如 pUC 系列（图 6-8）。

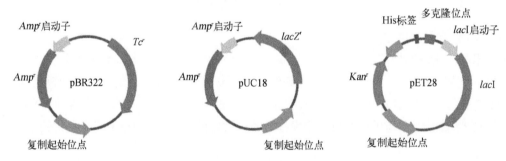

图 6-8　三种大肠杆菌质粒结构图谱

2. 穿梭质粒　这类质粒拥有两套亲缘关系不同的复制子及相应的选择性标记基因，因此能在两种不同种属的受体细胞中复制并遗传，如大肠杆菌-链霉菌穿梭质粒、大肠杆菌-酵母穿梭质粒等。

3. 探针质粒　这类载体被设计用来筛选克隆基因的表达调控元件，如启动子和终止子等。它通常装有报告基因，但缺少相应的启动子或终止子，当且仅当含启动子或终止子活性的外源 DNA 片段插入至载体的合适位点时，报告基因才能表达，其表达量的大小能直接表征被克隆基因表达控制元件的强弱。

4. 表达质粒　这类载体在多克隆位点的上游和下游分别装有两套转录效率较高的启动子、合适的核糖体结合位点以及强有力的终止子，使得克隆在合适位点上的任何外源基因均能在受体细胞中高效表达，如适用于大肠杆菌菌株的 pGEX-4T 系列。除此之外，有的表达质粒还装有特殊的寡肽标签编码序列（如 His 标签和 Flag 标签等），便于表达产物进行亲和层析分离，如 pET 系列（图 6-8）。几种实验室常用的大肠杆菌载体质粒列在表 6-1 中。

表 6-1　药用植物基因工程常用的大肠杆菌载体质粒

质　粒	选择标记	常用的克隆位点	性　能
pBR322	Amp^r，Tc^r	BamH I，EcoR I，Pst I，Hind Ⅲ	克隆载体
pGEX-4T	Amp^r，$lacI^q$	BamH I，EcoR I，Sma I，Sal I，Xho I，Not I	克隆和表达载体，含 P_{tac} 启动子和 GST 融合标签序列

续 表

质　粒	选择标记	常用的克隆位点	性　　能
pUC18/19	Amp^r, $lacZ'$	EcoR Ⅰ，Kpn Ⅰ，Sma Ⅰ，BamH Ⅰ，Sal Ⅰ，$Hind$Ⅲ	克隆和测序载体
pET-28a(+)	Kan^r, $lacI^q$	Xba Ⅰ，Nco Ⅰ，Nde Ⅰ，Nhe Ⅰ，BamH Ⅰ，EcoR Ⅰ，Sac Ⅰ，Sal Ⅰ，$Hind$Ⅲ	表达载体，含启动子 P_{T7} 和 His-tag 序列

（二）质粒的改造与构建

克隆外源基因的目的不同，对质粒载体的性能要求也不同。野生型质粒存在缺陷，不能满足需要，必须对之进行修饰和改造。其内容包含：① 删除不必要的 DNA 区域，缩短质粒的长度。② 灭活某些质粒的编码基因。③ 加入易于识别的选择标记基因。④ 在选择性标记基因内部引入多克隆接头。⑤ 加装特殊的基因表达调控元件或用于表达产物检测和分离的标签编码序列，如 His-tag 和 Flag-tag 等。

二、DNA 的体外重组

分子克隆的第一步是从不同来源的 DNA（染色体 DNA 或重组 DNA 分子）中将待克隆的 DNA 片段特异性切下，同时打开载体 DNA 分子，然后将两者连接成杂合分子。这些操作均由一系列功能各异的工具酶来完成，如部分限制性核酸内切酶、T4-DNA 连接酶及 Klenow DNA 聚合酶等。

（一）限制性核酸内切酶

限制性核酸内切酶几乎存在于所有原核细菌中，它能识别并附着特定的脱氧核苷酸序列，并对每条链中特定部位的两个脱氧核糖核苷酸之间的磷酸二酯键进行切割，产生相应的限制性片段。切割形式有两种，分别是可产生具有突出单股 DNA 的黏性末端，以及末端平整无凸起的平头末端（图 6-9）。它能在特异位点上催化双链 DNA 分子的断裂。

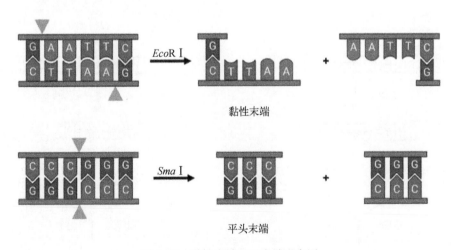

图 6-9　黏性末端和平末端示意图

（二）DNA 连接酶

DNA 连接酶广泛存在于各种生物体内，其催化的基本反应形式是将 DNA 双链上相邻的 3′-羟基和 5′-磷酸基团共价缩合成 3′,5′-磷酸二酯键，使原来断开的 DNA 缺口重新连接起来，因此它在 DNA 复制、修复以及体内体外重组过程中起着重要作用。常用的 DNA 连接酶有两种：大肠杆菌 DNA 连接酶和 T4-DNA 连接酶。大肠杆菌 DNA 连接酶，其主要功能就是在 DNA 聚合酶 Ⅰ 催化聚合时，填满双链

DNA 上的单链间隙后封闭 DNA 双链上的缺口,多用于连接黏性末端。T4－DNA 连接酶的作用包括如下三种情况(图 6－10):① 连接 RNA－DNA 杂交双链上的 DNA 链切口,或者也可连接杂交双链上的 RNA 链切口。② 修复双链 DNA 上的单链切口,使两个相邻的核酸重新连接起来。③ 连接完全断开的两个平头末端双链 DNA 分子。

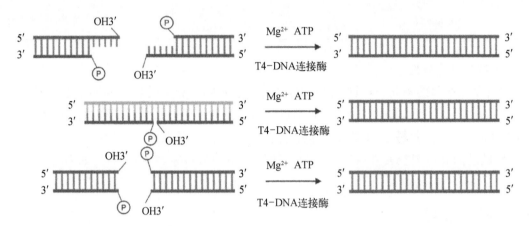

图 6－10　T4－DNA 连接酶的催化反应

(三) DNA 分子重组方法

DNA 分子之间的重组本质上是由 DNA 连接酶介导的双链缺口处磷酸二酯键的修复反应,而这种双链缺口结构的形成依赖于 DNA 片段单链末端之间的碱基互补作用。

1. 相同黏性末端的连接　如果外源 DNA 和载体 DNA 均用相同的限制性内切酶切割,两种 DNA 分子均含相同的末端,因此混合后它们能顺利连接成重组 DNA 分子。经单酶处理的外源 DNA 片段在重组分子中可能存在正反两种方向,而经两种非同尾酶处理的外源 DNA 片段只有一种方向与载体 DNA 重组(图 6－11)。用两种同尾酶分别切割外源 DNA 片段和载体 DNA,因产生的黏性末端相同也可直接连接。

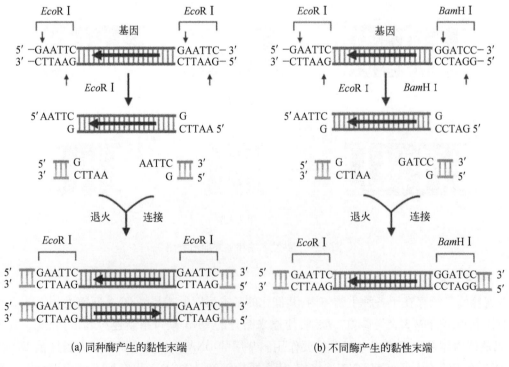

(a) 同种酶产生的黏性末端　　　　(b) 不同酶产生的黏性末端

图 6－11　限制性核酸内切酶产生的黏性末端的连接

2. 平头末端的连接 T4 – DNA 连接酶既可催化 DNA 黏性末端的连接,也能催化 DNA 平头末端的连接,前者在退火条件下属于分子内的作用,而后者则为分子间的反应。

3. 不同黏性末端的连接 不同的黏性末端原则上无法直接连接,但可将它们转化为平头末端后再进行连接,所产生的重组分子往往会增加或减少几个碱基对。

三、重组子的转化

重组 DNA 分子在体外构建完成后,导入特定的受体细胞,使之无性繁殖并高效表达外源基因或直接改变其遗传性状,这个导入过程及操作统称为重组 DNA 分子的转化。本部分主要以细菌尤其是大肠杆菌的转化为例进行原理和方法的阐述。

(一)感受态受体细胞的选择

野生型细菌一般不能直接用作基因工程的受体细胞,因为它对外源 DNA 的转化效率较低,并且有可能对其他生物种群存在感染寄生性,因此必须通过诱变手段对野生型细菌进行遗传性状改造,使之具备以下条件。

1. 细菌受体细胞的限制缺陷性 为了突破细菌转化的种属特异性,提高任何来源的 DNA 分子的转化效率,通常选用限制系统缺陷性受体细胞,具有 $\Delta(hsdR)$ 遗传表型的大肠杆菌因外源 DNA 降解能力的缺失,可转化性得以大幅度提升。

2. 细菌受体细胞的重组缺陷性 野生型细菌在转化过程中接纳的外源 DNA 分子能与染色体 DNA 发生体内同源重组,这个过程是自发进行的,因此受体细胞必须选择体内同源重组缺陷性的遗传表型。

3. 细菌受体细胞转化亲和性 用于基因工程的细菌受体细胞必须对重组 DNA 分子具有较高的可转化性。

4. 细菌受体细胞的遗传互补性 受体细胞必须具有与载体所携带的选择标记互补的遗传性状,方能使转化细胞的筛选成为可能。

5. 细菌受体细胞的感染寄生缺陷性

受体细胞选择的另一方面内容是受体细胞种属的确定。对外源基因克隆与表达来说,受体细胞种类选择至关重要,它直接关系到基因工程产业化成败。几种受体生物对外源基因克隆表达的影响列在表 6 – 2 中。

表 6 – 2 药用植物基因工程常用克隆表达系统的优缺点

受体生物	优 点	缺 点
大肠杆菌系统	基因工程经典模型系统;生长迅速;异源蛋白高效表达;遗传背景清楚	潜在病原体;潜在致热原;蛋白不能分泌至培养基中;无糖基化机器;大量表达的蛋白质以不溶解的变性和失活形式在细胞质中积累
真核酵母系统	基因工程安全的宿主菌;遗传背景清楚;具有糖基化和翻译后修饰功能;可分泌异源蛋白;可在廉价、简单的培养基中规模发酵	多数情况下异源蛋白表达水平低;有超糖基化趋势;培养基中异源蛋白有时分泌不理想

(二)外源目的基因转化进入受体细胞的方法

细菌受体细胞对应多种转化方法,在大肠杆菌的转化实验中,常用的有代表性的方法是 Ca^{2+} 诱导的大肠杆菌转化法和电穿孔转化法。

1. Ca^{2+} 诱导的大肠杆菌转化法 将处于对数生长期的细菌置于低温的 $CaCl_2$ 低渗溶液中,细胞膨胀,同时 Ca^{2+} 使细胞膜磷脂层形成液晶结构,形成人工诱导的大肠杆菌感受态。此时加入 DNA, Ca^{2+} 与 DNA 结合并黏附在细菌细胞膜的外表面上。经短暂的 42℃ 热脉冲处理后,细菌细胞膜的液晶结构发生剧烈扰动,致使通透性增加,DNA 分子渗入细胞内。目前,Ca^{2+} 诱导法已成功用于大肠杆菌、葡萄球菌以及其他一些革兰氏阴性菌的转化。

2. 电穿孔转化法　电穿孔是一种电场介导的细胞膜可渗透化处理技术。受体细胞在电场脉冲的作用下,细胞壁形成一些微孔通道,使得 DNA 分子直接与裸露的细胞膜脂双层结构接触,并引发吸收过程。

第三节　高效遗传转化与鉴定技术

药用植物遗传转化技术是通过 DNA 重组、组织培养及种质系统转化等方法,将外源目的基因插入药用植物基因组,从而定向改良药用植物的遗传特性,培育出优质、高产的药用植物。自 1983 年首次获得烟草转基因植株以来,人们探索出一些将外源基因导入药用植物细胞的遗传转化方法,使药用植物遗传转化在药用植物基因工程研究领域得到广泛应用和发展。

一、药用植物转基因技术

药用植物目前主要的转基因技术分为三大类:生物介导法,包括农杆菌介导法等;物理介导法,主要包括基因枪法和显微注射法;化学介导法,主要包含 PEG 介导法。其中农杆菌介导法、基因枪法在药用植物中应用最为广泛。目前,遗传转化研究的药用植物有黄连、虎杖、杜仲、黑果枸杞、流苏石斛和甘草等,这些药用植物的研究成果也为其他药用植物开展遗传转化研究提供了参考。

农杆菌介导法是通过农杆菌侵染植物细胞的过程中,将外源基因整合到农杆菌质粒上的 T-DNA,再通过 T-DNA 插入到受体植物基因组中,获得转基因植株的方法。该方法不仅对遗传转化受体有较高的要求,还需构建起系统的遗传转化体系,该方法靶点性更明确,适用于中草药中遗传背景较清晰的单个或少数基因的功能分析。基因枪法是将外源 DNA 包被在微小的金粒或钨粒的表面,利用加速装置将微粒射入受体细胞,而微粒上的外源 DNA 将随机整合到受体细胞的基因组中,从而实现外源基因转化的方法。

二、根癌农杆菌介导的药用植物转基因

药用植物的需求有别于其他植物,药用植物的活性成分绝大部分都是它们的次生代谢产物。药用植物转基因技术的应用不同于农作物基因工程的方法。在农杆菌介导的遗传转化中,乔木类植物的遗传转化结果大多数是构建转基因细胞,草本及灌木类药用植物的转化结果大多为外植体或由外植体诱导而成的整株。利用发根农杆菌根诱导(root-inducing, Ri)质粒转化形成的毛状根或根癌农杆菌肿瘤诱导(tumor-inducing, Ti)质粒转化形成的冠瘿瘤组织作为培养系统,生产特定的植物活性化学成分,亲本药用植物能够合成的次生代谢产物都可能利用毛状根或冠瘿瘤组织培养进行生产,这种组织培养技术是生产目标药用植物次生代谢产物的有效途径。例如,丹参利用毛状根进行培养生产,首先将经农杆菌介导的感染后丹参叶片置于固体培养基中进行预培养,经过毛状根生长,分叉,培养获得成熟根,然后转移至液体培养基中进行扩繁(图 6-12)。

（一）植物转基因研究中常用的农杆菌类型和特性

植物转基因研究中常用的农杆菌菌株及其特性归纳于表 6-3,其中 GV3101 农杆菌菌株使用较为广泛,染色体背景为 C58,生长速率快、不结球,在转化实验中易于操作。

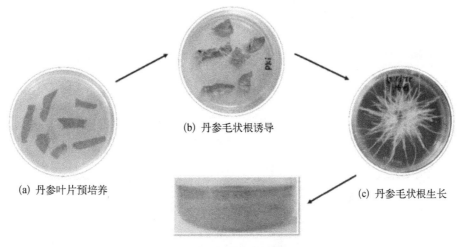

(a) 丹参叶片预培养　　(b) 丹参毛状根诱导　　(c) 丹参毛状根生长

(d) 液体扩繁丹参毛状根

图 6-12　丹参中转基因毛状根的培养

表 6-3　常用的农杆菌菌株

菌　　株	染色体背景	Ti 质粒类型	抗性（抗生素）
LBA4404	Ach5	章鱼碱型 Ti 质粒 pAL4404	利福平
EHA101	C58	琥珀碱型 Ti 质粒	利福平、卡那霉素
GV3101	C58	无毒的 Ti 质粒	利福平
A136	C58	无毒的 Ti 质粒	利福平

（二）根癌农杆菌/Ti 质粒的生物学特征和转化机制

根瘤农杆菌可以引发植物产生冠瘿瘤，干扰被侵染植物的正常生长。多数农杆菌携带有 Ti 质粒，它是一种双链环状 DNA 分子，野生型 Ti 质粒中存在与植物感染和致瘤有关的 T-DNA 区和 *VIR* 基因。T-DNA 是农杆菌感染植物细胞时，从 Ti 质粒上切割下来转移到植物细胞的一段 DNA，T-DNA 区域内部含有三个基因位点，分别为生长素合成基因、细胞分裂素合成基因、冠瘿碱合成基因。酚类和糖类化合物诱导 *VIR* 基因的表达，表达产物的功能是从 Ti 质粒上切下 T-DNA 并将其转移至植物细胞内。此外，在 T-DNA 的两端边界还各有一个 25 bp 长的末端重复序列左边界和右边界，它们在 T-DNA 的切除及整合过程中起着信号作用（图 6-13）。

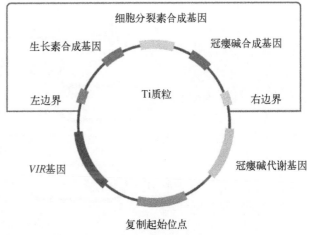

图 6-13　Ti 质粒结构示意图

农杆菌 Ti 质粒中 T-DNA 导入植物基因组大致可分为以下 5 个步骤：① 农杆菌对受体细胞的识别与附着；② 农杆菌感应植物的信号，诱导启动毒性区基因表达；③ T-DNA 和 VIR 蛋白的加工和转运；④ T-DNA 及其效应物核酸导入；⑤ T-DNA 的整合和表达（图 6-14）。

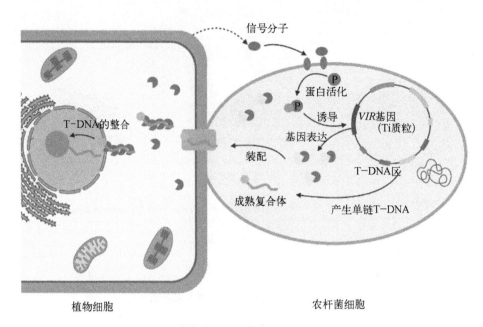

图 6-14 农杆菌介导植物转化过程的主要步骤

(三) Ti 质粒介导的共整合转化系统和二元整合转化系统

在药用植物基因工程中,用作外源 DNA 克隆转化的 Ti 载体是由野生型 Ti 质粒改造而来的。然而,改造后的 Ti 载体仍然难以采用常规程序进行重组克隆操作。Ti 质粒介导的共整合转化策略可以有效克服这一难题,其整个程序如图 6-15 所示:首先将外源基因克隆在 pBR322 质粒中,转化大肠杆菌,*Amp*ʳ 标记筛选鉴定重组克隆;将上述大肠杆菌克隆菌与含有野生型 Ti 质粒的根瘤农杆菌进行接合转化,卡那霉素筛选根瘤农杆菌接合转化子。在接合转化型细胞内,大肠杆菌的重组质粒通过同源重组方式插入野生型 Ti 质粒的 T-DNA 区;整合型根瘤农杆菌感染植物的愈伤组织,此时携带大肠杆菌重组质粒的 T-DNA 便随机整合在植物细胞染色体上(图 6-15)。

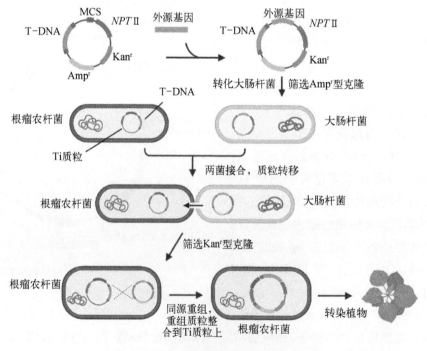

图 6-15 Ti 质粒介导的共整合转化程序

除 Ti 质粒介导的共整合转化策略,目前以 T-DNA 转化植物细胞的标准方法大多采用 Ti 质粒介导的二元整合转化程序。由于 Vir 区在实现 T-DNA 转移的过程中不一定要与 T-DNA 在同一个载体分子上,因此可以建立无须同源重组的二元载体系统(图6-16)。首先构建含 T-DNA 区的根瘤农杆菌/大肠杆菌穿梭质粒,分别将外源基因、*NPT* Ⅱ 基因和多克隆位点取代 T-DNA 上的生长素合成基因、细胞分裂素合成基因、冠瘿碱合成基因;重组分子转化大肠杆菌,待鉴定扩增后再导入携带一个 Ti 辅助质粒的根瘤农杆菌中,该辅助质粒拥有 Vir 区,但不含 T-DNA 区;将上述的根瘤农杆菌转化子悬浮液涂布在植物愈伤组织上,辅助质粒中的 *VIR* 基因表达产物,便会促使重组 T-DNA 片段进入受体细胞内。

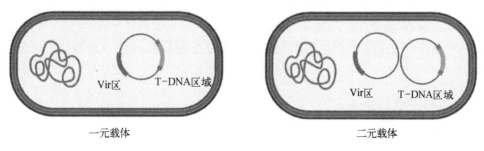

图6-16 一元载体和二元载体简图

表6-4列出一些具有代表性的二元载体。其中 pBin19 是一种经典的二元载体,而 pBI121 则是在 pBin19 中加入大肠杆菌 β-葡糖醛酸糖苷酶表达盒构建而成。pCAMBIA 载体具有多克隆位点的广泛可选性,在大肠杆菌中的高拷贝复制能力,在根瘤农杆菌中的高稳定性等特性,应用相当广泛。

表6-4 代表性二元载体及其特性

质粒名称	植物选择标记	细菌选择标记	农杆菌复制子	大肠杆菌复制子
pBin19	Kan^r	Km^r	IncP	IncP
pBI121	Kan^r	Km^r	IncP	IncP
pCAMBIA 系列	Kan^r、Hyg^r、Bar^r	Km^r	pVS1	ColE1
pGreen 系列	Kan^r、Hyg^r、Sul^r	Km^r	IncW	pUC

注:Kan^r. 卡那霉素抗性;Hyg^r. 潮霉素抗性;Sul^r. 磺酰脲抗性;Bar^r. 草丁膦抗性。

(四)根癌农杆菌/Ti 质粒转化的操作程序和方法

任何农杆菌/Ti 质粒转化的经典操作程序均包含下列步骤:二元载体的构建并将之导入合适的农杆菌菌株中,制备和培养重组农杆菌;接种重组农杆菌;筛选已转化的药用植物细胞;将已转化的细胞再生成整株植物。其中农杆菌的接种有下列几种方式。

1. 愈伤组织或原生质体共培养法 由药用植物胚胎、叶子或其他部位诱导分离出的原生质体或愈伤组织直接用作重组农杆菌转化的靶外植体。如刘闯豪等(2020年)在研究农杆菌介导的杜仲叶片愈伤组织遗传转化体系中,筛选出愈伤组织诱导不定芽和不定芽复壮的最适培养基配方。

2. 外植体直接共培养法 药用植物无菌外植体如叶片、茎根等直接与重组农杆菌共培养,随后再生为转基因植物。如谭木秀等(2021年)在红腺忍冬的遗传转化体系优化研究中,发现在农杆菌侵染条件下,最适宜外植体是叶片。

3. 真空浸渍法 对外植体施加真空压力,从而促进感染以及细菌在药用植物组织内的渗透。

4. 根部土壤浸泡法。

（五）影响农杆菌转化效率的因素

1. 农杆菌菌株的类型　不同类型的农杆菌菌株的侵染力不同。一般而言，农杆菌菌株侵染力的排列顺序为：农杆碱型（琥珀碱型）菌株>胭脂碱型菌株>章鱼碱型菌株。

2. 农杆菌菌株的生长时期　一般使用处在指数生长期的高侵染活力的农杆菌菌液侵染植物材料。

3. 基因活化的诱导物　Vir 区基因的活化是农杆菌 Ti 质粒转移的先决条件。酚类化合物、糖类物质、低磷酸条件和酸性 pH 环境都会影响 Vir 区基因的活化。

4. 外植体的类型和生理状态　细胞具有分裂能力是转化的基本条件。发育早期的组织包括分生组织、维管束形成层组织、薄壁组织及胚等发生创伤或环境诱导时会加速分裂，即处于转化的敏感期。

5. 外植体的预培养　通过外植体的预培养，可以促进细胞分裂，使受体细胞处于更容易整合外源 DNA 的状态。

三、转基因植物的筛选和鉴定

（一）转基因植物的筛选

采取有效的筛选方法，才能高效准确地选择到转化细胞。一般情况下，转化载体上除了带有目的基因外，大多还携带选择基因，以供转化细胞筛选使用。转化细胞筛选的方法主要有两种：一种是根据选择基因的特点在筛选培养基中加入能抑制非转化细胞生长的有毒物质（如抗生素、除草剂等），选择基因通常为一种解毒基因，可以解除培养基中有害物质对细胞生长的抑制作用。另一种方式是转化细胞为营养缺陷型细胞，在选择性培养基中不能增殖，而选择基因可以补偿这种缺陷，使转化细胞在选择性培养基上正常生长。药用植物基因工程中的选择标记基因主要是一类蛋白酶基因，其编码的蛋白质可使抗生素或除草剂失活。最常用的有潮霉素磷酸转移酶基因、新霉素抗性基因、庆大霉素抗性基因等。

药用植物基因工程中，还存在一种不依赖于外界选择压力的存在，可作为转基因鉴定和筛选的方法，即报告基因。报告基因是指其编码产物能够被快速测定、常用于判断外源基因是否成功地导入受体细胞（器官或组织），是否表达的一类特殊用途的基因。目前最常用的报告基因有：β-葡萄糖苷酸酶基因、氯霉素乙酰转移酶基因、萤光素酶基因和绿色荧光蛋白基因等。其中 *GUS* 基因编码 β-葡萄糖醛酸酶，该酶能催化许多 β-葡萄糖酸类物质的水解。绝大多数的植物细胞内不存在内源的 GUS 活性，许多细菌及真菌也缺乏内源 GUS 活性，因而 *GUS* 基因被广泛用作药用转基因植物的报告基因。

（二）转基因植物的鉴定

在获得大量的转化体后，需要研究与证实以下情况，包括外源基因整合的分子生物学鉴定、表型鉴定及外源基因的表达调控研究，通过遗传学分析确定外源基因是否可稳定遗传。目前在药用植物基因工程研究中，对外源基因转化验证的内容和技术已基本确定，即验证外源基因是否整合可采用 PCR 技术和 Southern 杂交技术，验证外源基因是否表达可采用 RT-PCR 技术、Northern 杂交技术和 Western 杂交技术。

第四节　CRISPR 基因编辑技术

CRISPR 是成簇规律间隔短回文重复序列（clustered regularly interspaced short palindromic repeat，CRISPR），该序列与一些蛋白质和核酸构成的 CRISPR 相关（CRISPR - associated，Cas）系统合称为 CRISPR/Cas 基因编辑系统，该系统被发现并改造后成为应用最广泛的基因编辑工具。该项技术已在主要农作物的抗病、抗逆和增产等方面广泛应用,在药用植物有效成分的合成和提高、抗病抗逆等研究中具有广阔的应用潜力。

近年来,越来越多的 CRISPR - Cas 家族被相继发现,如 CRISPR/Cas9、CRISPR/Cas12、CRISPR/Cas13 等,以及衍生出来的单碱基编辑器、转录激活等系统。其中 CRISPR/Cas9 系统主要由 Cas9 蛋白和单链向导 RNA(small guide RNA, sgRNA)所组成。Cas9 蛋白起切割 DNA 双链的作用,sgRNA 起向导的作用。在 sgRNA 的向导下通过碱基互补配对原则,Cas9 蛋白可对不同的靶部位进行切割,实现 DNA 的双链断裂。

一、CRISPR/Cas9 系统的工作原理和过程

CRISPR/Cas 系统是通过人工优化的具有引导作用的单链 RNA 引导核酸酶 Cas 蛋白在向导 RNA(guide RNA, gRNA)配对的靶位点处剪切双链 DNA,引起 DNA 双链断裂,进而利用生物体内的非同源末端连接修复机制或同源重组修复机制修复 DNA,实现目标基因的突变。

该系统由一列编码 Cas 蛋白的基因座和 CRISPR 特异序列两部分组成,其中 CRISPR 基因座由前导(leader)序列、短回文重复(repeat)序列和间隔(spacer)序列构成,前导序列一般位于 CRISPR 基因座的上游,可作为启动子启动下游 repeat 序列和 spacer 序列的转录,转录产物为 CRISPR RNA。repeat 序列为 21~48 bp 的高度保守的 DNA 序列,可形成发夹结构。spacer 序列由细菌或古细菌捕获的外源病毒或质粒 DNA 的序列组成,可作为抵御外源 DNA 或 RNA 的抗原,当含有同源序列的质粒或病毒再次入侵时,可引发细菌或古细菌的获得性免疫反应,从而将外源 DNA 或 RNA 清除。

Cas 基因主要表达 Cas9 蛋白,具有核酸内切酶活性的 Cas9 蛋白包含两个结构域:RuvC 活性中心和 HNH 活性中心,通过人工设计 sgRNA 并与 Cas9 蛋白结合,形成核糖核蛋白复合体,对间隔序列邻近基序(protospacer adjacent motif, PAM)进行识别及 CRISPR RNA 与靶标 DNA 的碱基互补配对,同时引导 Cas9 蛋白到达靶标位置。磷酸酯锁环可稳定解链后的靶 DNA 链,使靶 DNA 序列的第一个碱基朝 sgRNA 翻转并向上旋转以进行碱基配对,而 Cas9 与非靶标链上的翻转碱基相互作用则有助于双链解旋。接着,碱基配对伴随着 Cas9 构象改变,促进目标序列前面的 gRNA 从限制中释放,也形成配对,这个过程促使 Cas9 构象持续变化,直到到达有活性的状态。最终,gRNA 与目标 DNA 完全退火可使 HNH 达到稳定、有活性的构象,以切割靶链。双链断裂后便可启动生物体自身的修复路径,Cas9 仍与切割的靶 DNA 紧密结合,直到其他细胞因子取代,以进行重复使用(图 6 - 17)。

具体操作过程,第一步是核定位 Cas9 蛋白的表达;第二步是根据基因组设计 20 nt(核酸)能与靶基因互补的 sgRNA;第三步是复合物识别位于目标位点的 3′端附近的 PAM 序列。在 sgRNA 的指导下,sgRNA 和 Cas9 在全基因组中与靶标形成复合体,在 PAM 位点上游约 3 个碱基处双链断裂并产生平末端,进而激活细胞的 DNA 损伤修复机制,细胞中的 DNA 损伤

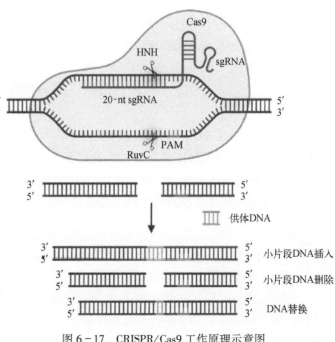

图 6 - 17 CRISPR/Cas9 工作原理示意图

修复一般以非同源末端修复为主导,在 DNA 片段的缺失、插入及修复过程中产生修复错误,从而产生靶标基因的移码突变或点突变(图 6-17)。

二、CRISPR/Cas9 基因编辑技术操作流程

药用植物基因编辑的详细流程,包括 gRNA 的设计及靶标位点的选择、载体构建、编辑效率检测等多个环节。首先获取靶基因序列,已有全基因组数据的物种在数据库中检索基因全长和编码序列,确定外显子区域序列。鉴于目前大多数的药用植物缺乏全基因组数据,可以利用 cDNA 末端快速克隆技术、染色体步移等方法逐步获得目标基因的基因组序列,参考近源植物基因组确定外显子区域。通过在线软件工具设计靶基因的 sgRNA 位点并评价脱靶风险。在有 PAM 位点的前提下,靶标位点一般考虑在基因编码区设计两个甚至更多的靶标位点。将合成的 sgRNA 表达框和 Cas9 克隆到植物表达载体中。药用植物中常用根癌农杆菌介导的遗传转化,利用根癌农杆菌细胞悬液侵染植物外植体,从而将携带有 Cas9/gRNA 的 T-DNA 传递到植物细胞中,整合至植物基因组 DNA 后完成对基因组的编辑。

在完成基因编辑后,突变体的筛选、鉴定与分析是药用植物分子育种过程的重要步骤之一。通过上述步骤获得 T_0 代突变体后,提取基因组 DNA 进行阳性鉴定。可以利用非测序手段进行鉴定和分析的方法,主要包括 PCR/限制性酶切法等,然后进一步通过 DNA 测序确定突变类型。在获得了目标 T_0 代突变体后,进一步鉴定与分析 T_1 代株系,经过继续繁殖,获得 T_2 代株系,再次鉴定,观测 CRISPR/Cas9 系统工作的稳定性,若稳定可针对 T_2 代株系进行其他研究,具体方法可参考前文转基因植物的筛选与鉴定。

三、CRISPR/Cas9 基因编辑技术在药用植物中的应用

近年来基因编辑在药用植物中非常常见,药用植物中目前主要应用于增加有效成分含量、改善代谢物、增强植物抗逆性等方面。研究人员利用 CRISPR/Cas9 系统对丹参中水溶性酚酸生物合成途径中的迷迭香酸合成酶基因进行编辑,其获得的转基因丹参毛状根中迷迭香酸合成酶基因表达量降低,进一步导致迷迭香酸、紫草酸 B 含量显著降低,迷迭香酸前体物 3,4-二羟基苯乳酸含量显著升高。Liu 等(2020 年)通过双 sgRNA 的 CRISPR/Cas9 系统构建载体,利用 PEG 介导转化灵芝原生质体,实现灵芝基因组中 ura3 和 *GL17624* 基因的片段缺失。这些结果表明 CRISPR/Cas9 系统作为一种具有巨大应用潜力的工具在药用植物基因组编辑中的可行性,在提高药用植物的产量和质量方面具有重要意义。

第五节　研究热点与展望

研究热点:通过构建重组子和 CIRSPR 技术,对药用植物进行遗传优化,以定向改造药用植物特性,是目前药用植物基因工程的热点之一。研究展望:利用药用植物基因工程,增加药用植物有效成分含量,丰富药用植物种质资源;提高药用植物的抗病毒和抗虫害等性能;搜寻、分离、鉴定药用植物的遗传信息资源,挖掘药用植物基因的生物学功能。

研究案例 1　CRISPR/Cas9 介导的原人参二醇 6-羟化酶基因敲除对人参皂苷成分的修饰

(一)研究背景

人参皂苷是人参根部主要药理活性化合物,人参皂苷分为原人参二醇(protopanaxadiol, PPD)型皂苷和原人参三醇(protopanaxatriol, PPT)型皂苷,PPD 被原人参二醇 6-羟化酶催化产

生 PPT。人参皂苷具有抗癌活性,该活性与人参皂苷苷元中羟基的数量和位置等有关。PPD 组人参皂苷表现出比 PPT 组人参皂苷更强的抗癌活性。两个 CYP 基因(*CYP716A47* 和 *CYP716A53v2*)在人参碱性苷元(PPD 和 PPT)的产生中起着关键作用。目前,尚未发表使用 CRISPR/Cas9 方法在人参中诱导获得突变体的报告。

(二)研究思路

研究案例引自 Choi 等(2022),该案例的研究思路如图 6-18 所示。

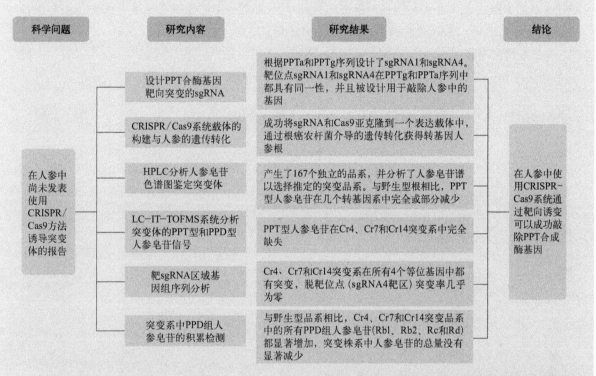

图 6-18　CRISPR/Cas9 介导的原人参二醇 6-羟化酶基因敲除对人参皂苷成分的修饰研究思路

(三)研究结果

该研究设计了用于 PPT 合酶基因(原人参二醇 6-羟化酶)靶向突变的两种 sgRNA (sgRNA1 和 sgRNA4),构建了 CRISPR/Cas9 系统的两个载体。通过农杆菌介导的人参遗传转化,获得转基因根系。鉴定发现,共获得 167 个独立的突变体品系。与野生型根相比,PPT 型人参皂苷在几个转基因系中完全或部分减少;PPT 型人参皂苷在 Cr4、Cr7 和 Cr14 突变系中完全缺失,4 个等位基因中都存在突变。突变系中 PPT 组人参皂苷的减少或缺失导致 PPD 组人参皂苷的积累增加。

(四)研究结论

在人参中使用 CRISPR/Cas9 系统通过靶向诱变成功敲除 PPT 合酶基因。

(五)亮点点评

该研究首次报道了利用 CRISPR/Cas9 系统在人参属植物中构建突变株系,仅产生 PPD 组人参皂苷的突变人参的根,可能表现出改变的生物学特性和增强的抗癌活性,该研究可能对创新育种具有很高的价值。

研究案例 2　沉香中二芳基戊烷酮合成酶的鉴定揭示了 2 -(2 -苯乙基)色酮类生物合成途径

（一）研究背景

白木香是我国沉香药材的唯一植物来源,自然条件下白木香沉香结香缓慢,得率低。阐明沉香的形成机制,干预调控其结香过程,是突破当前人工结香技术局限、彻底解决沉香资源问题的核心。防御性次生代谢产物倍半萜类化合物和 2 -(2 -苯乙基)色酮类[2 -(2 - phenylethyl) chromones, PECs]是沉香生物活性和芳香气味的主要成分。目前已有报道参与沉香倍半萜类生物合成途径的酶,但 PECs 是如何生物合成的,尚不清楚。

（二）研究思路

研究案例引自 Wang 等(2022),该案例的研究思路如图 6 -19 所示。

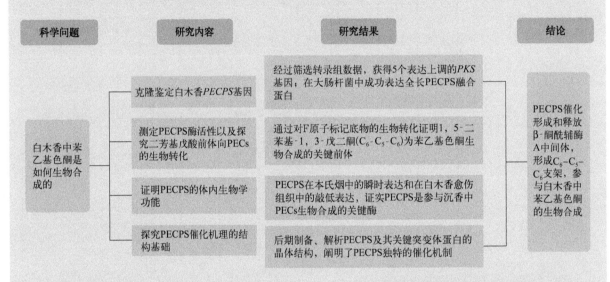

图 6 -19　沉香中二芳基戊烷酮合成酶的鉴定揭示了 2 -(2 -苯乙基)色酮类生物合成途径的研究思路

（三）研究结果

该研究构建了苯乙基色酮的生物转化体系,证明了 1,5 -二苯基-1,3 -戊二酮($C_6 - C_5 - C_6$)为苯乙基色酮生物合成的关键前体;克隆并鉴定了合成该前体的关键酶聚酮合酶(PECPS),阐明了 PECPS 的催化机制。

（四）研究结论

PECPS 催化形成和释放 β-酮酰辅酶 A 中间体,形成 $C_6 - C_5 - C_6$ 支架,参与白木香中苯乙基色酮的生物合成。

（五）亮点点评

该研究为利用合成生物学手段组合合成沉香苯乙基色酮类成分和精准调控白木香结香奠定了基础,有助于进一步探索沉香的形成机制,解决沉香资源问题,改善和保护植物生态环境。

思　考　题

1. 甲羟戊酸(MVA)途径是萜类前体的生物合成途径之一,如何在药用植物穿心莲中克隆 MVA 途

径中的关键酶基因 *ApHMGR*，并在大肠杆菌中体外异源诱导表达？

2. 如何利用 CRISPR/Cas9 基因编辑技术定点突变酚酸生物合成途径的迷迭香酸合酶基因 *SmRAS*，获得基因突变的丹参突变体？如何进行鉴定？

第七章
药用植物次生代谢调控

药用植物来源的中药活性成分大多数为次生代谢产物,其在药用植物体内的积累是物种遗传特性(内因)与外部环境(外因)相互作用的结果。药用活性成分生物合成的催化酶基因和转录因子在 DNA 水平、转录水平、蛋白质翻译和翻译后水平,以及表观遗传修饰等层面都能调控次生代谢产物的生物合成。因此,阐释药用植物中活性成分的生物合成机制,并运用现代生物技术手段,对某些特定药效成分的合成与积累进行定向调控,可为中药资源的高效开发提供新思路、新路径。本章介绍了药用植物代谢调控的类型、方法与应用研究案例。

第一节　DNA 水平的调控

在药用植物个体发育过程中,用来合成 mRNA 的 DNA 模板也会发生规律性的变化,从而控制基因表达和生物发育。药用植物可以通过基因丢失、基因扩增和基因重排等方式消除或变换某些基因,从而改变它们的活性。显然,这些调控方式与转录和翻译水平上的调控不同,因为它能从根本上改变基因组。

一、基因丢失

在个体发育过程中,细胞通过丢失某些基因序列去除这些基因的功能,达到基因调控的目的。例如,通过现代基因组测序、拼接与比较基因组学分析,研究了两个茄科植物颠茄(*Atropa belladonna*)和曼陀罗(*Datura stramonium*)的基因组,以及其他几个不产药用托品烷生物碱(tropane alkaloids, TAs)的茄科植物中托品烷代谢合成酶基因的进化特征后发现,在茄科植物物种分化关键的节点上,颠茄和曼陀罗保留了药用托品烷生物碱合成的几个关键合成酶基因,使得此两个物种都能生物合成药用托品烷生物碱,而其他几个茄科植物因这几个关键合成酶基因的丢失,而丧失了合成药用托品烷生物碱的能力。

二、基因扩增

基因扩增是指基因组中特定序列在某些情况下会复制产生许多拷贝的现象。基因扩增和基因丢失都是基因调控的一种机制,即通过改变基因数量调节基因表达产物。基因扩增增加了转录模板的数量,使细胞在短期内产生大量的基因产物以满足生长发育的需要。研究发现,中药材三分三(*Anisodus acutangulus*)在与其他茄科植物分化后,经历了一次物种特异的全基因组复制事件,导致涉及托品烷生物碱生物合成的 *ADC1* 和 *UGT* 酶基因的复制,这可能是三分三高产 TAs 的关键因素。

三、基因重排

基因重排(又称 DNA 重排)是通过基因的转座、DNA 的断裂错接,从而使正常基因顺序发生改变的现象。基因重排广泛存在于药用植物基因中。基因重排可能导致基因结构的变化,产生新的基因,也可以改变基因的表达模式。基因重排是基因表达活性调节的一种方式,可导致细胞基因组不稳定地发生。譬如,通过对三种红景天细胞器基因组进行对比分析发现,叶绿体和线粒体基因组有基因重排事件的发生,从而产生了新的基因,也导致了只在叶绿体中发挥功能的基因在线粒体基因组中也被发现具有相应的功能。

第二节　转录水平和转录后水平调控

一、转录水平的调控

跟原核生物相比,药用植物基因组结构相对复杂,其基因的表达调控也具有多层次性的特点,其中转录水平的调控是重要的基因表达调控形式。转录因子可通过直接或间接方式调控下游靶基因的转录表达。由于转录因子可以同时调控多个结构基因,因此具有级联放大效应及"牵一发而动全身"的特征,这使其成为代谢工程基因操纵的首选靶标,对药用植物品种改良具有十分重要的应用价值。

（一）基因表达调控的顺式作用元件

顺式作用元件是对基因表达有调节活性的 DNA 序列,其中起正调控作用的顺式元件有启动子和增强子。启动子是位于转录起点附近,为转录起始所必需的 DNA 序列,是基因准确和有效进行转录所必需的结构;增强子能显著增加相关基因的转录频率。近年来又发现起负调控作用的沉默子和另外一种特殊的调控元件——绝缘子。沉默子又称为静止子,是药用植物中的一种负调控顺式作用元件,其序列长短不一,短者仅数十碱基对,长者碱基对数目超过 1 kb,它们之间没有明显的同源性,沉默子与相应的反式作用因子结合后可以使正调控系统失效,沉默子的作用机制可能与增强子类似,不受距离和方向的限制,只是效应与增强子相反;绝缘子是一段 DNA 序列,长约几百个碱基对,通常是位于启动子同正调控元件(增强子)或负调控因子(为异染色质)之间的一种调控序列。

（二）基因表达调控的反式作用因子

通过直接或间接识别并结合在各类顺式作用元件核心序列上,调控靶基因转录效率的蛋白质或蛋白质复合体,称为反式作用因子或转录调控因子。当启动子和增强子发挥启动基因表达功能时,可通过蛋白质与蛋白质间相互作用形成蛋白质复合体或单个蛋白质形式与基因启动子 DNA 特异性结合,以此调节基因的转录。

1. AP2/ERF 类转录因子　AP2/ERF(APETALA2/ethylene responsive factor)是植物中的一大类转录因子,其参与水杨酸、茉莉酸(jasmonic acid, JA)、乙烯、脱落酸(abscisic acid, ABA)等激素信号的传导,与生物或非生物胁迫反应、植物生长、花发育、种子发育、损伤响应、病菌防御、耐高盐等多种生物学功能密切相关。AP2/ERF 类转录因子参与药用植物次生代谢产物的生物合成。长春花中包括 CrORCA3、CrERF5 等 AP2/ERF 类转录因子均参与调控长春花吲哚生物碱的合成。例如,CrORCA3 通过结合长春花吲哚生物碱合成途径中色氨酸脱羧酶(TDC)、异胡豆苷合酶(STR)、细胞色素 P450 还原酶(CPR)等基因的启动子,正向调控这些基因的转录水平,促进吲哚生物碱的合成。AP2/ERF 类转录因子参与萜类合成的调控。黄花蒿(Artemisia annua L.)中的 AP2/ERF 类转录因子 AaERF1/AaERF2 响应激素 JA 诱导,AaERF1/AaERF2 能直接结合青蒿素合成途径基因 ADS 和 CYP71AV1 启动子中的 CBF2 和 RAA 作用元件,从而调控青蒿素的合成。AP2/ERF 类转录因子还参与调控苯丙烷类化合物的合成。过表达菘蓝中的 AP2/ERF 类转录因子 IiAP2/ERF049,导致木脂素类化合物合成途径基因表达水平提高,木脂素积累增加;而抑制 IiAP2/ERF049 的表达则导致基因表达水平下调,木脂素合成减少,表明其对木脂素合成具有正向调控作用。

2. bZIP 类转录因子　bZIP（basic leucine zipper, bZIP）转录因子,即碱性亮氨酸拉链转录因子,由碱性（basic）区和亮氨酸拉链（leucine zipper）区两部分构成。bZIP 转录因子是真核生物转录因子中分布最广泛、最保守的一类蛋白。植物 bZIP 类转录因子在信号传导、生物胁迫及非生物胁迫响应、生长发育及调控次生代谢方面均有重要作用。bZIP 类转录因子可以调控倍半萜青蒿素的合成。例如,黄花蒿中 bZIP 类转录因子 *AaTGA6* 直接结合 *AaERF1* 启动子激活其表达。过表达 *AaTGA6* 促进青蒿素积累,而抑制 *AaTGA6* 表达则使青蒿素含量降低,表明 *AaTGA6* 可正向调控青蒿素的生物合成。黄花蒿中的 *AabZIP1* 可直接结合青蒿素合成途径基因 *AaADS* 和 *AaCYP71AV1* 基因的启动子顺式作用元件"ACGTG"。当 AabZIP1 结合"ACGTG"后,*AaADS* 和 *AaCYP71AV1* 基因转录活性增强,基因表达量上升,从而促进青蒿素的生物合成。

3. bHLH 类转录因子　bHLH 类转录因子,即碱性螺旋-环-螺旋（basic helix-loop-helix, bHLH）蛋白,是广泛存在于植物、动物和真菌中的转录因子超家族之一。bHLH 超家族成员含有 2 个高度保守且功能不同的结构域:碱性区域（basic region）和螺旋-环-螺旋（helix-loop-helix, HLH）区域。bHLH 类转录因子功能众多,能响应激素 JA 和 ABA 的应答,调控光信号传导、花的发育等。bHLH 类转录因子也能调控次生代谢产物的合成。黄花蒿 bHLH 转录因子也能调控青蒿素的合成。如黄花蒿中 *AaMYC2* 能结合青蒿素合成途径基因 *CYP71AV1* 和 *DBR2* 启动子中的 G-box。在黄花蒿中过表达 *AaMYC2* 基因,青蒿素含量明显增加。丹参（*Salvia miltiorrhiza*）中有两个 bHLH 转录因子:SmMYC2a 和 SmMYC2b,两者都能调控丹参酮和丹酚酸的生物合成。也有报道 SmbHLH37 负调控茉莉酸信号通路并拮抗 SmMYC2,从而调控丹酚酸生物合成。

4. MYB 类转录因子　MYB（myeloblastosis）类转录因子的共同特征是具有保守的 MYB-DNA 结合域,该结构域由 1~4 个不完整的重复片段（R）组成,每个重复序列编码 3 个 α 螺旋,包含 50~53 个氨基酸残基。根据结合结构域所包含的 R 结构的数目,MYB 家族分为 4 个亚类:1R-MYB、R2R3-MYB、3R-MYB 和 4R-MYB 四个家族。MYB 类转录因子参与调控腺毛发育、花青素合成、萜类物质合成。例如,黄花蒿 MYB 类转录因子 *AaTAR2* 过表达后,青蒿素和黄酮生源合成途径基因的表达量显著提高,青蒿素和总黄酮的含量也有所提升,表明该转录因子可以调控青蒿素和黄酮的生成。丹参 *SmMYB2* 直接结合丹酚酸合成途径基因 *SmCYP98A14* 启动子上的 MYB 基序,促进靶基因的表达。因此,过表达 *SmMYB2* 基因可显著提高丹酚酸含量。

5. WRKY 类转录因子　WRKY 基因家族是一类含有 WRKY 保守结构域的转录因子,因含有由 WRKYGQK 7 个氨基酸组成的保守序列而得名。WRKY 家族成员的保守结构域由 60~70 个氨基酸组成,除包含上述 7 个氨基酸组成的保守序列外,还包含一个锌指结构（C2H2 或 C2HC）。WRKY 蛋白能与 TTGAC 序列（又称 W-box）专一结合调节基因转录。WRKY 类转录因子参与药用植物众多生理生化过程,在药用植物生长发育、代谢以及胁迫应答等过程中发挥重要作用。例如,长春花 CrWRKY1 能结合色氨酸脱羧酶（TDC）启动子中的 W-box 激活 *TDC* 基因表达。在长春花毛状根中过表达 CrWRKY1 时,吲哚生物碱途径基因抑制因子 *ZCT1*、*ZCT2* 和 *ZCT3* 的表达量升高,而吲哚生物碱途径基因促进因子 *ORCA2*、*ORCA3* 和 *CrMYC2* 的表达量下降,表明 CrWRKY1 负调控吲哚生物碱的生物合成。黄花蒿 WRKY 类转录因子 AaGSW1 能直接结合青蒿素合成途径基因 *CYP71AV1* 和 *AaORA* 的启动子,调控并促进青蒿素的合成。WRKY 类转录因子也参与苯丙烷类化合物合成,菘蓝中的 *IiWRKY34* 基因能激活木脂素合成基因 *4CL3* 的表达,正调控木脂素的生物合成。

（三）非编码 RNA 调控

非编码 RNA（non-coding RNA, ncRNA）的基因调控是指由短链双链 RNA 诱导的识别和清除细胞中非正常 RNA 的一种机制,通常称为基因沉默技术（又称 RNA 沉默,RNA silencing）。短链非编码 RNA

主要包括干扰小 RNA(small interfering RNA, siRNA)、微小 RNA(microRNA, miRNA)。目前,已在毛地黄(*Digitalis purpurea*)、人参(*Panax ginseng*)、丹参(*S. miltiorrhiza*)等近三十种药用植物中对非编码 RNA 进行了鉴定和较为系统的分析,为后续研究 ncRNA 在中草药中的生物学功能奠定了良好的研究基础。

1. siRNA

(1) siRNA 的结构　未成熟的 siRNA 通常为一个长为 21 nt 的双链小 RNA 分子,其中 19 nt 形成配对双链,3′端各有两个不配对碱基,而 5′端为磷酸基团。其中一条链为引导链,介导 mRNA 的降解。另一条链为过客链(passenger strand),在 siRNA 形成有功能的复合物前被降解。通常 siRNA 的第 2~8 个核苷酸被认为是核心种子序列,用来与靶 mRNA 特异性配对。siRNA 的切割往往发生在第 9、10 个核苷酸上。

(2) siRNA 的生物学功能　主要表现在以下几个方面:在转录水平、转录后水平参与基因的表达调控;维持基因组的稳定;保护基因组免受外源核酸的侵入。

(3) siRNA 的生物合成　由环境和实验因素引入的外源 RNA、基因组重复片段、转座子等序列都可能产生 siRNA。

(4) siRNA 的产生过程　主要包括 3 个核心步骤(图 7-1):① 经 Dicer 切割形成双链小片段。Dicer 是一类 RNAase Ⅲ蛋白,主要包括 1 对 RNAase Ⅲ结构域、双链 RNA 结构域、解旋酶结构域和 PAZ 结构域,其中 PAZ 结构域和 RNAase Ⅲ结构域的长度与 20 多个核苷酸的长度相当,因此 Dicer 本身可作为一把尺子来准确切割出 21~23 nt 的 siRNA。② 组装复合物。siRNA 的装载需双链 RNA 结合蛋白 R2D2 的帮助;siRNA 引导链的 5′端热稳定性较差,因此 R2D2 常结合在引导链的 3′端一侧;Dicer 和 R2D2 形成异源二聚体,

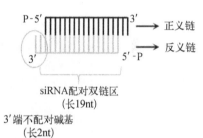

图 7-1　siRNA 结构示意图

Dicer/R2D2/siRNA 三者结合形成组装复合物;R2D2 招募 Argonaute 蛋白,开始组装 RNA 引导的沉默复合物(RNA induced silencing complex, RISC)。③ 形成有活性的 RISC。Argonaute 首先与 Dicer 交换,结合到 siRNA 双链的一端;然后与 R2D2 交换,将整个双链小 RNA 都装载到 Argonaute 中;最后 Argonaute 可将过客链降解,形成有活性的 RISC。siRNA 介导基因沉默的机制:由 siRNA 介导的组蛋白甲基化、DNA 甲基化将导致染色体响应区域异染色质化或者基因沉默,这种机制可阻抑冗余基因和有害基因的表达,对保持基因组稳定十分重要。

(5) siRNA 介导的基因沉默　一般存在两种模型:① RNA-RNA 模型:对于翻译蛋白完好的 mRNA,如果体内有与它相配对的 siRNA,该 siRNA 便作为扩增的引物以 mRNA 为模板合成双链 RNA,产生新的 RISC;新扩增产生的各种次级 siRNA 可以与靶 mRNA 的不同区域配对,更大范围地降解靶 mRNA。② RNA-DNA 模型:双链 RNA 可由 RNA 依赖的 RNA 聚合酶扩增单链 RNA 模板得到,也可由转录反向重复 DNA 模板得到。双链 RNA 经过类 Dicer 蛋白 3(Dicer-like 3, DCL3)切割产生 siRNA。这样的 siRNA 可以与相对应的 DNA 模板配对,并且将一些 DNA 甲基转移酶,如 MET1、DRM2 等招募到特异 DNA 序列附近,将染色体序列中"CG""CHG""CHH"单位中的 C 甲基化(H 为 A、T 或 C)。

2. miRNA　miRNA 是一类长度约 21 nt 的内源性的非编码小 RNA,在真核细胞中广泛存在,大部分来源于基因间隔区或者基因的内含子区,具有自己独立的转录单元。一个成熟的 miRNA 通常有多个靶基因,植物 miRNA 与靶基因序列几乎完全互补配对,可在转录后剪切或者抑制其翻译来负调控靶基因的表达水平。植物 miRNA 的研究相对较晚,直到 2002 年,人们才在拟南芥中分离出首批植物 miRNA 并鉴定了第一个植物 miRNA——miR171。随后,植物 miRNA 的发展十分迅速,截至目前,miRBase22 数

据库中收录了 48 860 条 miRNA 成熟序列,其中仅拟南芥就收录了 428 条 miRNA 成熟序列。

(1)植物 miRNA 的产生   植物 miRNA 的生物合成主要是在细胞核和细胞质中进行。miRNA 产生过程比较复杂,主要分为 3 个步骤:miRNA 前体的转录、miRNA 前体的转录后加工、miRNA 的输出(图 7-2)。

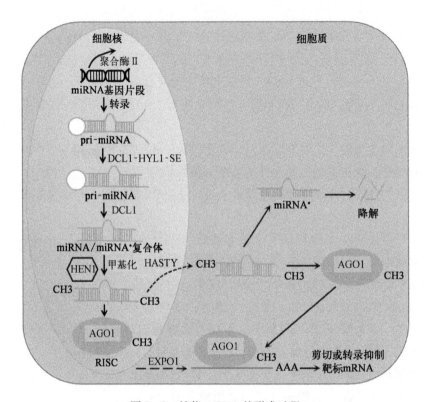

图 7-2   植物 miRNA 的形成过程

miRNA 前体的转录:编码 miRNA 的基因在细胞核中,miRNA 的生物合成始于 RNA 聚合酶Ⅱ(RNAP Ⅱ)将 miRNA 基因(MIR)转录成前-前体 miRNA(pri-miRNA),pri-miRNA 是一种具有 5′端 m7GpppN 帽子结构和 3′端多聚腺苷酸尾并折叠形成长达 300~1 000 bp 的茎环结构片段。

miRNA 前体的转录后加工:pri-miRNA 在细胞核中被核糖核酸酶Ⅲ(RNase Ⅲ)家族的类 Dicer 酶(Dicer-like, DCL),通常为 DCL1 切割成长度为 70~90 bp 的前体 miRNA(pre-miRNA)。Pre-miRNA 很不稳定,在核内直接在 DCL1 或 DCL4 的作用下形成长度约为 21 nt 的 miRNA/miRNA*(miRNA*是 miRNA 的互补序列)双联体。随后,在 miRNA 甲基转移酶 1(HEN1)的作用下,将该双联体的 3′端最后一个核苷酸甲基化,使双联体稳定。如果该甲基丢失,常常会导致 miRNA 的降解。

miRNA 的输出:被甲基化后的 miRNA/miRNA*双联体随后在 Exportin 5 的同源 Hasty(HST)蛋白和其他因子的共同作用下被转运到细胞质中。细胞质中,双联体 miRNA/miRNA*被运载到 Argonaute(AGO)蛋白(通常为 AGO1),并在解旋酶的作用下加工成成熟的 miRNA 单链,然后成熟的 miRNA 进入 RISC 中,通过与靶位点碱基互补指导 mRNA 的剪切或抑制其翻译。通常情况下双联体中的 miRNA*链会被降解,但也有一些 miRNA*可以被富集并装载到 AGO 蛋白中,以抑制特定植物组织或胁迫条件下的基因表达。

(2)植物 miRNA 的作用机制   在植物中,miRNA-RISC 对靶基因 mRNA 的作用方式分为以下 2 种:第一种,miRNA 与靶 mRNA 完全互补结合,直接导致 mRNA 发生降解,这是植物细胞中 miRNA 的主要作用机制,类似植物中 siRNA 的功能和作用方式。当 miRNA 与 mRNA 互补配对后,RISC 中的 AGO

蛋白发挥核酸内切酶的活性,在 miRNA 第 10/11 位碱基对应的 mRNA 的位置切开碱基间的磷酸键,随后核酸外切酶从配对区的中间位置向 mRNA 的 5′方向切割,进而导致 mRNA 降解,这一过程中 miRNA 并未被切割,会继续识别并指导切割其他的靶 mRNA。第二种,miRNA 与靶 mRNA 的 3′非翻译区(3′UTR)的识别位点不完全互补配对,进而抑制靶基因蛋白的翻译而不影响 mRNA 的稳定性(不改变 mRNA 丰度),这种 miRNA 的作用方式在植物中较为少见。

研究发现,miRNA 调控药用植物次生代谢合成的方式主要有以下几种:① miRNA 可以通过靶向次级代谢产物合成的关键酶基因而调控代谢物的合成。在薄荷属植物中,miR156 和 miR414 分别通过靶向 DXS 和 TPS21 基因参与萜类化合物的生物合成。在丹参中,miR5072 通过靶向 AACT 参与调节丹参酮的生物合成。② miRNA 靶向转录因子间接调节次生代谢产物的生物合成。在银杏中,预测了 25 个 miRNA 可以靶向萜类内酯生物合成的转录因子 bHLH、WRKY 和 AP2。在丹参中,miR160a 靶向转录因子 ARF 参与丹参酮的生物合成。③ 其他间接调控次生代谢产物的方式。miRNA 还可以通过其他方式间接参与代谢产物的生物合成。例如,除了先前发现的枸杞中 miR156 可以靶向 DXS 参与类胡萝卜素的合成,近期在胡萝卜中还发现了另一条调节类胡萝卜素合成的途径:miR166e-3p 可以靶向 9-顺式-环氧类胡萝卜素双加氧酶(NCED),该酶通过将 9-顺式叶黄素裂解为黄嘌呤来影响类胡萝卜素的积累。茉莉酸(JA)位于萜类代谢途径的上游,作为一种重要的信号分子,可参与植物萜类的次生代谢。美洲商陆中的 miR535 和 novel_miR44 等已被证实可靶向直接切割 JA 生物合成途径 LOX 基因的转录本,通过调节 JA 含量来间接调控萜类化合物的积累。

(3)植物 miRNA 的生物学功能 miRNA 对靶基因有复杂的调控网络,每个 miRNA 可调控数个靶基因,而同一个靶基因也可以被多个 miRNA 调控。miRNA 具有与靶基因高度匹配、对转录因子或其他控制发育的基因具有较强的靶向性和物种多样性等特点。因此,miRNA 具有非常广泛的生物学功能:参与植物激素信号转导、免疫反应、雌雄花分化、生物或非生物胁迫和生长发育等。此外,miRNA 在调节药用植物萜类生物合成和其他次生代谢产物方面也起着重要作用。近年来借助于高通量测序与生物信息学分析等手段,药用植物 miRNA 被批量发现和注释,如人参、小蔓长春花、三七、丹参、杜仲、金银花、薄荷、罗勒、姜黄、黄芪、石斛、金丝桃和姜等。但是,目前关于药用植物 miRNA 功能的研究大部分仅停留在 miRNA 的发现和靶基因预测阶段,关于 miRNA 的生物学功能研究较少。miRNA 可以调控药用植物次生代谢产物的含量。例如,通过对罂粟(Papaver somniferum L.)进行 miRNA 测序,发现 pso-miR13、pso-miR2161 和 pso-miR408 能特异性靶向生物碱合成途径基因,表明其可影响生物碱的合成。在广藿香(Pogostemon cablin)中过表达来源于拟南芥的 miR156,其可通过作用于 SPL 类转录因子调控广藿香醇的含量。丹参 miR396b 通过抑制其靶基因 SmGRF1~7、SmHDT1 和 SmMYB37/4 的转录水平,不仅可以抑制丹参毛状根生长量积累,而且可以调控丹参酮和丹酚酸的生物合成,表明 miR396b 可能参与生长发育与次生代谢的协同调控。由此可见,miRNA 在调控中药活性成分合成中也起着重要作用。

(4)植物 miRNA 研究方法 miRNA 研究一般包括 miRNA 的发现与生物学功能解析两个方面。miRNA 的发现有遗传筛选、直接克隆、生物信息学预测和高通量测序等方法。计算机辅助的高通量测序技术是当前植物 miRNA 发现的最主要方法,被广泛应用于药用植物 miRNA 发现与挖掘。如何验证 miRNA 的靶基因及阐明其生物学功能是 miRNA 研究的难点与重点。miRNA 靶基因预测和验证是解析 miRNA 生物学功能的首要环节,靶基因预测有多种软件可以使用,如 psRNATarget、C-mii、Target-Finder 及 psROBOT 等;靶基因验证常用方法有基于 cDNA 末端快速扩增(rapid amplification of cDNA ends, RACE)技术的 5′RLM-RACE 和 3′PPM-RACE、基于高通量测序技术的降解组测序(degradome sequencing)、基于靶基因表达水平检测的烟草瞬间表达系统、荧光定量 PCR 及蛋白质免疫印迹(Western blot)等。另一方面,miRNA 的过表达、靶基因突变体表达或抑制表达等,可用于探索 miRNA 表达水平改变而引起的植物基因型与表型变化,进而研究 miRNA 调控活动过程及相关分子机制。

二、转录后水平调控

药用植物基因表达调控主要是发生在转录水平的调控,但转录后水平的调控对产生特殊结构的蛋白质的影响也很大。这是因为植物基因组含有内含子等结构,其转录产生的 mRNA 前体,需要通过 5′ 和 3′ 端修饰、剪接、编辑等一系列加工过程才能成为成熟 mRNA,然后被运送到细胞质的特定区域翻译,这些过程对基因表达水平都会产生影响。

(一) mRNA 前体的可变剪接

剪接在药用植物中是一种广泛存在的 RNA 加工机制。剪接有两种基本方式:一种方式是组成型剪接,通过 RNA 剪接将内含子从 mRNA 前体中除去,然后规范地将外显子连接成成熟的 mRNA。这种拼接基因改变是有限的,每个转录单位一般只产生一种蛋白质;另一种方式是可变剪接,即一个 mRNA 前体通过利用不同的 5′ 或 3′ 剪接位点产生不同的成熟 mRNA(图 7-3)。以丹参为例,运用 SMRT 和 Illumina 现代测序技术在药用植物领域分析丹参根的全长转录本,鉴定到丹参酮生物合成途径的相关基因的全长转录本 29 个,其中 6 个转录本存在可变剪接现象。推测参与萜类合成相关基因的可变剪接现象可能参与调控丹参酮的生物合成。

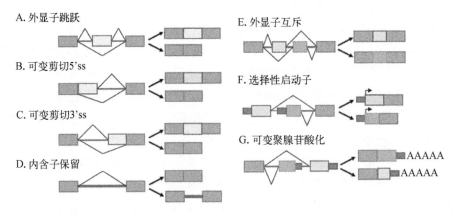

图 7-3　真核生物的 7 种可变剪接模式

RNA 剪接有正负调控之分。剪接本来不能在某一位点进行,但在细胞核内存在一种剪接激活蛋白,可结合在特定位点附近而使剪接在该位点上进行,这是一种正调控;同时还存在着负调控,相对于激活蛋白还存在着一种抑制蛋白,一旦该蛋白质结合在 RNA 剪接位点上就会使本来可以发生的剪接不能进行。不同类型的细胞根据自身对某一基因产物的需求,产生加工激活蛋白或抑制蛋白。

(二) mRNA 前体的反式剪接

mRNA 前体剪接一般发生在同一个 RNA 分子内部,切除内含子,相邻的外显子彼此连接,这种剪接方式称为顺式剪接,反式剪接是不同 RNA 分子之间的剪接。反式剪接主要有两种类型即基因内的反式剪接和基因间的反式剪接。基因内的反式剪接即发生在基因内部的反式剪接,能够形成具有重复外显子的成熟 mRNA。基因间的反式剪接发生在不同的基因之间,生成一个不同基因的嵌合体成熟 mRNA(图 7-4)。

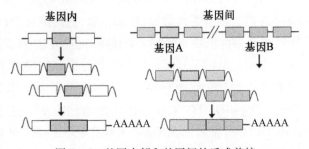

图 7-4　基因内部和基因间的反式剪接

（三）RNA 编辑对基因表达的影响

RNA 编辑是一种不同寻常的 RNA 加工形式，是通过改变、插入或删除转录后的 mRNA 特定部位的单个核苷酸而改变核苷酸序列。核苷酸的插入或删除的编辑方式可造成读码框的改变，造成翻译提前终止或产生不同的蛋白质。

（四）mRNA 从核内运输到细胞质的调控

细胞可以在不同情况下选择性地将 mRNA 运输至细胞质，不同类型的细胞可以根据各自的需要决定哪些 mRNA 能够运输出核进行翻译，从而表达不同的蛋白质，产生细胞差异。在合成的 mRNA 初始转录本中，大概只有一半的 mRNA 从细胞核运送到细胞质中，其余则在细胞核内被降解。mRNA 的出核过程直接影响药用植物细胞的生长、增殖、分化、发育等多种生命活动。

第三节　翻译水平和翻译后水平调控

一、翻译水平的调控

转录调控是药用植物基因表达调控的主要模式，通过改变基因的转录水平和 RNA 加工，从而控制特定蛋白质的翻译合成。但也有些调控发生在蛋白质翻译水平和翻译后蛋白质的修饰水平。与转录调控相比，翻译水平调控和翻译后水平调控的优点是能够对外界刺激迅速做出反应。

（一）mRNA 稳定性对翻译的调控

mRNA 作为翻译的模板，其在细胞中的浓度直接影响蛋白质的合成量。某个基因 mRNA 的浓度既与转录速率有关，又与 mRNA 的稳定性有关。显然，如果两个基因以相同的速率转录，那么稳定存在的 mRNA 翻译的蛋白质肯定比不稳定的 mRNA 翻译的蛋白质多。原核细胞的 mRNA 是边转录边翻译，甚至在它们 3′端还未完全合成之前，5′端已经开始降解。大部分药用植物细胞的 mRNA 有相对较长的寿命，迅速生长的细胞中 mRNA 的半衰期平均 3 h。高度分化的终端细胞中许多 mRNA 极其稳定，有的稳定期长达数天。

（二）翻译起始因子对翻译起始的调控

蛋白质的生物合成过程可分为肽链起始、延伸和终止 3 个阶段，其中以起始阶段最为重要，是翻译水平调控的主要阶段。药用植物翻译过程的各个阶段都有一些蛋白因子的参与，其中最重要且研究较多的是蛋白质合成的翻译起始因子（translation initiation factor，eIF），包括 eIF1、eIF2、eIF2A、eIF2B、eIF3、eIF4A、eIF4B、eIF4C、eIF4D、eIF4E、eIF4F、eIF5 和 eIF6 等，它们可通过磷酸化作用来调控翻译的起始。目前对起始因子磷酸化与翻译的关系了解较多的是 eIF2 和 eIF4F。

在翻译起始步骤中，eIF2 - GTP - Met - tRNA$_i^{Met}$ 三元复合体与真核生物 40S 小核糖体亚基结合形成 43S 起始前复合体（PIC）。43S PIC 通过 mRNA5′帽结合蛋白 eIF4E、支架蛋白 eIF4G 和 DEAD - box RNA 解旋酶 eIF4A 组成的 eIF4F 复合体连接到 mRNA 的 5′端。另外，eIF4G 结合 eIF4A 增强子 eIF4B 和多聚腺苷酸结合蛋白［poly（A）binding protein，PABP］，从而使 mRNA 形成环状组织结构（图 7 - 5）。包括 eIF4F 在内的 43S PIC 沿着 mRNA 的 5′非翻译区扫描到达 AUG 密码子位点并与其进行碱基配对，形成稳定的 48S 复合体。然后，eIF5B 驱使 60S 亚基加入复合体最终形成一个功能性的、可用于延伸的 80S 核糖体。在整个翻译起始过程中，各起始因子发挥不同的作用。eIF4E 负责结合 mRNA5′帽子结构；eIF4A 能够利用 ATP 水解的能量解开 mRNA 前 15 个碱基的二级结构，而 eIF4B 能够刺激 eIF4A 的解旋酶活性，因此 eIF4A 和 eIF4B 负责打开 mRNA 结构。eIF4G 负责在起始复合体上连接其他组分，而 PABP 则是 mRNA 环化所必需的，将 mRNA 的 5′和 3′端同时包含在复合体内。目前，关于药用植物翻译起始因子对翻译起始调控的研究较少。在拟南芥、番茄等模式植物中研究发现,翻译起始因子 eIF4E、eIF4E1 等与植物病毒抗性、抽薹、胚胎发育、根系生长等密切相关。

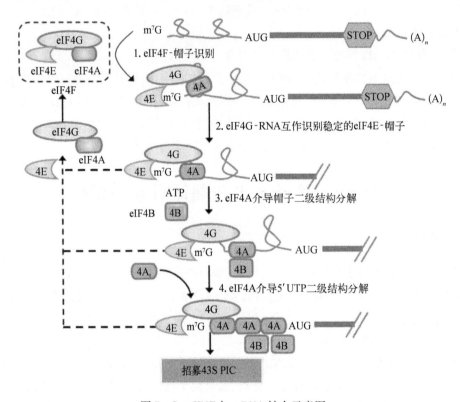

图 7-5　eIF4F 与 mRNA 结合示意图

(三) mRNA 非翻译区对翻译的调控作用

真核生物蛋白质的翻译传递了基因的遗传信息。mRNA 非翻译区(untranslated region,UTR)在转录后翻译过程中起着精细的调控作用。5'UTR 是 mRNA 的起始结构,在转录后翻译过程中具有重要的调控作用;而 3'UTR 位于 mRNA 的 C 端,调控 mRNA 稳定性、亚细胞定位,并能与调节蛋白质相互作用,以便更好地发挥其调控功能。影响 mRNA 非翻译区对翻译的调控作用的因素包括以下几个方面。

1. UTR 长度　真核生物 mRNA 均含有不同长度的 UTR 序列。5' UTR 与 3' UTR 呈现不同的变化趋势。在进化过程中,3' UTR 长度变化较之 5' UTR 长度变化更加明显。较长的 3' UTR 可能会包含多个聚腺苷酸化信号,产生一些含有不同 miRNA 结合位点的转录异构体,导致调控 3' UTR 翻译的复杂性大大增加。UTR 长度增加可以增强 UTR 的翻译调控能力,也可为 UTR 的多样性和选择性带来更多的变化。较长的 5' UTR 会增加转录过程中能量消耗,或是形成影响蛋白质翻译效率的有害 mRNA 二级结构,不利于进化。5' UTR 的长度会影响 mRNA 中靠近帽端结构处的稳定性。总之,UTR 长度变化对物种进化和 mRNA 翻译具有重要调控作用,然而其作用机制仍有待进一步研究阐明。

2. mRNA 二级结构　真核生物的 mRNA 具有丰富的二级结构。在 UTR 调控机制中,生物活性的调控依赖于 mRNA 的一级结构和二级结构。在许多 mRNA 中,UTR 互补序列会形成茎环结构(发夹结构)。研究表明,较长的 5'UTR 更倾向于形成二级结构,它通过抑制核糖体扫描进而抑制翻译起始。UTR 茎环结构中存在 mRNA 结合蛋白的结合位点。铁应答元件(iron responsive element,IRE)是由 26~30 个核苷酸组成的茎环结构,常出现于 5' UTR 或 3' UTR 中。在铁代谢中,IRE 可以通过控制某些基因的翻译从而对 mRNA 的翻译进行调控,也可以阻止 mRNA 对核糖体小亚基的富集,从而抑制转铁蛋白的翻译。而当铁离子水平较高时,铁离子调节蛋白与铁离子形成复合物,使铁离子调节蛋白失去结合

IRE 的能力,使得转铁蛋白得以表达翻译。因而,IRE 也可以通过调控铁的输出以及细胞内铁的分布和吸收来控制细胞内铁离子稳态。

3. 顺式作用元件与反式作用因子　5′ UTR 和 3′ UTR 中存在着顺式作用元件和反式作用因子结合序列。顺式作用元件能调控基因的表达,影响翻译水平和 mRNA 定位。当顺式作用元件突变时可导致基因表达的变化。而反式作用因子能直接或间接地识别并结合在各类顺式作用元件序列上,调控靶基因的转录效率。在 mRNA 中,存在着富含 A 和 U 的元件[adenosine and uracil(AU)-rich elements, ARE]的翻译调节序列。ARE 是一种顺式作用元件,存在于 mRNA 的 3′UTR 中,会加快 mRNA 的降解速度。RNA 结合蛋白中,顺式作用元件与反式作用因子在 UTR 中的相互作用可显著影响 mRNA 的翻译效率。

4. GC 含量　在很多生长相关 mRNA 的 UTR 中均含有 GC 富集区,而 GC 含量与 5′ UTR、3′ UTR 的长度有着密切联系。大量研究发现,GC 含量与 5′UTR 的基因组大小呈正相关。更高的 GC 含量会使起始密码子随机出现的概率降低,而上游起始密码子数量的减少使得 5′UTR 的长度随之延长。大量研究发现,GC 含量是调控 5′ UTR 长度变化的决定因素。5′ UTR 中 GC 含量的增加可以增强其基因调控能力,并且 GC 含量的增加将会为转化效率以及基因表达的效率提供一种选择性优势。同时,较高 GC 含量也为序列的突变提供了更大的可能性,故而大大增强了基因表达的复杂性。

5. 5′帽端结构与 3′端 poly(A)尾结构对 mRNA 翻译的影响　真核生物 mRNA 的 5′帽端结构是 mRNA 的 5′端修饰结构。而 poly(A)尾则位于 mRNA 的 3′端,在转录后加到 mRNA 中。该加尾过程受 3′端终止密码子加尾信号序列所控制。真核生物的启动翻译有两种机制:帽端依赖起始和内部核糖体入口起始。在 5′帽端结构中,帽端结构可以进行依赖性扫描识别,该帽端结构包含 1 个甲基鸟嘌呤,依赖许多真核启动因素而发挥作用。mRNA 的 5′帽端结构在协调真核翻译和 mRNA 退化中起着关键作用。有研究表明,poly(A)尾功能需要 5′帽端结构来刺激体内外的翻译效率,帽端结构与 poly(A)尾相互作用可提升翻译的效率。poly(A)尾中含有一种特殊核糖核酸酶,它能高效地降解 mRNA 的 poly(A)尾,同时也能与 mRNA 的 5′帽端结构相互作用,以增强 mRNA 结构的稳定性。而该核糖核酸酶也能为 5′帽端的蛋白质特异性提供必要条件。作为调控翻译的重要结构,poly(A)尾在功能上需要帽端结构的相互作用,只有当 mRNA 有帽端结构时,mRNA 尾端的 poly(A)尾才能够大幅度地刺激提高翻译效率。而 mRNA 的稳定性是通过添加 poly(A)尾来实现的,与 mRNA 是否含帽端结构无关。3′UTR 与帽端结构也可以通过相互协同来增加其翻译效率。研究发现,对于无帽结构的 mRNA,将 3′UTR 的长度从 19 个碱基对增加到 156 个碱基对时,该 mRNA 的翻译效率只增加了 7.3 倍;而对于有帽端结构 mRNA,该翻译效率则增加了 17 倍。因此,帽端结构与 3′UTR 相互作用可提高翻译效率。而当核糖体浓度或翻译因子受到限制时,poly(A)尾可以与 5′帽端结构相互作用,通过干预与 eIF4F 复合物相互作用的多聚腺苷酸结合蛋白来增强翻译起始。同时,mRNA 也可以在不活跃的细胞质中储存缩短的 poly(A)尾,但这类 poly(A)尾具有进一步被激活的潜能。

目前,关于药用植物 mRNA 非翻译区对翻译调控作用的研究尚未见报道。已有大量研究证实,UTR 在 mRNA 翻译起始与终止、定位、基因表达、mRNA 退化等方面具有调控功能。然而,许多有关 UTR 的作用机制仍不十分清楚。比如,5′-UTR 的长度是如何影响基因转录的调控的? 在不同生物进化过程中,mRNA 亚型对 mRNA 以及蛋白水平的影响如何? 且 mRNA 的 3′ UTR 调控药效物质合成的机制也知之甚少。随着 UTR 研究关注度的上升,这必将成为药用植物重要的研究领域。

二、翻译后水平调控

蛋白质翻译后修饰(post-translational modification, PTM)是指通过酶促反应将一些化学基团共价连接到底物蛋白质分子上的化学修饰。非组蛋白翻译后修饰对多种蛋白质正常行使功能起重要作用。非组蛋白翻译后修饰的种类很多,研究较多的包括甲基化、乙酰化、磷酸化和泛素化等,可发生在赖氨酸(lysine, K)、精氨酸(arginine, R)、丝氨酸(serine, S)、苏氨酸(threonine, T)和酪氨酸(tyrosine, Y)等氨基酸残基上。此外,PTM还包括赖氨酸琥珀酰化、丙二酰化和戊二酸单酰化等修饰。非组蛋白的PTM可通过改变蛋白质的电性、亲疏水性和空间结构等特性,使其能够被特定的结构域识别并结合,在相应的时间将含该结构域的下游蛋白招募到相应位点发挥相应功能,或通过位阻效应阻挡蛋白相互作用的发生;此外,PTM还可以改变蛋白质在细胞内定位,从而在宏观或微观、直接或间接层面上调节蛋白质-蛋白质相互作用。

（一）非组蛋白甲基化和乙酰化修饰

蛋白质甲基化修饰能改变修饰位点氨基酸残基的分子大小和疏水性。研究表明,甲基化修饰可极大地促进该区域形成稳定有序的三维结构,决定其与其他蛋白质发生特异性相互作用。非组蛋白的赖氨酸残基被甲基化修饰后,能被一些特定的蛋白结构域中2~4个芳香族氨基酸残基形成的芳香族笼子识别并结合。乙酰化修饰通常发生在蛋白结构域,如α螺旋和β折叠片,且发生乙酰化修饰的蛋白通常比较保守,如代谢相关酶、核糖体和分子伴侣等。和甲基化修饰一样,乙酰化修饰也能改变修饰位点氨基酸残基的分子大小和疏水性。除此之外,乙酰化修饰还能减弱该氨基酸残基的正电性,促进该区域形成稳定有序的三维结构,决定其与其他蛋白质发生特异性相互作用,抑制非特异性相互作用的发生。

（二）非组蛋白磷酸化修饰

真核生物细胞中约有1/3的蛋白质被磷酸化修饰,表明蛋白质磷酸化修饰的普遍性和重要性。蛋白质磷酸化由蛋白激酶(protein kinase)催化完成。蛋白激酶将供体ATP(少数情况下用GTP)上的γ位磷酸基团以酯键的形式连接到底物蛋白质的特定氨基酸侧链的羟基上。真核生物蛋白质被磷酸化的氨基酸主要包括丝氨酸、苏氨酸和酪氨酸。磷酸化蛋白上的磷酸基团可以由磷酸酶(phosphatase)除去。蛋白质磷酸化与去磷酸化是一个可逆过程,受蛋白激酶和磷酸酶的协同催化。细胞中蛋白磷酸化水平是动态变化的,细微变化即可导致细胞代谢及生理状态的变化。蛋白质经磷酸化修饰后,其稳定性、活性及亚细胞定位等发生变化。蛋白质的磷酸化与去磷酸化的可逆调控参与诸多生命活动过程。例如,部分蛋白质经磷酸化修饰后构象发生变化,导致酶活性改变;而有些蛋白质的磷酸化修饰影响与其他蛋白质的相互作用;此外,有的蛋白质需经磷酸化修饰后才能结合到特定的部位发挥功能。因此,蛋白质的可逆磷酸化修饰需要受到精细调控,以保障各种生物学过程有序进行。

模式植物拟南芥(*Arabidopsis thaliana*)的基因组编码大约1 100种蛋白激酶及约150种蛋白磷酸酶。根据磷酸化修饰的氨基酸残基不同,蛋白激酶主要分为两大类,即丝氨酸/苏氨酸蛋白激酶和酪氨酸蛋白激酶。此外,有些激酶同时具有丝氨酸/苏氨酸蛋白激酶活性和酪氨酸蛋白激酶活性。目前,在植物中研究较多的主要有4种激酶,即跨膜的受体样激酶(receptor like kinase, RLK)、胞质内受体样激酶(receptor like cytoplasmic kinase, RLCK)、丝裂原活化蛋白激酶(mitogen activated protein kinase, MAPK)以及钙依赖蛋白激酶(calcium dependent protein kinase, CPK)。根据结构、催化方式以及底物特异性的不同,蛋白磷酸酶分为3种类型,即丝氨酸/苏氨酸蛋白磷酸酶、酪氨酸蛋白磷酸酶及双特异性磷酸酶。在拟南芥中,约96%的蛋白质磷酸化作用发生在丝氨酸/苏氨酸残基上。催化丝氨酸/苏氨酸残基去磷酸化的磷酸酶包括2个家族,即丝氨酸/苏氨酸蛋白磷酸酶家族(serine/threonine protein phosphatase family, PPP)和金属离子依赖的蛋白磷酸酶(metal-dependent protein phosphatase, PPM)。PPP类蛋白磷酸酶的催化亚基结合不同的调节亚基组成的全酶具有不同的底物特异性。PPM家族蛋白磷酸酶主要由蛋白磷酸酶2C组成,其本身同时具有催化活性和调节功能,不需要单独的调节亚基进行调控。

研究证实,药用植物丹参中的SmMYB36蛋白能被RLCK2激酶磷酸化修饰,从而加快了SmMYB36蛋白的降解,进而调控丹参药效成分丹参酮的合成。此外,研究发现磷酸化蛋白ACA9、MKK2、CPK6和

CRT2 的差异表达与钙信号传导通路混乱密切相关,是地黄连作障碍产生的重要分子机制。因此,解析药用植物关键蛋白磷酸化水平的变化规律,可从分子水平揭示药用植物重要性状和代谢途径的调节机制。

(三)泛素化修饰

非组蛋白可发生单泛素化修饰,也可发生多聚泛素化修饰;泛素链可通过不同赖氨酸位点连接到底物,通过 K48 和 K63 连接是最常见的方式。蛋白质发生泛素化修饰后,能被含泛素相互作用基序(ubiquitin-interacting motif, UIM)的蛋白质识别和结合。泛素化主要通过泛素化酶(E3 ligases)和脱泛素化酶(deubiquitinase)调控。泛素化酶可以催化组蛋白的泛素化,而脱泛素化酶可以催化组蛋白的去泛素化。泛素化修饰除了调控蛋白质通过蛋白酶体途径降解外,还调控出核转运、线粒体转位、稳定性和转录活性。

第四节　表观遗传修饰调控

表观遗传是与遗传相对应的概念,是在细胞分裂过程中 DNA 序列不变的前提下,全基因组的基因表达调控所决定的表型遗传,涉及染色质重编程、整体的基因表达调控(如组蛋白修饰、染色体重塑等功能),以及基因型对表型的决定作用。目前已发现组蛋白修饰、染色体重塑等均可引起表观遗传现象。

一、DNA 甲基化

DNA 甲基化指生物体在 DNA 甲基转移酶的催化下,以 S-腺苷甲硫氨酸(SAM)为甲基供体,将甲基转移到特定碱基上的过程,是最早发现的修饰途径之一。DNA 甲基转移酶一般分为两种:一种是维持甲基化的酶,如 DNMT1;另一种是重新甲基化的酶,如 DNMT3a 和 DNMT3b,它们可使去甲基化的 CpG 位点重新甲基化。CpG 二核苷酸是由一个胞嘧啶(cytosine)和一个鸟嘌呤(guanine)通过磷酸二酯键连接而成的二核苷酸。DNA 甲基化能引起染色体结构、DNA 构象、DNA 稳定性及 DNA 与蛋白质相互作用方式的改变,从而控制基因表达。CpG 位点甲基化可影响转录因子与识别位点的结合,从而影响转录。在 DNA 甲基化不足时可使转座子激活。DNA 化学修饰为 DNA 序列编码基因的表达增加了更深层次的调控机制。这些化学修饰中,研究得最透彻的是 5-甲基胞嘧啶(5mC),该修饰被通常认为是基因表达的一种稳定的抑制性调控因子。人类基因组含有大约 1% 的甲基化胞嘧啶,因此其是最丰富、最广泛的 DNA 修饰。有几种对整个基因组中 5mC 进行测序的方法,包括全基因组亚硫酸氢盐测序、抗体依赖性 DNA 免疫沉淀(DIP)或 MeDIP 等高分辨率方法。

目前,将 5mC 视作一个完全稳定的 DNA 修饰这一想法尚不实际。整个基因组中的许多甲基化胞嘧啶,特别是基因体内的甲基化胞嘧啶,都会经历一个被称作 DNA 去甲基化的过程,这一过程最终会去除 5mC,将甲基化胞嘧啶转化为未修饰的胞嘧啶(C)。DNA 去甲基化能够通过以下两种方式中的任一种方式发生:① DNA 被动去甲基化:由于缺少甲基化维持酶,甲基化的胞嘧啶在基因组中被稀释掉。② DNA 主动去甲基化:5mC 被 10-11 易位(TET)酶氧化为 5mC 的氧化衍生物。DNA 主动去甲基化呈周期性,从 5mC 开始,以未修饰的 C 结束。5mC 首先被氧化为 5-羟基甲基胞嘧啶(5hmC),再进一步被氧化为 5-甲酰基胞嘧啶(5fC),后者最后再一次被氧化为 5-羧基胞嘧啶(5caC)。接下来,胸腺嘧啶DNA 糖基化酶(TDG)与碱基切除修复(BER)共同将 5fC 和 5caC 从 DNA 中去除,产生一个未修饰的 C(图 7-6)。5hmC、5fC 和 5caC 已是许多近期表观遗传学研究的焦点。关于这些表观遗传标记的发现越来越多,包括其可能具有稳定的表观遗传作用。人们已经开发了许多测序方法来区分整个基因组中的这些标记,包括利用 5hmC、5fC 和 5caC 抗体进行的 MeDIP 看到的差异,以及利用亚硫酸氢盐测序看到的差异,如 TET 辅助亚硫酸氢盐测序(TAB-seq)。

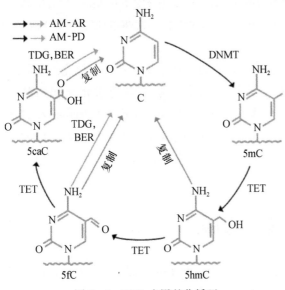

图 7-6　DNA 去甲基化循环

TDG 与 BER 或 5hmC、5fC 或 5caC 的复制依赖性稀释共同作用,引发 DNA 主动去甲基化。AM-PD:主动修饰-被动稀释。AM-AR:主动修饰-主动去除。DNMT:DNA 甲基转移酶

DNA 甲基化和去甲基化修饰对药用植物功能基因的表达均有调控作用。以忍冬(*Lonicera japonica* Thunb.)及其变种红白忍冬[*Lonicera japonica* var. chinensis(Wats.)Bak.]为例,尽管绿原酸代谢合成的关键酶基因的氨基酸序列完全一致,但这些基因的表达量以及绿原酸的代谢合成能力在两个种之间差异十分显著。通过 DNA 甲基化分析发现,红白忍冬苯丙氨酸裂解酶基因侧翼区域的启动子区域 DNA 甲基化程度要高于忍冬中该基因的甲基化程度,其中 CG 位点 DNA 甲基化程度具有显著性差异。用 5-氮杂胞苷(5-azacytidine)去甲基化溶液处理石斛组培苗后,其中的多糖、生物碱量及生物合成关键酶基因的表达量均显著上调。除丹参、忍冬外,目前在羊乳(*Codonopsis lanceolate* Benth. Et Hook. F)、石斛(*Dendrobium nobile* Lindl.)、菘蓝(*Isatis indigotica* Fortune)、人参(*Panax ginseng* C. A. Mey.)等药用植物中开展了 DNA 甲基化研究。由此可见,DNA 甲基化是引起活性成分合成关键酶基因差异表达,进而影响药效活性物质代谢的重要因素。

二、组蛋白修饰

组蛋白是指所有细胞核中与 DNA 结合存在的碱性蛋白的总称,一般植物染色体上共有 5 种组蛋白,分别为 H1、H2A、H2B、H3、H4,它们在同一个体不同组织中都一样,在不同的药用植物中也很相似,这些组蛋白都含有大量的赖氨酸和精氨酸。在药用植物细胞核中,组蛋白 H2A、H2B、H3、H4 各两份组成八聚体核心,约 146 个碱基的双螺旋 DNA 分子缠绕于八聚体 1.65 圈,形成一个核小体单位。由许多核小体构成了连续的染色质 DNA 细丝。在电镜下观察染色质,可以看到 10 nm 及 30 nm 两类不同的纤维构造。10 nm 纤维是由核小体串联成染色质细丝,主要在低离子强度及无 H1 情况下产生;当离子强度较高且有 H1 存在时,以 30 nm 纤维为主,它是由 10 nm 的染色质细丝盘绕成螺旋管状的粗丝,统称螺线管。30 nm 纤维结构再与其他一些蛋白质(非组蛋白)结合,并进一步盘绕、折叠形成高级结构,染色质的这种紧密结构会抑制基因的表达。球状分子从 N 端突出,赖氨酸、精氨酸侧链及该组蛋白 N 端的丝氨酸残基受到较大的翻译修饰。引起染色质结构可逆性变化的因素主要有:组蛋白翻译后的甲基化、乙酰化、磷酸化、泛素化等,这些修饰都发生在特定的位点和残基上。组蛋白甲基化和组蛋白乙酰化是组蛋白修饰的最主要类型。

(一)组蛋白甲基化

组蛋白甲基化是组蛋白修饰的两种重要类型之一。组蛋白甲基化有两种形式,分别针对精氨酸或赖氨酸残基。组蛋白精氨酸甲基化参与基因的激活,甲基化作为共激活因子招募启动子,进而激活基因表达。组蛋白精氨酸甲基化主要由蛋白质精氨酸甲基转移酶(protein arginine methyltransferase,PRMT)家族的部分成员催化完成,Ⅰ型精氨酸甲基转移酶(cofactor associated arginine methyltransferase,CARM1)及 PRMT1 可催化产生单甲基化和非对称的二甲基化,与基因的激活相关;Ⅱ型精氨酸甲基转移酶 PRMT5 可催化产生单甲基化以及对称的二甲基化,与基因的抑制有关。催化赖氨酸甲基化的酶主要为组蛋白甲基转移酶(histone methyltransferase,HMT)家族成员。哺乳动物细胞的异染色质 Su(var)3-9 酶是被证明可

以使组蛋白 H3 中的第九位赖氨酸(H3－K9)甲基化的组蛋白甲基化酶,可在体外激活,同时也证明了 H3－K9 的甲基化与基因转录抑制有关。通常 H3－K4、H3－K36、H3－K79 的甲基化与染色质的激活区域有关,而 H3－K9、H3－K27 及 H4－K20 的甲基化与染色质沉默区域有关。组蛋白中赖氨酸、精氨酸甲基化的生物学作用可能是调节组蛋白的静电荷,从而改变组蛋白之间、组蛋白与 DNA 之间的经典相互作用,最终使得染色质的结构改变。

（二）组蛋白乙酰化

组蛋白乙酰化作为组蛋白修饰的另外一种重要类型,由组蛋白乙酰化和去乙酰化共同完成,其中组蛋白乙酰化过程是由组蛋白脱乙酰酶(HDAC)负责将乙酰基转移至特定的赖氨酸残基上(如组蛋白 H3 的第 9 位、第 14 位、第 18 位和第 23 位赖氨酸;组蛋白 H4 第 5 位、第 8 位、第 12 位、第 16 位和第 20 位赖氨酸),消除其所带正电荷,松弛原本紧密的核小体,促进基因启动子特定区域与 DNA 的结合,从而激活基因的表达;而组蛋白去乙酰化是与乙酰化相反的过程,其赖氨酸残基的乙酰基被组蛋白乙酰转移酶(HAT)清除,恢复其所带正电荷,使得原本松弛的核小体变得紧密,从而抑制调控元件和 DNA 的结合,进而抑制转录及基因的表达。

HAT 包含五个不同的亚家族,其中 GNAT 超家族和 MYST 家族含有非组蛋白及小分子的乙酰化酶相同的序列;p300/CREB 结合蛋白(CBP)辅激活物与细胞周期调控的基因有关;以及 TAF Ⅱ250 转录因子。在植物中 HDAC 划分为 RPD3/HDA1(RPD3, reduced potassium dependency 3)亚族、SIR2(silent information regulator 2)亚族和 HD2 亚族,其中前 2 个分别与动物和酵母的 RPD3/HDA1、SIR2 亚族同源,而 HD2 家族是植物特有的家族。对拟南芥、番茄等模式植物的研究发现,组蛋白乙酰化修饰参与植物的根发育、花发育、配子体发育、器官生长过程中细胞的增殖等植物的生长发育过程;应对外界环境变化,如盐胁迫、光信号、冷害、热胁迫、病原菌应答、脱落酸信号途径,以及一些其他的激素信号途径。百合去乙酰化酶基因 LoSorHDA1 能提升百合高温胁迫的耐受性,LoSorHDA9 能降低百合幼苗在盐和高温胁迫下的成活率,延缓抽薹开花时间,降低莲座叶分枝数。而对于其他药用植物,组蛋白乙酰化和去乙酰化酶基因如何调控生长发育、代谢物合成、生物与非生物胁迫等方面,尚未系统开展研究。

（三）组蛋白修饰的生物学意义

组蛋白修饰在生物体的发育、细胞分化、基因组稳定性和疾病发生等过程中起到重要作用。在发育过程中,组蛋白修饰的改变与细胞分化的命运决定密切相关。例如,在胚胎干细胞分化为特定细胞类型的过程中,组蛋白修饰的模式会发生改变,从而实现基因表达的调控。在细胞分化过程中,组蛋白修饰可以影响某些基因的表达,从而使细胞获得特定的功能和特性。组蛋白修饰在基因组稳定性中也起到重要作用。组蛋白修饰可以影响染色质的结构和紧密度,从而影响 DNA 的复制和修复过程。此外,组蛋白修饰还可以影响转录因子的招募和 DNA 的甲基化过程,进一步维持基因组的稳定性。

近年来,随着高通量测序技术的发展,对组蛋白修饰的研究越来越深入。例如,通过高通量测序技术,可以研究组蛋白修饰的全基因组分布。通过 ChIP－seq 等技术,可以研究组蛋白修饰与基因表达的关系。此外,研究者还开发了许多生物信息学方法,用于分析组蛋白修饰的数据。目前,组蛋白修饰与药用植物生长发育、疾病抗性、药效物质代谢合成调控等方面的研究甚少。但在医学领域,组蛋白修饰与疾病发生的关系有较深入的研究。例如,研究者可以通过比较不同样本的组蛋白修饰数据,揭示组蛋白修饰与疾病发生的关系,为疾病的诊断和治疗提供新的思路和方法。

（四）染色质重塑

染色质重塑指的是通过影响核小体结构来改变基因的复制和重组等过程,并改变染色质的包装状态,进而使核小体中的组蛋白及对应的 DNA 分子发生改变,引起 DNA 甲基化和染色质构象变化等,从而调控基因表达。组蛋白 N 端尾部的共价修饰和染色质重塑密切相关,尤其是组蛋白 H3 和 H4 的修饰直接影响核小体的结构,调控基因转录。染色质重塑是表观遗传学中的一个重要研究领域,对于理解基因表达调控的机制具有重要意义。

1. 染色质重塑的类型　主要有两类酶调控染色质重塑的过程,分别为组蛋白修饰因子及 ATP 依赖的染色质重塑因子。染色质重塑是基因表达表观遗传水平上控制的主要调控方式,包括:① 依赖 ATP 的染色质物理修饰,即 ATP 水解供能使核小体沿 DNA 滑动,或使核小体解离并重新装配;② 染色质的共价化学修饰,即多发生在组蛋白末端"尾巴"的乙酰化、磷酸化、甲基化和泛素化、SUMO 化和 ADP -核糖化等。

2. 染色质重塑的机制　① DNA 修饰:染色质中的 DNA 可通过化学修饰来实现重塑,如 DNA 甲基化修饰可影响基因的表达和染色质的稳定性。② 组蛋白变化:组蛋白修饰可影响染色质的结构和功能,其修饰包括甲基化、乙酰化、磷酸化等。不同的修饰方式可影响染色质的结构松紧和基因表达状态。③ 染色质重塑因子:染色质重塑过程中会有特定的蛋白质参与。这些蛋白质可以通过调控组蛋白修饰、DNA 结构变化等来实现染色质的重塑。④ 染色体间相互作用:在一些染色质重塑过程中,不同染色体之间可以发生相互作用产生染色质的重新组织和空间结构的改变。

3. 染色质重塑的生物学意义　染色质重塑在生物体的发育、细胞分化、基因组稳定性和疾病发生等过程中起到重要作用。在发育过程中,染色质重塑的改变与细胞分化的命运密切相关。例如,在植物胚胎干细胞分化为特定细胞类型的过程中,染色质重塑的模式会发生改变,从而实现基因表达的调控。在细胞分化过程中,染色质重塑可以影响某些基因的异常表达,从而使细胞获得特定的功能和特性。染色质重塑在基因组稳定性中也起到重要作用。染色质重塑可以影响染色质的结构和基因的表达,从而影响 DNA 的复制和修复过程。此外,染色质重塑还可以影响转录因子的招募和 DNA 的甲基化过程,进一步维持基因组的稳定性。近年来,随着高通量测序技术的发展,对染色质重塑的研究越来越深入。例如,通过高通量测序技术,可以研究染色质重塑的全基因组分布。通过 ChIP - seq 等技术,可以研究染色质重塑与基因表达的关系。此外,研究者还开发了许多生物信息学方法,用于分析染色质重塑的数据。例如,研究者可以通过比较不同样本的染色质重塑数据,揭示染色质重塑与基因异常表达、表型改变的关系,为挖掘控制重要经济性状的基因提供新的思路和方法。

第五节　研究热点与展望

药用植物的药用成分一般为植物次生代谢产物,如人参当中的人参皂苷,丹参当中的丹参酮,既是其主要的药用成分,同时也是次生代谢产物。因此,研究药用植物次生代谢产物产生的过程以及调控方式是药用植物研究的重要内容。药用植物次生代谢产物合成的途径多样化且复杂,多组学技术在药用植物次生代谢中的研究应用越来越广泛。随着高通量测序技术的发展,药用植物的基因组学、转录组学、蛋白质组学、代谢组学等组学信息得到了极大的发展,采用多组学联用的方法研究药用植物次生代谢的机制也成了次生代谢调控研究的主要策略。而阐明药用植物次生代谢产物合成、积累与调控网络,也将为药用植物次生代谢产物的合成、种质资源保护以及药用植物品种改良提供重要的理论依据和技术支持。药用植物活性成分一般含量较低,许多化合物结构复杂,难以用化学的方法合成。因此,从 DNA 水平、转录水平、蛋白翻译和翻译后水平,以及表观遗传修饰水平系统阐释药效物质代谢合成的调控路径和网络,并利用合成生物学-模块化工程策略,引导植物代谢途径流向目标产物合成途径,从而高效富集特定成分,为高效获取药用植物活性成分提供了新的研究思路,也将为优质中药资源的培育提供有效的解决方案。因此,建立基因-RNA -蛋白质-次生代谢产物的复杂调控网络,实现次生代谢途径的整体多层次调控,可能也会成为今后研究的重要方向。

后续,药用植物次生代谢调控未来热点研究领域包括但不限于以下几个方向: ① 利用多组学技术高效挖掘具有药效活性的次生代谢产物生物合成的关键调控因子,并对其调控药效物质合成的机制进行系统阐释。② 环境因子与表观遗传修饰的关联性,以及表观遗传修饰与药用植物道地性品质之间的关联性和分子机制。③ 组蛋白乙酰化修饰主要参与植物生长发育过程,包括茎端和根端分生组织的形成、花发育和开花时间、胚生长和胚胎发育、器官生长过程中细胞的增殖等,还能帮助植物应对外界生物和非生物环境的变化,形成了一系列适应和防御外界环境的表观遗传机制。蛋白乙酰化酶和去乙酰化酶如何通过细胞代谢信号来调节基因表达和代谢酶活性机制需要系统地进行阐释,这将为药用植物调节代谢流和增强药用植物适应环境的能力提供可能性的构思策略。④ 高效挖掘药用植物 miRNA 及其靶基因,完善药用植物 miRNA 数据库,实验验证 miRNA 的靶基因,并通过生物学功能研究掌握 miRNA 参与药用植物性状和次生代谢的调控机制和调控网络。⑤ 重点研究 miRNA 和已有明确临床应用的药用植物有效成分的调控关系,着力解决临床应用问题。

研究案例1　丹参甲基化表征及 DNA 甲基化在丹参酮生物合成中的调控机制

(一) 研究背景

丹参(*Salvia miltiorrhiza*)是具有重要经济价值和药用价值的模式药用植物,丹参根会合成一组称为丹参酮(tanshinone)的二萜类亲脂性生物活性成分。因市场需求量大,丹参酮的生物合成与调控是研究热点问题。DNA 甲基化修饰在调控植物种子发育、茎和叶生长、春化、果实成熟和次级代谢等方面发挥着重要作用。然而,丹参甲基化组尚未得到分析,DNA 甲基化在丹参酮合成过程中的调节机制仍然未知。

(二) 研究思路

研究案例引自 Li 等(2023),该课题研究思路如图 7-7 所示。

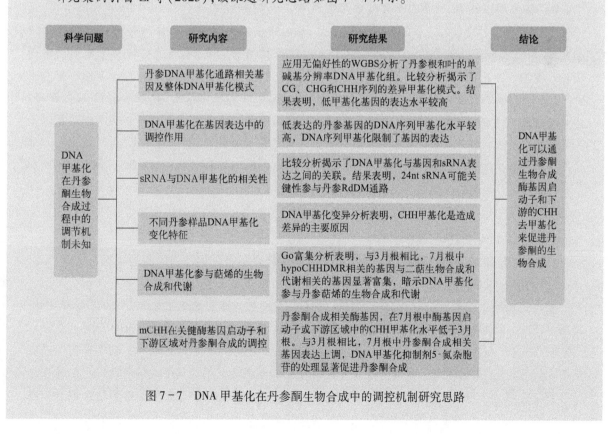

图 7-7　DNA 甲基化在丹参酮生物合成中的调控机制研究思路

（三）研究结果

本研究应用无偏好性的全基因组重亚硫酸盐测序(whole genome bisulfite sequencing, WGBS)分析了丹参根和叶的单碱基分辨率 DNA 甲基化组。比较分析揭示了基因序列中碱基 CG、CHG 和 CHH(H 为 A、T 或 C)序列差异甲基化模式，以及 DNA 甲基化与基因和小 RNA(sRNA)表达之间的关联。分析结果表明，低甲基化基因的表达水平较高，24nt sRNA(24-nucleotide sRNA)可能关键性参与丹参 RdDM(RNA-directed DNA methylation)通路(图 7-7)。DNA 甲基化变异分析表明，CHH 甲基化是造成差异的主要原因。GO 富集分析表明，与丹参 3 月根相比，7 月根中 hypoCHH 差异甲基化区域(differentially methylated region, DMR)相关的基因与二萜生物合成过程和代谢相关的基因均显著富集。丹参酮生物合成相关酶如 DXS2、CMK、IDI1、HMGR2、DXR、MDS、CYP76AH1、2OGD25 和 CYP71D373，在丹参 7 月根中基因启动子或下游区域中的 CHH 甲基化水平低于 3 月的根(图 7-7)。与 3 月根相比，7 月根中丹参酮合成相关的基因表达上调，DNA 甲基化抑制剂 5-氮杂胞苷的处理显著促进了丹参酮合成(图 7-7)。研究结果揭示了 DNA 甲基化通过改变丹参酮关键酶基因启动子或下游 CHH 甲基化水平，在丹参酮生物合成中起重要调控作用。

（四）研究结论

本研究首次在丹参中绘制了单碱基分辨率的全基因组 DNA 甲基化图谱。结果表明，DNA 低甲基化可以上调丹参的基因表达。此外，差异甲基化主要发生在 CHH 序列中。DNA 甲基化抑制剂处理进一步地促进了丹参毛状根中丹参酮的生物合成。结论：DNA 甲基化可以通过丹参酮生物合成酶基因启动子和下游的 CHH 去甲基化来促进丹参酮的生物合成。

（五）亮点点评

WGBS 可以在全基因组范围内精确检测所有单个胞嘧啶碱基(C 碱基)的甲基化水平，是 DNA 甲基化研究的金标准。WGBS 能为基因组 DNA 甲基化时空特异性修饰的研究提供重要技术支持，广泛应用于个体发育、衰老和疾病等生命过程机制研究中，也是特定物种甲基化图谱研究的首选方法。WGBS 的技术优势：① 应用范围广：适用于所有参考基因组已知物种的甲基化研究；② 全基因组覆盖：最大限度地获取完整的全基因组甲基化信息，精确绘制甲基化图谱；③ 单碱基分辨率：可精确分析每一个 C 碱基的甲基化状态。本研究首次采用 WGBS 测序技术揭示了丹参甲基化表征及 DNA 甲基化在丹参酮生物合成中的调控机制，阐释了 DNA 甲基化可以通过丹参酮生物合成酶基因启动子和下游的 CHH 去甲基化来促进丹参酮的生物合成，为丹参酮生物合成的表观遗传学调控机制研究提供了新的见解，将有助于进一步提高丹参活性化合物的产量。

研究案例2　茉莉酸信号激活 TCP14-ORA 转录复合体促进青蒿素的生物合成

（一）研究背景

疟疾是由蚊虫叮咬所引起的全球范围内的传染性疾病。据世界卫生组织(WHO)最新统计，2016 年有 2.16 亿人感染疟疾，死亡人数高达 44.5 万。青蒿素及其衍生物是 WHO 推荐的基于青蒿素联合治疗(ACT)疟疾的最主要成分。我国学者屠呦呦教授因在黄花蒿中发现了青蒿素而荣获 2015 年诺贝尔生理学或医学奖。青蒿素主要合成和积累于叶片表面的分泌型腺毛，但其干重只占黄花蒿叶片干重 0.01%~1%，难以满足市场需求。因此开展青蒿素合成通路转录调控网络研究,利用代谢工程手段提高青蒿素的含量已成为全球研究热点。茉莉酸是广泛存在于植物体内的重要植物生长调节剂,能有效促进多种植物体内次生代谢物的生物合成(如长春花中的长春碱,烟草中的尼古丁,丹参中的丹参酮和黄花蒿中的青蒿素)。前期研究发现,茉莉酸是促进青蒿素的生物合成最有效的植物激素,但是茉莉酸调节青蒿素合成的转录调控网络仍然未解析清楚。课题组前期发现黄花蒿腺毛特异表达的 AP2/ERF 类转录因子 AaORA 受茉莉酸诱导,是促进青蒿素合成的重要转录因子。然而,AaORA 调控青蒿素合成的分子机制尚不清楚。

(二) 研究思路

研究案例引自 Ma 等(2018),该课题研究思路如图 7-8 所示。

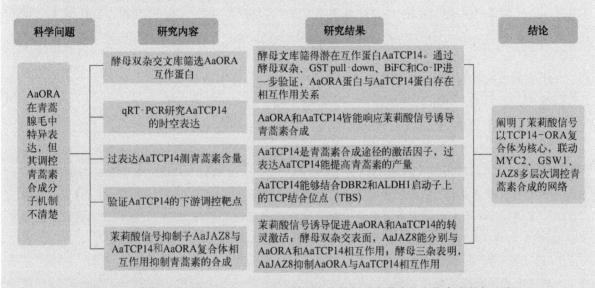

图 7-8　茉莉酸信号激活 TCP14-ORA 转录复合体促进青蒿素的生物合成研究思路

(三) 研究结果

1. 酵母双杂交文库筛选　AaORA 能够在体内激活青蒿素合成途径四个关键基因 *ADS*、*CYP71AV1*、*DBR2* 和 *ALDH1*,而酵母单杂交实验无法验证 AaORA 与这四个启动子的相互作用。这个结果表明 AaORA 可能与其他转录因子相互作用,行使其转录激活功能。利用没有自激活功能的 AaORA 蛋白 C 端作为诱饵蛋白进行酵母双杂交筛选,得到潜在的互作蛋白 AaTCP14。进一步通过酵母双杂、GST pull-down、BiFC 和 Co-IP 进行验证。结果筛选到了与 AaORA 蛋白互作的蛋白 AaTCP14。

2. qRT-PCR 研究 AaTCP14 的时空表达　用 qRT-PCR 研究 AaTCP14 的时空表达,发现 AaTCP14 在嫩叶中大量表达,并且随着叶片的发育表达量逐渐降低。这种表达模式与 *AaORA* 及其他青蒿素合成基因相似。另外,AaTCP14 在腺毛、幼苗、花以及花苞中高表达,而在根中表达量较低。进一步检测 AaTCP14 启动子的组织特异表达,表明其在非分泌型(TST)和分泌型(GST)腺毛中定位。AaORA 受到茉莉酸甲酯的诱导,并且在处理 9 h 后达到峰值。qRT-PCR 结果表明,AaTCP14 的表达水平同样在茉莉酸甲酯处理 9 h 后达到峰值。因此,AaORA 和 AaTCP14 在响应茉莉酸甲酯处理后具有相似的表达模式,并且能够诱导青蒿素合成。另外,作为一个转录因子,亚细胞定位实验显示 AaTCP14 位于细胞核中。

3. 过表达 AaTCP14 测青蒿素含量　在黄花蒿中过量表达 AaTCP14,发现青蒿素相关基因

(*ADS*、*CYP71AV1*、*DBR2* 和 *ALDH1*)以及茉莉酮酸通路相关基因(*AaAOC* 和 *AaOPR3*)的表达量同样显著上调,提示 AaTCP14 可能激活青蒿素相关基因的表达,并提高青蒿素产量。研究人员通过高效液相色谱法(HPLC)证实,在 *AaTCP14* 过量表达植株中,青蒿素和二氢青蒿酸的含量相比野生型植株显著提高,而青蒿酸含量显著降低。进一步,构建 AaTCP14 反义表达转基因植株,使得上述青蒿素及茉莉酮酸相关基因的表达量显著降低。同时,青蒿素、二氢青蒿酸和青蒿酸的含量显著降低。以上结果表明,AaTCP14 是青蒿素合成途径的激活因子,可以作为遗传工程的靶点提高黄花蒿的青蒿素产量。

4. 验证 AaTCP14 的下游调控靶点　利用双萤光素酶报告实验证明,AaTCP14 可以激活 DBR2 和 ALDH1 的表达。另外,通过酵母单杂交证明,AaTCP14 能够结合 DBR2 和 ALDH1 启动子上的 TCP 结合位点(TBS)。进一步,研究人员通过 EMSA 验证了 AaTCP14 与二者在体外的结合。

5. 茉莉酸信号抑制子 AaJAZ8 与 AaTCP14 和 AaORA 复合体相互作用抑制青蒿素的合成　AaJAZ8 茉莉酮酸信号通路的负调控因子可抑制青蒿素的合成。酵母双杂交、BiFC、萤光素酶互补实验和 Co－IP 证实,AaJAZ8 可以分别与 AaTCP14 和 AaORA 相互作用。进一步通过共定位实验证实,AaJAZ8、AaTCP14 和 AaORA 定位在细胞核中。另外发现,AaMYC2 能够与其他 AaJAZ 蛋白(AaJAZ5、AaJAZ6、AaJAZ8 和 AaJAZ9)相互作用。为进一步阐明 AaJAZ8 能否调控 AaTCP14 与 AaORA 的相互作用,研究人员采用了酵母三杂交和萤光素酶互补实验。结果表明,AaJAZ8 抑制了 AaTCP14 与 AaORA 的相互作用。进一步通过分段克隆进行酵母双杂交,确认了 AaJAZ8 能够与 AaORA 竞争性结合 AaTCP14 的 C 端,并阻止 AaTCP14 与 AaORA 的相互作用。

(四) 研究结论

本研究通过酵母三杂交实验、双分子萤光素酶实验、植物体内免疫共沉淀等实验技术手段,阐明茉莉酸信号抑制子 AaJAZ8 通过与 AaTCP14 和 AaORA 相互作用,从而阻断复合体 AaTCP14－AaORA 的形成,导致 DBR2 启动子活性的降低,从而阻碍了青蒿素的生物合成。相反,茉莉酸可以促进抑制子 AaJAZ8 的降解,并且释放 AaTCP14－AaORA 复合体来激活 DBR2 启动子的活性,从而增加了青蒿素的生物合成(图 7－9)。

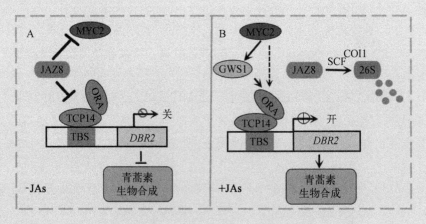

图 7－9　茉莉酸信号通过调节 TCP14－ORA 复合体调控青蒿素合成的工作模型

(五) 亮点点评

本研究综合利用现代分子生物学、生物化学等多学科技术手段,以 AaTCP14－AaORA 转录激活复合体为核心,构建了包括青蒿素合成正向调控因子 MYC2 和 GSW1、负向调控因子 JAZ8 在内的多层次调控网络,首次阐明了茉莉酸信号在青蒿素生物合成途径中的动态调控机制,揭示了多个参与青蒿素生物合成的茉莉酸响应的调控因子间的相互关系。实验设计十分完整,是药用植物药效活性物质代谢合成分子调控研究领域的典型代表论文。该研究拓宽了人们对青蒿素转录调控机制的认识,同时为利用转录调控策略增加青蒿素的生物合成、培育高青蒿素含量品种奠定了理论基础。

研究案例 3 激素响应的 miR160 通过靶向下游转录因子 ARF1 调控黄花蒿分泌型腺毛形成和青蒿素生物合成

(一) 研究背景

目前青蒿素主要依赖植物提取获得,其含量在黄花蒿中普遍较低。因此,挖掘黄花蒿优良性状靶点,通过代谢工程和分子育种手段,培育高含量青蒿素的黄花蒿种质,改良黄花蒿品种,以有效提升青蒿素的资源保障具有重要意义。青蒿素主要在叶片分泌型腺毛(glandular trichome)中合成和积累,受到植物激素的广泛调控。前期研究首次揭示了水杨酸受体 NPR1 与碱性亮氨酸拉链家族转录因子 AaTGA6 相互作用正调控青蒿素合成。首次从黄花蒿中鉴定得到转录因子三元复合体 TLR1 和 TLR2 与 WOX 蛋白相互作用负调控青蒿素合成和分泌型腺毛发育,以"发育-代谢"互作网络为核心的新型代谢工程策略,丰富了调控青蒿素合成的路径。前述研究阐明了转录因子下游调控机制,但是其上游信号通路仍不清楚。miRNA 参与转录后调控对植物器官和组织的生长发育至关重要,其是否在转录因子网络上游通过转录后调控参与青蒿素合成有待探索。

(二) 研究思路

研究案例引自 Guo 等(2023),该课题研究思路如图 7-10 所示。

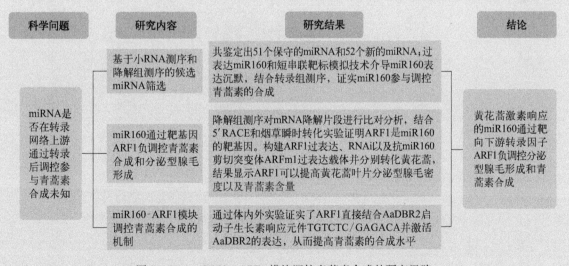

图 7-10 miR160-ARF1 模块调控青蒿素合成的研究思路

(三) 研究结果

1. 基于小 RNA 测序和降解组测序的候选 miRNA 筛选 为了筛选和鉴定黄花蒿中可能参与

青蒿素合成的激素响应miRNA,该研究对10个黄花蒿文库中的miRNA进行高通量测序和生物信息学分析,共鉴定出51个保守的miRNA和52个新的miRNA,其中miR160能够特异性响应激素SA和MeJA的诱导,且诱导前后表达差异显著。过表达miR160能够抑制拟南芥叶表毛状体以及黄花蒿分泌型腺毛的密度。采用短串联靶标模拟(short tandem target mimic, STTM)技术介导miR160表达沉默,导致黄花蒿分泌型腺毛密度以及青蒿素含量显著增加。转录组测序发现,青蒿素生物合成途径关键酶基因与miR160的表达水平呈负相关。以上结果说明miR160参与调控青蒿素的合成。

2. miR160通过靶基因ARF1负调控青蒿素合成和分泌型腺毛形成 通过降解组测序对mRNA降解片段进行比对分析,结合5′RACE和烟草瞬时转化等实验证明ARF1是miR160的主要靶基因。GO功能注释和KEGG分析提示ARF1是植物激素信号转导通路中的转录因子,影响着相关激素的调控信号传递。进而构建ARF1过表达、RNAi及抗miR160剪切突变体ARFm1过表达载体并分别转化黄花蒿,结果显示ARF1可以提高黄花蒿叶片分泌型腺毛密度及青蒿素含量。与ARF1相比,ARFm1的正向调控作用更显著。以上结果说明,miR160靶基因ARF1能够正调控黄花蒿分泌型腺毛形成和青蒿素合成。

3. miR160-ARF1模块调控青蒿素合成的机制 进一步研究发现,ARF转录因子可以与生长素响应基因启动子区域中的生长素响应元件TGTCTC/GAGACA发生特异性结合,激活或抑制下游基因的表达。青蒿素合成途径关键基因AaDBR2启动子序列中含有两个生长素响应元件,通过体内外实验证实了ARF1直接结合AaDBR2启动子并激活AaDBR2的表达,从而提高青蒿素的合成水平。

(四) 研究结论

在黄花蒿中,激素响应的miR160通过靶向下游转录因子ARF1负调控分泌型腺毛形成和青蒿素的生物合成(图7-11)。

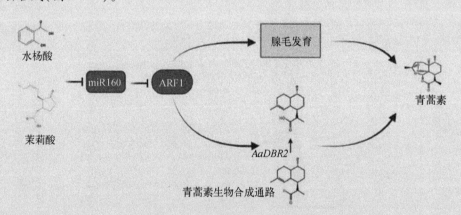

图7-11 miR160-ARF1模块调控青蒿素合成的工作模型

(五) 亮点点评

该研究以黄花蒿为模式药用植物揭示了分泌型腺毛发育和青蒿素合成的复杂调控网络,为基于"发育-代谢"相互作用网络开发腺毛细胞工厂,培育高青蒿素含量及抗病增强的新品种提供了潜在基因资源和全新思路。

思 考 题

1. 简述 DNA 甲基化调控药效物质生物合成的研究思路。

2. 简述 miRNA 调控药效物质生物合成的研究方法。

3. 如何高效挖掘转录调控基因及其调控药效物质生物合成的研究思路?

第八章
药用植物活性天然产物生物合成

活性天然产物是药用植物发挥防治疾病药效的主要物质基础,同时也是创新药物研发的重要源泉。它们通常是以初级代谢途径生成的物质为前体,经过一系列酶催化反应得以形成的次生代谢产物,这个过程被称为生物合成(图8-1)。本章所述的生物合成包括两层含义,一方面是天然产物在药用植物体内的生物合成,即从分子遗传学和生物化学水平,阐明天然产物的生物合成途径和生化反应机制;另一方面是生物合成应用研究,即通过合成生物学和代谢工程技术,操控生物合成途径,实现绿色制造活性天然产物的目的。本章重点介绍药用植物活性天然产物生物合成途径、相关研究技术、应用研究及案例分析。

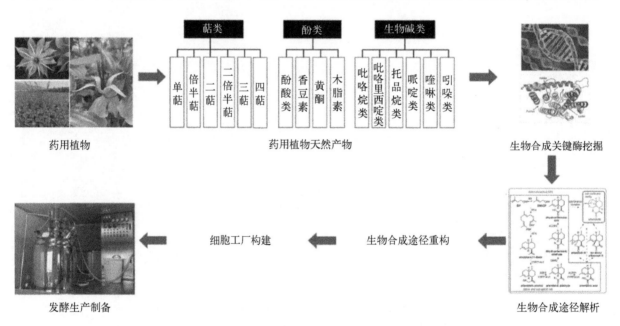

图 8-1　药用植物活性天然产物生物合成研究思路

第一节　药用植物活性天然产物生物合成途径概述

药用植物活性天然产物种类繁多、结构复杂,主要包括酚类、萜类、生物碱等。然而,这些天然产物的构造单元实际上相当有限,主要来自药用植物糖酵解途径及三羧酸循环等初级代谢过程产生的乙酸、莽草酸、甲羟戊酸(mevalonate acid, MVA)、甲基赤藓糖-4-磷酸途径(methylerythritol-4-phosphate, MEP)、氨基酸等。根据天然产物的基本骨架和结构类型,其主要生源途径可分为乙酸途径、莽草酸途径、MVA 途径、MEP 途径、氨基酸途径和复合途径等。其中,乙酸途径是脂肪酸类、酚类、聚酮类等天然产物生物合成的主要途径,乙酰辅酶 A 是该途径的起始单元。莽草酸途径是苯丙素、香豆素、木脂素等芳香族天然产物的主要合成途径,糖酵解过程生成的磷酸烯醇丙酮酸,以及磷酸戊糖循环生成的赤藓糖-4-磷酸是该途径的起始底物。MVA途径主要定位于细胞质中,是倍半萜、三萜及甾体等萜类生源天然产物的主要合成途径,起始底物是乙酰辅酶A。MEP途径又称1-脱氧-D-木酮糖-5-磷酸(1-deoxy-D-xylulose-5-phosphate,DXP)途径,主要定位于质体中,是单萜、二萜、二倍半萜、四萜等萜类天然产物的主要合成途径,起始底物是糖酵解过程生成的丙酮酸和3-磷酸甘油醛。氨基酸途径以氨基酸为前体,是生物碱的主要合成途径。复合途径是指天然产物生物合成经历上述两种及两种以上途径,常见的复合途径有:乙酸-MVA途径、乙酸-MVA途径/MEP磷酸途径、氨基酸-MVA/MEP途径、氨基酸-莽草酸途径等(图8-2)。

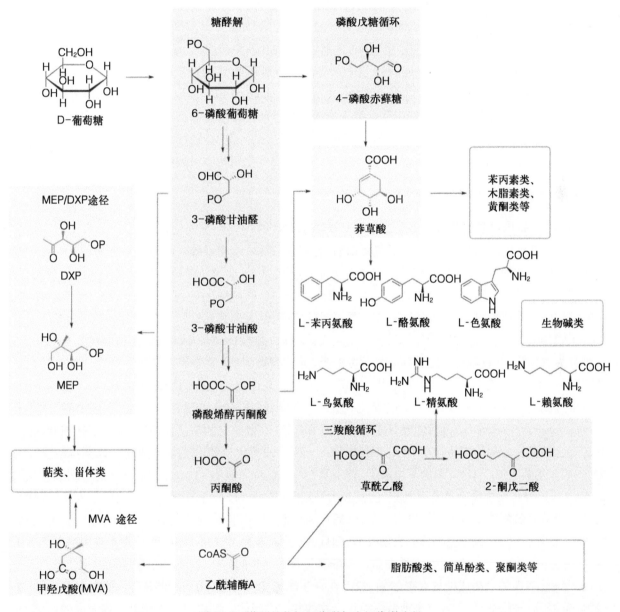

图8-2　药用植物初级代谢与次级代谢途径

一、萜类天然产物生物合成途径

　　萜类化合物(terpenoid)是指由异戊二烯单元组成的化合物及其衍生物,分子式符合通式$(C_5H_8)_n$,广泛存在于药用植物中,化学结构丰富,生物功能多样。根据异戊二烯单元数目,萜类化合物可以分为半萜(C_5)、单萜(C_{10})、倍半萜(C_{15})、二萜(C_{20})、二倍半萜(C_{25})、三萜(C_{30})和多萜等。此外,甾体(steroid)也是通过甲羟戊酸途径合成而来,统称为萜类生源天然产物。萜类天然产物生物活性显著,是许多中药的主要功效物质,如白芍和赤芍活性成分芍药苷(单萜)、莪术活性成分榄香烯(倍半萜)、丹参活性成分丹参酮(二萜)、人参活性成分人参皂苷(三萜)、西红花活性成分西红花苷(四萜)、重楼活性成分重楼皂苷(甾体皂苷)等(资源8-1)。药用植物萜类天然产物为创新药物研发提供了大量重要源头分子或先导化合物,其中许多化合物或其衍生物已被开发成药物,如青蒿素、紫杉醇等。

资源
8-1

　　萜类化合物生物合成途径可分为3个阶段,首先是 MVA 途径和 MEP 途径合成共同前体异戊烯基焦磷酸酯(isopentenyl diphosphate, IPP)及其异构体二甲基烯丙基焦磷酸酯(dimethylallyl diphosphate, DMAPP)。第二阶段是萜类直链前体和核心骨架的生物合成,异戊烯基焦磷酸酯合酶(又称异戊烯基转移酶)催化 IPP 与 DMAPP 缩合生成不同的直链前体,如香叶基焦磷酸酯(geranyl pyrophosphate, GPP)、法尼基焦磷酸酯(farnesyl pyrophosphate, FPP)、香叶基香叶基焦磷酸酯(geranylgeranyl pyrophosphate, GGPP)和香叶基法尼基焦磷酸酯(geranylfarnesyl pyrophosphate, GFPP)等。萜类直链前体分别在单萜合酶、倍半萜合酶、二萜合酶和二倍半萜合酶等作用下经过环化或重排等反应分别生成不同的萜类基本骨架。最后,在氧化酶[如细胞色素 P450(CYP450)等]、还原酶、酰基转移酶、糖基转移酶等催化下发生氧化、还原、酰化、糖基化等系列后修饰反应,生成结构千变万化的萜类天然产物(图8-3)。

二、酚类天然产物生物合成途径

　　酚类(phenolics)是指芳香烃环上的氢原子被羟基取代的一类芳香族化合物,广泛分布于药用植物中。酚类天然产物结构类型多样,主要包括酚酸、香豆素、黄酮、木脂素等。酚酸类是指苯环上含有酚羟基和羧基的一类酚类化合物,母核骨架主要有两种,分别为 C_6-C_1 型(母核为苯甲酸),如原儿茶酸、没食子酸,以及 C_6-C_3 型(母核为桂皮酸),如丹参素、咖啡酸、阿魏酸等。香豆素是一类具有苯并 α -吡喃酮结构的天然产物,是由顺式邻羟基桂皮酸形成的内酯,绝大多数在 C7 位有羟基或烃基,如蛇床子素等。黄酮是一大类以 $C_6-C_3-C_6$ 为母核的酚类天然产物,根据 C_3 部分成环、氧化和取代方式的差异,又可分为查尔酮类、黄酮类、二氢黄酮类、黄酮醇类、异黄酮类、花青素类等。其代表性化合物包括黄芩苷、灯盏花素、淫羊藿素、芦丁、槲皮素、山奈酚等。木脂素类化合物包含两个或多个 C_6-C_3 结构单元,大多通过侧链正丙基上的 β -碳原子连接。木脂素具有显著多样的生物活性,如小檗科药用植物桃儿七(*Sinopodophyllum hexandrum*)活性成分鬼臼毒素具有广谱、高效的抗肿瘤活性,其衍生物依托泊苷、替尼泊苷等已被开发为抗肿瘤药物在临床应用(资源8-2)。酚类化合物的生物合成途径以莽草酸途径为主,一般认为具有 C_6-C_3 骨架的苯丙素类、香豆素、木脂素,以及具有 $C_6-C_3-C_6$ 骨架的黄酮中存在的 C_6-C_3 苯丙烷骨架主要来自苯丙氨酸、色氨酸或酪氨酸(图8-4)。莽草酸经由分支酸生成苯丙氨酸,在苯丙氨酸解氨酶催化作用下生成肉桂酸,然后在肉桂酸-4-羟化酶的催化下生成 p -香豆酸。p -香豆酸可经过氧化还原、甲基化反应,生成咖啡酸、阿魏酸、松柏醇等,或在 p -香豆酰辅酶 A 连接酶催化下生成 p -香豆酰辅酶 A。p -香豆酰辅酶 A 是许多酚类化合物的共同前体,其在查尔酮合酶的催化下与3分子丙二酰辅酶 A 缩合生成柚皮素查尔酮,然后在查尔酮异构酶作用下形成柚皮素。柚皮素是黄酮、黄烷醇、黄酮醇、异黄酮、花青素等多种黄酮类化合物的共同中间体。松柏醇是木脂素生物合成的前体,两分子松柏醇发生立体选择性的脱氢偶联反应,形成(+)-松脂酚,该反应的区域选择性和立体选择性由 Dirigent 蛋白控制。经氧化、甲基化、糖基化、酰基化等反应修饰作用,进一步形成结构类型丰富多样的木脂素类化合物。此外,蒽醌类和聚酮类化合物还可以通过乙酸-丙二酸途径进行生物合成。例如,大黄素由乙酰辅酶 A 与丙二酰辅酶 A 缩合生成8个 C_2 单元,然后经过羟醛缩合、氧化、脱水、脱羧、甲基化等反应合成。

资源
8-2

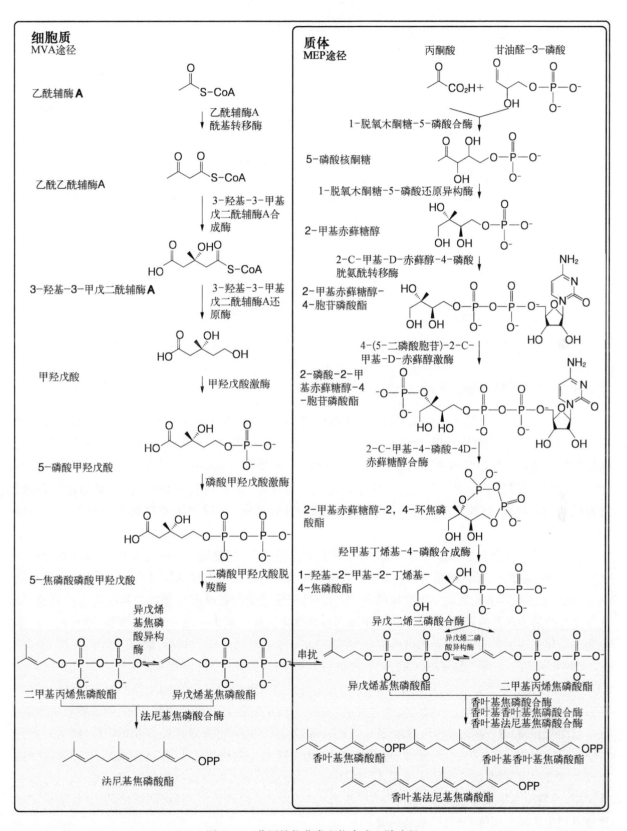

图 8-3 药用植物萜类生物合成上游途径

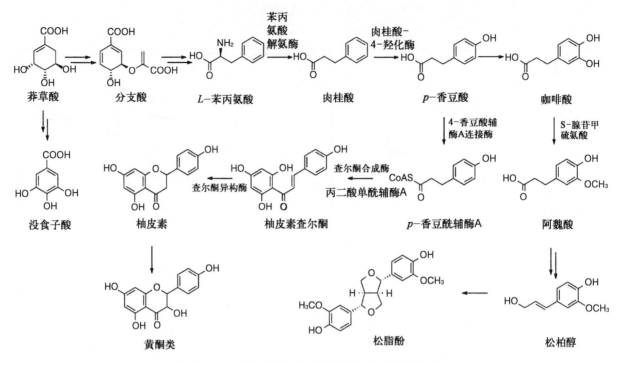

图 8-4　药用植物酚类天然产物生物合成上游途径

三、生物碱类天然产物生物合成途径

资源
8-3

生物碱是指含有负氧化态氮原子的一类天然产物,主要分布在植物界。根据氮原子所在母核的结构特征,生物碱可分为吡咯烷类、吡咯里西啶类、托品烷类、哌啶类、喹啉类、异喹啉类、吲哚类等。生物碱具有悠久且重要的药用历史。例如,1806 年 Sertürner 从罂粟(*Papaver somniferum*)中分离获得的吗啡,为麻醉医学提供了重要的药物。此外治疗疟疾药物奎宁、抗菌药物小檗碱、抗肿瘤药物长春碱、降血压药物蛇根碱、抗肿瘤药物喜树碱和抗胆碱药物莨菪碱等,在现代医药领域中都有着广泛的应用(资源 8-3)。

生物碱的生物合成主要起始于三羧酸循环中间体产生的 L-鸟氨酸、L-赖氨酸等,以及莽草酸途径生成的 L-酪氨酸、L-苯丙氨酸、L-色氨酸。在植物中,L-鸟氨酸为生物碱提供 C_4N 结构单元,是吡咯烷类、吡咯里西啶类和托品烷类生物碱的前体。L-鸟氨酸经磷酸吡哆醛依赖的脱羧反应生成腐胺,催化该过程的酶为鸟氨酸脱羧酶。腐胺 N-甲基转移酶催化腐胺甲基化生成 N-甲基腐胺,接着在二胺氧化酶的催化下脱去氨基,再经席夫碱生成 N-甲基-Δ^1-吡咯啉阳离子。然后,聚酮合酶催化 N-甲基-Δ^1-吡咯啉阳离子与丙二酰辅酶 A 缩合,生成中间体 4-(1-甲基-2-吡咯烷基)-3-氧代丁酸,接着在 CYP450 酶的催化下形成托品烷中间体——托品酮,再经由系列脱羧、还原、酯化等反应,形成托品烷生物碱。对于吡咯里西啶类生物碱的生物合成途径,两分子腐胺结合后,经由氧化作用,生成稠合的 5,5-吡咯里西啶环系。L-赖氨酸比鸟氨酸多一个亚甲基,其涉及的生物合成途径也相似。L-赖氨酸先经过脱羧反应生成尸胺,进一步形成 Δ-哌啶阳离子,为哌啶类生物碱提供 C_5N 结构单元。L-酪氨酸或 L-苯丙氨酸可以提供 C_6C_2N 结构单元,L-酪氨酸经过邻位羟基化和脱羧反应生成多巴胺,或经过转氨基反应、脱羧反应生成 4-羟基苯乙醛。多巴胺与 4-羟基苯乙醛通过皮克特-斯宾格勒反应,生成四氢异喹啉类生物碱中间体 S-去甲基乌药碱。

L-色氨酸是含有吲哚环结构的芳香族氨基酸,经莽草酸途径由邻氨基苯甲酸合成而来,是吲哚生物碱的生物合成前体,提供吲哚 C_2N 结构单元。色氨酸经过脱羧、羟基化、甲基化等反应,可以生成色胺类简单吲哚生物碱。色胺可以与乙醛缩合,通过皮克特-斯宾格勒反应生成一个新的六元杂环化合物,从而形成含 β-卡波啉结构的生物碱。此外,色胺也可以与萜类生源途径产生的裂环马钱子苷在异胡豆苷合成酶的作用下,发生皮克特-斯宾格勒反应生成异胡豆苷。异胡豆苷是长春碱、喜树碱、奎宁、利血平等生物碱生物合成过程的重要中间体。此外,邻氨基苯甲酸、组氨酸和烟酸等也是一些生物碱的重要前体,而甾体生物碱的前体是胆固醇,起源于萜类生源途径(图 8-5)。

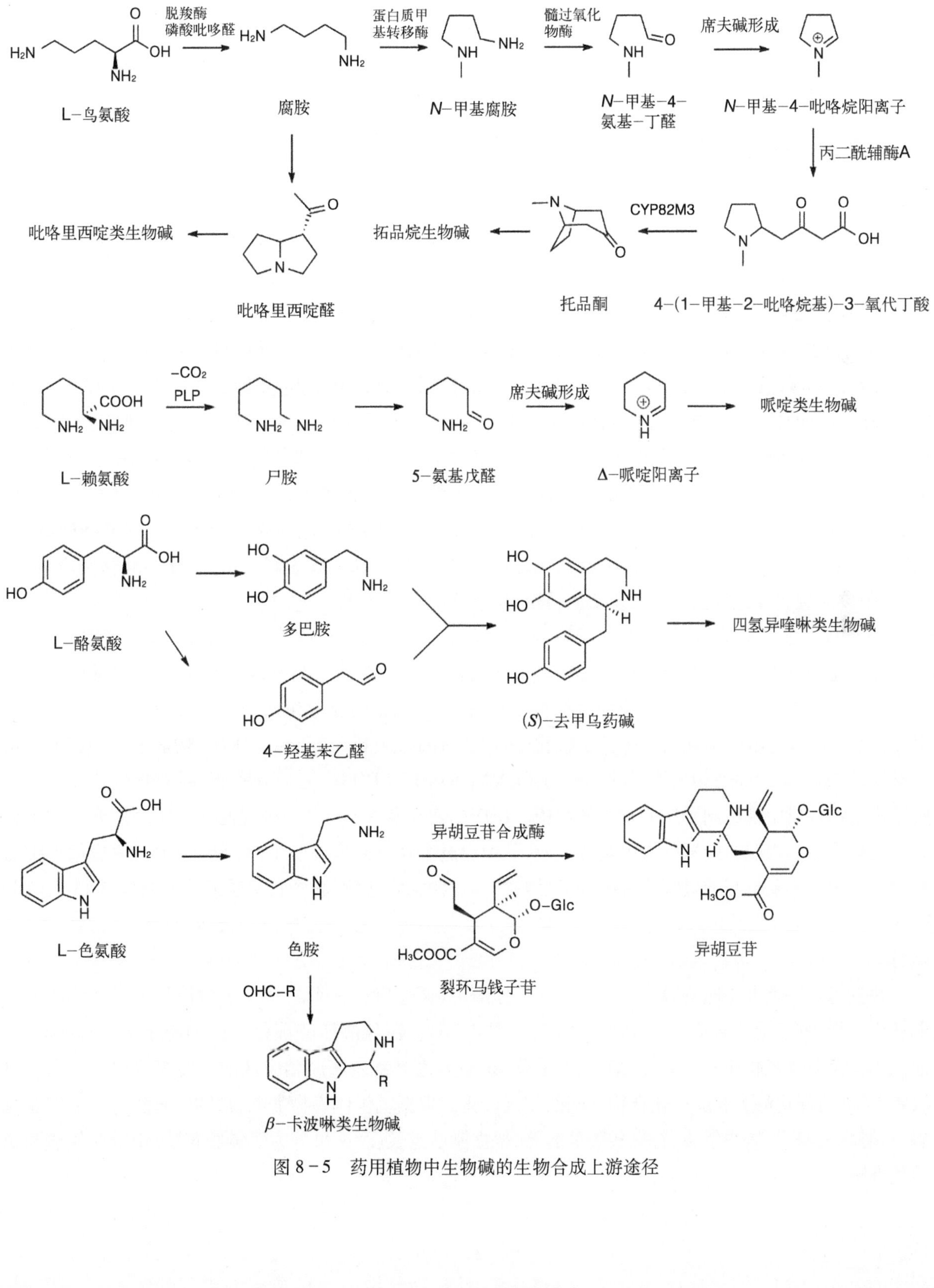

图 8-5　药用植物中生物碱的生物合成上游途径

第二节　药用植物天然产物生物合成酶概述

药用植物利用有限的初级代谢产物作为合成砌块,构建了丰富多样的天然产物结构,该过程由酶催化的级联反应完成。这些生物合成酶种类多样、家族庞大,大多从初级代谢途径经由基因复制和新功能化进化而来,或通过基因水平转移获得。这些生物合成酶在天然产物生物合成过程中发挥关键作用,是天然产物合成生物学研究所必需的催化元件,同时由于酶具有较好的专一性、高效性,其在酶工程领域也具有广泛的应用价值。在药用植物中,生物合成酶及其编码基因的表达往往具有时空特异性和组织特异性,从而导致药用植物活性天然产物的多样性和复杂性。

一、氧化还原酶

几乎每一类天然产物在其骨架形成和后修饰过程中都会涉及氧化还原修饰,根据酶学数据库BRENDA(https：//www.brenda-enzymes.org/)统计,氧化还原酶的功能至少可分为 26 种。本小节主要概述天然产物生物合成途径中的细胞色素 P450 酶、α-酮戊二酸/Fe(Ⅱ)依赖的双加氧酶和脱氢酶。

资源
8-4

细胞色素 P450 酶(cytochrome P450,CYP450)是一类亚铁血红素-硫醇盐蛋白超家族,因其还原态与 CO 结合后在 450 nm 处产生特征吸收光谱而得名。CYP450 以血红素卟啉铁为中心,具有一个保守的血红素结构域,含有保守的 F××G×R×C×G 序列,是鉴定 CYP450 的主要特征。植物 CYP450 是一类序列高度分化的超基因家族,但其空间结构却十分相似,多定位于内质网,参与了萜类、黄酮、生物碱等植物活性天然产物的生物合成途径,并对植物的正常生命活动和生理功能发挥着重要作用。CYP450 酶的底物结构类型几乎涵盖了自然界中发现的所有天然产物结构类型,是自然界中最广泛的生物催化剂之一,其催化反应类型多样,催化功能强大,并具有高度区域选择性和立体特异性。CYP450 酶催化的反应类型包括羟基化反应、环氧化反应、成环反应、偶联反应、碳-碳裂解反应、官能团迁移反应、消除反应、脱羧反应、脱烷基化反应、硝化反应、胺化反应等(资源 8-4)。

α-酮戊二酸/Fe(Ⅱ)依赖的双加氧酶,是一类不含血红素的单核铁原子加氧酶,通常需要 α-酮戊二酸和活化的分子氧作为底物,游离的铁离子作为辅因子与活性中心形成三联体来完成反应。其与CYP450 酶一样,是自然界中催化反应种类最多的酶之一,催化的反应包括羟基化反应、环氧化反应、去甲基化反应、开环反应、卤化反应等。在植物中,双加氧酶(α-dioxygenase, DOX)构成了一个庞大的蛋白家族,根据氨基酸序列相似性可将其分为 DOXA、DOXB 和 DOXC 三个亚家族,在植物生长发育及天然产物生物合成中都起到了至关重要的作用。DOXA 亚家族主要参与初级代谢,如 AlkB 同源蛋白催化烷基化核苷酸和组蛋白的氧化去甲基化反应,从而通过表观修饰来调节生命活动;DOXB 亚家族的脯氨

资源
8-5

酸-4-羟化酶主要参与脯氨酸残基的翻译后修饰,对植物细胞壁和信号肽类激素的形成具有重要作用。DOXC 亚家族的成员最多,参与了萜类、黄酮、香豆素、生物碱等多种类型植物天然产物的生物合成途径(资源 8-5)。

资源
8-6

脱氢酶是一类催化底物脱氢反应的氧化还原酶,其通过转移一个或多个氢供体到电子受体的形式来氧化底物,电子受体通常为 NAD⁺/NADP⁺(资源 8-6)。脱氢酶能够催化可逆的还原和脱氢反应,如催化醇类化合物氧化成相应的醛/酮,以及催化醛/酮类化合物还原成相应的醇。脱氢酶广泛存在于自然界中,参与催化醇类和醛类化合物之间的相互转化。根据氢供体底物类型,植物脱氢酶可分为醇脱氢酶、乙醛脱氢酶、乳酸脱氢酶、谷氨酸脱氢酶等;根据酶肽链长度,又可分为短链脱氢酶、中链脱氢酶和长链脱氢酶。

二、萜类合酶

萜类合酶(TPS)是萜类化合物生物合成途径中的关键酶,能够催化简单的直链前体(GPP、FPP、GGPP 和 GFPP 等)形成复杂的碳正离子,随后发生环化、重排或碳正离子消除等反应,最终产生仅含碳氢原子的萜类核心骨架,少数萜类合酶也可以合成含氧的萜类结构。萜类合酶在决定萜类化合物的多样性和复杂性方面发挥着至关重要的作用,其在苔藓、蕨类、藻类、裸子植物和被子植物中均有报道,赋予了植物源萜类天然产物丰富的化学多样性。根据碳正离子形成的化学策略,可将萜类合酶分为 I 型和 II 型(图 8-6), I 型萜类合酶是利用金属离子促进烯丙基焦磷酸基团的离子化而产生碳正离子中间体,这类酶参与了单萜、倍半萜、二萜和二倍半萜的生物合成途径;而 II 型萜类合酶则是通过双键质子化形成碳正离子中间体,进而发生后续环化反应,这类酶仅在部分植物二萜和三萜生物合成中被发现。系统进化分析可将萜类合酶分为 7 个亚家族(TPSa~TPSg),各个亚家族的萜类合酶在结构、活性和底物特异性等方面都存在差异。目前,已经从药用植物中鉴定了一系列萜类合酶,包括柠檬烯合酶、紫穗槐二烯合酶、红没药烯合酶、紫杉二烯合酶、柯巴基焦磷酸酯合酶、次丹参酮二烯合酶等,但是相比于其他类型的萜类合酶,植物二倍半萜合酶的研究目前还尚处于起步阶段。

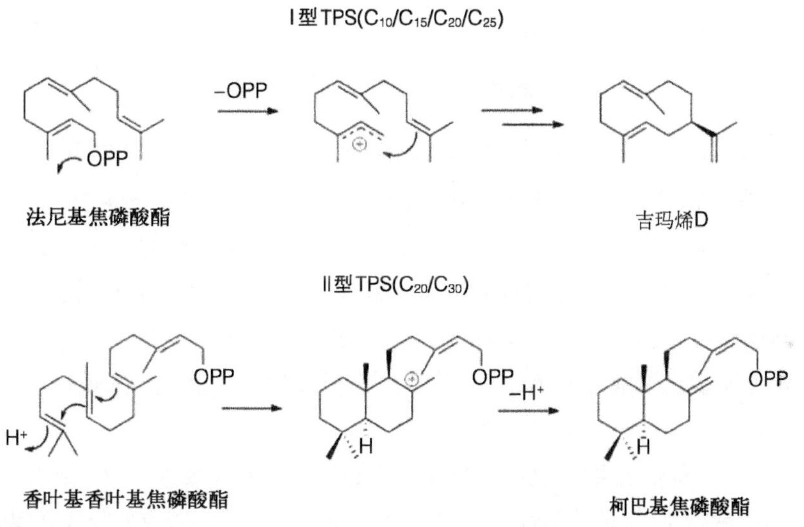

图 8-6　萜类合酶的催化反应举例
OPP 为焦磷酸

三、植物Ⅲ型聚酮合酶

聚酮合酶(polyketide synthases, PKS)通过催化脂酰辅酶 A(初始单元)和丙二酰辅酶 A(延伸单元)发生缩合反应,合成复杂的聚酮化合物核心骨架。根据结构和催化方式,聚酮合酶可分为 I 型、II 型、III 型 3 种类型。来源于微生物的 I 型或 II 型 PKS 依赖于酰基载体蛋白活化酰基-CoA 的底物,而III型 PKS 是植物特有的,其直接作用于酰基 CoA 活化的简单羧酸。根据III型 PKS 环化机制将其分为克莱森(Claisen)缩合型、羟醛(Aldol)缩合型、内酯型环化和 C-N 型环化等,其中克莱森缩合型是从植物中最早发现的 PKS 催化类型(图 8-7)。

四、转移酶

转移酶是指催化化合物某些基团转移的一类酶,其负责催化一个分子(供体)某一基团转移到另一个

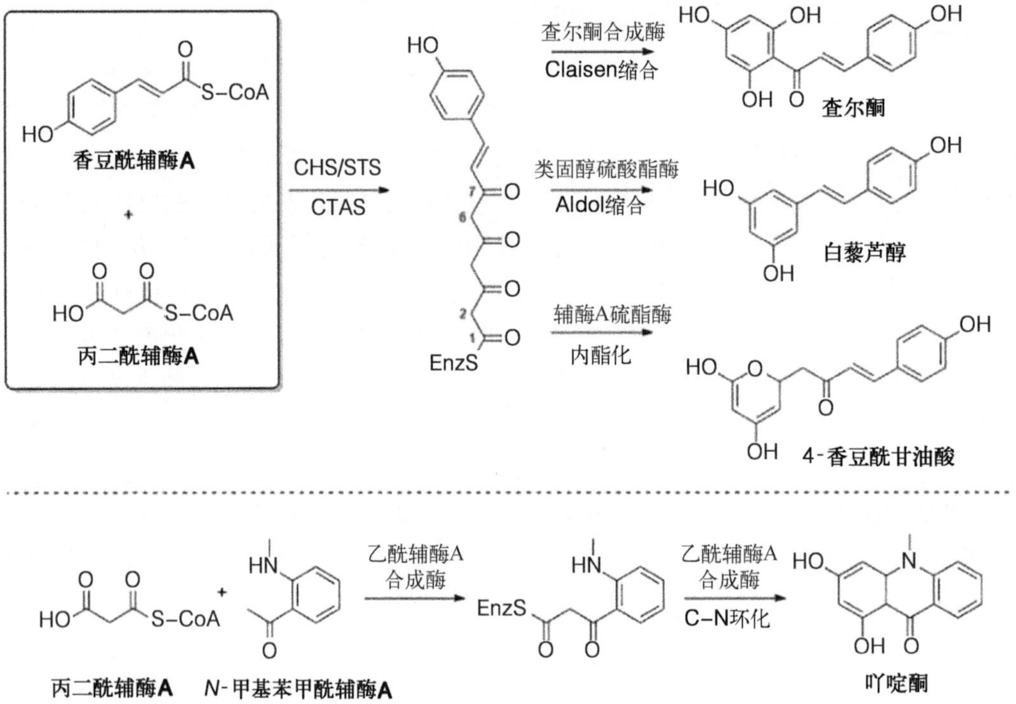

图 8-7 植物Ⅲ型聚酮合酶的催化反应举例

分子(受体)的反应。转移酶参与许多天然产物的后修饰,并在细胞生物化学过程中发挥重要作用。转移酶可根据转移的基团类型进行分类,本节主要概述异戊烯基转移酶、甲基转移酶、糖基转移酶和酰基转移酶。

异戊烯基转移酶(prenyltransferase, PT)是负责催化异戊烯基化反应的一类酶,在植物界广泛存在。异戊烯基转移酶的供体通常为异戊二烯焦磷酸,如 DMAPP、GPP、FPP、GGPP 等,焦磷酸基团离去产生碳正离子中间体,与受体反应,发生类似于弗里德-克拉夫茨(Friedel–Crafts)亲电取代的异戊烯基化反应(资源 8-7)。异戊烯基焦磷酸酯合酶,是在萜类生物合成过程中催化 DMAPP 与 IPP 发生缩合反应的一类关键酶,可催化合成不同链长的异戊烯基焦磷酸酯。根据缩合产物中各异戊烯基单元所含双键的构型,可将该类酶分为反式和顺式两种,这两类酶在结构和功能上差异较大。反式异戊二烯焦磷酸酯合酶大多含有 2 个天冬氨酸保守基序,催化活性依赖 Mg^{2+} 等二价金属离子。芳香族异戊烯基转移酶,可将不同的异戊烯基转移至含有芳香结构的化合物上。目前植物来源的芳香族异戊烯基转移酶均属于 UbiA 膜结合型,大多为多次跨膜的膜结合蛋白,含有富含天冬氨酸的保守基序,活性依赖 Mg^{2+} 等二价金属离子。

甲基转移酶(methyltransferase, MT)通常以 S-腺苷甲硫氨酸(S-adenosylmethionine, SAM)作为甲基供体,催化不同底物(包括核酸、蛋白质、多糖、天然产物等)进行甲基化反应,形成甲基化产物(资源 8-8)。甲基转移酶在正常生命活动维持、基因表达调控和天然产物生物合成中起着至关重要的作用。根据作用的底物和转移甲基的位置不同,甲基转移酶可分为氧-甲基转移酶(O-MT)、碳-甲基转移酶(C-MT)、氮-甲基转移酶(N-MT)、硫-甲基转移酶(S-MT)、无机砷甲基转移酶(Cyt19)等。目前研究较多的是 O-MT 和 N-MT,植物中的 O-MT 通常以苯丙烷衍生物等含羟基结构的天然产物为底物,催化形成甲基化的化合物,进而参与植物的多种生理生态过程;植物中的 N-MT 常以生物碱为底物,将甲基转移至 N 原子上,其主要参与相应生物碱的生物合成。

糖基转移酶(glycosyltransferase, GT)是普遍存在于生物体中的能够将糖基连接到特定受体的一大类酶(资源 8-9)。糖基转移酶超家族收载于碳水化合物活性酶数据库(carbohydrate active enzymes, CAZy, https://www.cazy.org/)和植物糖基转移酶数据库(https://pugtdb.biodesign.ac.cn/tables),其中 CAZy 中记录了 116 个糖基转移酶家族(GT1~GT116)。参与植物次生代谢途径的绝大部分糖基转移酶都属于 GT1 家族,其糖供体为尿苷二磷酸活化的单糖,如 UDP -葡萄糖、UDP -木糖等。GT1 家族成员的二级和三级结构高度保守,C 端结构域通常含有由 44 个氨基酸组成的高度保守的 PSPG 盒,是糖供体的结合位点。糖基转移酶还可以根据反应机制、酶结构特征、形成的糖苷键类型等进行分类。根据糖基化反应机制,糖基转移酶超家族可分为保留型和反转型两大类。供体糖基的异头碳构型在形成糖苷键之后改变为反转型,反之为保留型。反转型糖基转移酶三维结构上有 DH 保守基序。天冬氨酸(D)辅助组氨酸(H)将糖受体的相应羟基脱去质子形成亲核试剂,进一步进攻供体的异头碳合成糖苷,其催化机制是 S_N2 亲核取代反应。保留型糖基转移酶的催化机制尚不明确。按照糖基转移酶的三维结构,可将其划分为 GT -A、GT -B、GT -C 和 GT -D 四类。大部分糖基转移酶属于 GT -A 和 GT -B 两大类。根据形成的糖苷键类型,可以将糖基转移酶分为 O -、S -、N -和 C -糖基转移酶,其中 O -糖基转移酶分布最为广泛且研究最多。

　　酰基转移酶(acetyltransferase, AT)是催化酰基化反应的一类酶,能够催化含氧、含氮及含硫化合物合成相应的酯、酰胺类天然产物。酰基化反应是植物次级代谢中的一类较有代表性的关键反应,对植物代谢起着至关重要的作用(图 8-8)。BAHD 酰基转移酶家族是由其家族中四个首先发现的酶的首字母命名,分别是苯甲醇乙酰基转移酶、花青素羟化肉桂酰转移酶、邻氨基苯甲酸盐 N -羟化肉桂酰/苯甲酰转移酶、去乙酰化文多灵 4 - O -酰基转移酶。BAHD 酰基转移酶能够催化不同类型的底物生成结构多样的产物,根据产物类型可将其分为两大类,一类是以辅酶 A 硫酯为供体,醇为受体,在 BAHD 酶家族作用下生成相应的酯类,底物包括黄酮、花青素、萜类、莽草酸等;另一类是以辅酶 A 硫酯为供体,胺类为受体,生成相应的酰胺类化合物,底物主要包括生物碱和多胺等含有 N 原子的化合物。

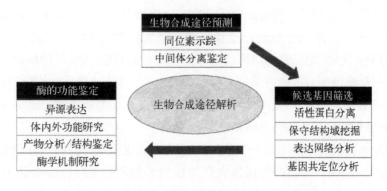

图 8-8　酰基转移酶的催化反应

第三节　药用植物活性天然产物生物合成途径解析技术

　　药用植物大多生长周期长、遗传背景复杂,由于高质量基因组数据难以获得、遗传操作体系不成熟或缺乏等问题,活性天然产物生物合成研究具有较大挑战。药用植物天然产物生物合成研究步骤主要包括(图 8-9):① 基于天然产物化学结构、生物合成中间体及化学反应机制推测生物合成途径;② 通

图 8-9　药用植物天然产物生物合成解析研究思路

过多组学数据分析、活性蛋白分离、中间体分子探针靶标垂钓等手段筛选生物合成酶候选基因;③ 运用体内外生化实验结合质谱和波谱学等技术鉴定候选酶的生化功能;④ 基于结构生物学和量子化学计算揭示酶的催化机制。

一、药用植物活性天然产物生物合成途径的推导

基于天然产物化学家对药用植物天然产物化学多样性的系统研究,大量的天然产物被分离和进行结构鉴定。根据已发现的天然产物化学结构结合化学反应机制,可对目标活性天然产物的生物合成途径进行推导,结合同位素示踪实验可进一步验证生物合成途径。

同位素示踪实验是利用稳定同位素或放射性同位素对生物合成途径上游的初级代谢产物或推测的中间体进行针对性标记,通过饲喂方法将同位素示踪原子引入药用植物植株、毛状根或悬浮细胞中,利用核磁共振仪、质谱仪等分析标记前体或中间体在体内的代谢规律,并根据代谢产物中示踪原子的位置和数量等,探索生物合成途径和反应机制。同位素示踪实验由于其灵敏性,被广泛地应用于活性天然产物生物合成研究中。例如,利用$[U-^{13}C_6]$-葡萄糖、$[1-^{13}C]$-葡萄糖或$[1,2-^{13}C_2]$醋酸饲喂红豆杉悬浮细胞,根据紫杉烷骨架及其乙酰基被标记的模式,证实紫杉烷骨架来源于质体中的 MEP 途径,通过饲喂实验确定 α-苯丙氨酸是紫杉醇 β-苯丙氨酰基侧链的前体。在过去几十年里,随着基因组学、转录组学、蛋白质组学和代谢组学等多组学技术以及生物信息学的快速发展和交叉融合,主要类型天然产物的生源途径已基本明确,但同位素示踪实验在研究天然产物生物合成途径、生物合成前体、酶催化的化学反应机制方面仍具有不可替代的作用。此外,稳定同位素示踪与代谢组技术联用可实现目标代谢物高效、动态检测,为天然产物生物合成关键酶的发现和鉴定提供了新手段。

二、药用植物活性天然产物生物合成酶的挖掘

天然产物生物合成上游途径在不同物种中往往具有较高的同源性,这些途径生物合成酶大多已被克隆和功能鉴定。因此,天然产物生物合成酶研究通常针对下游未知途径,这些酶往往家族庞大、编码基因不成簇分布、底物难以获得,其挖掘和功能鉴定难度较大。随着基因组学、分子生物学、生物信息学快速发展,综合利用转录组学、代谢组学、蛋白质组学和基因组学等多组学技术,可以实现对药用植物活性天然产物生物合成酶的高效挖掘。与此同时,靶标垂钓、单细胞转录组、代谢组-全基因组关联分析等新兴技术交叉融合,进一步推动了药用植物活性天然产物生物合成途径研究。

(一)基于活性追踪的酶分离纯化法

基于活性追踪的酶分离纯化法是生物合成酶挖掘的最经典方法之一,早期的生物合成研究大多利用该方法。运用该方法首先需要在粗酶提取物中检测到目标酶活性,然后通过各种分离纯化方法对目标酶进行分离纯化。常用的酶分离纯化方法包括离心分离、过滤分离、沉淀分离、层析分离、电泳分离、萃取分离和结晶分离等。近年来,活性追踪的酶分离结合生物合成中间体分子探针的靶标垂钓策略,以及转录组学和蛋白质组学技术,为挖掘药用植物天然产物生物合成未知新酶提供了新的策略和思路。例如,研究发现,利用分子探针靶标垂钓与转录组分析相结合的策略,从桑树(*Morus alba*)愈伤组织中发现了黄素腺嘌呤二核苷酸(FAD)依赖的第尔斯-阿尔德(Diels-Alder)酶,能够高效性、立体化学专一性地催化二烯和摩查尔酮 A 发生分子间[4+2]环化反应,生成异戊烯基类黄酮 chalcomoracin。

(二)基于保守结构域发现生物合成酶编码基因

根据天然产物生物合成酶的保守结构域,通过设计简并引物或杂交探针,从药用植物 mRNA 或者 cDNA 文库中筛选生物合成酶基因,是早期研究药用植物天然产物生物合成途径的另一种常用方法。Croteau 教授团队利用该方法成功挖掘了红豆杉中紫杉醇生物合成途径的 GGPP 合酶、紫杉二烯合酶、

紫杉二烯 5α -羟基化酶、紫杉烷 2α -苯甲酰基转移酶、氨基变位酶基因等。该方法依赖于序列的同源性,不适用于未知新酶的挖掘,随着基因组测序技术的快速发展,目前很少单纯地依赖保守结构域来挖掘生物合成酶,而是与转录组学、基因组学及系统发育、序列相似性网络相结合使用。

（三）基于表达网络分析发现生物合成酶编码基因

随着高通量测序技术的迅速发展,基因组学、转录组学、代谢组学、蛋白质组学等多组学技术为生物合成酶编码基因挖掘提供了大量的数据,并为药用植物中复杂代谢网络研究提供了平台。从海量数据中筛选目标基因是关键,基于天然产物合成和积累的时空特异性,对不同生长时期、不同组织部位、或诱导处理的材料进行转录组测序和代谢（组）分析,基于差异表达和共表达网络分析为候选基因筛选提供了有效的手段。其中,加权基因共表达网络分析是一种关联性分析,其原理是具有相似表达模式的基因,往往参与同一生物过程,具有潜在联系,这可能是植物在进化过程中形成的规律。多组学数据结合加权基因共表达网络分析是目前生物合成基因挖掘中使用最为广泛的策略,已经实现了多种药用植物活性成分合成途径的解析。例如,在士的宁（strychnine）生物合成研究中,Hong 等（2022）通过对合成士的宁的马钱子（*Strychnos nux-vomica*）和不产士的宁的马钱属植物（*Strychnos* sp.）进行关联性分析,结合同源性分析,筛选到参与士的宁生物合成的 α/β 水解酶和 BAHD 酰基转移酶,成功解析了士的宁的生物合成途径。

（四）基于基因共定位分析发现生物合成酶编码基因

生物合成基因簇是指在染色体上成簇存在,在转录和功能上相互协同,共同编码参与特定天然产物生物合成途径中连续催化步骤生物合成酶的基因簇。生物合成基因簇在微生物基因组中广泛存在,因此微生物天然产物生物合成研究主要依赖基因簇挖掘。近年来,随着基因组测序技术被广泛地应用于药用植物基因组解析,一批药用植物的高质量基因组被破译,具有高度序列相似性的同源基因成簇存在于基因组的现象在植物中也极为普遍,此外还发现功能相关的非同源基因也可以形成基因簇。基于药用植物全基因组序列结合 plantiSMASH（https：//plantismash.secondarymetabolites.org/）分析可寻找基因簇信息,目前为止共有约 30 多个植物代谢基因簇的代谢途径被解析。

三、药用植物活性天然产物生物合成酶的功能鉴定

鉴定候选基因的生化功能是生物合成途径解析的关键,包括酶生化功能分析、酶产物结构鉴定、药用植物体内生物功能分析、酶催化机制研究等。由于药用植物遗传转化体系不完善,异源表达体系结合体内外生化实验、质谱和波谱学等技术是目前研究酶生化功能最常用的手段,通过不同表达体系对目标蛋白进行异源表达和纯化,然后对重组酶的理化性质和功能进行分析和表征。

（一）基于异源表达体系鉴定酶的生化功能

在药用植物生物合成酶功能鉴定中,常见的异源表达宿主有大肠杆菌、酵母等微生物表达体系和本氏烟草、拟南芥、番茄等植物表达体系。植物天然产物生物合成酶家族种类繁多,不同蛋白家族具有不同的特性,可以选择不同的表达体系进行异源表达和功能研究。近些年的研究表明,大肠杆菌能够高效表达植物来源的短链脱氢酶、糖基转移酶、萜类合酶、酰基转移酶、甲基转移酶等。酵母是单细胞低等真核微生物,在酵母中表达外源蛋白可以进行翻译后修饰,且能够很好地表达膜结合蛋白。由于酵母宿主细胞结合了细菌和高等生物宿主细胞表达系统的优良特性,被广泛应用于药用植物生物合成途径中膜结合酶的异源表达和功能鉴定,常用的酵母宿主有酿酒酵母和毕赤酵母。

烟草瞬时表达体系在天然产物生物合成途径和蛋白翻译后修饰方面与候选基因来源的药用植物具有更多的相似性,可解决药用植物中蛋白异源表达困难的问题。该体系简单快速、周期短、蛋白表达水平高,是在植物体内外水平验证基因功能的快捷方法,同时也可作为快速高效筛选药用植物生物合成酶

的平台之一。基于烟草瞬时表达体系,研究人员在解析了智利皂皮树(*Quillaja saponaria*)基因组的基础上,通过基因组数据挖掘结合烟草瞬时表达体系,首先鉴定出合成智利皂皮树皂苷中间体的 16 种酶,并达到了制备级水平,彰显了植物瞬时表达系统的强大。

（二）药用植物体内的酶功能研究

通过异源表达体系明确了天然产物生物合成酶的催化功能后,需要对该酶在药用植物体内的功能做进一步研究。常用的策略包括基因编辑、沉默、过表达和敲除等,通过基因表达量、代谢产物、表型等变化,研究药用植物体内酶/基因的功能。但由于药用植物遗传转化体系的限制,部分研究也通过基因表达模式与化合物积累模式的相关性分析,间接研究药用植物体内酶/基因的功能。

基因编辑技术是近年来兴起的能够对特定基因位点精准编辑的分子生物学技术,其中 CRISPR/Cas 系统因其强大的基因编辑能力,在植物基因功能研究和分子育种中具有独特优势,但在大多数药用植物中尚未建立有效的载体构建和遗传转化体系。丹参作为药用植物基因工程研究的模式植物,基因编辑研究相对深入。此外,CRISPR/Cas9 系统在黄花蒿、甘草、人参、颠茄等药用植物基因功能研究中也有应用。

基因表达抑制是指通过对活性天然产物生物合成酶编码基因进行沉默、敲除、或部分敲除后,根据代谢产物的变化来验证基因功能,常用的方法有 RNA 干扰(RNAi)和病毒诱导的基因沉默(VIGS)。RNA 干扰是指由内源或外源双链 RNA 引发的特定 mRNA 降解,从而特异性下调靶基因表达的现象,表现为特定基因的表达下降甚至沉默。病毒诱导的基因沉默是指携带目的基因片段的病毒侵染植物后,随着病毒的复制和转录而特异性地诱导序列同源基因 mRNA 降解或被甲基化等修饰,从而引起植物内源基因沉默、表型或生理指标变化,进而根据表型变异研究目标基因的功能。

基因过表达常用于植物基因的功能验证,通过分析过表达后代谢产物的含量及植物表型,进一步确定生物合成酶的功能。基因过表达很少单独使用,常结合 RNA 干扰或病毒诱导的基因沉默实验,从而更全面地验证生物合成酶在药用植物体内的功能。

（三）酶产物分析与结构鉴定

无论是利用异源表达体系还是在药用植物体内研究酶的催化功能,均需要对酶产物的结构进行鉴定,明确酶催化的化学反应。酶产物的分析、富集、分离与结构鉴定可以参考天然产物化学研究中相关技术,常用的有色谱、质谱技术和核磁共振谱等技术。色谱技术包括薄层色谱、气相色谱、液相色谱、凝胶色谱、超临界流体色谱等;质谱技术包括电子轰击电离质谱、基质辅助激光解析电离质谱、电喷雾电离质谱、串联质谱等;核磁共振谱包括一维核磁共振谱(^1H-NMR 和 $^{13}C-NMR$)和二维核磁共振谱。随着高通量样品处理技术的快速发展,色谱、质谱与波谱技术结合自动化移液、流式分选和微流控液滴等技术,可极大地提高生物合成酶功能表征的通量和准确性。

（四）酶学机制研究

1. 酶的选择性研究　酶的专一性在传统认知中被广泛接受,是指酶只能作用于一种物质或一类结构相似的物质,催化其发生一种化学反应,生成特定的反应产物。但随着研究的深入,目前已有大量实验证明,天然产物生物合成酶通常具有杂泛性,包括底物杂泛性和催化杂泛性。其中,底物杂泛性是指酶对底物的化学选择性、区域选择性和立体选择性,而催化杂泛性一般指能够催化同一底物生成多种不同产物。酶的选择性研究不仅可为酶催化机制解析和设计改造奠定重要基础,而且对于理解药用植物药效物质多样性和复杂性的形成机制具有重要意义。萜类合酶大多具有底物杂泛性和催化杂泛性,这可能是萜类分子从简单的异戊烯基单元线性底物出发,产生复杂多样萜类骨架的重要原因之一。此外,糖基转移酶通常也表现出宽泛的底物杂泛性,包括糖基供体和受体杂泛性。

2. 酶促反应动力学研究　酶促反应动力学是研究酶促反应速率及影响酶促反应速率各种因素的

科学。酶促反应动力学以化学动力学为基础,通过测定各因素(底物、温度、pH 和金属离子等)对酶促反应速率的影响,确定最适反应条件。酶反应动力学最简单的模型为米氏(Michaelis – Menten)模型,其中 K_m 是米氏常数,它表示酶促反应速率达到最大反应速率一半时的底物浓度。K_m 只与酶的性质相关,而与酶浓度无关,对于某一酶促反应而言,当 pH、温度、离子强度不变时,K_m 值是恒定的。K_m 可用于衡量酶与底物之间亲和力的大小,K_m 越小,表明酶进行反应所需的底物浓度越低,表明酶与底物之间亲和力越大,因此 K_m 可以用来判断酶的专一性和天然底物。k_{cat} 又称酶周转数,是指每分子酶或每个酶活性中心在单位时间内能催化的底物分子数,它度量了酶的最大催化能力,也就是在底物饱和的情况下,酶的最大反应速率。k_{cat}/K_m 是衡量酶的底物亲和力和催化效率的重要参数,也称酶的专一性常数或者酶的催化效率。当 k_{cat}/K_m 值较大时,表明酶的催化效率高,酶转化底物的速率快且与底物的亲和力大。对于可利用多个底物的酶,其对不同底物的催化效率可能存在差异。

3. 酶的结构与功能关系研究 酶的结构包括一级结构和高级结构,与酶的催化功能密切相关。其中酶活性中心,又称活性位点,是指结合底物和催化反应的区域,包括结合位点和催化位点。蛋白质结构的细微改变会引起酶的功能改变或者丧失,研究酶结构与功能的关系是酶学领域的核心问题之一。目前,蛋白质结构研究的技术包括 X-射线晶体、核磁共振和冷冻电镜等。其中,X-射线晶体是至今使用最为广泛的蛋白质结构测定方法,该方法需要获得高纯度的蛋白质,并培养蛋白质晶体,再利用 X-射线衍射仪或同步辐射光源对蛋白质晶体进行 X-射线衍射。但获得高质量晶体一直都是天然产物生物合成酶结构研究的瓶颈,而核磁共振技术和冷冻电镜技术的应用受蛋白质的大小限制,核磁共振技术主要是用来研究小分子,冷冻电镜技术更适合于大分子量蛋白质及蛋白质复合体等。近年来,深度学习和人工智能等技术在蛋白质结构预测方面取得了较大突破,DeepMind 公司开发的 Alpha Fold 和华盛顿大学 David Baker 团队的 RoseTTAFold 等工具,能够比较准确地预测蛋白质的三维结构。进一步将蛋白结构生物学与分子动力学模拟、量子力学计算、定点突变等技术结合,可对蛋白结构与功能关系进行全面分析。

4. 酶催化的反应机制研究 酶催化是一个复杂的过程,包括底物结合、化学反应和产物释放三个阶段。研究酶反应过程不仅有助于理解酶催化的化学反应机制,而且能获得底物输运与产物释放的机制,为酶设计改造提供理论依据。但由于催化过程中的过渡态和瞬时中间体的结构信息难以捕获,以及酶静态晶体结构和活性态的结构存在差异,酶催化的反应机制研究面临较大挑战。利用同位素标记方法,可以追踪反应中化学键形成和断裂过程;利用底物类似物或通过氨基酸突变,可以让反应停留在中间步骤,根据中间体化学结构研究酶反应机制。随着理论与计算化学的发展,尤其是量子力学/分子力学(quantum mechanics/molecular mechanics,QM/MM)方法的不断完善,从原子和电子水平上研究酶催化反应机制成为可能,弥补了实验方法的局限性。

第四节 药用植物活性天然产物生物合成应用研究

药用植物活性天然产物需求量的不断增大,导致中药资源可持续利用和高质量发展面临巨大的压力。合成生物学(synthetic biology)作为一门新兴的交叉学科,将系统生物学、工程学、生物技术、信息学等多学科融合,按照人类的设计构建人工生物催化系统,旨在设计和构建新的生物体系,以生产药用植物活性天然产物等高价值的化合物。合成生物学技术遵循"设计-构建-测试-学习"的过程,通过该技术构建高效的细胞工厂,实现活性天然产物的绿色高效生物合成,为解决活性天然产物大规模生产以及中药资源可持续利用问题提供新的重要途径。然而,通过合成生物学技术实现目标天然产物的工业化生产仍然是一项具有挑战性的任务。底盘细胞是非常复杂的系统,外源途径的引入会在底盘系统中引起一系列反应,包括生长速率调节、热休克反应、应激反应和严紧反应等,这将导致质粒不稳定、细胞代谢和细胞遗传信息变化,使得目标产物无法合成或产量低。因此,需要对底盘细胞、人工合成线路、催化元件、调控元件、代谢网络、发酵条件等不断优化,以提高天然产物的生物合成产量。

一、底盘细胞

底盘细胞是合成生物学的"硬件"基础,是指可以承载外源的功能化元件、线路和途径,并表达所需蛋白和发生代谢反应的宿主细胞。底盘细胞作为生物合成途径表达的载体,为天然产物的合成提供了平台,决定了生物合成底物和代谢的通量,从而影响目标天然产物的产量,因此需根据天然产物的结构特点、生物合成途径和关键限速酶,选用不同的底盘细胞。

（一）微生物底盘细胞

微生物由于繁殖速度快、生长周期短、遗传背景清晰、遗传操作技术成熟、发酵工艺成熟,且产物易于提取分离、生产成本低等优势,被广泛用于药用植物活性天然产物的异源生物合成。模式生物大肠杆菌和酿酒酵母是最常用的底盘细胞。但是,大肠杆菌难以表达真核生物来源的部分酶如 CYP450 酶,酿酒酵母偏好生产乙醇,因此会影响产物得率,且二者需要温和的生存条件,底物利用范围有限。近年来第三代原料生物转化倡导利用廉价的一碳资源,迫切需要拓展底盘细胞的范围。解脂耶氏酵母作为一种重要的非常规酵母底盘,其具有相对全面的基因组注释,易于基因操作,在 β-胡萝卜素类、白藜芦醇、柚皮素等天然产物生物合成应用方面表现优越,超越了酿酒酵母的产量。毕赤酵母是一种甲醇营养性酵母,能够利用甲醇作为唯一碳源生长,并且能够在极简化的基础培养基中高度表达外源蛋白,而且由于其基因组与传统发酵酵母截然不同,引入的外源基因受到的抑制较少。在毕赤酵母中构建小而稳定的人工染色体是一个有效的策略,可以在不干扰毕赤酵母内源染色体的基因表达和自身生长的同时,进行外源基因的多重整合和表达。多形汉逊酵母也是典型的甲醇营养型微生物,可以利用甲醇为唯一碳源进行高密度生长,具有耐热的特性。多形汉逊酵母的甲醇代谢途径与毕赤酵母较为相似,同样在过氧化物酶体中进行,区别在于多形汉逊酵母仅拥有一个甲醇氧化酶,且甲醇调控不如毕赤酵母严格,在低浓度的甘油和葡萄糖条件下,也能实现甲醇氧化酶一定程度的表达,因此常用的发酵碳源以甘油及甲醇为主。Gao 等(2023)利用毕赤酵母细胞工厂从头合成长春质碱,证明了毕赤酵母作为合成植物天然产物细胞工厂的优势和巨大潜力。Ye 等(2023)首次利用工程多形汉逊酵母实现抗肿瘤药物 β-榄香烯的高效生产,表明多汉逊酵母作为底盘细胞生产药用植物活性成分具有巨大潜力。

（二）植物底盘细胞

植物作为药用植物天然产物生产的底盘生物具有许多天然优势,如拥有丰富的内膜系统和细胞器、高度特化的生物合成基因簇、精细的代谢调控网络等。模式植物烟草是目前应用最广泛、也是最成功的植物底盘生物,其具有遗传转化体系成熟、易成活、生长周期短等优势。Li 等(2019)采用叶绿体代谢工程策略,将紫杉二烯 5α-羟化酶和细胞 P450 还原酶(cytochrome P-450 reductase, CPR)重新定位到叶绿体,并强化萜类前体生物合成途径的 1-脱氧木酮糖-5-磷酸合成酶和香叶基香叶基焦磷酸合酶编码基因的表达,提升了烟草中紫杉二烯的产量。此外,药用植物本身也可以作为底盘细胞,由于药用植物体内含有目标天然产物生物合成的完整途径,只需要对关键限速酶基因和重要调控因子进行操作,即可获得高产目标天然产物的转基因植株。例如,已通过代谢工程技术成功培育出青蒿素高产的黄花蒿,以及莨菪碱/东莨菪碱高产且抗除草剂的颠茄转基因纯系。

二、元件改造与优化

生物合成关键酶是药用植物天然产物合成生物学技术应用的重要功能元件,此外还有启动子、终止子、调控因子等控制基因表达的调控元件。功能元件的催化效率低,会成为整个合成途径的限速步骤,而区域/立体选择性差,将导致副产物的生成,降低目标产物的转化率,而且副产物异常积累可能会对底盘细胞产生毒性,因此功能元件的催化性能是制约目标化合物异源合成效率的关键因素之一。为了解决酶在合成生物学技术中应用的问题,需要利用分子生物学、生物信息学、结构生物学和计算生物学等手段,对酶进行合理的设计、改造与优化,从而提高酶的催化活性、专一性和稳定性等性能。

（一）酶的定向进化

酶的定向进化技术是通过在实验室条件下模拟自然进化过程,对目的基因进行突变和筛选,从而获得催化性能提升或者具有新功能的突变酶。2018 年诺贝尔化学奖授予了 Frances H. Arnold 教授,以表彰她在酶的定向进化领域的贡献。酶定向进化技术的主要挑战在于如何设计构建高质量的多样性突变体文库,以及建立高效、快速的筛选方法。

非理性设计是指通过随机突变和片段重组等方法模拟自然进化,主要通过易错 PCR、DNA 体外同源重组、饱和突变等技术构建突变体文库。非理性设计不需要深入了解酶的结构与催化机制,但需要构建大规模随机突变文库,结合高通量实验筛选,经过多轮迭代获得有益突变体。

随着生物信息学的快速发展,大量的酶序列和结构数据可被获取,计算机辅助设计和蛋白质结构预测水平进一步提高,在此基础上发展了酶的理性和半理性设计。将酶的序列、结构、功能等信息作为先验知识,开发计算机算法,预测蛋白质活性位点及其对底物结合等方面的影响,针对性地进行改造和模拟筛选,可降低实验工作量,提高酶改造效率。基于蛋白质进化信息指导酶的改造是比较成熟的一种策略,主要通过多序列比对、系统发育分析、祖先序列重建等方法,定位和识别蛋白质序列中的功能区域。近年来,随着蛋白质结构生物学、分子动力学等技术快速发展,基于蛋白质结构信息指导的酶改造策略得到了广泛的应用。

通过对蛋白质序列数据的机器学习和深度学习,使用神经网络或其他学习模型总结归纳其中的序列-结构-功能特征,可以实现更准确、更高效的酶设计改造。此外,人工智能技术也逐渐被应用到酶规模化挖掘、新酶设计。相信在不久的将来,与人工智能相结合的酶改造和设计技术将迎来快速发展,从而加速药用植物活性天然产物合成生物学发展。

（二）密码子优化

密码子优化策略主要包括密码子偏好、密码子协调、密码子灵敏度和基因序列调整等。密码子偏好是目前最常用的密码子优化策略,主要是用宿主基因组中频率最高的同义密码子替换供体密码子。采用宿主偏好密码子,减少或避免使用稀有密码子是提高生物合成途径中关键酶基因异源表达水平的重要手段。此外,密码子协调性和密码子敏感性也是活性蛋白成功表达的重要因素。密码子协调主要涉及以宿主最常用的密码子替换供体密码子,使用频率相近的密码子对蛋白质进行编码,而密码子敏感性是指 tRNA 对其转运氨基酸的结合强度。

（三）生物元件与数据库

生物元件与数据库的构建对于天然产物合成生物学研究和应用具有重要支撑作用。国外先后创建了多个标准生物元件库,并通过制定 OpenMTA 协议和"合成生物学开放语言"(SBOL)实现了元件共享和数据交换。我国多家单位合作共建了第一个合成生物学元件与数据库(RDBSB, https://www.biosino.org/rdbsb/)。截至 2023 年底,数据库已收集 36 万余个催化元件,包括 7 万余个实验表征的催化元件,保藏了 5 900 余个底盘,并通过网站实现了数据和实物的公开与共享。此外,还有一些针对特定酶的数据库,如植物 CYP450 数据库(https://erda. Dk/public/vgrid/PlantP450/table. html)、植物糖基转移酶数据库(https://pugtdb. biodesign. ac. cn/)等,极大地促进了相关基因挖掘、功能鉴定及天然产物生物合成学研究与应用。

三、生物合成途径设计和构建

药用植物天然产物生物合成途径通常较长,涉及的生物合成酶数量及种类较多,设计和构建最优的合成途径是利用合成生物学技术生产目标天然产物的重要环节。

（一）人工合成线路设计

前体的供应和平衡是天然产物异源生物合成需要考虑的关键问题。目前,前体化合物的供应主要是通过修饰和调控底盘细胞内源代谢途径,或引入异源代谢途径来强化。在萜类前体生物合成途径中,HMG－CoA 还原酶(3－hydroxy－3－methyl glutaryl coenzyme A reductase, HMGR)被公认为是 MVA 途径的关键限速酶,早期研究表明将 HMGR 截短可以有效提高萜类前体的产量,目前过表达截短的 HMGR (tHMGR)基因已成为强化萜类天然产物前体供应的通用手段。此外,过表达 MVA 途径或 MEP 途径的其他关键酶也可以有效提高萜类前体供应。乙酰辅酶 A 主要来源于糖酵解和三羧酸循环过程,因此加强细胞的基础代谢强度,提高糖酵解过程中的糖消耗能力,可提高细胞工厂的效率。MVA 途径关键中间体是来自糖酵解途径的磷酸烯醇丙酮酸和磷酸戊糖途径的赤藓糖-4-磷酸,通过中心代谢途径的遗传改造,加强这两个中间体的供应量,可以强化莽草酸代谢途径的流量。此外,还可以强化莽草酸合成途径关键限速酶的表达。

野生型底盘细胞通常并无目标天然产物的合成途径,或目标天然产物合成途径中存在明显的限速步骤,所以需要基于底盘细胞的特性,对目标天然产物的异源合成途径进行理性设计。目前,天然产物生物合成途径设计主要有两种方法,一种是基于已解析的生物合成途径进行设计优化;另一种基于对已有生化反应的认知,通过生物合成途径预测软件或经验分析可能途径,该方法主要针对生物合成途径未知的天然产物,通过酶的筛选及改造实现未知步骤的催化。例如,Galanie 等(2015)将来自细菌、植物、动物及酵母本身的 20 多个功能基因导入酿酒酵母中,实现了阿片类生物碱蒂巴因(thebaine)和氢可酮(hydrocodone)的从头合成,虽然产量分别只有 7.8 μg/L 和 0.3 μg/L,距离工业应用还需要大幅度优化,但该工作为吗啡微生物合成的可行性提供了有利的证据。

随着生物信息学和工程学科的发展,可以通过计算机辅助策略对目标天然产物的异源合成途径进行数学建模,指导合适元件的选择,对代谢途径进行评估,以期找到理论上最合适的生物合成途径。KEGG(https：//www. kegg. jp/)、NCBI(https：//www. ncbi. nlm. nih. gov/)、BRENDA(https：//www. brenda-enzymes. org/)、PDB(https：//www. rcsb. org/)和 MetaCyc(https：//metacyc. org/)等数据库提供了大量的生化反应和代谢途径等信息。对于催化元件的选取和优化,可以运用 RBS calculator、RBS Designer、Gene Designer 和 RxnFinder 等工具帮助评估与设计。此外,RetroPath、iPATH2、Asmparts、BioMet toolbox、SimPheny、BNICE、FMM、SynBioSS 等途径设计和预测软件可以辅助研究人员完成代谢通路设计、途径建模、通量分析、最佳代谢途径筛选等工作。此外,还可以通过各种生物信息学数据库和软件的分析和预测,发现内源途径和代谢产物的竞争关系、副产物的形成及底盘细胞的适配性等,以期找到活性天然产物的最优异源合成途径。

（二）模块化途径工程

对于较长的生物合成途径,往往需要以某一个或某几个关键代谢产物为节点将整个途径拆分成几个部分,即模块(module),分别对它们进行组装、调控和优化。模块化途径工程是药用植物活性天然产物异源合成的重要手段之一。例如,萜类天然产物生物合成途径常被分为 3 个途径模块,即上游、中游和下游途径模块。在上游途径模块中,主要是针对微生物内源性途径即 MEP 途径或 MVA 途径进行改造。中游途径模块则是异戊烯基焦磷酸酯合酶和萜类合酶,负责合成结构多样的萜类化合物骨架。在下游途径模块中,以各种萜类骨架为前体,在 CYP450 酶、双加氧酶、糖基转移酶和酰基转移酶等多种修饰酶催化下生成结构和功能多样的萜类化合物。从精氨酸和苯丙氨酸前体到东莨菪碱的生物合成途径包括 13 个酶,可以将其划分为 4 个生物合成模块,模块 1 负责酰基受体托品烷生物合成;模块 2 负责供体苯乳酰葡萄糖生物合成;模块 3 负责托品烷和苯乳酰葡萄糖的酯化缩合生成海螺碱;模块 4 负责海螺碱官能团化和修饰并生成莨菪碱和东莨菪碱。

（三）细胞区室化策略

细胞中存在各种功能不同的细胞器和亚细胞结构,包括质体、内质网、线粒体、高尔基体、液泡、过氧化物酶体等,它们具有独特的内环境、酶和辅因子等。细胞区室化策略是通过代谢工程手段,操纵关键基因的亚细胞定位,将生物合成途径靶向特定细胞器或亚细胞结构中。细胞器区室化策略可充分利用某些细胞器中丰富的关键前体,增加酶和中间产物的局部浓度,减少其他途径对前体和中间代谢物的消耗,改善有毒中间产物和（或）目标产物对细胞造成的负面影响,是近年来发展起来的途径设计优化的重要策略。酵母菌已成为细胞器区室化工程的模式生物,而对于像大肠杆菌这种没有丰富细胞器的原核生物,则利用质膜或合成细胞器进行区室化研究。

内质网富含大量的膜结构,是蛋白质、酯类和糖类合成的场所。研究表明将 CYP450 酶、去饱和酶等生物合成酶定位到内质网上,可使得终产物的产量提升。线粒体是细胞的能量工厂,是三羧酸循环、有氧呼吸、氨基酸和脂类代谢的主要场所,具有大量的 ATP,且能够合成大量乙酰辅酶 A,因此将萜类、脂类等天然产物生物合成途径定位于线粒体中,可促进相应目标产物的合成。过氧化物酶体是一种异质性的细胞器,主要功能是催化脂肪酸的 β-氧化,其含有丰富的酶类,主要包括氧化酶、过氧化氢酶和过氧化物酶。例如,将萜类合成途径定位到毕赤酵母过氧化物酶体,通过双向调控细胞质和过氧化物酶体,将法尼烯产量提升至 2.18 g/L,分别是单独调控过氧化物酶体和细胞质的 1.3 和 2.1 倍。此外,也有研究者将脂滴和质膜等细胞器工程策略用于药用植物活性天然产物的异源合成。

（四）生物合成途径的组装

生物合成途径的组装策略可分为单个基因转录单元的构建以及运用模块化工程策略进行多基因代谢途径构建、染色体整合和组装等。近年来,科研工作者开发和优化了多种基因编辑与重组技术,使得目标 DNA 的组装效率和尺度不断提升。目前小片段 DNA 组装技术已经比较成熟,通常采用体外组装策略,如依赖于 DNA 聚合酶的重叠延伸 PCR 技术、环形聚合酶延伸克隆技术等;依赖于限制性内切核酸酶的 Golden Gate 组装、BioBrick 组装等技术;以及依赖于限制性外切核酸酶的 Gibson 组装、SLIC 组装、TEDA 组装等技术。DNA 片段组装后可通过化学转化或电转化等方法转移至目标宿主细胞内。对于超过 20 kb 的大片段 DNA,由于分子量大、易断裂,通常借助微生物体内的同源重组系统进行组装。同源重组是基于重组酶的催化作用,通过同源序列 DNA 分子间的交换,从而使序列发生重组。酿酒酵母因为具有较高的同源重组效率,是组装大片段 DNA 的常用宿主,其可以直接将多个 DNA 片段和线性载体组装成完整的质粒或靶向整合至基因组中。DNA assembler 和 TAR 是基于酵母体内可自行发生同源重组的特性而发展起来的两种途径组装的有效方法,需要具有相应的同源序列。近年来,基于位点特异性重组、成簇规律间隔短回文重复（clustered regularly interspaced short palindromic repeats, CRISPR）等技术发展了系列高效的 DNA 组装、编辑和改造方法。其中,基于噬菌体 P1 的 Cre/loxP 系统介导的 DNA 体内组装技术在酵母中应用十分广泛;而基于 CRISPR/Cas 基因编辑技术可实现酵母大片段 DNA 的整合、敲除、编辑和改造,应用范围广泛。对于超大外源 DNA 的重组,则可以采用人工染色体技术进行组装。总之,不同的组装技术具有不同的适用性,通常可将几种技术联合使用。低成本、高效率、自动化的大片段 DNA 组装技术开发及非模式生物中的应用是未来的重要研究方向。

四、代谢工程优化

代谢工程是利用基因工程技术对细胞代谢途径有目的地进行修饰与改造,改变细胞特性,从而实现高效生产特定目标产物。为了高效且理性地平衡不同代谢途径内及各代谢途径间的代谢流量,将更多代谢流引向目标产物,需要使用不同的策略进行优化,以提高目标代谢产物的生物合成能力,这些策略包括强化代谢通路前体的供应、抑制和阻断竞争代谢通路、引入转运体以储存和隔离代谢物中间体、提高代谢通路中酶的活性等。

（一）基因水平优化

启动子是一段位于目标基因转录区上游,能够与 RNA 聚合酶结合从而实现转录起始的 DNA 序列。为了实现关键目标基因的高效表达,经常需要对核心启动子进行遗传改造,以实现基因转录水平的可控调节乃至表达强度的精细调控。一般采用如下两种策略:一是对靶基因自身的内源启动子进行突变改造,或者将启动子与特定的转录因子相结合,从而改变启动子的强度。另一种方式则是将原有的启动子替换成其他启动子,从而彻底改变受控基因的表达谱,实现对关键基因转录水平的人为控制。对现有启动子进行工程改造是获得不同强度启动子文库的重要手段,目前针对大肠杆菌、酿酒酵母内源性启动子的研究较为透彻,可通过定向进化结合绿色荧光蛋白、mRNA 转录水平检测以及流式细胞分析等方法联用,构建启动子文库。此外,挖掘天然启动子、构建融合型启动子、设计人工启动子也是目前常用的策略。具有动态代谢调控功能的特殊启动子的发现与改造、新性能启动子元件的人工智能设计与进化等是启动子工程领域的研究前沿。

除了启动子文库,核糖体结合位点(ribosome binding site, RBS)文库构建也是大肠杆菌等原核表达体系中基因表达调控和优化的常用策略。核糖体结合位点是指 mRNA 的起始密码子上游 8~13 核苷酸处,存在一段由 4~9 个核苷酸组成的共有序列 AGGAGG,可被 16S 核糖体 RNA 通过碱基互补精确识别,在蛋白翻译过程中具有重要调节作用。人工设计的 RBS 文库可在翻译水平上对基因的表达强度进行调节,从而优化目标化合物的产量。

在活性天然产物异源生物合成过程中,调节基因拷贝数是常用策略,可通过将目标基因克隆至多拷贝质粒来实现,从而增加基因的表达量,优化目标产物产量。但是,使用多拷贝质粒过表达基因,往往会给宿主细胞带来较大的代谢负担,导致质粒不稳定和丢失,而对基因组中基因的直接调控可以避免这些问题,通过静态或永久地调整基因拷贝数,以避免对宿主细胞代谢的过度干扰。除了转录、翻译之外,动态基因拷贝调控也提供了一个新的策略,通过控制基因的表达水平来解决由不适当的高拷贝或拷贝不足引起的代谢负担。例如,通过修饰质粒基因拷贝数和启动子强度,实现了松属素、白藜芦醇和柚皮素等的高效合成。

（二）蛋白质水平优化

在构建多基因的从头合成途径过程中,会遇到中间产物被内源性反应利用或转移,或对宿主产生毒害作用等问题,从而影响目标产物的产量。通过模拟天然生物合成途径中酶的协同作用,将生物合成酶融合表达,拉近酶在空间上的距离,产生“底物通道”作用,或通过酶共定位表达来提高酶和代谢物的局部浓度,可提高途径中酶的转化效率,减少代谢体系串扰。

生物分子支架策略将酶共定位以提高局部酶和代谢物的浓度,减少中间产物与宿主细胞环境间的相互作用,增强代谢通量,已经成为生物催化和合成生物学研究的热点之一。蛋白支架是截取天然蛋白质具有相互作用的结构域(即受体结构域)融合表达构建而成,通过将相应蛋白配体与途径酶融合表达,利用蛋白质-蛋白质相互作用将酶固定在蛋白质支架上,然后通过调节受体结构域的比例和顺序,平衡相关途径酶的化学计量数,从而实现代谢途径通量的增强。此外,前面所述细胞区室化、蛋白质改造与优化也是极其有效的蛋白质水平优化策略。

（三）途径水平优化

在底盘细胞中创建代谢途径之后,需要对代谢途径进行调控,包括增强产物和辅因子合成途径,或弱化一些底盘细胞生长所必需但对目标化合物生产有不利影响的途径。在技术层面上,可分为单基因调控、多基因调控及基因动态调控技术。单基因调控是对某个特定基因的表达进行调控,主要策略包括前面提到的改变基因的启动子、核糖体结合位点等元件。单基因调控虽然简单,但只能在单基因维度上调控,无法解决需要同时调控多个基因的复杂问题。多基因调控策略则是对多个基因进行协同调控,找到最优的表达组合,从而优化整条代谢途径。动态调控是代谢途径优化中最有效的策略之一,其模拟和利用生物体天然的动态反馈机制,通过多种复杂的调控手段,如基于感应器的反馈控制等,实现相关基因表达的自主调控,从而避免因为基因表达量过高或过低对细胞造成的负担或限制。基因动态调控技术的引入能够实时响应代谢信号,并及时进行反馈调节,适时地平衡产物合成所需的基因表达与全局代谢的关系,从而适应细胞内部代谢和环境的变化。动态调控技术不仅可为优化合成体系提供有效的方法,还有助于深入理解细胞内复杂的代谢网络和调控机制,从而开发出更多的工程策略。

（四）代谢网络模型优化与重建

无论是底盘细胞自身的代谢途径还是目标化合物的生物合成途径,其在细胞工厂中都不是孤立存在的,而是相互交织、相互影响,构成了一个动态平衡的代谢网络。因此,在优化细胞工厂时,需从全局代谢网络角度来理解和调控。

辅因子在生物代谢过程中起着至关重要的作用,通常作为酶活性中心的一部分,直接参与到催化反应中。辅因子可以作为电子或质子载体,如 $NAD(P)H$ 和 $FADH_2$ 在氧化还原过程中作为电子传递载体。辅因子还可以承载某些化学基团,如 SAM 作为甲基供体,参与甲基转移反应。在代谢网络中,辅因子不平衡或者供应不足是限制目标产物合成效率的关键因素,因此需要通过增强辅因子平衡和代谢水平等方法,改善辅因子供应进而提升目标化合物的产量。Chen 等(2022)通过改造中心代谢以提高 NADPH 供应,以及构建胞质 $FAD(H_2)$ 合成途径等策略提高胞质 $FAD(H_2)$ 供应,显著提高了咖啡酸生物合成效率,使产量达到 5.5 g/L;进一步强化甲基循环以解除甲基转移酶抑制效应,提高甲基供体辅因子 SAM 水平和 SAM 周转,使得阿魏酸产量达到 3.8 g/L。

调节底盘细胞的膜功能以维持细胞膜内稳态,是提高目标化合物生产效率的有效方法。转运蛋白是一类转运小分子的膜蛋白,可以将细胞所需要的底物转移至细胞内,也能把部分目标产物转移至细胞外。合理运用转运蛋白可以降低产物在细胞内的积累,提高目标产物得率。

基因组规模代谢网络模型(genome-scale metabolic network model, GSMM)是细胞工厂定向改造和细胞代谢特性研究的重要工具,有助于快速获得具有特定性状的微生物。GSMM 作为一种数学模型,可用于表征生物体整个代谢途径中基因-蛋白-反应之间的关系,其发展与应用使得细胞代谢特性研究逐渐从局部途径转向整个代谢网络。近年来,随着重要模式微生物的全基因组公布,研究者可以基于基因组数据构建 GSMM 模型,揭示基因组、代谢反应和蛋白质的关系,为定向改造微生物奠定了重要基础。同时,基因组注释的不断深入、建模方法理论的逐渐丰富、模型求解工具和相关数据库的日益完善,均为 GSMM 发展提供了强大的助力,为工业生物技术提供了前所未有的机遇。

五、发酵工程技术

合成生物学技术从实验室成果走向产业化应用的过程中离不开发酵放大与优化技术。该技术研究的对象为发酵过程,包括生物反应器内的流场环境、微生物细胞的代谢特性,以及环境与细胞之间复杂的相互作用关系等。因此,发酵是一个复杂的动态过程,发酵过程优化不仅包括最适发酵温度、接种浓度、最适 pH、最适 C/N 比等静态条件优化,还需要复杂的在线参数检测和控制技术。其中,高密度发酵是提高细胞工厂生产效率的一种重要策略,最常用的技术手段包括补料分批发酵技术和连续发酵技术。此外,人工智能技术与发酵工程技术的融合,将极大地促进发酵放大与优化技术的发展。

第五节　研究热点与展望

药用植物天然产物生物合成研究可为药用植物品质形成机制研究奠定重要基础,为活性天然产物合成生物学研究提供必不可少的催化工具,还可以为有机化学和酶学研究提供新颖的生物化学反应机制,因此一直是国际研究前沿与热点。目前,青蒿素、丹参酮、紫杉醇、人参皂苷、莨菪碱、长春碱、灯盏花素、大麻二酚等药用植物活性天然产物的生物合成途径解析和重构已取得了重要突破,但是距离药用植物天然产物生物合成途径的致知和致用仍然还有很长的路要走。

由于药用植物遗传操作体系不成熟、天然产物生物合成基因大多不成簇分布、代谢网络复杂等问题,目前绝大多数药用植物天然产物的完整生物合成途径尚未完全清楚。随着 DNA 测序技术、生物信息学等的飞速发展,越来越多的药用植物基因组信息被高质量破译,基因组学、转录组学、代谢组学数据库逐渐完善。与此同时,蛋白质预测工具、分子动力学模拟及 QM/MM 算法的开发,使得蛋白质结构预测精度越来越好,蛋白质序列-结构-功能关系逐渐明晰。融合人工智能技术,实现生物合成关键酶的智能挖掘和高通量筛选将是未来发展的重要方向。

目前,大多数天然产物细胞工厂的合成效率仍有待提高。虽然在途径重构与优化方面已开发了系列策略,包括多基因编辑、区室化、辅因子工程、外排通道、蛋白质支架、代谢重编程、高密度发酵等,但细胞工厂构建与优化不能一蹴而就,工作量相对庞杂,如何实现智能化和模式化的细胞工厂构建与优化是需要解决的重要问题。

最后,药用植物天然产物种类繁多、活性广泛,但是最终走向临床的分子却不多,很大原因是其含量低、结构复杂、化学合成困难,导致绝大多数天然产物未能得到深入研究与开发。合成生物学技术为稀有天然产物的获取提供了新的路径,而组合生物合成技术则可以创制新颖的天然产物类似物,相关研究必将推进药用植物天然产物的药效学和药理学研究,为中药现代化和创新药物研发提供有力支撑。

研究案例 1　紫杉醇生物合成途径解析及中间体合成生物学研究

（一）研究背景

紫杉醇(paclitaxel)是从太平洋红豆杉(*T. brevifolia*)树皮中分离得到的结构高度复杂的二萜化合物。1992 年,美国食品药品监督管理局(FDA)批准紫杉醇用于治疗卵巢癌、乳腺癌,此后紫杉醇适应证被不断扩大,被广泛用于各种恶性肿瘤的治疗,市场需求量大。紫杉醇在红豆杉中含量极低,目前主要通过从红豆杉植物或细胞中提取中间体巴卡亭Ⅲ,结合化学半合成方法获得,迫切需要开发新型生产方式。然而,紫杉醇生物合成途径仍不清楚,异源生物合成难度大。

（二）研究思路

研究案例引自 Jiang 等(2024),该案例研究思路如图 8－10 所示。

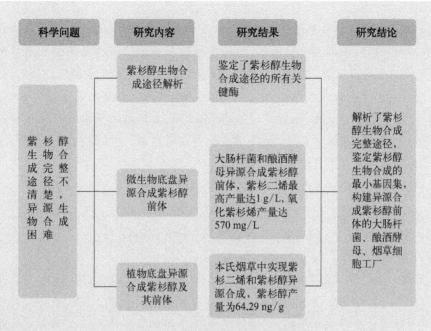

图 8-10 紫杉醇生物合成研究思路图

（三）研究结果

Croteau 教授课题组等鉴定了紫杉二烯合酶、紫杉二烯 5α-羟基化酶、紫杉烷-10β-羟基化酶、紫杉烷 13α-羟基化酶、紫杉烷 7β-羟基化酶、紫杉烷 2α-羟基化酶、C13 侧链 $2'$-羟基化酶、紫杉二烯 5α-醇-氧-乙酰转移酶、10-去乙酰基巴卡亭Ⅲ-10β-氧-乙酰转移酶、紫杉烷 2α-苯甲酰基转移酶、巴卡亭Ⅲ：3-氨基-3-苯基丙酰转移酶、苯丙氨酸变位酶、$3'$-去苯甲基-$2'$-脱氧紫杉醇-氮-苯甲基转移酶等（资源 8-10）。Zhang 等（2023）鉴定了 C4β-C20 过氧化酶、紫杉烷 9α-羟化酶、紫杉烷 1β-羟化酶、苯丙胺酰辅酶 A 连接酶。Jiang 等（2024）鉴定了紫杉烷氧杂环丁烷合酶和紫杉烷 9α-羟化酶。自此，紫杉醇生物合成完整途径得到全面解析。

Ajikumar 等（2010）采取多元模块化、N 端跨膜工程、染色体整合等策略，在大肠杆菌中实现了 5α-紫杉二烯醇异源生物合成，紫杉二烯产量达到 1 g/L，氧化紫杉烯产量为 570 mg/L。Zhou 等（2012）将产紫杉二烯的大肠杆菌与含有紫杉二烯 5α-羟基化酶和 CPR 基因的酿酒酵母在同一生物反应器中共培养，含氧紫杉烷的产量为 33 mg/L。Li 等（2019）通过叶绿体定位等策略，在本氏烟草中成功实现了 5α-羟基紫杉二烯的合成。Zhang 等（2023）在本氏烟草中表达参与巴卡亭Ⅲ生物合成的酶，检测到巴卡亭Ⅲ产生，产量为 154.84 ng/g（鲜重）。通过在烟草中注射巴卡亭Ⅲ和下游途径基因，可实现紫杉醇异源合成，产量为 64.29 ng/g。Yang 等（2024）解析了紫杉醇生物合成关键途径，并在酿酒酵母中实现了从紫杉二烯-5α-醇到 1β-去羟基巴卡亭Ⅵ的生物合成。

（四）研究结论

利用微生物、本氏烟草等底盘细胞，解析了紫杉醇生物合成完整途径，鉴定了紫杉二烯合酶、系列 CYP450 氧化酶、酰基转移酶、氧化变位酶/环氧合酶、9α-紫杉烷双加氧酶和苯丙氨酸辅酶 A 连接酶等，实现了紫杉醇异源合成。

（五）亮点点评

紫杉醇生物合成途径涉及的生化反应复杂多样，从发现第一个生物合成酶开始到途径完全解析历时 20 余年，从最初的活性蛋白分离法、cDNA 文库随机筛选法到现在的多组学联用技术挖掘候选基因,使用的异源表达体系包括原核生物、昆虫和本氏烟草,酶产物鉴定方法包括超高效液相色谱、高分辨率质谱、核磁共振等技术,为药用植物活性天然产物生物合成途径研究提供了一个经典的案例,也见证了天然产物生物合成途径研究技术的发展和多样化。目前,红豆杉基因组已被破译,紫杉醇的生物合成途径已被完全解析。与此同时,科研人员运用工程模块化、细胞区室化、共培养、发酵工程等策略,在大肠杆菌、酿酒酵母、本氏烟草等实现了紫杉醇前体的生物合成。但由于紫杉醇生物合成途径长,涉及的生物合成酶较多,尤其是包括多个氧化酶,通过合成生物技术高效生物合成紫杉醇仍具有较大挑战。

研究案例2　长春碱生物合成研究

(一) 研究背景

长春碱(vinblastine)和长春新碱(vincristine)是重要的抗癌药物,被列入《世界卫生组织基本药物清单》(2017 年)。它们在植物中的含量非常低,化学结构复杂。目前主要依赖于从长春花中提取分离其前体文朵灵和长春质碱,然后通过体外化学偶联和还原反应制备。长春碱和长春新碱供需矛盾突出,曾被美国 FDA 列为 2019～2020 年短缺药物,因此亟须开发新型生产方式。然而,长春碱生物合成途径仍未知,异源生物合成依然困难。

(二) 研究思路

研究案例引自 Caputi 等(2018),该案例研究思路如图 8-11 所示。

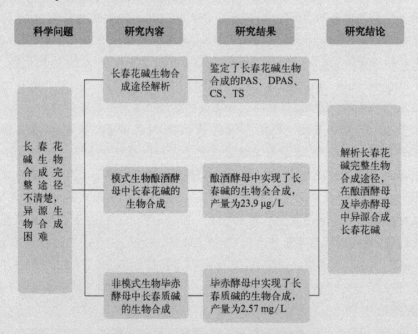

图 8-11　长春碱生物合成研究思路图

PAS 表示 precondylocarpine acetate 合成酶;DPAS 表示 dihydroprecondylocarpine acetate 合成酶;CS 表示长春质碱合酶(catharanthine synthase);TS 表示它波宁合酶(tabersonine synthase)

(三) 研究结果(资源8-11)

Caputi 等(2018)利用 RNA-seq 数据分析结合病毒诱导基因沉默体系,鉴定了长春质碱合酶、水甘草碱合酶、precondylocarpine acetate synthase 和 dihydroprecondylocarpine synthase,解析了长

春碱生物合成的完整途径。Srinivasan 等（2020）将长春碱生物合成途径分为 3 个模块,分别为单萜吲哚生物碱共同前体异胡豆苷的合成模块、长春质碱和水甘草碱合成模块,以及文多灵合成模块。整合 3 个模块的酵母细胞工厂能够利用葡萄糖和色氨酸合成文多灵和长春质碱,结合分批补料培养,文多灵和长春质碱的滴度分别达到 13.2 μg/L 和 91.4 μg/L。利用 Fe(Ⅲ)方法对分离纯化的文多灵和长春质碱进行偶联,成功检测到了长春碱,产量为 23.9 μg/L。

（四）研究结论

解析了长春碱生物合成完整途径,构建了从头生产文多灵和长春质碱的酿酒酵母细胞工厂,以及从头合成长春质碱的毕赤酵母细胞工厂,为长春碱合成生物学研究奠定了重要基础。

（五）亮点点评

长春碱作为一线抗癌药物和结构复杂的代表性生物碱,其生物合成与合成生物学研究具有很大挑战,全面解析了长春碱生物合成完整途径,突破了长合成途径的设计和改造,证明了毕赤酵母利用简单碳源合成复杂天然产物的潜力和优势。该研究为缓解抗癌药物长春碱的短缺危机、解决相关资源可持续利用问题奠定了重要基础。

研究案例3 大麻素类化合物的异源生物合成

（一）研究背景

大麻素（cannabinoids）是一类杂萜化合物,主要存在于大麻中,包括 Δ^9-四氢大麻酚和大麻二酚等,具有显著的药理活性。2018 年,美国 FDA 批准了大麻二酚作为有效成分的药物 Epidiolex 上市,用于治疗两种儿童罕见癫痫症。但是大麻素在大麻植物中含量低,化学结构复杂,限制了大麻素类化合物的规模化生产。因此,迫切需要一种新的获取方式实现大麻素类化合物的高效生物合成。

（二）研究思路

研究案例引自 Luo 等（2019）,该案例研究思路如图 8-12 所示。

（三）研究结果

Luo 等（2019）从大麻转录组中筛选到一个二羟基戊基苯甲酸香叶基转移酶,该酶可催化橄榄酸和 GPP 合成大麻萜酚酸。通过引入不同来源的基因及液泡定位肽等手段,在酿酒酵母中实现了四氢大麻酚酸和大麻二酚酸异源合成,产量分别为 8.0 mg/L 和 4.8 mg/L。此外,分析了生物合成酶的底物选择性,通过添加不同的脂肪酸前体,实现了系列"非天然的"大麻素的生物合成（资源 8-12）。

（四）研究结论

构建了从头合成大麻素的酿酒酵母细胞工厂,实现了生物全合成大麻萜酚酸、四氢大麻酚酸、大麻二酚酸等,以及"非天然的"大麻素。

（五）亮点点评

该研究成功实现了 Δ^9-四氢大麻酚酸合酶和大麻二酚酸合酶的功能性表达;通过在酿酒酵母中引入及改造超过 15 个来自不同物种的基因,实现了大麻素及"非天然的"大麻素的异源生物合成,开启了利用合成生物学技术创制"非天然的"天然产物的新篇章。

资源
8-12

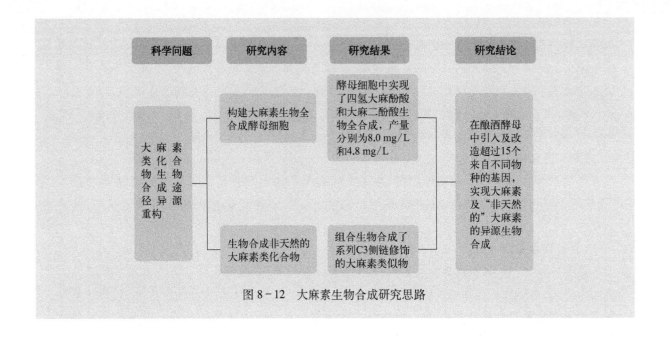

图 8-12 大麻素生物合成研究思路

思 考 题

1. 如何优化合成生物学元件,以毕赤酵母为底盘细胞高效合成药效物质?
2. 阐述药效物质异源生物合成的优缺点。
3. 基于萜类、酚类和生物碱的生物合成生产实践,如何高效筛选合适的底盘细胞?

第九章
药用植物分子鉴定技术

药用植物无论是在人们的日常生活还是在临床应用上都具有重要的作用。我国是世界上草药应用最广泛、药用资源最丰富的国家。药用植物覆盖了广泛的植物类群,其中包含形态学上难以鉴别的物种。由于部分植物在形态上极其相似,加之长期以来中草药名称存在同名异物、同物异名等现象,给中草药用药安全带来了隐患。近年来,分子鉴定技术的快速发展,为药用植物的基原鉴定提供了有效的手段。

第一节　传统 DNA 条形码概述、开发流程与方法

一、DNA 条形码概述

（一）定义

随着分子生物学技术的进步和生物信息学的发展,加拿大 Guelph 大学的 Paul Hebert 等科学家首次正式提出了 DNA 条形码的概念,将"DNA barcoding"引入生物界,提出利用基因组中一段公认标准的、相对较短的 DNA 片段作为物种的条形码。以 A、T、C 和 G 四个碱基在基因中的排列顺序对物种进行快速、准确的识别和鉴定,即 DNA barcoding 技术。

DNA 条形码最初是设计并应用于动物的物种鉴定,动物线粒体基因组的 COI 基因序列能鉴定多个动物类群的物种,被认为是理想的 DNA 条形码片段,相比之下植物的标准 DNA 条形码直到几年后才被植物界认可。在对植物线粒体、质体和核基因组中的基因区域进行了广泛的筛选后,四个主要基因区域（*rbcL*、*matK*、*trnH* − *psbA* 和 ITS）已普遍被认为是大多数植物应用中选择的标准 DNA 条形码。

DNA 条形码技术提供了信息化的分类学标准和有效的生物分类学手段,该技术相比于其他鉴定技术具有以下优点: ① 只需选用一个或少数几个合适的基因片段即可对整个属、科甚至几十个科的绝大部分物种进行准确鉴定; ② 鉴定过程更加快速,可以在短时间内鉴定大量的样本; ③ 重复性和稳定性高,DNA 条形码不依赖于个体的形态特征,因此不受外部环境、生长阶段或个体变异的影响,这使得它在物种鉴定中更加稳定和可靠; ④ 试验过程标准化,操作简单,无须过分依赖经验,受限较少,更容易实现物种鉴定的自动化,同时可以缓解分类鉴定人才缺乏的现状; ⑤ 通过互联网和信息平台可以对现有物种的序列信息在全球范围内集中统一管理和全球共享,有利于构建更系统、更完整的 DNA 条形码信息数据库,DNA 条形码的核苷酸序列数据库作为数字化平台,弥补了传统形态鉴定的不足。

（二）原理

每个物种的 DNA 序列都是唯一的,DNA 条形码通过测定基因组上一段标准的、具有足够变异的 DNA 序列来实现物种鉴定。理论上这个标准的 DNA 序列对每个物种来讲都是独特的,每个位点都有 A、T、G、C 四种碱基的选择,15 个碱基位点就有 4^{15} 种排列方式,是现存物种数的 100 倍。依据每百万年 2% 的进化速率推算,一个有 100 万年生殖隔离历史的物种类群,平均每 600 bp 的 DNA 序列就有 12 个

特征信号位点可用于识别。即使在亲缘关系很近的类群中,大多数物种的进化历史都超过了 100 万年。因此,长度为 600 bp 的 DNA 片段足够用来对绝大多数物种进行 DNA 条形码分析,可保证每一个物种都有唯一的 DNA 条形码序列。

利用 DNA 条形码进行物种鉴定的最大挑战是鉴定近缘物种和最近分化物种。理论上,DNA 条形码能否有效鉴定物种及鉴定率的高低,与选择的 DNA 条形码片段和所选择的近缘种,特别是姊妹种间的分化程度和分类界限是否清楚密切相关,这两个因素都与物种形成有关。因此,DNA 条形码的选择标准:① 标准的短片段。② 要有足够的变异可以将物种区分开来,作为 DNA 条形码的序列必须种间差异比较大,便于进行物种区分;种内序列变异要尽量小,从而使种间和种内变异有明确的界定。③ 序列两端相对保守,即指基因序列中通用性好的一段基因,便于通用引物的设计。④ 目标 DNA 序列片段大小为数百个碱基对,有利于提取和扩增,尤其便于有部分降解的 DNA 的扩增。

二、DNA 条形码开发流程与方法

(一) DNA 条形码开发技术流程

DNA 条形码的开发技术流程与分子系统学研究操作相似,主要有以下步骤。

1. 采集所需样品并提取 DNA DNA 条形码研究的实验材料应为没有被真菌及细菌和病毒等感染的叶片、花、芽、果实或种子等组织或器官的新鲜材料。要遵循一定的采样规范,注意样本个数,压制凭证标本,拍摄原植物照片及生境照片,并详细观察、记录原植物形态特征,同时用 GPS 仪定位,记录海拔经纬度等。目前普遍采取保存样品的方法为硅胶干燥法或液氮速冻保存。在 DNA 提取过程中应尽量避免使 DNA 断裂和降解的各种因素,以保证 DNA 的完整性。提取植物类样品 DNA 的方法很多,需根据所研究植物类群的具体情况灵活选用,有十六烷基三乙基溴化铵(CTAB)法、十二烷基硫酸钠(SDS)法和基于硅胶柱的纯化方法。目前,有许多针对不同植物材料的 DNA 提取商用试剂盒,这类试剂盒通常包含了一系列试剂和步骤,可以方便地从药用植物中提取 DNA,并且商用试剂盒通常具有高效、快速、可靠的特点。

2. 设计和合成通用引物 DNA 条形码引物区别于一般 PCR 引物的特点是其通用性,能够适合同一类群大多数物种 DNA 条形码序列的扩增。对于某些具体研究类群通用引物不适用时,需要进行特异引物设计。

3. 优化 PCR 扩增反应条件 根据目标产物的长度设计 PCR 条件,以样品 DNA 为模板,以通用引物进行 PCR 扩增。

4. 序列测序及质量评估 获得可靠的 DNA 序列是 DNA 条形码鉴定的重要前提。有专门的测序公司提供测序服务。为确保 DNA 条形码序列的可靠性,需要进行正反向测序或重复测序,然后通过拼接获得 DNA 条形码序列。拼接时,首先去除测序结果两端的低质量部分,并对剩余部分进行质量评估,质量评估主要以碱基的 Q 值(Q 值代表了碱基测序质量值)为依据,测序结果的剩余部分需大于 150 bp,且平均 Q 值大于等于 30。满足质量要求的序列可进行拼接。目前常用序列拼接软件包括 Unix 平台的 Phrap、Cap3 等软件和 Windows 平台的 Sequencher、Codon - Code Aligner、Genious、DNA star 等。

5. 序列分析 在对候选序列的引物 PCR 扩增效率和测序质量进行评估后,需要对候选序列进行进一步的评价。判断 DNA 条形码序列好坏的标准之一是该序列是否具有可以区分物种的足够遗传变异,同时种内变异足够小。根据物种的遗传变异特性,物种的序列在种间变异较大,在种内变异较小,因此,理想的条形码序列应该是物种种间变异程度大于种内变异,种内和种间有"barcoding gap"。结合以往动物条形码研究的成功例子和植物条形码研究的阶段性成果,评价种内种间变异的方法有遗传距离分析、barcoding gap 检验和 Wilcoxon 非参数检验等。

（1）遗传距离分析：遗传距离分析基于比对后的遗传距离值，距离值通常是采用双参数模型（Kimura－2－parameter distance，K2P）进行计算的，也是国际生命条形码联盟（CBOL）植物工作小组推荐的距离计算模型。

（2）Barcoding gap 检验：理想条形码的同属内种间遗传距离明显大于种内遗传距离，而且在两者之间存在显著差异，这一间隔区被称为"barcoding gap"，是评价理想条形码的一个重要指标。通过分子进化遗传分析或用简约法（及其他方法）进行系统发育分析计算种内和种间的 K2P 距离，并对距离值进行统计，分别考察种内种间不同分布范围序列遗传距离的分布情况，再将种内种间分布情况作图比较。

（3）Wilcoxon 非参数检验：Wilcoxon 非参数检验是考察相关样本间差异程度的检验方法，它不依赖于总体分布的形式，可对两个或多个样本所属总体是否相同进行检验。使用该数据分析方法能准确地反映出序列相关样本的差异程度，假设种内种间距离存在显著性差异，那么在统计学上种内变成种间的概率就非常小。可通过使用 SPSS 软件分别对种内种间遗传距离值进行非参数检验。

6. **物种鉴定方法**　　目前 DNA 条形码鉴定分析方法主要有 3 种，即相似性搜索法、距离法和建树法。

（1）相似性搜索法：相似性搜索法是目前各大数据库进行搜索查询的主流方法，基于相似度的方法将查询序列与参考数据库进行比较，通过两两序列局部比对或者搜索短的核苷酸字符串来查询数据库中与之最匹配的序列。相似性搜索算法弥补了多维标度法和等级聚类法在 DNA 条形码鉴定中的问题，常用的相似性搜索算法有 BLAST、BLAT、FASTA、mega BLAST 等。

（2）距离法：距离法是将查询序列与参考序列进行两两比对，当参考序列与查询序列有最小的两两比对距离时，则可对结果进行判定。点矩阵法、动态规划算法和字符方法是两两序列比对的常用方法。比对完成后，参考序列与查询序列之间的遗传距离可基于多个核酸替换模型，如 JC69 模型（jukes-cantor 模型）、K80 模型（Kimura 2 参数模型）、HKY 模型（hasegawa-kishino-yano 模型）、GTR 模型（general time reversible 模型）。可采用 Needleman－Wunsch 动态规划算法进行全局比对，计算两两序列的 p 距离或 K2P 距离，依据平均距离法和最近距离法进行鉴定。

（3）建树法：建树法基于系统发育树（常用 NJ 树）的等级聚类方法进行鉴定，并使用基于 HKY 模型的遗传距离模拟序列的系统进化关系。两种拓扑结构的评估方法被用于鉴定：自由树和严格树。建树的工具包括 PHYLIP、MEGA、PAUP、MrBayes 等，建立 NJ 树可采用前三者，为了保证树的准确性及节省建树时间，可以结合 BLAST 和 Distance 算法，首先搜索与查询相近的序列，再用这些序列建树。

（二）药用植物 DNA 条形码常用网站

Barcode of Life Data Systems（BOLD）：由加拿大生物多样性基因组中心开发，旨在支持 DNA 条形码数据的生成和应用。BOLD 系统包括以下主要模块：① 公共数据门户：可以使用多个搜索条件（如地理位置、分类学和存储库）在 BOLD 中检索超过 170 万条公共记录的数据，同时提供了 DNA 条形码序列的统计信息和物种覆盖率；② Barcode Index Numbers（BINs）数据库：同样也是一个用于分析 DNA 序列的在线平台，是近似代表物种的序列簇；③ 数据收集工作台：集成数据收集和分析环境，支持 DNA 条形码和附属序列的组装和验证。

National Center for Biotechnology Information（NCBI）：NCBI 管理着许多重要的公共数据库，其中包括用于存储已知的基因组和基因的序列信息 DNA 序列的数据库 GenBank，用于 DNA 或蛋白质序列比对和相似性搜索的工具 BLAST 等。

中药材 DNA 条形码鉴定系统：该系统的核心技术是以核基因组 ITS2 序列（长度约 220 bp）为主，*psbA－trnH* 为辅的 DNA 条形码鉴定方法，涵盖了《中国药典》《韩国药典》《日本药局方》《印度药典》《欧洲药典》《美国药典》几乎所有的中草药药材。

中国植物 DNA 条形码数据库：该数据库包含基础分类数据库、DNA 条形码数据库和图文数据库等。基础分类数据库物种名以《中国植物志》(英文版)为基础,被子植物系统学以 APG Ⅳ 为基本依据;DNA 条形码数据库已经有超过 12 万条标准 DNA 条形码数据,涵盖了上万种中国常见高等植物。

叶绿体基因组综合数据库(CGIR):该数据库为中国科学院北京基因组研究所和中国中医科学院中药资源中心联合开发,是迄今为止收录物种数量最多的叶绿体基因组综合数据库,该数据库收录了来自 11 946 个物种的 19 388 条叶绿体基因组序列,其中包括利用全国第四次中药资源普查标本自测的 718 种未发表的叶绿体基因组序列。

第二节　传统 DNA 条形码与物种鉴定技术

一、药用植物常用 DNA 条形码候选片段

DNA 条形码技术应用的关键是要选择一条通用的 DNA 序列,它能用于区别一定类群绝大部分物种。目前,人们已经对植物中适合作为 DNA 条形码的基因或片段进行了积极的探索,提出了一些备选的条形码片段或组合方案。

1. ITS 基因片段　内在转录间隔区(internal transcribed spacer, ITS)是核糖体 RNA(rRNA)基因非转录区的一部分。ITS 位于 18S rRNA 基因和 28S rRNA 基因之间,中部被 5.8S rRNA 基因一分为二,即 ITS1(the first internal transcribed spacer)区和 ITS2(the second internal transcribed spacer)区。间隔区 ITS(ITS1 和 ITS2)进化速率较快,同源性比对复杂,在研究属间、种间甚至居群间等较低分类等级的系统关系上具有很好的效果。但 ITS 基因序列的长度和碱基组成变异大,且核基因组具有多拷贝特性,以及二级结构问题导致该片段扩增、测序、比对困难,这些成为 ITS 基因序列作为条形码应用的限制因素,如在小檗属、柑橘属、崖爬藤属等种间鉴定中具有局限性。ITS2 基因序列具有良好的通用性,片段足够短且易扩增、测序,其变异位点也足够确保其鉴定能力,维持其鉴定物种的成功率。2020 年版《中国药典》增补本中列入中药材 DNA 条形码分子鉴定指导原则,建立了以 ITS2 为核心,psbA‑trnH 为辅的植物类药材 DNA 条形码鉴定体系。

2. matK 基因　matK 基因位于叶绿体赖氨酸 tRNA 基因(trnK)高度保守的 2 个外显子之间的内含子中,其序列长度约 1 500 bp,为单拷贝编码基因,编码的蛋白质参与 RNA 转录本中Ⅱ型内含子剪切和成熟过程。进化速度较快,具有丰富的碱基替换、非同义突变和插删,已被认为是植物的核心 DNA 条形码之一。但 matK 基因难以进行扩增和测序,引物通用性差,并且不同植物类群通常需要使用不同的引物。

3. rbcL 基因　rbcL 基因位于植物叶绿体基因组的大单拷贝区,序列长度约 1 400 bp,为编码 1,5‑二磷酸核酮糖羧化酶/加氧酶(Rubisco)大亚基的基因,在不同植物类群中的进化速率有着较大的差异,并且具有通用、易扩增、易比对的特点,rbcL 基因已经成为分子系统学研究中使用最为广泛的分子指标之一。

4. psbA‑trnH 序列　psbA‑trnH 序列是位于叶绿体 psbA 基因和 trnH 基因之间的一段非编码区,被认为是叶绿体基因间隔区中进化速率较快的片段之一,其平均长度多数在 400~700 bp,长度适宜,两端存在保守序列,具有通用性强、扩增成功率高的特点。psbA‑trnH 序列可以作为 ITS2 的互补序列对药用植物进行鉴定。但是该片段不同物种间间隔区的长度或拷贝的变异性较大,序列长度变化区间为 296~1 120 bp,另外该序列存在过多的插入/缺失现象,较难在大规模的样本间进行序列比对,导致鉴别植物物种较困难。

二、DNA 条形码在药用植物鉴定上的应用前景与挑战

DNA 条形码技术依靠生物的遗传信息进行鉴定,可以避免由于外观性状和内含物的变化给鉴定结

果带来的失误。如今,DNA 条形码技术可以与纳米孔测序技术、色谱和代谢组学等分析检测技术相结合,全面反映药用植物相关信息,改善单一 DNA 条形码技术在实际应用中的局限性,为药用植物种质资源的保护、鉴定、亲缘关系分析和遗传进化提供了依据。

DNA 条形码技术在药用植物领域的应用虽然有许多优势,但是依旧面临不少问题和挑战:① 建设可靠、全面的 DNA 条形码数据库对于药用植物的准确鉴定至关重要。然而,由于药用植物的多样性和复杂性,以及流程上的人为操作,数据库的准确性及全面性仍然面临重重困难。② DNA 条形码技术还需要进一步标准化。现有的技术手段可以有效地识别和鉴定药材市场上的大部分植物原料和粗制滥造产品,但对于一些精加工产品,至今仍缺乏有效、快速、规范的鉴别方法,尤其是对中成药中复杂的中药成分,这对大多数研究人员来说是一个挑战。此外,不同研究机构使用的筛选方法、PCR 放大参数、测序平台等各种因素会对结果产生影响甚至造成误差,因此建设可标准化的检测体系对该技术的发展和实际应用具有重要意义。

第三节　超级条形码开发与物种鉴定技术

一、概述

(一) 定义

传统 DNA 条形码可实现多数植物类群的有效鉴定,但对于某些近缘药用植物,单一或组合条形码短序列并不能提供足够的变异信息实现种水平的有效鉴定。叶绿体是植物细胞内具有自主遗传信息的重要细胞器,拥有自身完整的一套基因组。具有完整的质体基因组(plastid genome)被提出作为植物物种鉴定的"超级条形码"(ultra-barcoding 或 super-barcoding),或称为二代 DNA 条形码(next generation DNA barcode)。质体基因组也经常被称作叶绿体基因组。完整的叶绿体基因组具有 110 ~ 160 kb 的保守序列,其核苷酸替换率适中,并且叶绿体基因组编码区和非编码区分子进化速率差异较大,与传统 DNA 条形码序列相比,表现出更高的分辨率,在物种鉴定、系统发育学研究、物种驯化研究及筛选药用植物密切相关物种的分子标记和破译亲缘关系等方面有着极大的优势。

(二) 原理

叶绿体基因组一般为单亲遗传,不存在基因重组等问题。大多数裸子植物的叶绿体基因为父系遗传。在被子植物中,叶绿体基因以母系遗传为主,在少数的被子植物中可能为双亲遗传或父系遗传,如伞形科胡萝卜属、猕猴桃科猕猴桃属、藜科藜属等植物为父系遗传。叶绿体基因组较小,但其拷贝数多,全基因组序列较容易获得。维管植物中叶绿体基因组长度一般为 115 ~ 165 kb,单子叶植物叶绿体基因组普遍比双子叶植物的叶绿体基因组小 15 kb 左右。藻类植物中叶绿体基因组长度差异较大,尤其是绿藻叶绿体基因组跨度极大。叶绿体基因组一般呈现出典型的双链闭合环状结构,少数低等植物的叶绿体基因组分子呈线状或多环状,如伞藻(*Acetabularia calyculus* J. V. Lamouroux)的叶绿体基因组为线型结构。典型的环式双链叶绿体基因组结构是由一个大单拷贝区(large single copy, LSC)、一个小单拷贝区(small single copy, SSC)和两个反向重复区(inverted repeat, IRa & IRb)组成的四分体结构。反向重复区对于维持叶绿体基因组结构的稳定性具有重要意义。在长期进化过程中,不同物种之间的叶绿体基因组大小的差异主要是由反向重复区的缺失、收缩或扩张引起的。被子植物叶绿体基因组的结构高度保守,分子进化速率适中,约是核基因进化速率的 1/3,是线粒体进化速率的 3 倍。

叶绿体基因组富含 AT,其 GC 含量通常在 35% ~ 40%。叶绿体基因组包含基因 110 ~ 130 个。根据功能分类,叶绿体上的基因可分为三类:① 与光合作用相关的光合系统基因,如与光系统 I 和光系统 II 相关的基因、ATP 合成酶基因、编码 Rubisco 大亚基的基因、NADH 质体醌氧化还原酶基因等,主要存在 LSC 和 SSC 区域;② 与转录、翻译相关的遗传系统基因,如核糖体 RNA 基因、转运 RNA 基因、RNA 聚合酶基因等;③ 与脂肪酸等物质合成相关的生物合成基因,以及一部分功能未知的基因。

二、方法与技术

(一) 叶绿体基因组测序样品的提取

植物组织中由于含有大量多糖、酚、酯等代谢产物,导致植物提取 DNA 过程中变得复杂。常用于分离植物叶绿体 DNA 的方法有蔗糖密度梯度离心法、Perco II 密度梯度离心法、无水法和高盐-低 pH 法等。根据不同样本组织成分的差异,选取适宜的提取方法,必要时需对反应及试剂浓度等进行调整。同时对多个物种的叶绿体基因组进行高通量测序时,对叶绿体 DNA 浓度和纯度要求更高,尽量保证无核基因组 DNA 和线粒体 DNA 污染。目前,市面上有多种叶绿体 DNA 提取试剂盒可供选择。另外,还有一种方式是通过直接提取植物样品总的 DNA 进行高通量测序,利用生物信息学分析手段直接从全基因组高通量数据中组装获得叶绿体全基因组序列。

(二) 叶绿体基因组测序平台的选择

传统的 Sanger 测序法称为第一代测序技术。Sanger 测序法已经成熟及规模化,但因其测序速率低、成本高、过程复杂,制约了其在基因组测序上的广泛应用。第二代测序技术(next-generation sequencing, NGS),也称为高通量测序技术,具有高效性、高通量性和低成本性等优势。高通量的测序平台以罗氏(Roche)公司的 454 测序平台(Roche GS FLX Titanium)、Illumina 公司的 Solexa 基因组分析平台(Illumina/Solexa's GA II)及华大基因(BGI)的 DNBSEQ - T7 测序平台等为代表,各具特色。针对药用植物叶绿体基因组测序物种选择的标准,对大量不同科属的物种,尤其是对目前尚未报道的叶绿体全基因组科属的物种进行测序,De Novo 测序更符合要求;一次测序多个样品,需要配合不同样品加不同标签技术,因此,选取 Roche GS FLX Titanium 测序平台进行多样本的叶绿体全基因组测序可能更为适宜。

(三) 叶绿体基因组的组装

叶绿体基因组的组装是指将测序获得的 DNA 片段用生物信息学软件拼接,获得完整的叶绿体基因组序列的过程。叶绿体基因组的组装主要有从头组装(de novo assembly)、基于种子序列的从头组装(seed-based de novo assembly)和富集组装(read-enrichment assembly)等策略。

1. 从头组装　主要用于没有参考基因组的情况下,是对测序数据直接进行组装的策略。常用的软件有 ABySS(assembly by short sequence)、CLC Genomic Workbench、Edena、Euler - sr、Geneious de novo、MIRA、Newbler、SOAPdenovo、SPAdes、SSAKE、Canu 和 HybridSPAdes 等。各软件侧重点不同,可根据测序数据的实际情况选择相应的软件进行组装。

2. 基于种子序列的从头组装　是通过选取一段待测物种或其近缘物种的叶绿体基因组序列作为种子,找到与种子序列重叠的 reads 不断对种子序列进行延伸,最终获得完整的叶绿体基因组序列的策略。目前,常用的软件有 MITObim、ORGANELLE ASEMBLER 和 NOVOPlasty。其中,NOVOPlasty 软件是专门针对叶绿体和线粒体组装设计的软件。

3. 富集组装　是利用已有的叶绿体基因组序列,根据序列或特征相似性筛选来自叶绿体基因组的 reads,从而进行组装的策略。主要是通过 BLASTN 或 bowtie2 等对比软件,将测序数据与已有的叶绿体基因组序列进行比对,筛选出相似性高的序列,进行后续的组装。但是如果待测基因组中存在着和参考基因组序列相似性差别很大的序列,该方法可能会遗漏叶绿体基因组的 reads。

（四）叶绿体基因组的注释

叶绿体基因组注释是识别和描述叶绿体基因组中基因和其他功能元素的过程。这对于了解叶绿体功能、进化和与其他细胞器和生物体的相互作用至关重要。叶绿体基因组注释通常涉及基因预测、功能注释、非编码 RNA 注释、调控元件注释及变异注释等步骤。有许多软件可用于叶绿体基因组注释，包括tRNAscan － SE、RNAmmer、MicroRazerS、PlantCARE、VCFtools 等。

（五）叶绿体基因组数据分析

1. 系统进化树分析　系统发育树（phylogenetic tree）又称为系统进化树。通过系统进化树分析可以找出不同物种间的进化关系，理解祖先序列与其后代之间的关系，同时也可以估算一组共有共同祖先的物种间的分歧时间。

2. 叶绿体基因组的 IR 区扩张与收缩　叶绿体基因组的 IR 区域被认为是最保守的区域，但其边界区序列可能会向外延伸扩张，也可能向内部收缩，从而导致相关基因拷贝数的变化，或者导致边界区域假基因的产生，这是叶绿体基因组进化中的共有现象，也是其长度变异的主因。通过 IR 区的扩张与收缩研究，可以获悉导致相关基因拷贝数的变化，或者导致边界区域假基因的产生，以此来描述造成不同谱系间叶绿体基因组大小差异的原因。

3. 核苷酸多态性（P_i）分析　核苷酸多态性（P_i）是衡量特定群体多态性高低的参数，是指在同一群体中随机挑选的两条 DNA 序列中单个核苷酸碱基的差异。核苷酸多态性（P_i）能揭示不同物种核酸序列的变异大小，变异度较高区域可为种群遗传学提供潜在分子标记。

4. 简单重复序列分析　简单重复序列（simple sequence repeat，SSR）又称作微卫星序列（microsatellite，MS），是一类由短（1～10 bp）核苷酸为基本单位组成的串联重复序列。SSR 数量丰富、多态性高、均匀覆盖整个基因组、呈共显性遗传且检测简单，因此被作为第二代分子标记广泛应用于遗传图谱构建、目标基因定位、遗传多样性研究、分子辅助育种、种质资源鉴定等领域。

5. 重复序列分析　重复序列被认为在基因组重组和重排中起重要作用，并且在某些群体中也包含有系统发育信息。叶绿体基因组的重复序列包括串联和散在重复，其中散在重复又称为长重复序列，分为正向重复（forward repeat）、反向重复（reverse repeat）、回文重复（palindromic repeat）和互补重复（complement repeat）四种类型。

第四节　其他常用的分子鉴定技术

一、DNA 指纹图谱技术

DNA 指纹图谱技术是一种通过比较不同物种独特图谱特征来进行物种鉴定的方法。不同物种间的基因变异，如单核苷酸多态性（SNP）或序列插入（insertion）等，可能导致限制性内切酶识别位点的变化。通过电泳可将切割后的 DNA 片段分离，不同大小的片段将在电泳过程中按大小顺序排列。使用荧光或放射性标记的特异性探针与 DNA 片段进行杂交，探针可识别特定的 DNA 序列。通过检测杂交后的信号强度和分布，生成反映个体遗传特征的 DNA 图谱。通过比对这些片段与另一样本的 DNA 图谱，可以确定它们是否属于同一物种，甚至可以区分同一物种的不同亚种或个体。

（一）限制性片段长度多态性

限制性片段长度多态性（restriction fragment length polymorphism，RFLP）标记原理是根据不同个体基因组限制性内切酶的酶切位点碱基发生突变，或酶切位点之间发生了碱基的插入、缺失、重排等，导致酶切片段大小发生变化，这种变化可以通过 PCR、酶切及琼脂糖凝胶电泳进行检测，从而比较不同个体的 DNA 水平差异。RFLP 标记具有以下优点：① 共显性遗传,在分离群体中能区别各种可能的基因型；② 自身变异丰富,即不同个体间都存在 RFLP 变异；③ 覆盖整个基因组,只要利用一个组合,试验群体就可进行研究分析；④ 有助于分析标记基因对性状的效应；⑤ 变异更加稳定,不受环境影响。

(二) PCR -限制性片段长度多态性

PCR -限制性片段长度多态性(polymerase chain reaction-restriction fragment length polymorphism, PCR - RFLP)是近年来被广泛运用于药用植物鉴别的分子鉴定技术。可被广泛应用于检测和识别扩增片段上的限制性酶切位点,这些酶切位点可能会由于插入、重组、缺失或点突变而产生不同的片段大小,从而帮助我们更好地理解和识别不同的生物基因。

(三) 随机引物聚合酶链反应

随机引物聚合酶链反应(random-primed PCR, RP - PCR)是一种基于 PCR 的分子生物学技术,它利用随机选择的引物对 DNA 片段进行扩增,以产生可用于遗传分析的图谱。RP - PCR 的特点在于其使用的引物是任意的,长度通常较短,大约 10 个碱基,这使得它们能够与基因组 DNA 的多个位置发生错配。在较低的退火温度下,这些错配位置之间的区域被选择性地扩增,产生了一系列的 DNA 片段,它们可以通过凝胶电泳进行分离。RP - PCR 产生的图谱可以用于比较不同样本之间的遗传差异,从而在遗传多样性研究和品种鉴定中发挥重要作用。然而,RP - PCR 技术在直接测序方面存在一定的局限性。每个扩增的谱带两端都由相同的引物构成,如果直接对这些谱带进行测序,会导致两端序列互补,产生两套信号,使得序列解读变得复杂。为了克服这一难题,通常需要将 RP - PCR 产生的谱带进行克隆,然后再利用载体上的通用引物进行测序,这一过程增加了实验的复杂性和所需的时间。

(四) 直接扩增长度多态性

直接扩增长度多态性(direct amplification of length polymorphism, DALP)是在 RP - PCR 的基础上发展起来的一种改进技术,它通过特异性设计的引物,对特异性的 DNA 谱带进行直接测序。DALP 的引物设计包括一个选择性引物和一个反向引物,其中选择性引物的 5′端包含 M13 通用引物序列,而 3′端附加有 2~5 个特定的碱基。反向引物则是标准的 M13 通用反向引物。这种设计使得 DALP 能够产生三种不同的扩增结果：两端都由选择性引物构成、两端都由反向引物构成,或者一端由选择性引物构成而另一端由反向引物构成。只有第三种情况允许直接测序,因为这样的谱带两端序列不同,可以避免序列解读时的混淆。DALP 技术的优势在于它简化了测序前的准备工作,因为不需要克隆步骤,可以直接对特定的谱带进行测序。此外,DALP 的 PCR 条件比 RP - PCR 更为严格,减少了非特异性扩增,提高了实验的特异性和可靠性。在实验流程中,通过进行两个独立的 PCR,并对产物进行电泳分离和放射显影,可以筛选出特异性的谱带,这些谱带可以直接用于测序,从而加快了遗传分析的过程。

(五) 扩增片段长度多态性

扩增片段长度多态性(amplified fragment length polymorphism, AFLP)是一种结合了限制性内切酶片段长度多态性(RFLP)和聚合酶链反应(PCR)的分子标记技术。AFLP 的主要优势在于它不需要预先合成引物或设计探针即可对基因组进行分析,且由于其严格的引物退火温度控制,该技术具有高重复性和高分辨率。AFLP 技术因其能揭示基因组多态性而在遗传研究、种质鉴定和分子辅助育种等领域得到广泛应用。

(六) 序列特异扩增区

序列特异扩增区(sequence characterized amplified regions, SCAR)是一种基于已有分子标记技术如 RAPD、AFLP 或序列分析结果的快速指纹图谱鉴定方法。SCAR 技术的关键在于设计一或多对特异性引物,这些引物是根据其他技术获得的物种特异性序列来定制的,目的是简化检测步骤并减少扩增谱带的数量,使得结果对比更为直观和易于理解。与 RAPD 和 AFLP 等技术相比,SCAR 不需要复杂的数据分析软件,操作简便快捷,结果清晰明确,在快速鉴定物种、区分品种等方面具有广泛的应用价值。

（七）相关序列扩增多态性

相关序列扩增多态性(sequence-related amplified polymorphism, SRAP)是一种基于 PCR 的分子标记技术,它利用一对简并引物对基因组中的特定区域进行扩增,以揭示不同个体或品种之间的遗传多态性。SRAP 技术的优点在于它的操作简便、成本较低,并且能够快速地提供关于遗传多样性和种质资源评价的信息。SRAP 的原理涉及使用设计的简并引物,这些引物通常包含核心序列和 3′端的锚定序列,锚定序列具有不同的变异形式,允许引物与基因组中的多个位点结合。在 PCR 过程中,只有当引物与模板 DNA 的特定序列完全匹配时,才能有效扩增出片段。由于基因组 DNA 的多态性,不同个体或品种的 SRAP 分析结果会表现出特异性的扩增带图谱,这些图谱可以用于遗传多样性分析和种质资源的鉴定。SRAP 技术的应用范围广泛,包括但不限于植物遗传研究、品种鉴定、分子辅助育种及病害抗性研究等。通过 SRAP 分析,研究人员可在不需要先验序列信息的情况下,快速识别和区分不同遗传资源,为遗传研究和农业生产提供有力的工具。

二、特异性 PCR 技术

特异性 PCR 技术是根据已知生物组的一段特定区域的 DNA 序列,设计一对特异性的鉴别引物,创建 PCR 扩增反应及其产物的检测方法,不仅可对具有较大核酸序列差距的近缘物种进行鉴别,同时也可鉴定序列间仅有单个碱基区别的易混淆物种。该技术原理为一种扩增阻滞突变系统。以 SNP 位点的基因分型方法为基础,通过对鉴别生物及其相似生物的 DNA 分子序列进行比对分析,找出两者的 DNA 片段之间的既稳定又具有区分点的碱基变异位点,利用这个变异位点设计特异性引物,该引物的 3′端的末位碱基为变异位点的互补碱基,为保证引物对目标生物的专属扩增,在引物设计阶段可同时在其 3′端的其他位点引入碱基突变,通过 PCR 扩增及电泳条带的大小、有无以达到鉴定生物的目的。特异性 PCR 技术是一项可靠、有效的基因突变检测方法,尤其适用于对等位基因位点突变的检测,具有重复性高、灵敏度强、操作简单、经济等特点,且其对所需 DNA 的数量和质量要求不高,反应条件与普通的 PCR 技术基本相同,电泳条带单一,无须进行软件分析和测序,仅需设计出合理的特异性鉴别引物,反应条件合适,就可避免出现假阳性扩增产物,大大减少工作量。

三、DNA 芯片技术

DNA 芯片技术,也称为 DNA 微阵列技术,是一种应用核酸杂交原理的高通量检测平台。该技术通过将大量已知序列的 DNA 探针固定在芯片(如玻璃、硅片或塑料芯片)上,与待测样本的 DNA 或 RNA 分子进行杂交,根据探针分子的杂交信号强度来识别样本中 DNA 分子的数量、序列信息,甚至检测突变。DNA 芯片的制备涉及使用微加工技术如激光立体化学刻蚀,以及化学合成技术,在芯片上有序地布置数以万计的 DNA 分子。这种方法允许在单一实验中检测数千个 DNA 序列,具有快速、灵敏和高度选择性的特点。

在中药鉴定领域,DNA 芯片技术为高通量鉴定提供了新的可能性。由于中药材的生物来源非常广泛,DNA 芯片技术特别适合于快速筛选和鉴定。常规的 DNA 芯片制备步骤包括:特异寡核苷酸的固化、待测 DNA 或 PCR 产物的标记、双链 DNA 的变性处理,以及单链分子与芯片上锚定的寡核苷酸探针的杂交,最终通过比色法或荧光法进行结果检测。虽然中药的种类相对较少,开发高密度的鉴别基因芯片的必要性不大,但利用 DNA 芯片技术可以显著提高检测的精确度。此外,为了提高检测的准确性,需要开发针对药材及其相关品种、代用品和伪品的 DNA 探针。理论上,基因芯片技术能够同时检测复方中药中所有组分的品种基原,为中药的鉴定和质量控制提供了强大的技术支持。

四、等温扩增技术

等温扩增技术是在恒温条件下扩增 DNA、RNA 的技术,常用的方法包括环介导等温扩增技术(loop-mediated isothermal amplification, LAMP)、重组酶辅助扩增(recombinase polymerase amplification, RPA)、解旋酶依赖性扩增(helicase-dependent amplification, HDA)等。与标准 PCR 技术不同,LAMP 利用具有链置换能力的 *Bst* DNA 聚合酶,在恒温条件下进行(60~65℃),无须复杂的热循环步骤。LAMP 的引物设计独特,每个反应使用六条引物,包括四条特异性引物和两条环引物,从而提高扩增的特异性和效率。LAMP 因其操作简便、快速、成本效益高,且不需要昂贵的设备,已成为分子鉴定领域中一个强有力的工具,特别适用于现场快速鉴定和资源有限的环境。

RPA 技术是通过模拟 DNA 体内扩增,在等温条件下产生目的片段。该技术主要依赖重组酶、单链结合蛋白和链置换 DNA 聚合酶。RPA 扩增的基本原理为重组酶蛋白与引物形成核酸蛋白复合物,并在双链 DNA 中寻找同源序列。一旦引物定位了同源序列,就会发生链交换反应,通过重组酶的链置换活性将引物插入同源位点,并且单链结合蛋白稳定置换 DNA 链。随后重组酶被分解,使得引物的 3′端被链置换并与聚合酶结合,使其延长引物,通过循环重复该过程对模板上的目标区域进行指数式扩增。LAMP 与 RPA 目前的主要技术限制在于引物设计较为复杂,需要依据物种间多个碱基差异设计特异性鉴别引物,且无法用于 SNP 变异的检测。

五、宏条形码技术

宏条形码(meta-barcoding)是一种先进的 DNA 条形码技术,它允许科研人员在单个环境样本中快速鉴定多个物种,特别适合于分析复杂的中药混合物。这种技术通过采集环境样本中的总 DNA,然后利用高通量测序平台进行分析,能够揭示样本中存在的不同生物种类。宏条形码的优势在于其能够处理包含多种成分的样本,提供高精度的物种鉴定,并且可以克服样品 DNA 降解的问题。尽管存在一些挑战,如 PCR 成功率的限制和测序错误,但宏条形码与迷你条形码的结合使用已经成为识别中成药成分的新趋势,极大促进了中药成分分析的发展。随着技术的进步,宏条形码预计将在未来的中药鉴定中发挥更加重要的作用,尤其是在需要同时识别多个分类群的场景中。

六、迷你条形码技术

迷你条形码(mini-barcoding)技术是 DNA 条形码领域的一项创新,专为应对 DNA 降解或损坏的挑战而设计,尤其适用于古老样本、化石、环境 DNA 及加工过的中药产品等难以获得高质量 DNA 的场景。这项技术通过分析较短的 DNA 序列,即便在 DNA 片段不完整的情况下也能实现有效的物种鉴定,从而简化了分析过程,并加快了鉴定速度。

迷你条形码的关键优势在于其抗降解能力,使其在考古学、古生物学和环境 DNA 研究中显示出巨大潜力。此外,迷你条形码使用的序列区域,如 *trn*L(UAA)内含子的 P6 环和较短的 *ycf1* a/b 区域,已被证实可以成功应用于传统中草药成分的鉴定,如当归、川芎和羌活等。尽管迷你条形码提高了鉴定的灵活性,但其使用的较短序列可能导致分辨率受限。因此,为了确保鉴定结果的准确性,需要依赖于一个充足且精确的参考序列数据库。未来,迷你条形码技术的发展有望通过不断扩充的数据库和提高的技术水平,成为物种鉴定的有力工具,特别是在处理难以获得高质量 DNA 的样本时。迷你条形码还可以与其他分子标记和物理化学技术结合使用,以提高鉴定的准确性和效率。

第五节　研究热点与展望

随着分子生物学技术和生物信息学的发展,基于 DNA 条形码技术进行鉴定和分类的研究已成为生物分类学研究中引人注目的新方向和研究热点。DNA 条形码技术的发展也给药用植物鉴定带来了许多机遇。与传统的形态学、理化鉴定相比,DNA 条形码技术具有以下优势:① 鉴别结果不受样本个体形态特征、发育时期等方面的影响,扩大了物种识别样本的范围;② 准确性高,对于分类学中难以区分的类群,采用 DNA 条形码技术可以避免形态学鉴定造成的误差,从分子水平上提供了一种稳定可靠的分类依据;③ 在分子层面上构建的核苷酸序列数据库,可以从数字上提供永久性的确切信息,实现在短时间内识别已知物种,这将促进分类学科更加深入、快速的研究;④ DNA 条形码技术可实现自动化,鉴别物种快速、便捷、高效、可行。

药用植物标本是药用植物学研究中重要的研究材料和宝贵资源。但由于植物标本材料的 DNA 在标本制备和储存过程容易高度降解,使得从标本中获取 DNA 序列受到限制。DNA 迷你条形码、宏条形码可用于鉴定 DNA 发生严重降解的实验材料,在很大程度上弥补了传统条形码的短板。此外,分析样品数量足够大时,种内遗传组成差异可能会随地理种群数量增加而显著提高,而种间遗传差异则降低,种内最大遗传距离和种间最小遗传距离可能重叠交叉,条形码间隙消失,可能得出错误的结论。针对植物具体类群的研究较少,仅以有限的物种种类作为相应科或属的代表,使得许多 DNA 片段尽管在某些特定科属中的鉴别效率较高,但在鉴别更多物种时,成功率就会显著下降。并且对于部分近缘物种间的杂交或基因渗入及某些新近形成物种序列差异极小,DNA 条形码技术鉴定具有一定的局限性。因此在发展 DNA 条形码技术的同时,还要对传统鉴定方法进行研究和完善,促进二者的结合和协同发展。这样,才能使 DNA 条形码技术能够完善药用植物的标准化鉴定体系,提高中药鉴定的科学性,逐步引导中药鉴定走向高标准、高效率、信息化的新时代。

研究案例1　何首乌种下类群分类研究案例

（一）研究背景

何首乌 *Polygonum multiflorum* Thunb. 的干燥块根为常用中药。何首乌具有蓼属蔓蓼组（Section *Tiniaria*）植物的独特性,*Flora of China* 将蔓蓼组植物独立为何首乌属（*Fallopia* Adans.）。关于何首乌种下类群何首乌 *F. multiflora*、棱枝何首乌 *F. multiflora* var. *angulata*（S. Y. Liu）H. J. Yan, Z. J. Fang & Shi Xiao Yu、毛脉蓼 *F. multiflora*（Thunb.）Harald. var. *ciliinerve*（Nakai）A. J. Li 分类一直存在争议。何首乌的肝毒性在国际上引发了广泛关注,而要探明市场上何首乌的肝毒性,首先应该明确何首乌及其近缘种之间的分类关系。在不同地区,尤其是民间临床应用中常将何首乌的近缘种充当何首乌使用,其来源问题存在混乱现象。因此,只有阐明何首乌、棱枝何首乌和毛脉蓼三者之间的分类关系,才能为合理评价何首乌的资源及其质量提供科学依据。本案例从性状、显微、化学成分及亲缘关系方面对何首乌、棱枝何首乌和毛脉蓼进行分析比较,为何首乌种下类群分类提供依据。

（二）研究思路

研究案例引自 Xie 等（2019）,该研究思路如图 9-1 所示。

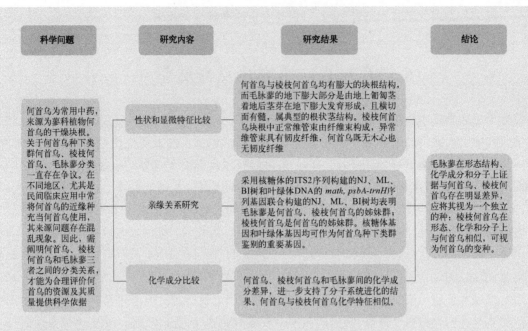

| 科学问题 | 研究内容 | 研究结果 | 结论 |

何首乌为常用中药，来源为蓼科植物何首乌的干燥块根。关于何首乌种下类群何首乌、棱枝何首乌、毛脉蓼分类一直存在争议。在不同地区，尤其是民间临床应用中常将何首乌的近缘种充当何首乌使用，其来源问题存在混乱现象。因此，需阐明何首乌、棱枝何首乌和毛脉蓼三者之间的分类关系，才能为合理评价何首乌的资源及其质量提供科学依据。

性状和显微特征比较

亲缘关系研究

化学成分比较

何首乌与棱枝何首乌均有膨大的块根结构，而毛脉蓼的地下膨大部分是由地上匍匐茎着地后茎芽在地下膨大发育形成，且横切面有髓，属典型的根状茎结构。棱枝何首乌块根中正常维管束由纤维束构成，异常维管束具有韧皮纤维，何首乌既无木心也无韧皮纤维

采用核糖体的ITS2序列构建的NJ、ML、BI树和叶绿体DNA的 matk, psbA-trnH序列基因联合构建的NJ、ML、BI树均表明毛脉蓼是何首乌、棱枝何首乌的姊妹群；棱枝何首乌是何首乌的姊妹群。核糖体基因和叶绿体基因均可作为何首乌种下类群鉴别的重要基因。

何首乌、棱枝何首乌和毛脉蓼间的化学成分差异，进一步支持了分子系统进化的结果。何首乌与棱枝何首乌化学特征相似。

毛脉蓼在形态结构、化学成分和分子上证据与何首乌、棱枝何首乌存在明显差异，应将其视为一个独立的种；棱枝何首乌在形态、化学和分子上与何首乌相似，可视为何首乌的变种。

图 9-1　何首乌种下类群分类研究思路图

（三）研究结果

1. 性状和显微特征比较　何首乌和棱枝何首乌块根均呈团块状或纺锤形，表面呈红棕色，皮孔横向突起，断面散生大小不一的云锦花纹。何首乌和棱枝何首乌块根内具有异常的次生结构。何首乌正常维管束的次生木质部中央含有大量薄壁细胞和少数木纤维，正常维管束和异常维管束形成层外都无韧皮纤维。棱枝何首乌正常维管束次生木质部中央具有大量纤维束，韧皮部具有韧皮纤维。毛脉蓼的根状茎具有明显的髓部，皮层含有大量的石细胞群；次生木质部导管稀少，常与木纤维聚集成束；根迹维管束散在。

2. 亲缘关系研究　根据ITS2序列的系统发育分析，棱枝何首乌为何首乌的姊妹群，其邻接法、最大似然法和贝叶斯法的支持值分别为59、57和1.0，具有较高支持率。毛脉蓼为独立的分支，与何首乌、棱枝何首乌互为姊妹群（图9-2）。

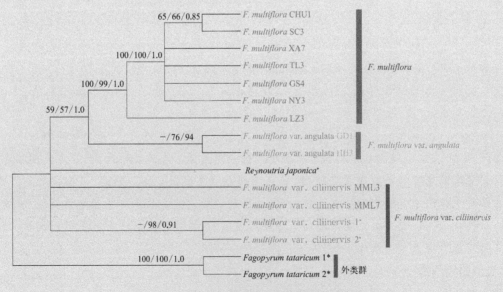

图 9-2　ITS2 序列数据集构建的 50% NJ 树

　　通过 *matK* 和 *psbA－trnH* 序列分析，*matK* 和 *psbA－trnH* 序列联合同质性检验结果为 $p=0.10$，表明 *matK* 和 *psbA－trnH* 基因可以联合建树。用 NJ 法、ML 法和 BI 法分别构建 matK+psbA－trnH 系统树。3 种系统进化树在拓扑结构上基本一致，但自展支持率是不同的。何首乌与棱枝何首乌聚成一支，自展支持率（matK+psbA－trnH：NJ－BS/ML－BS/BI－PP = 99/85/0.99），说明棱枝何首乌与何首乌互为姊妹群。毛脉蓼单独聚为一支，自展支持率（matK+psbA－trnH：NJ－BS/ML－BS/BI－PP = 99/99/1.0），并与何首乌、棱枝何首乌互为姊妹群。综上表明，ITS2、*matK* 和 *psbA－trnH* 序列的 NJ、ML 和 BI 树均表明棱枝何首乌与何首乌的亲缘关系较近，毛脉蓼与二者的亲缘关系较远（图9－3）。

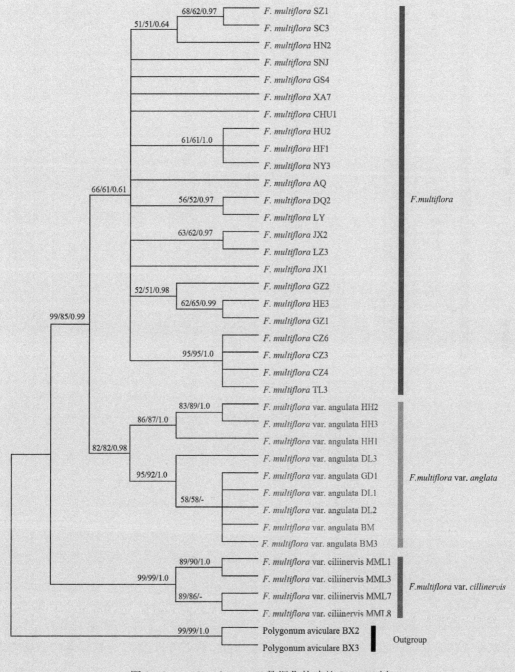

图9－3　*matK+psbA－trnH* 数据集构建的 50% NJ 树

3. 化学成分比较　何首乌、棱枝何首乌和毛脉蓼之间的化学成分存在明显差异,何首乌块根中含有大量的二苯乙烯苷和蒽醌类化合物,以及少量的虎杖苷;与何首乌相比,毛脉蓼根状茎中含有大量的虎杖苷和蒽醌类化合物,而不含二苯乙烯苷;在棱枝何首乌块根中,11种化合物的含量均较低;基于聚类分析(HCA),毛脉蓼的所有样品聚为一组,何首乌和棱枝何首乌的所有样品聚为一组(图9-4)。

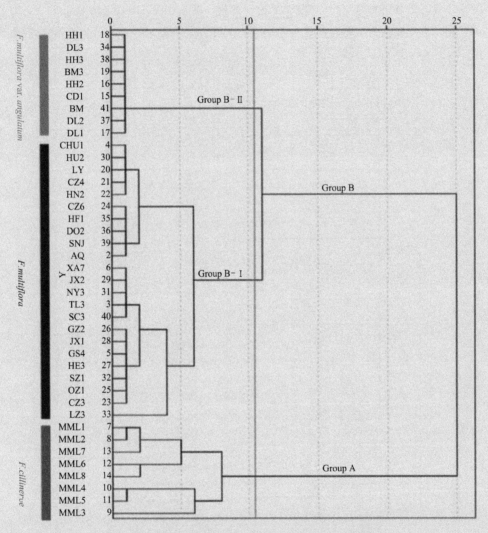

图9-4　何首乌、棱枝何首乌和毛脉蓼化学成分聚类分析图

Group A. 毛脉蓼;Group B-Ⅰ. 何首乌;Group B-Ⅱ. 棱枝何首乌

（四）研究结论

在形态结构、化学成分和分子证据上,毛脉蓼与何首乌、棱枝何首乌存在明显差异,应将其视为一个独立的种;而棱枝何首乌与何首乌相似,可视为何首乌的变种。

（五）亮点点评

何首乌及其种下类群棱枝何首乌、毛脉蓼的分类一直存在争议。本研究分别从形态结构、化学成分及分子序列系统研究了何首乌、棱枝何首乌和毛脉蓼之间的关系,为何首乌的种质资源研究提供依据。

研究案例2　紫堇属块茎类药用植物分子鉴别

（一）研究背景

紫堇属 *Corydalis* 是罂粟科 Papaveraceae 的一个大属,我国有 3 亚属 45 组 357 种植物。其中,延胡索亚属在中国有 5 组 31 种,均具有块茎。由于其块茎含有原小檗碱类生物碱,尤其是具有明显镇痛作用的延胡索乙素,而被广泛作为药用。这 5 个组分别是薯根延胡索组 Section *Leonticoides*、指裂延胡索组 Section *Dactylotuber*、伞花紫堇组 Section *Benecincta*、实心延胡索组 Section *Corydalis* 和叠生延胡索组 Section *Duplotuber*。薯根延胡索组、指裂延胡索组和伞花紫堇组主要分布在新疆(西)北部。实心延胡索组和叠生延胡索组集中分布在华东和东北地区,有两个常用药材,即延胡索和夏天无。同组物种在植物形态和药材性状上均十分相似,导致鉴别困难。目前已经有关于上述部分物种的显微、化学、分子鉴别研究,但主要集中在如何区分正品延胡索和夏天无,如何准确、快速地鉴别紫堇属块茎类药用植物依然是尚未解决的问题之一。本案例选择了在植物类群条形码鉴定中广为使用的 *trnG*、*matK*、*rbcL* 和 *trnH-psbA* 叶绿体片段和 ITS 核基因片段,筛选出鉴别紫堇属药用植物的最佳 DNA 条形码序列,实现延胡索、夏天无及其替代品的有效鉴别。

（二）研究思路

研究案例引自 Jiang 等(2018),该研究思路如图 9-5 所示。

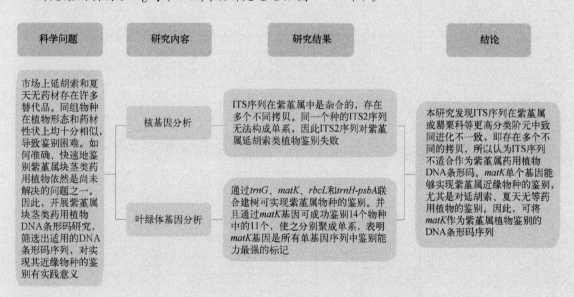

图 9-5　紫堇属块茎类药用植物分子鉴别研究思路图

（三）研究结果

1. **核基因分析结果**　以叠生延胡索组的黄山夏天无 *C. huangshanensis* 为外类群构建实心延胡索组物种的 NJ 树。结果表明,同一个种的 ITS2 序列无法构成单系(图 9-6),因此 ITS2 序列对紫堇属延胡索类植物鉴别失败。

2. **叶绿体基因分析结果**　TaxonDNA 计算最佳配对的结果表明,*trnG* 基因的物种鉴别效率最高为 83.67%,其次是 *matK*,为 73.46%,当所有序列联合的时候,物种鉴别效率为 100%。基于邻接树(NJ 树)的单系检验表明只有当 4 个叶绿体片段联合起来使用的时候,才能实现所有物种的鉴别。此时,延胡索、夏天无等每一个物种的所有样品均聚成单系,并且支持率大于 60%,所以能

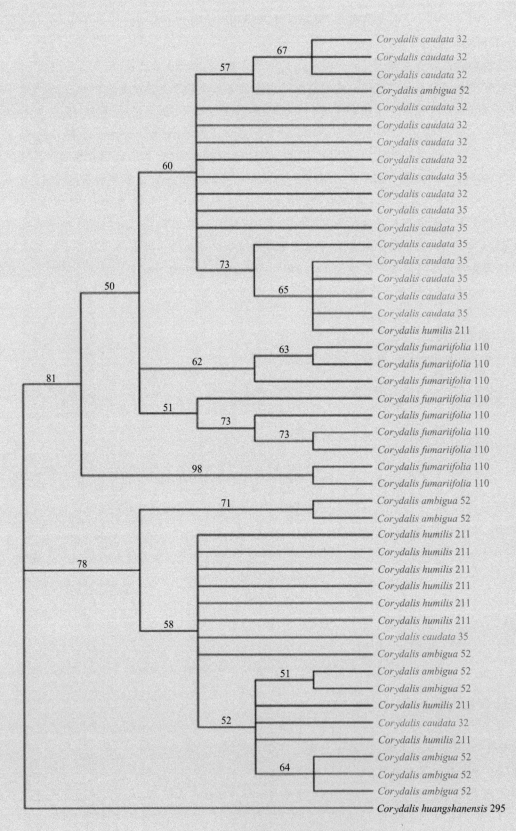

图 9-6　实心延胡索组 ITS2 序列 NJ 树

够与近缘物种相区别。另外,通过 *matK* 基因可成功鉴别 14 个物种中的 11 个,使之分别聚成单系,表明 *matK* 基因是所有单基因序列中鉴别能力最强的标记。

(四) 研究结论

本研究发现 ITS 序列在紫堇属或罂粟科等更高分类阶元中致同进化不一致,即存在多个不同的拷贝,这可能与该类群存在杂交和多倍化现象有关,所以本研究认为 ITS 序列不适合作为紫堇属药用植物 DNA 条形码。*matK* 单个基因能够实现紫堇属近缘物种的鉴别,尤其是对延胡索 *C. yanhusuo*、夏天无 *C. decumbens* 等药用植物的鉴别。因此,可将 *matK* 作为紫堇属植物鉴别的 DNA 条形码序列。

(五) 亮点点评

紫堇属块茎类药用植物在分类上长期存在争议,问题主要集中于延胡索与齿瓣延胡索、东北延胡索与堇叶延胡索等类群之间。该研究通过利用 4 个叶绿体片段和 ITS 片段,对延胡索和夏天无及其替代品进行鉴别,并探讨实心延胡索组和叠生延胡索组内物种关系。因此,DNA 条形码分子鉴定方法实现了延胡索、夏天无及其替代品的有效鉴别,并展示了两组物种之间的亲缘关系。

研究案例 3　植物新类群药用价值推测研究——以黄山前胡为例

(一) 研究背景

自开展全国第四次中药资源普查以来,相继发现了植物新类群近 200 种,研究植物新类群潜在的药用价值,为现代中药的创新发展奠定了物质基础。2020 年,黄璐琦院士团队在安徽黄山发现了前胡属新物种,并命名黄山前胡 *Peucedanum huangshanense* Lu Q. Huang, H. S. Peng & S. S. Chu。该新类群形态特征与《中国药典》(2020 年版)规定的前胡药材的正品来源白花前胡 *P. praeruptorum* Dunn 类似,但其潜在的药用价值暂不明确。前胡药用历史悠久,最早记载于《名医别录》。本草文献考证研究发现,古代本草中记载的前胡基原植物有白花前胡 *P. praeruptorum*、滨海前胡 *P. japonicum* Thunb.、泰山前胡 *P. wawrae* (H. Wolff) Su、华北前胡 *P. harry - smithii* Fedde ex H. Wolff、华中前胡 *P. medicum* Dunn。并且通过调查发现,历代本草中记载的前胡属植物的根在民间临床中仍有应用。为推测前胡属新物种黄山前胡 *P. huangshanense* 的药用价值,该研究收集了历代本草中记载的前胡属植物,通过利用叶绿体全基因组,明确黄山前胡与其他前胡属药用植物之间的亲缘关系,并基于主要活性成分含量,推测出黄山前胡的潜在药用价值,对植物新类群药用价值推测研究具有借鉴意义。

(二) 研究思路

研究案例引自 Sun 等(2023),该研究思路如图 9-7 所示。

(三) 研究结果

1. 基于叶绿体全基因组的系统发育分析　该研究对白花前胡、滨海前胡、泰山前胡、华北前胡、华中前胡及黄山前胡进行了叶绿体全基因组的测序组装及注释。结合已发表的 7 个前胡属叶绿体全基因组进行比较分析,发现这 13 个前胡属叶绿体基因组序列长度在 142 494~155 552 bp, GC 含量为 37.4%~37.7%,基因组显示出典型的四分体结构,包括 LSC 区(长度在 85 276~99 934 bp), SSC 区(长度在 17 372~17 658 bp)和一对 IR 区(IRa 和 IRb,长度在 12 594~25 394 bp)。这 13 个前胡属植物叶绿体基因组包含 113~114 个基因,其中蛋白质编码基因(CDS)79~80 个、转运 RNA

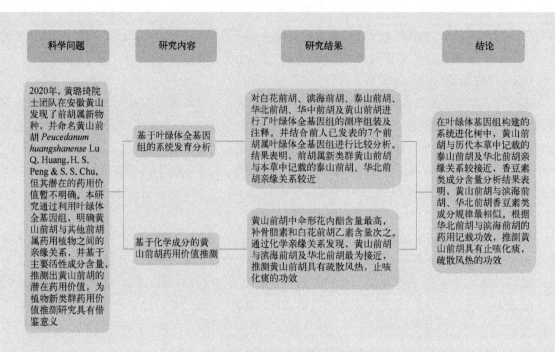

图9-7　黄山前胡药用价值推测研究思路图

(transfer RNA, tRNA)基因29~30个、核糖体RNA(ribosomal RNA, rRNA)基因4个。此外,研究还发现:滇西前胡叶绿体基因组存在 *rps15* 基因缺失,白花前胡和广序北前胡叶绿体基因组存在 *trnT-GGU* 基因缺失,黄山前胡中存在 *trnD-trnY-trnE* 基因倒位。结合NCBI数据库中已公布的21个前胡属叶绿体全基因组序列,进行系统发育分析。结果表明,前胡属新类群黄山前胡与本草中记载的泰山前胡、华北前胡亲缘关系较近。

2. 基于化学成分的黄山前胡药用价值推测　香豆素类成分为前胡属植物的主要活性成分。该研究通过对前胡属新类群黄山前胡及历代本草中记载的5种前胡属植物的根及根状茎中的10种香豆素类成分进行含量测定分析,结果发现(图9-8),黄山前胡中伞形花内酯含量最高,补骨脂素和白花前胡乙素含量次之。通过化学亲缘关系发现,黄山前胡与滨海前胡及华北前胡最为接近。药物系统发育学的核心思想认为,相似的化学成分往往具有相似的临床疗效。《中华本草》记载滨海前胡具有清热止咳、利尿解毒的功效,常用于治疗肺热咳嗽,湿热淋痛,疮痈红肿。《陕西省药材标准》(2015年版)记载华北前胡与少毛北前胡、广序北前胡均为中药硬前胡的植物来源。硬前胡具有降气化痰、散风清热的功效。因此,根据滨海前胡和华北前胡的功效,推测黄山前胡具有疏散风热、止咳化痰的功效。但具体功效还要通过深入的药理学研究进行验证。

(四)研究结论

在叶绿体基因组构建的系统进化树中,黄山前胡与历代本草中记载的泰山前胡及华北前胡亲缘关系较接近。香豆素类成分含量分析结果表明,黄山前胡与滨海前胡、华北前胡香豆素类成分规律最相似。因此,根据华北前胡与滨海前胡的药用记载功效,推测黄山前胡具有止咳化痰、疏散风热的功效。

(五)亮点点评

该研究为黄山前胡的药用价值推测提供了支持和依据,为前胡药用资源的开发奠定了基础,为资源普查中新类群的药用价值研究提供了新方法。

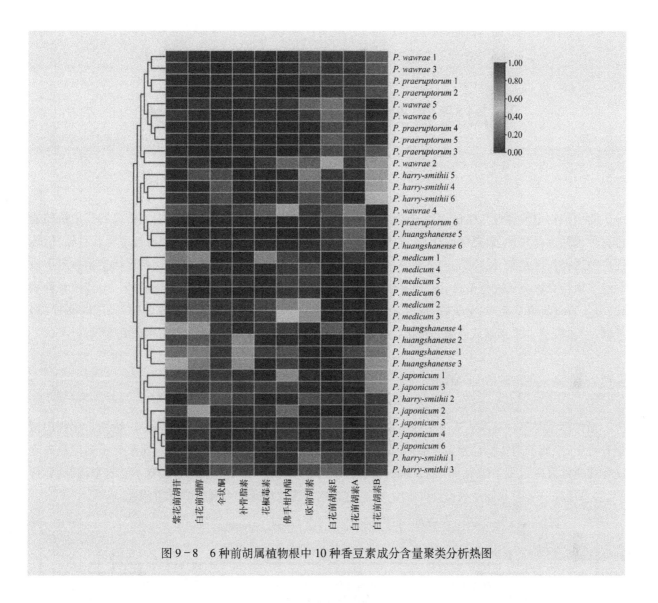

图 9-8 6种前胡属植物根中 10 种香豆素成分含量聚类分析热图

思 考 题

1. 分子鉴定技术已成为药用植物鉴定领域的重要手段,能否全面代替传统的性状鉴定?

2. 如何将药用植物分子鉴定技术与传统植物知识和民族植物学方法相结合,以获得更全面的药用植物信息?

3. 药用植物分子鉴定技术如何帮助解决药用植物中活性成分的化学多样性和生物活性差异的问题?

第十章
药用植物分子标记辅助育种技术

药用植物遗传育种与作物、园艺的遗传育种相比起步较晚，研究基础较为薄弱。传统的药用植物遗传育种包括选择育种、杂交育种及人工诱变育种，以实现高产、稳产、优质、成熟期适当等育种目标，但传统育种选择程序复杂、耗时长、预见性差。分子育种，指在分子遗传学理论指导下，将现代生物技术手段与经典遗传育种方法进行整合，进行综合表现型和基因型筛选，从而培育出优良新品种。与传统育种相比，分子育种具有周期短、见效快、技术含量高、经济效益大等特点，实现从"经验育种"到定向高效"精准育种"的跃升。本章重点介绍药用植物分子标记技术辅助育种的相关内容与应用研究案例。

第一节　分子标记类型与开发

遗传标记是等位基因形式决定的生物学特性，其具有可遗传性及可识别性的基本特征。在药用植物育种中，经典的遗传标记分为形态标记、细胞学标记、生化标记、分子标记四种，其中分子标记是在分子生物学的发展过程中诞生和不断发展的，其直接反映 DNA 水平的遗传变异，具有不受时空限制、数量多、多态性高、中性、共显性的优势(图 10-1)，在药用植物遗传育种中具有广泛应用性。

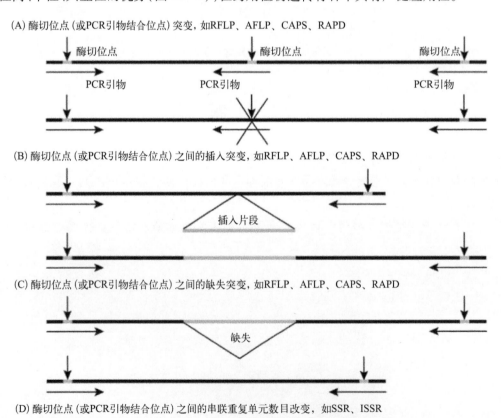

(A) 酶切位点 (或PCR引物结合位点) 突变，如RFLP、AFLP、CAPS、RAPD

(B) 酶切位点 (或PCR引物结合位点) 之间的插入突变，如RFLP、AFLP、CAPS、RAPD

(C) 酶切位点 (或PCR引物结合位点) 之间的缺失突变，如RFLP、AFLP、CAPS、RAPD

(D) 酶切位点 (或PCR引物结合位点) 之间的串联重复单元数目改变，如SSR、ISSR

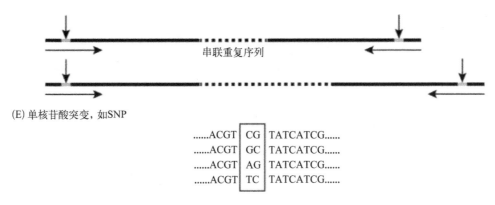

(E) 单核苷酸突变，如SNP

```
......ACGT  CG  TATCATCG......
......ACGT  GC  TATCATCG......
......ACGT  AG  TATCATCG......
......ACGT  TC  TATCATCG......
```

图 10-1　分子标记多态性产生的原理

一、分子标记技术类型及原理

根据技术特性差异，分子标记技术分为四大类，分别是基于分子杂交的 DNA 标记技术、基于 PCR 反应的 DNA 标记技术、基于限制酶和 PCR 技术相结合的 DNA 标记技术及基于芯片/测序技术的 DNA 标记技术。

（一）基于分子杂交的 DNA 标记技术——RFLP 标记

限制性片段长度多态性（RFLP）标记是利用限制性内切酶酶解样品 DNA，从而产生大量长度各异的限制性片段，依次通过凝胶电泳、转膜、探针标记、Southern 杂交及显影显示出杂交带，即检出 RFLP（图 10-2）。这种 DNA 分子水平上的多态性是由于：① 碱基改变导致酶切位点的增加或减少；② 探针定位的限制性片段内部发生了插入或缺失。大部分 RFLP 标记具有共显性遗传和位点特异性的特征，并可覆盖整个基因组，具有物种特异性。目前 RFLP 标记已经应用在一些多源性药用植物如栝楼（*Trichosanthes kirilowii*）、柴胡属（*Bupleurum*）等的鉴

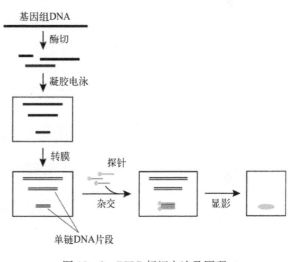

图 10-2　RFLP 标记方法及原理

定中。其局限性体现在检测过程烦琐、成本费用高、易造成污染，且检测需要大量且高质量的 DNA。

（二）基于 PCR 反应的 DNA 标记技术

1. RAPD 标记　随机扩增多态性 DNA（randomly amplified polymorphic DNA，RAPD）标记是利用随机引物对被检材料的基因组 DNA 进行单引物扩增，当两条 DNA 互补单链上存在与随机引物结合的相似位点时，则 PCR 扩增就能顺利进行，扩增产物通过琼脂糖凝胶电泳进行分离及检测。RAPD 的多态性来源于引物结合位点或位点间的序列突变与重排，不同 DNA 中产物片段数目及大小不同，电泳后即表现出不同的 RAPD 谱带（图 10-3）。

RAPD 标记具有通用性高、检测过程快捷高效、自动化程度高、不受发育阶段等因素影响、扩增产物可转化为其他类型标记的优点，因此被广泛应用于种下水平的遗传型检测中。但 RAPD 在实际操作过程中仍存在可重复性较差的问题，并且该标记多为显性遗传，用于二倍体生物时鉴别纯合子与杂合子较为困难。

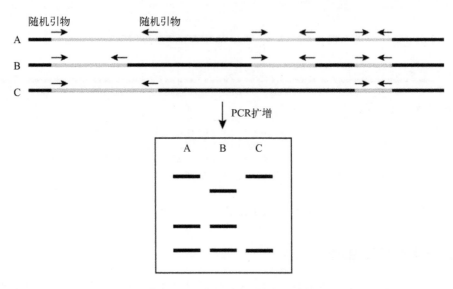

图 10-3　RAPD 标记方法及原理

2. SSR 标记　简单序列重复(SSR)标记是以 1~6 个核苷酸为基元的重复序列,其两侧多为保守的单拷贝序列,以该独特序列为模板设计的特异性引物即可通过 PCR 技术将其间的 SSR 序列扩增出来,而重复序列串联数目的不同导致了 SSR 长度的高度变异性,即 SSR 标记的高度多态性(图 10-4)。另外,SSR 标记具有可重复性、共显性遗传、位点特异性及全基因组随机分布的特点,是目前常用且比较理想的分子标记。但是利用 SSR 标记技术进行研究时需建立在已知重复序列两端序列信息的基础上,并且需要大量的劳动量,自动化分析时起始费用高。

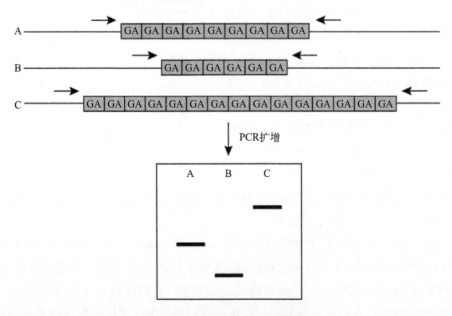

图 10-4　SSR 标记方法及原理

3. 其他标记　近年来陆续发展的标记技术还包括序列特征化扩增区域(sequence characterized amplified region, SCAR)标记、简单重复间序列(inter-simple sequence repeat, ISSR)标记、序列标签位点(sequence tagged site, STS)标记、序列相关扩增多态性(sequence-related amplified polymorphism, SRAP)标记、目标起始密码子(start codon targeted, SCoT)标记等(资源 10-1),在铁皮石斛(*Dendrobium*

资源
10-1

officinale)、地黄(*Rehmannia glutinosa*)、黄精(*Polygonatum sibiricum*)等多种药用植物上均有应用,由于具有较高的稳定性和遗传多态性,在药用植物分子标记开发中表现出巨大潜力。

(三) 基于限制酶和 PCR 技术相结合的 DNA 标记技术

1. AFLP 标记 扩增片段长度多态性(AFLP)标记技术是基于限制性内切酶酶切片段长度的不同检测 DNA 多态性的一种技术。在使用 AFLP 标记技术进行研究时,首先用 2 种限制性内切酶对基因组 DNA 进行酶切产生限制性片段,使用特定的 AFLP 接头与限制性片段连接,在与接头匹配的特异性引物预扩增下,产生一组大小不等的片段作为后续 PCR 反应的模板,选择性扩增后经变性聚丙烯酰胺电泳分离后产生 AFLP 谱带,如图 10-5 所示。由于酶切时使用的 2 种限制性内切酶可以灵活组合,并且选择性碱基的种类、数量不同,因此采用不同的限制酶组合及选择性碱基可以产生不同的 AFLP 指纹,即产生多态性。

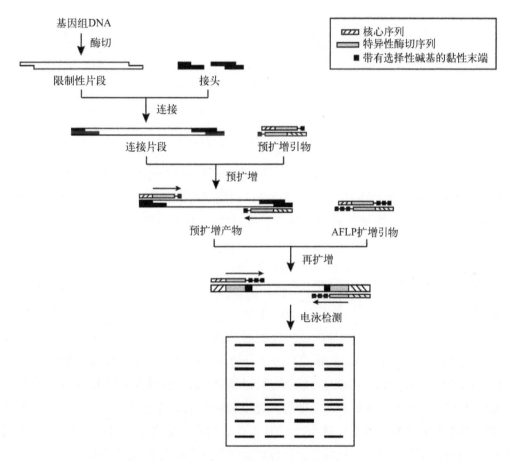

图 10-5 AFLP 标记方法及原理

理论上 AFLP 标记技术能够产生无数的标记数并可以覆盖整个基因组,因此被认为是分子标记技术中多态性最丰富的一项技术。此外,AFLP 标记还具有检测效率高、可靠性好、分辨率和重复性高的特点,适用于品种指纹图谱绘制、分子遗传连锁图构建及遗传多样性的研究。但是 AFLP 技术操作烦琐,扩增时易出现假阳性、假阴性及染色体聚集的现象,降低有用信息的获取效率。

2. CAPS 标记 切割扩增多态性序列(cleaved amplified polymorphic sequence, CAPS)标记技术又称 RFLP-PCR,是利用已知位点的 DNA 序列设计一套特异性 PCR 引物扩增该位点上的某一 DNA 片段,再用专一性的限制性内切酶对扩增产物进行酶切,电泳后即展示 CAPS 谱带。与 RFLP 技术相似,CAPS 技术检测的多态性体现在酶切位点及限制性片段内部的差异上。

（四）基于芯片/测序技术的 DNA 标记技术

1. SNP 标记　单核苷酸多态性（single nucleotide polymorphism，SNP）是指不同个体基因组水平上单个核苷酸位点变异所引起的 DNA 序列多态性（图 10-6），包括碱基转换与颠换，其中的非同义基因编码区 SNP 导致编码氨基酸的改变，通常是导致生物性状发生改变的直接原因。从理论上来说，SNP 是目前覆盖了基因组所有 DNA 多态性的唯一标记方法，其具有位点丰富、高度稳定、可估计基因频率、易实现自动化分析的特点，目前也有许多 SNP 的分型技术如单链构象多态性（single-strand composition polymorphism，SSCP）电泳、高分辨熔解曲线（high resolution melting curve，HRM）分析、基因芯片法及测序法（genotyping by sequencing，GBS）被陆续开发，在紫苏（*Perilla frutescens*）变种鉴别、菊花（*Chrysanthemum morifolium*）耐寒基因筛选、三七（*Panax notoginseng*）抗病新品种选育上发挥了重要作用。

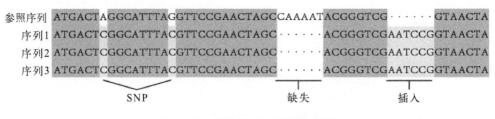

参照序列 ATGACTAGGCATTTAGGTTCCGAACTAGCCAAAATACGGGTCG⋯⋯GTAACTA
序列1 ATGACTCGGCATTTACGTTCCGAACTAGC⋯⋯ACGGGTCGGAATCCGGTAACTA
序列2 ATGACTCGGCATTTACGTTCCGAACTAGC⋯⋯ACGGGTCGGAATCCGGTAACTA
序列3 ATGACTCGGCATTTACGTTCCGAACTAGC⋯⋯ACGGGTCGGAATCCGGTAACTA

SNP　　　　缺失　　　插入

图 10-6　SNP 及 InDel 标记示意图

2. InDel 标记　插入/缺失（insertion-deletion，InDel）是指不同个体基因组水平上发生不同大小核苷酸片段的插入或缺失（图 10-6），其产生主要与基因组序列特征及 DNA 复制错误有关。作为含量最丰富的多态性突变之一，InDel 准确性高，变异稳定，通用性强，且与分型系统复杂的 SNP 相比，其检测更加简单便捷。

二、分子标记的发展趋势

回顾分子标记的发展历程，其呈现由未知功能基因标记向功能基因序列标记发展的趋势，以及由传统凝胶检测技术向高通量自动化的新检测技术发展的趋势。与未知功能基因标记如 RFLP、RAPD 相比，功能基因标记如 SNP 可以准确检测、跟踪功能位点的目标基因，且其多态性信息能反映功能性等位基因的变异。对多数药用植物而言，通过功能标记可以确定目标等位基因的有无，甚至间接预测目标性状的田间表现，极大地加速育种的进程。而随着大规模育种需求的凸显以及分子生物学技术的快速发展，效率低的传统凝胶检测技术逐渐发展为以 SNP 为代表的高通量自动化的新检测技术，检测成本也在不断降低，显著提高了复杂性状改良的可操作性和新品种选育的效率，对于药用植物分子育种的发展有着十分重要的意义。

第二节　质量性状基因的定位

基因定位指基因所属连锁群或染色体以及基因在染色体上位置的确定，其基本原理是通过分析分子标记与表现型之间的连锁关系，确定基因在遗传图谱中的位置。质量性状（qualitative character）指在遗传上由一个或少数主效基因控制的性状，其中每个基因对表型具有相对大的效应，但对环境影响相对不敏感，如植物的抗性、育性。质量性状基因定位的经典方法包括近等基因系（near isogenic line，NIL）分析法和分离集团混合分析（bulked segregation analysis，BSA）法。

一、近等基因系分析法

在遗传群体(资源10-2)中,NIL 是指两个或多个形态上相似,遗传背景相同或相近,只在个别染色体区段上存在差异的遗传材料。传统育种中,当某一优良品种缺少一个或两个优良性状时,常采用带有目标优良性状的亲本(供体亲本)与拟导入该性状的亲本(受体亲本,又称轮回亲本)进行杂交,再用轮回亲本继续多次回交,即可获得轮回亲本的 NIL,此外也可通过隔代回交、人工诱变、转基因等技术构建 NIL。

近等基因系分析法是利用 NIL 寻找和目标性状紧密连锁的分子标记。当一对 NIL 在性状上表现出显著差异时,那么该对 NIL 多态性的分子标记就可能位于目标性状基因附近,即与目标性状基因紧密连锁。该标记在 NIL 及供体亲本中应具有相同的基因型,但在 NIL 及与轮回亲本中表现出不同的基因型。利用该方法,在未获得完整遗传图谱时,可在 NIL 间筛选具有多态性的分子标记,再通过后代群体中目标表型与连锁标记的连锁距离进行分析,筛选得到的标记只要电泳带型与表型性状表现一致,就可以被应用于辅助选育工作中。目前利用近等基因系分析法对质量性状基因进行标记定位多用于作物研究中,如玉米矮花叶病抗病基因 *Rscmv2* 和甘蓝型油菜硼高效基因 *BnBE2*。

二、分离基团混合分析法

BSA 法是基于近等基因系分析法演化而来的,其克服了许多植物没有或难以创建相应 NIL 的限制,并且对于尚无连锁图或连锁图饱和程度较低的植物,利用 BSA 法也可快速获得与目标性状基因连锁的分子标记。

(一) 基于性状表现型的 BSA 法

该方法是依据目标性状的相对差异(如抗病和感病)将个体或株系分为两组,然后分别将两组 DNA 混合,形成相对的 DNA 混合池。这两个 DNA 池除了在目标基因座所在的染色体 DNA 组成上存在差异外,来自基因组其他部分的 DNA 组成是完全相同的,因此当这两个 DNA 池间表现出多态性的 DNA 标记时,即有可能与目标性状基因连锁。

(二) 基于标记基因型的 BSA 法

该方法是基于目标基因两侧的分子标记基因型对分离群体进行混合,适用于目标基因已定位在分子连锁图谱上,但其两侧标记与目标基因间相距较远,需要进一步寻找更为紧密连锁标记的情况。假设已知目标基因位于两标记座位 A 和 B 之间,即来自亲本 1 的标记等位基因为 A_1 和 B_1,来自亲本 2 的标记等位基因为 A_2 和 B_2,将具有 A_1B_1/A_1B_1 和 A_2B_2/A_2B_2 标记基因型的个体进行 DNA 混池,可以认为它们在目标区段之外的整个遗传背景是相同的。用两个 DNA 池分别作为 PCR 扩增的模板,利用电泳分析寻找两个 DNA 池之间的多态性,就可能在目标区段上找到与目标基因紧密连锁的 DNA 标记。

(三) 极端集团-隐性群法

NIL 分析法和 BSA 法只能对目标基因进行分子标记分析,但并不能确定目标基因与分子标记间连锁的紧密程度及其在遗传图谱上的位置,具有一定局限性,而极端集团-隐性群法的开发则弥补了这一缺陷,可同时进行目标基因与标记的连锁和定位分析。该方法首先从分离群体中选择表现型处于两个极端的个体,组建成两个极端集团。若两个极端集团中存在多态性的分子标记则可能与目标性状基因相连锁。基于开发得到的分子标记对表现型为隐性的极端个体进行分析,得到各位点分子标记基因型,鉴别出分子标记与目标基因位点间重组纯合个体或杂合个体,用极大似然法计算标记位点与目标基因的重组率,即用表现型为隐性的极端个体确定基因位点在分子标记连锁图上的准确位置。与一般的

BSA 法相比,极端集团-隐性群法可提高基因定位的灵敏度和准确性,避免了随机群体对性状硬性分组所造成的误差,并且所需个体数量少,大大降低了分析成本。

三、高通量测序技术辅助质量性状定位

随着分子标记和高通量测序技术的发展,越来越多重要性状的复杂遗传机制将被阐明。近年来,许多 BSA 与高通量测序技术相结合的方法被陆续开发用以辅助质量性状的定位,大大缩短了基因定位的周期,同时降低了成本。目前应用较多的方法包括 BSA－seq 定位法、MutMap 定位法、MutMap+定位法及 BSR－seq 定位法。

第三节　数量性状基因定位

数量性状(quantitative character or quantitative trait, QT)是指性状的分布呈连续状态且接近于正态分布,易受环境影响,并受微效多基因控制的性状,如植株的高矮、果实的大小、植物的抗旱性等。控制数量性状的基因也称为数量性状基因座(quantitative trait locus, QTL)。QT 在一个自然群体或杂种后代群体中的不同个体间往往表现连续的数量差异,不易明确归类分组,因此不能用经典的遗传学理论来解释和分析它们的复杂变化。QT 是在群体水平上通过生物统计学的方法来研究的。

1918 年费希尔(Fisher R. A.)发表"根据孟德尔遗传假设对亲子间相关性的研究"论文,结合统计方法与遗传分析方法,从而创立数量遗传学。1925 年费希尔著《研究工作者统计方法》(Statistical Methods for Research Workers)一书,为数量遗传学的研究提供了有效的分析方法。费希尔还首次提出方差分析(ANOVA)方法,为数量遗传学的发展奠定了基础。

一、数量性状的特点

(一) 数量性状的变异表现为连续性

数量性状呈连续性变异,杂种后代的分离世代不能明确分组,只能用度量单位进行测量,采用统计学方法加以分析。例如,通过将短穗玉米(P_1)与长穗玉米(P_2)杂交,将双亲及子一代(F_1)、子二代(F_2)种于同一田间,分别测量双亲及子代所有植株的果穗长度并将数据进行统计学分析。由图 10－7 可以看到,长穗品种与短穗品种杂交后,F_1 表现为两亲本中间型,F_2 群体所有植株的穗长分布在两亲本之间(7~20 cm),呈现广泛的连续性变异,且不能明确地划分为不同的组,统计每组的植株或个体数,能够求出分离的比例。

(二) 对环境条件比较敏感

数量性状容易受到环境条件的影响而产生不遗传的变异。例如,相同基因型的动植物个体,在不同营养或水肥条件下,体形大小相差较大,同一作物品种在不同栽培管理条件下,产量明显不同等。观察玉米 P_1、P_2 和 F_1 这 3 个群体,尽管每个群体所有个体的基因型是相同的,但是各群体的穗长不是集中在一个数值上而是均呈连续性变异。这种连续性变异是由于环境条件不一致而产生的,一般是不遗传的。F_2 群体的平均值与 F_1 接近,但 F_2 群体的变异幅度比亲本和 F_1 都更大,这是因为 F_2 群体表现出的差异既有由于基因分离所造成的基因型差异,又有由于环境的影响所造成的同一基因型的表现型差异。

(三) 数量性状普遍存在着基因型与环境相互作用

控制 QT 的基因较多,且易在特定的时空条件下表达,在不同环境下基因表达的程度可能不同(图 10－8)。

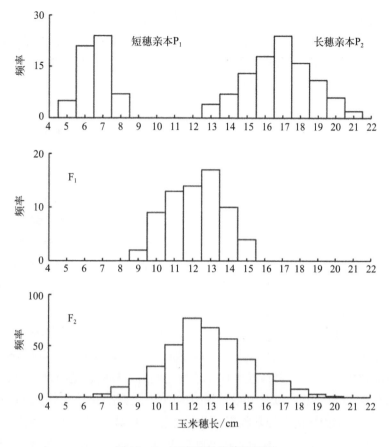

图 10-7　玉米穗长遗传柱形图

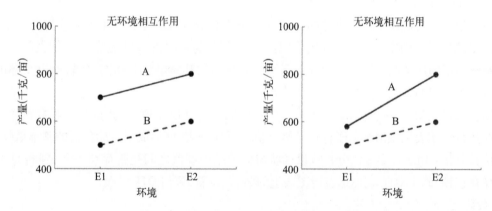

图 10-8　两个玉米品种在两个环境中的相对表现

A、B：两个不同的玉米品种；E_1、E_2：两种不同的环境

二、数量性状基因定位的方法

(一) QTL 定位的原理和步骤

1. QTL 定位的原理　一个数量性状往往受多个 QTL 控制,控制数量性状的 QTL 可能分布于不同染色体或同一染色体的不同位置。QTL 定位也称 QTL 作图,借助分子标记,可以在染色体上检测出 QTL,并可以确定影响某一数量性状的 QTL 在染色体上的数目、位置和遗传效应。如果分子标记覆盖整个基因组,控制数量性状的基因(Q_i,即 QTL)两侧会有相连锁的分子标记(M_{i-}和 M_{i+}),这些与 Q_i 紧密连锁的分子标记将表现出不同程度的遗传效应。利用分子标记定位 QTL,实质就是分析分子标记与数

量性状基因座 Q_i 的连锁关系。即利用已知座位的分子标记来定位未知座位的 Q_i，通过计算分子标记与 Q_i 之间的重组率，来确定 Q_i 的具体位置。QTL 不等于基因，只是表示了与基因有关的区域在连锁图上的位置，在一定程度上代表了基因的效应，因而通过 QTL 可以对有关基因的数量和作用方式进行研究。

2. QTL 定位的步骤　QTL 定位一般步骤如图 10-9 所示。

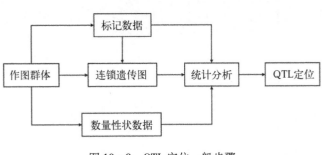

图 10-9　QTL 定位一般步骤

（1）构建作图群体：适于 QTL 定位的群体应该是待测数量性状存在广泛变异，多个标记位点处于分离状态的群体，这样的群体一般是由亲缘关系较远的亲本间杂交，再经自交、回交等方法进行人工构建的。常用的群体有 F_2 群体、回交（BC）群体、双单倍体（doubled haploids，DH 即加倍的单倍体）群体、重组近交系（recombinant inbred lines，RIL，由 F_1 连续多代自交产生）群体等。其中 DH 群体和 RIL 群体的分离单位是品系，品系间存在遗传差异而品系内个体间基因型相同，自交不分离，可以永久使用。

（2）确定和筛选遗传标记：遗传标记指可遗传的、且可观察到的反映个体基因型差异的性状，如花色的红与白等。理想的作图标记应具有 4 个方面的特征：第一，数量丰富。以保证足够的标记覆盖整个基因组。第二，多态性好。以保证个体或亲代与子代之间有不同的标记特征。第三，中性。同一基因座的各种基因型都有相同的适应性，以避免不同基因型间的生存能力差异引起的试验误差。第四，共显性。以保证直接区分同一基因座的各种基因型。分子标记容易具有以上 4 个特征，已成为目前应用最广泛的做图标记。常用的分子标记有 RFLP、AFLP、RAPD、SSR、SNP、可变数目串联重复（variable number of tandem repeat，VNTR）等。

（3）检测分离世代群体中每一个体的标记基因型值和数量性状值：从作图群体抽样提取 DNA 做分子标记检测，记录每个被测个体的标记基因型。若标记的遗传图谱未知，还需要先依据各标记基因型分离资料制作标记的连锁图。因为各种分子标记最后显示的都是电泳分离的带谱，所以个体的标记基因型需要将每个标记的带纹与亲本比较并赋值来记录。

（4）测量数量性状：在检测作图群体的每个个体的标记基因型值的同时，测定其数量性状值。将每个个体的数量性状表现型值和分子标记基因型值按顺序列表，就形成了后续分析的基本数据。

（5）统计分析：用统计学方法分析数量性状与标记基因型值之间是否存在关联，判断 QTL 与标记之间是否存在连锁，确定 QTL 在标记遗传图谱上的数目、位置，评估 QTL 的效应。

（二）QTL 定位的统计学方法

QTL 定位统计学方法的运算过程比较复杂，大多数作图方法都涉及大量表型数据与连锁标记的统计分析，需要应用相应的统计分析软件。常用的统计学方法主要有单标记分析法（single marker analysis，SMA）、区间作图法（interval mapping，IM）、复合区间作图法（composite interval mapping，CIM）以及基于混合线性模型的复合区间作图法（composite interval mapping based on mixed model，MCIM）等，并开发出一些计算机程序包，如 Mapmaker/OTL、MapQTL、WinQTLCart、QTLmapper、IciMapping 等。

1. 单标记分析法　单标记分析就是检测 1 个标记与控制数量性状的基因座 QTL 是否连锁，并估计二者重组率，分析其遗传效应。如果某个标记与某个（些）QTL 连锁，那么在杂交后代中，该标记与 QTL 间就会发生一定程度的共分离，于是该标记的不同基因型在（数量）性状的分布、均值和方差上将存在差异。检验这些差异就能推知该标记是否与 QTL 连锁。单标记分析法是将群体中的个体按单标记基因型进行分组（每次只分析一个标记），同时度量各个个体数量性状的表型值。以单因素方差分析测验被研究数量性状在标记基因型间的差异显著性,或将个体的数量性状表型值对单个标记的基因型进行回归分析,若各标记基因型差异或回归系数达到统计测验的显著水平,则可认为该标记与 QTL 连锁。

常用的检测单标记与 QTL 连锁的统计学方法有以下 3 种。

(1)成组平均数比较的 t 检验:以回交群体为例,假定某特定分子标记位点 M 具有 2 个等位基因 M 和 m,且为共显性,特定的数量性状基因座 Q 具有 2 个等位基因 Q 和 q,标记 M 与 QTL 之间连锁时(假设其重组率为 r),两纯系亲本 P_1 和 P_2 的基因型分别为 $MMQQ$ 和 $mmqq$,两亲本杂交得杂种 $F_1(MmQq)$。若将 F_1 与 $P_1(MMQQ)$ 回交将产生 BC_1。F_1 配子、BC_1 群体中标记和 QTL 基因型及其频率列于表 10-1。

表 10-1 回交群体 BC1 中标记和 QTL 的基因型及其频率

F_1 配子	MQ	Mq	mQ	mq
BC_1 基因型	$MMQQ$	$MMQq$	$MmQQ$	$MmQq$
QTL 效应	a	d	a	d
BC_1 基因型频率	$(1-r)/2$	$r/2$	$r/2$	$(1-r)/2$
标记型值与方差	MM: $\mu_1=\mu+a(1-r)+dr$ $s_1^2=(a-d)^2r(1-r)$		Mm: $\mu_0=\mu+ar+d(1-r)$ $s_0^2=(a-d)^2r(1-r)$	

若 M 与 Q 连锁,即 $r<0.5$,则标记基因型为 MM 与 Mm 组群中含有 QTL 基因型 QQ 与 Qq 的概率不同,使得 $\mu_1 \neq \mu_0$。因此,对不同标记基因型的性状均值进行成组平均值比较的 t 检验,若差异显著,则说明该标记与 QTL 连锁。

$$t = \frac{\mu_1 - \mu_0}{\sqrt{s^2(\frac{1}{n_1} + \frac{1}{n_0})}}, s^2 = \frac{(n_1 - 1)s_1^2 + (n_0 - 1)s_0^2}{n_1 + n_0 - 2}$$

(2)方差分析:按标记基因型(MM、Mm 和 mm)将个体分组,进行单向分组的方差分析,若 F 检验表明组间差异显著,说明控制该数量性状的 QTL 与标记连锁。

(3)回归或相关分析:对个体的性状值和标记基因型值进行回归或相关分析,若性状值对标记基因型值回归(相关)显著,说明标记与 QTL 连锁。

2. **区间作图法** 区间作图法是利用染色体上一个 QTL 两侧的一对标记,建立个体数量性状测量值对双侧标记基因型指示变量的线性回归关系。若回归关系显著,则表明该 QTL 存在,并能估计出该 QTL 的位置和效应。QTL 的基因型需要根据其相邻双侧标记的基因型加以推测。区间作图法使用最大似然法和 LOD 的概念。似然(likelihood)指某种观测结果出现的可能性。如果所做的 n 次观测是独立的,以 $P(x_i,q)$ 表示第 i 次结果的可能性或似然值(q 是一个不确定概率,称为参数),则 n 次观测的联合概率或似然函数为各观测结果出现概率的多项乘积,表示为 $L(q) = P(x_1, q) P(x_2, q) P(x_3, q) \cdots P(x_n, q) = \prod P(x_i, q)$。

最大似然法以满足其估计值在观察结果中出现的概率最大为条件,给未知参数设定不同的测试值,由似然函数与各参数之间的关系式反复计算每一测试值的似然函数值 L,使 L 值最大的测试值是未知参数的最大似然估计值。LOD 是似然比 L/L_0 的常用对数,即 $LOD = \lg \frac{L}{L_0}$。L 为测试计算的最大似然值,L_0 是不存在 QTL 条件下计算的似然值。当 LOD 值达到某一阈值如 2 或 3 时,即最大似然值与零假设条件似然值之比达到 100 或 1 000 时,说明在检测区间 QTL 效应显著,存在 QTL。

假设标记 M_1 和 M_2 之间有一个 QTL(简称 Q)。M_1 和 Q 之间的重组率为 r_{M1Q}。M1 和 M2 之间的重组率为 r_{M1M2}。BC 群体有 4 种可能标记基因型,每种标记基因型有 2 种 QTL 基因型。各种基因型概率为 1。利用群体期望基因型频率(表 10-2)可以计算出每种标记基因型的各类 QTL 基因型概率。作图群体中全部个体或品系的似然值为 $L = \prod_{j=1}^{n} \sum_{i=1} p_{ij} f_i(y)$,式中,$n$ 为作图群体包含的个体数或品系数;i 为可能的 QTL 基因型数;p_{ij} 为第 j 个观测值属于第 i 种 QTL 基因型的概率,它决定于标记基因型和重组率;$f_i(y)$ 为表现型平均值为 μ_i、方差为 σ_i^2 的正态概率密度函数。

表 10-2　BC₁ 群体的基因型频率

标记基因型(组)	样本容量	频　率	QTL 基因型的条件概率	
			QQ	Qq
$M_1M_1M_2M_2(1)$	n_1	$0.5(1-r)$	1	0
$M_1M_1M_2m_2(2)$	n_2	$0.5r$	$r_2/r = 1-p$	$r_1/r = p$
$M_1m_1M_2M_2(3)$	n_3	$0.5r$	$r_1/r = p$	$r_2/r = 1-p$
$M_1m_1M_2m_2(4)$	n_4	$0.5(1-r)$	0	1

用 LOD 值可以系统地搜索染色体上每 2 个相邻标记区间,判断各区间存在 QTL 的可能性与相对位置。具体结果以 LOD 值和遗传距离(厘摩,cM)为坐标表示。

图 10-10 是利用著名的玉米自交系 Mo17 的 F₁ 与 Mo17 回交群体进行产量 QTL 定位研究的结果,共有 8 个连锁标记。用 x 轴表示它们的位置,距离单位是 cM。三角形所指的位置是具有最大 LOD 的 QTL 位置,也就是 QTL 最可能所处的位置,LOD 为 2 的水平线是整个试验的显著性阈值($\alpha = 0.05$)。该图表明,在标记 C256 和 C449 之间存在 1 个影响玉米产量的 QTL。

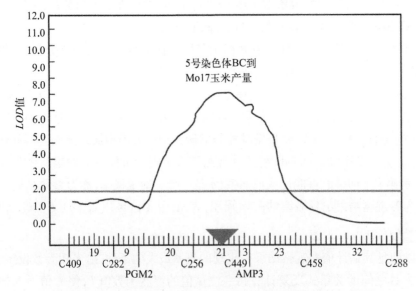

图 10-10　玉米 5 号染色体上影响产量的 QTL 位置与 LOD 曲线图

与传统的单标记分析法相比,区间作图法的优点有:一是能从支持区间推断 QTL 的可能位置;二是假设一条染色体上只有一个 QTL,QTL 的位置和效应估计趋于渐近无偏;三是能减少 QTL 检测所需的个体数。

3. 复合区间作图法　复合区间作图法是利用多元回归的特性,构建了不受区间以外的其他 QTL 影响的检验统计量,以此统计量进行区间检验,可将同一染色体上的多个连锁 QTL 的效应区分开。复合区间作图法由 Zeng 在 1994 年提出。这种方法是 IM 的改进,是在做双标记区间分析时,利用多元回归控制其他区间内可能存在的 QTL 的影响,从而提高 QTL 位置和效应估计的准确性。与 IM 法相比,CIM 法大大提高了 QTL 定位的准确度,但这在有些情况下是以降低灵敏度(检测能力)为代价的,且计算量也大大增加了。不过,与 IM 的情况相似,也可以应用最小二乘法来配合 CIM 模型,这样可大幅度地提高计算速度。

CIM 法的主要优点是:一是仍采用 QTL 似然图来显示 QTL 的可能位置及显著程度,从而保留了区间作图法的优点;二是一次只检验一个区间,把对多个 QTL 的多维搜索降低为一维搜索;三是假如不存在上位性和 QTL 与环境互作,QTL 的位置和效应的估计是渐近无偏的;四是充分利用了整个基因组的标记信息;五是以所选择的多个标记为条件,在较大程度上控制了背景遗传效应,提高了作图的精度和效率。

4. 基于混合线性模型的复合区间作图法　基于混合线性模型的复合区间作图法将群体均值、QTL 的各项遗传主效应(包括加性效应、显性效应和上位性效应)作为固定效应,而把环境效应、QTL 与环境互作效应、分子标记效应及其与环境的互作效应以及残差作为随机效应,将效应估计和定位分析结合起来,进行多环境下的联合 QTL 定位分析,提高了作图的精度和效率。此方法是包括加性效应、显性效应及其与环境互作效应的混合线性模型复合区间作图方法,即多性状复合区间定位法(MCIM)。它能克服以上几种 QTL 定位法均无法对基因型与环境的互作及各种遗传效应做出正确分析的缺点。

与基于多元回归分析的 CIM 法相比,用 MCIM 法进行 QTL 定位可避免所选的标记对 QTL 效应分析的影响,还能无偏地分析 QTL 与环境的互作效应,具有很大的灵活性,模型扩展非常方便;把标记效应作为随机效应,可以用最佳线性无偏预测(BLUP)法进行标记筛选,克服了把标记效应作为固定效应时用回归方法进行标记筛选可能出现的问题。MCIM 法可以扩展到分析具有加×加、加×显、显×显上位性的各项遗传主效应及其与环境互作效应的 QTL。利用这些效应估计值可预测基于 QTL 主效应的普通杂种优势和基于 QTL 与环境互作效应的互作杂种优势,并可直接估算个体的育种值。依据育种值的高低选择优良个体,能提高遗传改良效率,因而 MCIM 法具有广阔的应用前景。

利用分子标记对控制数量性状的 QTL 进行定位和遗传效应是近 30 多年来数量遗传学的重要发展。样本容量、标记密度、QTL 被发现能力及效应估计的准确度仍然是数量性状 QTL 研究主要关心的话题。QTL 定位对于种质资源遗传多样性分析、数量性状基因的分离与克隆、杂种优势机制探讨、优良种质筛选等具有重要意义。利用相同分子标记进行不同物种间 QTL 的比较作图,目前在中药材中也有应用,如丹参、罗汉果、菊花的农艺性状以及山楂活性成分黄酮类化合物等。有些物种间的标记图谱和 QTL 图谱很相似,这种在不同物种中一致的基因位置和排序现象,也称同线性。不同物种间同线性 QTL 的发现,使人们可以预测一些重要 QTL 在不同物种中的位置,从已知物种基因推测另一物种同源基因的位置及功能,通过 QTL 图谱的比较回溯物种的进化过程并开发新的种质资源。

第四节　分子标记辅助选择育种技术应用

中药材的栽培生产是以培育药用植物产品为主要目标,主要通过种质选择、环境调控、适时采收和产地加工等一系列操作过程来完成,其中种质选择是影响中药材产品产量和品质的关键性因素。分子标记辅助选择育种是通过将现代分子生物学与传统遗传育种相结合,培育中药材优良种质的重要方法之一,其育种的主要目标是使中药材的生物学性状稳定、产量和药用成分可控,所生产的药材具有"优形、优质、优效"特征。

一、分子标记辅助选择育种的意义及通用方法

(一) 分子标记辅助选择育种概念及意义

分子标记辅助选择育种(molecular marker-assistant selection breeding, MAS)是利用与目标性状紧密连锁的 DNA 分子标记对目标性状进行间接选择的现代育种技术。它可以从分子水平上快速准确地分析个体的遗传组成,从而实现对基因型的直接选择,进行分子育种。利用分子标记辅助选择育种技术检测与目标基因紧密连锁的分子标记的基因型,可以推测和获知目标基因型,直接对目标基因进行选择。相对于传统的选择方法,分子标记辅助选择可以大大提高选择效率。

与作物育种不同,中药材育种的目标不仅要保证其基原植物生物学性状稳定、具有一定产量,还要保证其药用成分的稳定可控。近年来,虽然分子标记辅助选择育种在作物上得到快速的发展,但其在中药材育种中应用还相对迟缓。随着中药材基因组序列的公布以及高通量测序成本的降低,中药材分子育种将迎来蓬勃的发展机遇,以"优形、优质"为选育目标的分子标记辅助选择育种、分子设计育种将成为主要研究内容。利用分子遗传标记技术,构建重要药用植物遗传连锁图,开展重要药用植物数量性状基因的研究和实践,将有利于从药用植物野生型筛选优良品种,实现药用植物野生和家种之间的有性杂交。

(二) 分子标记辅助选择育种通用方法

1. **遗传连锁作图** 连锁遗传图又称遗传图谱(genetic map),它是以具有遗传多态性的遗传标志为"路标",以遗传学距离为图距的基因组图。图谱的建立为基因的识别和完成基因定位创造了条件。传统的遗传作图法认为,两个连锁基因距离越远,它们之间就越有可能发生重组现象。遗传连锁图谱构建包括 3 步:① 选择建立适宜的遗传作图群体。这是成功、高效构建完整、高密度遗传图谱及定位 QTL 的关键。植物用于遗传作图群体按遗传稳定性可分为 F_2、F_3、F_4 和 BC_1,三交等暂时性分离群体和 RIL、DH、IF2 等永久性分离群体。遗传连锁框架图谱构建可采用大群体中的随机小群体(150 个单株或家系),需要精细定位某一连锁区域时,通常扩大到 1 000 个以上单株的群体。② 选择合适类型的遗传标记,筛选多态性标记,检测遗传作图群体个体或家系基因型。遗传连锁图主要分子标记有 RFLP、SSR、RAPD、ISSR、AFLP、SNP、SRAP 等。③ 确立遗传标记连锁群、排列顺序和距离并绘制图谱。遗传连锁作图包括遗传标记分离、连锁关系、排序分析和遗传距离估算等步骤,开发有 MAPMAKER/EXP、Joinmap、CarthaGene 等多种作图软件。

2. **QTL 定位作图** 一个数量性状往往受到多个 QTL 影响,这些 QTL 分布于整个基因组的不同位置,利用特定的遗传标记鉴定控制数量性状的 QTL 在基因组中的位置、数目及其遗传效应的过程,称为 QTL 作图。QTL 定位作图的原理与常规育种中通过表现型 3 点测验估算交换值来确定基因顺序的原理是一样的,只是表现型换成了"虚拟基因"QTL。其步骤包括:① 构建遗传连锁图谱;② 检测与记录分离群体中个体的遗传标记基因型和数量性状表型值;③ 应用适宜统计学方法和软件,确定 QTL 在连锁群或染色体上位置,估算 QTL 遗传效应参数,并绘制图谱。QTL 定位作图的应用主要有三个方面:一是由 QTL 定位得到的遗传图谱可以进一步转换成物理图谱,对 QTL 进行克隆和序列分析,在 DNA 分子水平上研究决定数量性状基因的结构和功能,进而应用基因工程的手段来操纵 QTL;二是用于 MAS,在动植物育种上,利用标记与 QTL 的连锁,在实验室内对数量性状变异提早进行识别与选择,可以提高选择效率和精度;三是利用标记与 QTL 连锁分析可以提供与杂种优势有关的信息,鉴定与杂种优势有关的标记位点,确定亲本在 QTL 上的差异,可以有效地预测。

3. **关联分析作图** 关联分析作图也称连锁不平衡作图,是一种以连锁不平衡为基础,鉴定某一群

体内目标性状与遗传标记或候选基因关系的分析方法。相比遗传连锁分析,关联分析作图具有以下3个优点:① 一般以现有自然群体和人工群体为材料,无须专门构建作图群体;② 可同时检测作图群体一个座位上的多个等位基因;③ 可定位数量性状基因座位甚至单个基因本身,精度高。关联分析作图的步骤主要有:一是种质材料的选择(尽可能包括物种全部表型和遗传变异),其中核心种质是进行连锁不平衡作图的最佳选择;二是运用基因组范围内独立遗传标记(SSR、SNP、AFLP)和STRUCTURE软件分析群体结构;三是目标性状选择及其表型鉴定;四是全基因组扫描或候选基因关联分析。关联分析作图效果很大程度上取决于群体中连锁不平衡的强弱和分布,连锁不平衡程度和分布的影响因素主要是突变和重组,此外还有群体结构、群体大小、遗传漂变等。

（三）全基因组关联分析分子设计育种

全基因组关联分析(genome-wide association study, GWAS)是近年来兴起的一种用于开展连锁标记开发和基因挖掘等研究的有效方法,并在多种作物中得到了广泛应用。GWAS以群体中连锁不平衡(linkage disequilibrium, LD)为基础,在全基因组范围内检测数百个个体组成的关联群体的遗传变异多态性,获得上万甚至上百万个分子标记,并鉴定群体内目标性状和分子标记之间的关联关系,从而筛选出与表型性状相关的分子标记,为分子标记辅助选择和目的基因的确认提供依据,为作物育种和性状改良提供了新的方法。

GWAS研究的一般流程为:① 选择合适的关联群体,考查其目标性状表型;② 利用SNP芯片或重测序等方法对关联群体进行全基因组基因分型以获得基因型;③ 利用STRUCTUE等软件对关联群体进行群体结构分析,并利用TASSEL等分析软件将关联群体的基因型与表型性状进行全基因组关联分析,获得与表型性状显著关联的位点;④ 确定候选基因,开发连锁标记等。目前应用于作物的GWAS研究中常用的关联分析模型有一般线性模型(general linear model, GLM)、混合线性模型(mixed linear model, MLM)、主成分分析结果(principal component analysis, PCA)+亲缘关系K矩阵作为协变量的MLM模型、通过亲缘关系聚类方法来压缩群体数据从而提高了统计效力的压缩混合线性模型(compressed mixed linear model, CMLM)、利用变分贝叶斯方法扩大了样本处理量的Bolt－LMM(bolt linear mixed model)模型、优化计算亲缘关系矩阵的遗传标记选取规则从而提高检测效力的FaST－LMM－Select(factored spectrally transformed linear mixed model select)模型,以及通过解决模型中的混杂问题以提高了计算速度的Farm CPU(fixed and random model circulating probability unification)模型。

近年来,应用QTL和关联分析发掘作物的数量性状基因已成为作物基因组学研究的热点之一。GWAS可作为研究目的性状的基础试验,为性状分析提供遗传结构,筛选出用于QTL分析的最佳亲本组合,找到候选的目的位点。因此,GWAS通常与QTL相互作补充以降低分析误差。目前,GWAS在粮食作物的育种中得到了应用,如发掘作物复杂数量性状基因,揭示重要农艺性状形成的分子基础等,随着高通量测序技术的发展及药用植物基因组的公布,GWAS将在药用植物的育种中发挥重要的作用。

二、MAS技术在药用植物中的发展趋势

目前,我国在育种上获得的大多数优良品种是采用传统育种方法选育而成的,传统育种的选择效率较低,育种周期较长,已无法满足当前对优良品种的需求。随着MAS技术的发展,在分子水平上评价遗传资源、创制新材料、培育新品种的技术逐渐成为当前育种的关键技术。目前MAS技术在作物的育种上应用较多,但在药用植物中的研究还较少。

MAS技术是培育药用植物优良种质的重要方法之一,其通过将现代分子生物学与传统遗传育种相结合,借助DNA分子标记对种质资源或其他育种材料进行选择,即通过对与目标性状连锁的单个或多个基因进行检测、定位和跟踪,检测种质资源等材料中是否具有不良性状基因的连锁,减少种质选择的

盲目性，从而达到产量、品质和抗性等综合性状的高效改良，提高育种效率。药用植物品种选育的主要目标是使药用植物的生物学性状稳定、产量和药用成分可控，即"优形和优质"。药用植物进行分子标记辅助选择育种须具备如下条件：一是分子标记与目标基因间的遗传距离是共分离或者紧密连锁，一般连锁小于 5 cM 才有效用于 MAS；二是要有简便快捷的 DNA 自动化提取方法及检测方法，便于用大群体进行分析及操作，分子标记类型最好是 PCR 标记；三是检测技术应可靠，有很高的重复性，经济实用；四是要有能够进行多数据处理的计算机分析软件。有了这些条件就可很好地利用 MAS 技术来进行药用植物的育种。

目前，药用植物 MAS 技术受到药材遗传背景不清、遗传群体构建难度大等局限性制约。一方面，仅有少数药用植物发表了高密度遗传图谱，用于 QTL 定位的分离群体种类有限，且筛选的目标性状相关位点多为亲本间等位基因上的多态性位点；另一方面，在群体构建时亲本杂交或自交次数较少，导致遗传图谱的分辨率较低，仅利用亲本配子的重组信息定位的 QTL 区间较大。随着高通量测序技术的快速发展，GWAS、分子设计育种等将有望推动中药材 MAS 的发展。

第五节　研究热点与展望

药用植物作为大健康产业发展的基础，其有效性及安全性直接影响着下游系列产品的质量，因此优良的药用植物品种是大部分中药及中药制剂质量稳定的核心基础，也是中药材规范化生产的保证，这也使得药用植物育种迎来了一个崭新的发展时期。然而，药用植物生长周期普遍较长，栽培驯化程度相对较低，导致新品种的育成需要经历长期的努力，造成了药用植物分子机制研究较深入、但育种研究较少的现状。且生物技术在药用植物新品种选育上的应用还不够成熟，目标性状相关基因功能的研究仍不够完善，使得育成品种较少，目前仅三七抗病品种得到一定应用。分子辅助育种的核心是开发与育种性状紧密连锁的分子标记，相对传统育种而言，能获得基因型稳定且具理想表型的品系，但其在药用植物中的应用还相对迟缓。药用植物分子育种主要是在"成分育种"的基础上兼顾产量，因此获取基因功能是分子育种的基础。发展药用植物功能基因研究平台，不仅可为决策育种最优方法奠定基础，也是目前突破药用植物分子辅助育种瓶颈的关键。随着药用植物基因组序列的公布及高通量测序技术的发展，药用植物分子育种将迎来蓬勃的发展机遇。

研究案例1　三七抗病品种的 DNA 标记辅助育种研究

（一）研究背景

三七（*Panax notoginseng*）为五加科人参属植物，其在心脑血管方面具有独特疗效。三七人工栽培过程中存在严重的根腐病害，传统的三七根腐病防治方法是施用农药进行化学防治，然而高毒农药的大量使用不仅会破坏三七田间生态系统，还会造成三七药材农药残留及重金属含量超标。选育抗病性品种可获得性状优良、抗逆性强的三七群体植株，有效减少农药的使用量，同时也是保障三七产业可持续发展的策略之一。本案例利用高通量测序技术检测抗病群体中的 SNP 位点，结合 PCR 技术筛选与三七抗病性状连锁的 DNA 片段，以此基因片段作为标记辅助系统选育，并利用该关联基因片段筛选潜在的抗病群体。该模式可加快新品种选育及推广的进程，为中药材可持续发展提供思路及策略。

（二）研究思路

该研究案例引自陈中坚等（2017），该研究思路如图 10-11 所示。

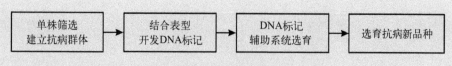

图 10-11　三七抗病案例技术路线

(三) 研究结果

对抗病及感根腐病三七植株进行简化基因组测序,结合获得的 SNP 数据和表型数据,使用 tassel v5.2 进行性状关联分析。与感病群体相比,抗病群体具有 12 个差异的 SNP 位点(极显著 $LOD>3$)。基于获得的 SNP 位点,采用通用引物(F_1、R_1)及 SNP 特异引物(F_{k1}、R_1)对抗病株及感病株进行 PCR 扩增,筛选到与三七抗病性关联的 SNP 位点 record_519688。当用 SNP 特异引物进行扩增时,仅抗病株呈现清晰条带,而感病株无条带,且测序产物序列与 RAD-seq 序列结果一致,表明 record_519688 位点与三七抗病性相关,可作为三七抗病品种的 DNA 标记。依据该位点对抗病群体后代进行选择,对包含目标位点的株系通过人工病圃进行系统选育,进一步筛选并纯化抗病群体。

(四) 研究结论

本研究利用 DNA 标记辅助系统选育技术获得首个三七抗病新品种,选育纯化后的抗病新品种表现一致性、稳定性及特异性,作为新品种"苗乡抗七 1 号"(云林园植新登第 2016060 号)进行登记。后续抗病性研究表明,三七抗病品种对根腐病具有显著的抗性。

(五) 亮点点评

本研究采用简化基因组测序技术,快速检测抗病品种的 SNP 位点,依据抗病表型结合 PCR 技术筛选并确定与抗病相关的 SNP 位点,利用该位点筛选目标株辅助系统选育,加快三七抗病新品种的选育。此外,利用该关联位点辅助筛选留种基地潜在的抗病群体,之后将包含目标位点的株系在人工病圃中进行系统选育,进一步筛选并纯化抗病群体,该模式扩大了目标株系的繁育群体,提高了育种效率并加快了中药材的选育及推广。

研究案例 2　杜仲杂交子代优良单株分子标记辅助选择

(一) 研究背景

杜仲(*Eucommia ulmoides* Oliver)是杜仲科杜仲属(单科单属)的落叶乔木,是中国特有的名贵经济树种和世界上发展潜力最大的优质胶源树种。此外,杜仲可以皮入药,具有抗疲劳、抗衰老、抗肿瘤、增强免疫力等药效,具有极高的开发利用价值。近年来,国内一些林业科学研究单位在杜仲常规育种、生物技术育种等方面做了大量研究,并取得了一定成果。在有关杜仲杂交育种方面,魏军坤(2014)对杜仲杂交后代群体的遗传变异进行了研究。然而,由于杜仲的遗传基础研究比较薄弱,许多性状的早期选择和高效遗传改良等问题仍无法从根本上得到解决,这在很大程度上制约了杜仲良种选育工作的进程。利用现有的杜仲资源开展杂交育种,并寻找有效的早期选择方法、提高选择效率、缩短育种周期,应该成为杜仲遗传改良工作的发展方向。随着许多树种的高密度遗传连锁图谱的构建完成,MAS 技术也被广泛地应用到林木良种选育的工作中来。

(二) 研究思路

该研究案例引自赵旭东等(2017),该研究思路如图 10-12 所示。

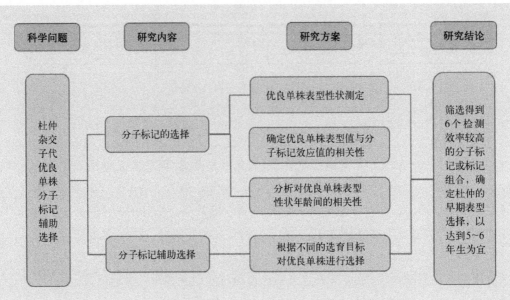

图 10-12 杜仲杂交子代优良单株分子标记辅助选择研究思路

(三) 研究结果

确定各性状个体表型值与对应的单个分子标记效应值和分子标记组合效应值之和的相关性,其中在与树高相关的标记及标记组合中,QTL(Dht4-4)对应的分子标记效应值与树高表型数据的相关系数随着年龄在不断增加,说明该标记与树高性状在 6 年生达到显著正相关。同理确定地径相关的 QTL 组合(Dbd4-1 和 Dht3-3),与产叶量相关的 QTL(Dtdw5-2),与杜仲胶含量相关的 QTL(Deur4-1),与绿原酸含量相关的 QTL(Dca3-3)和与芦丁含量相关的 QTL(Dru5-2)(资源 10-3)。

资源
10-3

通过对 4~6 年生杜仲优良单株表型数据进行不同年龄间的相关性分析,结果表明,杜仲早期(6 年生以前)的表型性状易受环境影响,部分性状相关性不高,而 5~6 年生各表型性状的相关性较高。以 6 年生优良单株表型数据进行表型选择最为适宜,如表 10-3 所示。

表 10-3 优良单株表型性状年龄间的相关性

性 状	年龄间		
	4~5	4~6	5~6
树高	0.868**	0.823**	0.947**
地径	0.331*	0.159	0.913**
产叶量	0.878**	0.836**	0.957**
胶含量	0.460**	0.364**	0.913**
绿原酸含量	0.531**	0.192	0.697**
芦丁含量	0.347*	0.357*	0.939**

* $P \leqslant 0.05$, ** $P \leqslant 0.01$。

对入选的与优良单株性状相关的 6 个标记或标记组合按效应值或标记组合效应值之和由高到低进行排序,结合杜仲 6 年生优良单株表型数据的排序结果,根据不同的选育目标对优良单株进行选择。结果显示,与树高相关的 QTL(Dht4－4),较优良单株群体平均值提高 7.64%;与地径相关的两个 QTL(Dht3－3 和 Dbd4－1),较优良单株群体平均值提高 5.14%;与产叶量相关的 QTL(Dtdw5－2),较优良单株群体平均值提高 51.45%;与杜仲胶含量相关的 QTL(Deur4－1),较优良单株群体平均值提高 46.22%;与绿原酸含量相关的 QTL(Dca3－3),较优良单株群体平均值提高 58.20%;与芦丁含量相关的 QTL(Dru5－2),较优良单株群体平均值提高 35.90%。

(四) 研究结论

筛选得到 6 个检测效率较高的分子标记或标记组合,确定杜仲的早期表型选择以达到 5~6 年生为宜。

(五) 亮点点评

利用构建的杜仲分子标记辅助选择体系,在早期对植株的表型性状进行分子检测,提早确定植株数量性状的表现优良,为杜仲的快速选育提供新的科学方法。

研究案例3　山楂高密度遗传连锁图谱构建及数量性状位点定位

(一) 研究背景

山楂(*Crataegus pinnatifida* Bunge)是我国广泛种植的蔷薇科植物,果实可用于食品和药用。山楂的叶、果、根、枝含有多种营养成分,包括蛋白质、脂肪、膳食纤维、维生素、黄酮和多种矿物质。黄酮是山楂主要的生物活性成分。黄酮的产生受到基因调控,但山楂中关于黄酮的调控研究很少。遗传连锁图谱,特别是高密度图谱,是从植物和动物种质中高通量选择优良性状的最有价值的工具之一。该实验室前期首次发表了利用序列相关扩增多态性标记构建的山楂遗传连锁图谱,但由于标记数量较少、标记间隔较长,其应用价值受到限制。随着高通量测序技术和下一代测序(NGS)技术的发展,现在可以一步快速对数千个标记进行基因分型。限制性位点相关 DNA 测序(RAD－seq)、特定长度扩增片段(SLAF)测序和测序基因分型(GBS 或 NGS)是构建高密度遗传连锁图谱的强大工具。利用 2b－限制性内切位点相关 DNA(2b－RAD)方法构建山楂高密度遗传连锁图谱,并对山楂叶中黄酮类化合物含量进行精细 QTL 定位,将成为山楂种质的精细 QTL 定位和标记辅助选择重要经济性状研究的有力工具,促进未来全基因组组装的染色体分配。

(二) 研究思路

该研究案例引自王岗(2016),该研究思路如图 10－13 所示。

(三) 研究结果

利用 Hiseq2500 v2 平台对亲本及 107 个子代的 2b－RAD 文库进行单端测序。共获得 526 949 839 个 reads。使用 SOAP 软件和 RAD 分型 v1.0 软件对 reads 进行分型得到不同的标记。这些标记用于构建亲本图谱。6 390 个标记用于构建种子亲本图,7 384 个标记用于构建花粉亲本图。双亲共有 823 个标记。

1. 纯合子和杂合子 SNP 数量及群体结构分析　植物材料(SZ7)具有最多的纯合 SNP 标记,植物材料(SZ110)具有最多的杂合 SNP 标记。SZ7 的 Ho/He 率最高。共有 108 个子代和 2 个亲本聚集在 7 个亚群中。

2. 高密度联动图构建　首先利用 Joinmap4.1 软件(LOD≥5)构建高密度亲本连锁图谱,绘制种子亲本的 1 890 个标记和花粉亲本的 2 149 个标记。在种子亲本连锁图谱中,1 890 个标记被定

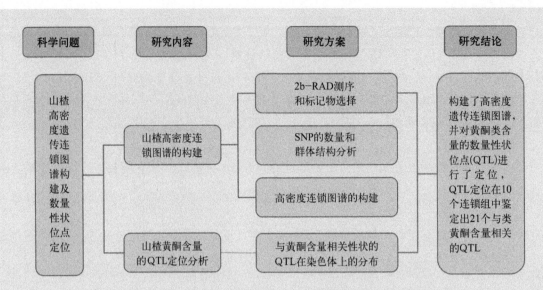

图 10-13　山楂高密度遗传连锁图谱构建及数量性状位点定位研究思路

位到 1 780 个不同的位置, LG15 的百分比最低(82.05%), LG14 的百分比最高(100.00%); 在花粉亲本连锁图谱中, 2 149 个标记被定位到 2 015 个不同的位置, LG17 的 Gap≤5 比例最低(90.00%), LG3 的 Gap≤5 比例最高(99.54%); 基于 823 个共有标记, 将两个亲本图谱进行整合, 构建了山楂共识连锁图谱。它包含 3 894 个标记, 映射到 3 296 个不同的位置, 在共识图中, LG17 的"Gap≤5"百分比最低(92.86%), 而 LG5 的百分比最高(100.00%)。

3. 山楂黄酮含量 QTL 定位分析　对 2014 年和 2015 年测定的山楂叶黄酮含量进行 QTL 定位。位于 10 个连锁群中的 21 个 QTL 影响了类黄酮含量。

(四) 研究结论

该研究以两个山楂品种及其 107 个杂交后代为材料, 采用 2b-RAD 测序方法构建了高密度遗传连锁图谱, 并对黄酮类含量的 QTL 进行了定位, QTL 定位的 10 个连锁组中, 共鉴定出 21 个与类黄酮含量相关的 QTL。

(五) 亮点点评

该研究构建了第一张山楂高密度连锁图谱, 将为山楂种质资源中重要性状的精细 QTL 定位和标记辅助选择奠定基础, 并为今后山楂全基因组组装的染色体配位奠定基础。

思 考 题

1. 如何结合现代组学技术开发高密度的分子标记?
2. 举例说明如何利用分子标记选育药用植物新品种?
3. 举例说明如何利用全基因组关联分析挖掘药用植物的功能基因?

第十一章
药用植物倍性育种技术

药用植物倍性育种技术作为重要的遗传改良策略之一,可为药用植物产业的发展提供有力的保障。倍性育种,即根据育种目标对染色体的倍数进行改造而选育新种质、新品种的技术,以达到改良药用植物的特定性状、提高药用成分含量、增强其抗逆性等目的。此技术的开发与应用,可助推药用植物新品种选育的进程,还可为药用植物资源的可持续利用提供有力支持。

第一节　单倍体类型与诱导

一、单倍体的类型及特点

（一）单倍体的类型

单倍体（haploid）指由未受精的配子发育成的含有配子染色体数的细胞或个体,分为整倍单倍体（euhaploid）和非整倍单倍体（aneuhaploid）两类。

整倍单倍体染色体是平衡的,根据其物种的倍性水平可分为一倍体（monoploid）或单元单倍体（monohaploid）。例如,在玉米、水稻中,来自二倍体（$2n = 2X$）的单倍体细胞中,只有一组染色体（X）,即称为单元单倍体,简称一倍体。由多倍体物种产生的单倍体,称为多元单倍体（polyhaploid）,如普通小麦、陆地棉等的单倍体。另外还可根据多倍体植物的起源再分为同源多元单倍体（autopolyhaploid）和异源多元单倍体（allopolyhaploid）。

非整倍单倍体与整倍单倍体不同,其染色体数目可额外增加或减少,而并非染色体数目的精确减半,所以是不平衡的。例如,额外增加染色体是自身物种配子体时,称为二体单倍体（$n+1$, disomic haploid）；若源于不同物种或属,则为附加单倍体（$n+1$, addition haploid）；若比该物种正常配子体的染色体组少一个染色体,则称为缺体单倍体（$n-1$, nullisomic haploid）；若用外来的一条或数条染色体代替单倍体染色体组的一条或数条染色体时,称为置换单倍体（$n-1+1$, substitution haploid）；如果含有一些具端着丝点的染色体或错分裂的产物如等臂染色体,便称为错分裂单倍体（misdivsion haploid）。

（二）单倍体的特点

1. 育性　一倍体和异源多元单倍体中全部染色体在形态、结构和遗传上彼此都有差别,导致减数分裂时不能正常联会,所以不能产生可育配子,如油菜、黑芥的单倍体植株生长都很瘦弱,不能形成配子,几乎没有结籽的可能性。但经过人工处理或自然加倍后就能产生染色体数平衡的可育配子,可正常结籽。

2. 遗传　一倍体每个同源染色体只有一个成员,每一等位基因也只有一个成员。因此通常控制质量性状的主基因不管原来是显性或隐性,都能在发育中得到表达。单倍体一经加倍就能成为全部位点都是同质结合、基因型高度纯合、遗传上稳定的二倍体。

二、诱导产生单倍体的方法

产生单倍体的途径可分为两类,一类是利用自然发生的单倍体,如通过孤雌生殖、孤雄生殖或无配子生殖等途径产生。另一类是人工诱导单倍体。

(一) 组织和细胞离体培养产生单倍体

长期以来诱导单倍体缺少切实有效的诱导方法,进展缓慢。自从 S. Guha 和 S. CMaheshwari 于 1964 年首次成功地用毛叶曼陀罗的花药经组织培养诱导出单倍体以来,通过花药、花粉培育单倍体得到了迅速发展。

1. 花药/花粉离体培养　花药/花粉离体培养是常用的单倍体诱导方式。即利用花粉单倍体特性,诱导花粉经脱分化产生愈伤组织并进一步分化为完整单倍体株系的单倍体诱导方式。目前,花药培养在小麦、水稻、玉米、烟草、茄子、油菜、甜菜、柑橘、葡萄、草莓、苹果等作物上获得了单倍体植株,并将这一技术与杂交育种方法相结合,选育出了水稻、小麦、玉米等作物的新品种、品系及优良的杂交组合。

2. 未授粉子房、胚珠培养　法国的 San Noem 于 1979 年首次报道用大麦的未传粉子房培养出单倍体。之后我国成功地在小麦、烟草、水稻上培养出单倍体,用酶解法游离金鱼草新鲜胚囊获得成功,从胚囊直接诱导出单倍体。该技术的优点在于得到的植株通常是绿苗及单倍体。其基本流程与花药/花粉离体培养相似。

(二) 在植物体上(*in vivo*)诱发单性生殖

在孢子体减数分裂后形成配子且正处于开花期的植株上,进行人工诱导促使配子发生单性生殖,可获得单倍体。按诱导的方法不同大致分为生物方法、物理方法、化学方法三类。

1. 生物方法

(1) 远缘杂交诱导:远缘杂交诱导包括属间杂交和种间杂交,通过染色体选择性消除产生母本单倍体(图 11-1A)。1970 年首次发现,利用球茎大麦(*Hordeum bulbosum*)做父本与大麦杂交,获得了大麦单倍体植株。

(2) 花粉诱导:去雄后延迟授粉,或对花粉进行处理使之失活,从而导致花粉管无法按时伸长完成双受精,或仅使极核受精,形成三倍性的胚乳和单倍性的胚(图 11-1B)。该技术已成功应用于小麦、玉米、烟草(*Nicotiana tabacum*)等重要作物的单倍体诱导。

(3) 诱导系直接诱导和遗传修饰间接诱导:细胞质特异性磷脂酶诱导系诱导是目前玉米产生单倍体的主要方式(图 11-1C)。研究表明,玉米诱导系中诱导玉米单倍体主要由关键基因 *MTL/ZmPLA1/NLD* 控制。此外,编码着丝粒特异性组蛋白基因 *CENH3* 是近年来利用诱导系诱导单倍体的另一个研究热点(图 11-1D)。

2. 物理方法　物理方法即通过辐射、加热等处理使花粉生殖核丧失活力,仅能刺激卵细胞分裂发育,而无法完成受精作用,从而诱导单性生殖,产生单倍体。

3. 化学方法

(1) 与授粉相结合的药剂处理:用 50 g/L 的马米酰肼溶液处理玉米花丝,2 h 后授粉,后代中出现单倍体的频率为 0.7%,对照组为 0.27%,单倍体诱导频率提高 2.6 倍;甲苯胺蓝能使精子失活但不影响其进入卵细胞,以无毛的欧洲山杨为母本,以有毛的白杨为父本,在授粉后的同时间里,喷甲苯胺蓝水溶液到柱头上,在 1 192 个实生苗中有 282 个(23.6%)是母本型。

(2) 单纯用药剂处理:如用植物激素、二甲基亚砜等处理授粉后的子房,诱导单性生殖。

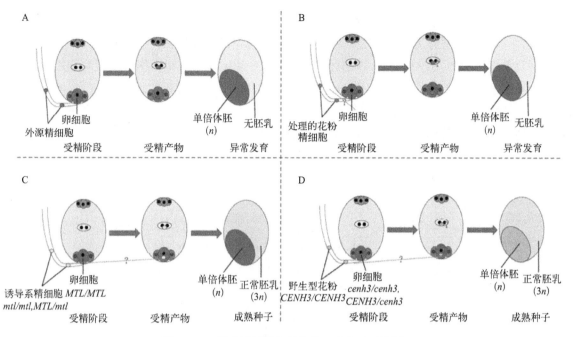

图 11-1　体内诱导植物单倍体 4 种方法示意图

A：远缘杂交诱导；B：花粉诱导；C：诱导系诱导（*MTL*）；D：诱导系诱导（*CENH3*）

三、单倍体的鉴别

（一）形态特征上的区别

单倍体细胞染色质为二倍体的一半，其细胞和核变小，如月见草、烟草、番茄的单倍体根尖细胞比二倍体根尖细胞小一半，牵牛单倍体的花瓣、叶、茎、雌蕊部分的细胞及花粉母细胞与二倍体相比，都明显变小。细胞变小会导致营养器官和生殖器官的变化及植株矮化，如玉米单倍体的成株与基因型对应的二倍体成株相比，高度为后者的 70%。叶面积为后者的 35%；烟草单倍体植株矮小，叶片、花、花药、气孔均较小，花序紧密，花丝比柱头短，对应的二倍体则相反。此外，单倍体植物的特点是：开花时间较早，延续时间长，花不正常、败育，结的果实少而小；具多种子的植物如烟草、番茄等，果实中的种子数目变少（1~2 粒）。

（二）生理生化特性的区别

单倍体减数分裂不正常，花粉败育率很高，所以检查花粉的质量来鉴别单倍体更为准确，不育性是很可靠的标志。

（三）遗传标志的应用

许多遗传标志系统可用来早期识别玉米单倍体，将母本单性生殖的单倍体和杂种后代分开，也能分辨出来源于父本雄核发育的单倍体。如用具有遗传标志基因紫色性状的玉米原种为父本，给不具紫色的玉米授粉，在后代中查找无紫色的幼苗，其可能是母本单性生殖产生的单倍体。

（四）细胞学鉴定

根据形态特征、生理生化指标、遗传标志初步筛选出单倍体后，必须经过细胞学鉴定，如检查根尖染色体数目才能真正确定是否为单倍体。

第二节　单倍体育种应用

纯系创制是作物育种的核心内容，常规育种一般需要 8 个世代以上才能获得高度纯合的自交系。

而通过单倍体育种只需 2 个世代即可获得纯系,极大程度缩短了育种周期。单倍体育种是常用的植物育种手段之一,其核心是为了充分利用杂种优势,基本流程可以简单概括为三个阶段,即单倍体诱导、单倍体鉴别及单倍体加倍(图 11 - 2)。单倍体育种最早在小麦和玉米等粮食作物中成功应用,早在 20 世纪初在小麦和玉米中就发现了单倍体现象并开始利用这些单倍体进行育种研究。此后单倍体现象陆续在近 400 种植物中被发现,并在更多作物育种工作中被利用,但在药用植物育种研究中还未普及。下文将就单倍体育种在葫芦科植物的应用及其优势进行总结。

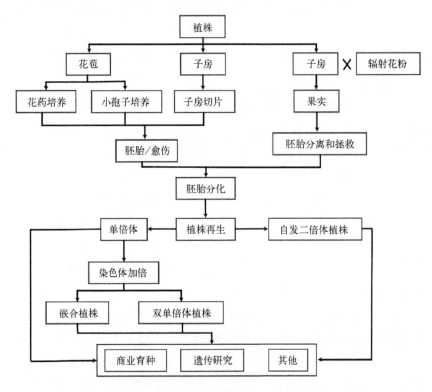

图 11 - 2 单倍体育种应用的一般流程图

一、单倍体育种在葫芦科植物的应用

葫芦科植物多为一年生或多年生草质或木质藤本。葫芦科植物家族包括许多重要的农作物,如黄瓜、甜瓜、南瓜、西葫芦、西瓜、冬瓜等,以及一些常见的药用植物,如绞股蓝、雪胆、罗汉果及假贝母等。这些植物在全球范围内都有广泛的种植。单倍体育种在葫芦科蔬果类中研究较多。

1. 葫芦科植物单倍体诱导方式研究　葫芦科中,常用的单倍体诱导方法包括胚胎拯救和植物再生、未受精胚珠/子房培养、花药/小孢子培养在葫芦科植物都有使用。

(1)胚胎拯救和植物再生:包含三个阶段,即胚胎分离、胚胎拯救和植物再生。其一般流程如图 11 - 3 所示。

(2)未受精的胚珠/子房培养:通过离体未授粉胚珠/子房培养来再生单倍体的过程通常被称为"雌核发生"。1985 年首次成功通过这种方法获得了南瓜单倍体胚,随后雌核发生已被证明可以作为南瓜、甜瓜、黄瓜及其他植物产生单倍体的替代来源,其一般流程如图 11 - 4 所示。

(3)花药/小孢子培养:花药/小孢子离体培养可以获得雄性来源的单倍体植株。这一方法在大麦、油菜和烟草中得到广泛应用。在葫芦科植物黄瓜、香瓜、尖葫芦、南瓜和西瓜上进行过小规模研究,并且仅限于产生愈伤组织和少量单倍体植株,其一般流程如图 11 - 5 所示。

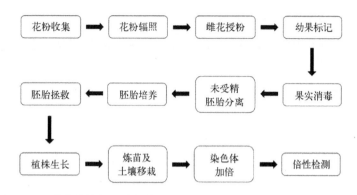

图 11-3　葫芦科植物胚胎拯救和植株再生单倍体诱导技术的主要流程图

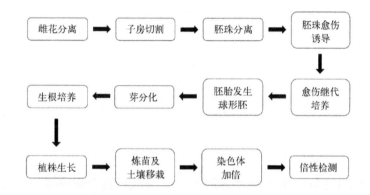

图 11-4　葫芦科植物未受精的胚珠/子房培养单倍体诱导技术的主要流程图

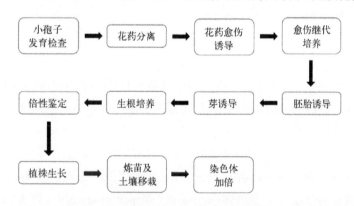

图 11-5　葫芦科植物花药/小孢子培养单倍体诱导技术的主要流程图

2. 葫芦科植物单倍体育种的应用　单倍体育种是纯系生产的强有力工具,并且已经证明可以在单倍体水平上进行抗病性测试。通过雌核发育或雄核发育的方法生产单倍体植株是培育抗病害葫芦科植物的一种可靠策略。例如,研究发现在两个供体甜瓜系中,通过体外胚珠培养培育的双单倍体植株中,筛选出对西瓜花叶病毒、烟草花叶病毒、小西葫芦黄化病毒和白粉病具有多重病毒抗性的材料。此外,单倍体育种也可以与多种分子标记辅助筛选育种技术相结合,从而更加高效地培育相关优良品系。例如,研究发现,RAPD 分析可以用于在单倍体水平上选择具有霜霉病抗性的特定黄瓜基因型。

二、单倍体育种技术的优势

单倍体育种技术已在主要作物育种中展示了其价值。尽管在药用植物育种中的研究较少,但其在药用植物育种领域也具有广阔的应用前景和重要意义。单倍体育种技术在药用植物育种工作中具有多方面的优势。具体如下:

1. **使用单倍体育种技术提高品种的遗传纯度** 药用植物一般种质混杂,遗传背景也较为复杂,使用单倍体育种可以有效提高药用植物的遗传纯度,有助于保持和传递优良的遗传特征,避免杂种化带来的基因杂乱。

2. **单倍体育种可以加速育种进程** 相比于一年生作物,药用植物尤其是对于多年生的药用植物,其育种工作需要很长的时间周期,单倍体育种技术可以显著缩短育种周期,加快新品种的选育速度,从而更快地推广新品种。

3. **提高育种效率** 单倍体育种可以减少育种过程中的重复杂交和连续自交步骤,减少育种成本,提高效率。

4. **创造新品种** 药用植物遗传背景较为混杂,使用单倍体育种有助于从不同遗传背景的亲本中获得更多的变异性,尤其是针对具有优良性状表现的隐性基因,有利于创造新的药用植物品种。

总之,单倍体育种技术对于药用植物育种研究具有重要意义,未来的发展方向是进一步完善技术和策略,加速创新,为药用植物资源的开发和利用提供更多的可能性。

第三节　多倍体类型与诱导

一、多倍体的概念

植物体细胞染色体数目($2n$)通常是相对稳定的。一个属内的各个物种都具有一组特定的染色体,用以维持其生理功能的最低限度,这组染色体被称为染色体组(genome)。而体细胞中含有三个或三个以上染色体组的个体被定义为多倍体,如药用植物北柴胡存在四倍体($2n=4x=24$)和八倍体($2n=8x=48$)。

二、多倍体的种类

多倍体在生物界广泛存在,常见于高等植物中,根据多倍体染色体组的来源,可分为同源多倍体(autopolyploid)、异源多倍体(allopolyploid)和同源异源多倍体(autoallopolyploid)。基本染色体组来自同一物种的多倍体称为同源多倍体,常见的同源多倍体包括苜蓿(*Medicago sativa*)、鸭茅(*Dactylis glomerata*)等。染色体组来自不同物种的多倍体称为异源多倍体。异源多倍体又可以分为两类:染色体组来自不同祖先物种的被称为染色体组异源多倍体,如八倍体小黑麦(*AABBDDRR*)。染色体组之间有部分的亲缘关系的被称为节段异源多倍体(segmental allopolyploid),如马铃薯(*Solanum tuberosum*)的类型就是(bbb_1b_1)。此外,六倍体或更高水平的多倍体中还存在一种被称为同源异源多倍体的多倍体类型,它融合了同源多倍体和异源多倍体两种类型特征(图11-6)。

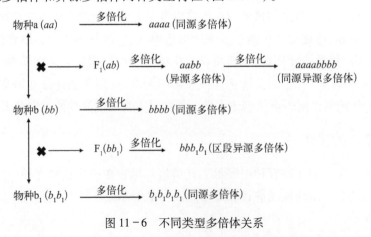

图11-6　不同类型多倍体关系

三、多倍体的由来与进化

多倍体在植物界中普遍存在,被子植物中约有一半的物种是多倍体,其中以蓼科、景天科、蔷薇科、锦葵科、五加科、禾本科和鸢尾科最多,最常见的是四倍体和六倍体。多倍体化是推动植物演化进程的重要力量,也促使被子植物高度多样化。多倍体的基本特征是杂合性,即其基因组中存在多个不同的等位基因,相较于二倍体具有更多的杂合位点和更多的互作效应。这增加了其对环境的适应能力,从而被自然选择所保留。

染色体自然加倍可能与细胞分裂时受到的环境条件的影响有关。多项研究认为,在自然条件下,温度的剧变、紫外线辐射及恶劣多变的气候条件是导致多倍性细胞产生的重要原因。例如,在炎热的夏季,紫矮牵牛($Petunia\ violacea$)的花粉中通常混杂有比平常更多的巨大花粉粒,其染色体数目比通常多一倍。杜鹃属($Rhododendron$)和醉鱼草属($Buddleja$)植物的二倍体种主要分布在平原地区,而多倍体种主要分布在西南部,这些地区的海拔较高、温度变化剧烈、紫外线辐射较强。

四、多倍体诱导的方法

多倍体的形成包括自然加倍和人工诱变两种形成方式。自然加倍主要包括多精受精、体细胞染色体加倍、$2n$ 配子产生融合等。自然界中的药用植物天然多倍体普遍存在,如黄连基原为毛茛科植物黄连、三角叶黄连或云连。黄连和云连均为二倍体($2n = 2x = 18$),三角叶黄连为同源三倍体($2n = 3x = 27$)。自然多倍体的形成缓慢、突变率低,短时间内获得多倍体可以采用人工诱变。

五、药用植物多倍体育种的优势

(一)多倍体使药用植物增产增收

染色体的加倍导致细胞核物质的增多与细胞体积的增大,从而引起药用植物的农艺性状发生显著变化。这种变化主要表现为营养器官的巨大化,包括叶片变大变厚、花器变大、果实和种子变大,以及根类药材的增大增粗。这些变化对提高药用植物产量及药用价值具有重要意义。以苦参四倍体为例,研究表明其叶片面积是二倍体叶片面积的 2.04 倍。

(二)多倍体使药用植物有效成分含量提高

除了生物量增加外,多倍体植物因基因拷贝数增加,可能合成并积累更高水平的药效物质成分,从而提升其品质。例如,丹参四倍体植株的丹参酮含量较正常二倍体植株更高。类似地,相较于二倍体,四倍体大麻中萜烯含量显著增加。

(三)多倍体使药用植物抗性增强

多倍体药用植物通常具有更强的环境适应性,相较于二倍体,它们表现出更强的抗逆性和抗病性,使其在面对不利环境条件时更具有生存优势。以枇杷为例,与二倍体相比,四倍体枇杷显示出明显的抗旱性增强现象。另一项研究中,在 0.6% NaCl 盐胁迫下,四倍体泡桐表现出比二倍体更强的抗盐胁迫能力。

(四)多倍体使药用植物克服远缘杂交不亲和

两个物种之间亲缘关系较远时,易导致远缘不亲和及杂种不育问题。通过染色体加倍形成异源多倍体的方法,可以克服远缘杂交的不结实,提高结实率,并形成永久的双二倍体。例如,通过诱导多倍体的方法成功地克服了菊花脑和栽培菊花之间远缘杂交不亲和问题。

六、药用植物多倍体育种的不足

(一)多倍体导致药用植物畸形率提高

有研究者用秋水仙碱处理地黄,成功诱导产生了多倍体地黄。多倍体地黄的特征包括子叶较厚而小,茎秆粗短,根部呈圆锥形。这些不良特征变化可能是由于多倍体状态引起的细胞结构和生长模式的改变。对枸杞用秋水仙碱处理后,观察到四倍体枸杞的株高和叶片数呈减少趋势,多倍化对枸杞的植株生长和发育也产生了一定的影响。

(二)多倍体导致药用植物生长发育变得迟缓

多倍体药用植物由于生长素含量降低,细胞分裂强度通常会减弱。加之细胞体积的增大,多倍体在生长发育阶段可能表现出种子发育迟缓、营养生长减缓、开花期推迟、生育期延长等现象。有研究者用秋水仙碱诱导柴胡多倍体,发现多倍体幼苗真叶生长受到明显抑制,第一对真叶的出现较迟。

(三)多倍体导致药用植物结实率降低

多倍体药用植物常表现出育性降低的特征,这是由于多倍体在联会过程中易发生不均衡分离,形成多价体或单价体,导致不育或种子结实率降低。例如,四倍体潞党参的结实率显著降低,且结实的种子出苗率降低了约50%。

第四节　多倍体创制与育种应用

一、材料的选择

显花植物中的自然多倍体物种比例与其在进化中的地位密切相关。如表 11-1 所示,随着植物进化程度的提高,多倍体物种所占比例也逐渐增大。单子叶植物中,不同科的多倍体物种比例存在显著差异(表 11-2)。不同科和属中多倍体的比例反映了在自然条件下产生的多倍体在一些科和属的植物中相对容易保留,而在另一些科和属的植物中则相对难以保留,说明在多倍体物种比例较高的科和属中进行多倍体育种相对容易成功。

表 11-1　显花植物中多倍体物种数及所占比例

类　　别	属 数 目	二倍体物种数(占比)	多倍体物种数(占比)	物种总数
裸子植物	41	120(87%)	18(13%)	138
单子叶植物	725	1 535(31%)	3 351(69%)	4 886
双子叶植物	1 957	5 942(58%)	4 227(42%)	10 169
总　计	2 723	7 597	7 596	15 193

一般多倍体育种中材料选择原则有以下四点。

1. 选择主要经济性状优良的品种　在进行多倍体育种时,优先选择那些在经济上具有良好表现的品种,以确保新的多倍体保持原有品种的经济特征。

2. 选择染色体组数较少的种类　通常认为染色体数目较少的植物对染色体加倍反应更好。对于已经是异源多倍体的植物,再次加倍染色体数目可能并不具有明显意义。

3. 最好选择能够单性结实的品种　由于染色体多倍化后,植物的育性通常会下降,因此最好选择那些具有单性结实能力的品种,以确保后代的正常繁殖。

4. 选择多个品种进行处理,扩大诱导多倍体的范围　由于不同的品种和类型具有不同的遗传基础,多倍化后的表现也会有所不同。多个品种确保包含有丰富的基因型,更容易选择出优良的变异。

表 11 - 2 单子叶植物一些科中多倍体物种数及所占比例

类 别	属数目	二倍体个数比例(%)		多倍体个数比例(%)		总 数
百合科	99	574	55	468	45	1 042
兰科	60	12	5	253	95	265
禾本科	254	583	36	1 053	64	1 636
石蒜科	38	54	26	157	74	211
薯蓣科	3	6	30	14	70	20
鸢尾科	25	44	8	474	92	518
泽泻科	5	26	86.7	4	13.3	30

二、多倍体诱导方式的选择

多倍体的生成可分为自然加倍和人工诱变两种方式。自然多倍体的生成速度相对缓慢,突变率也较低。为了在短时间内获得多倍体,人们常采用人工诱变的方法。目前,实现人工多倍体的途径主要可归纳为物理方式诱导、化学方式诱导和生物学方式诱导这三大类。

（一）物理方式诱导多倍体

物理方式诱导植物染色体加倍主要是早期的植物多倍体育种研究,包括辐射、温度骤变和机械创伤处理等。使用创伤与嫁接来诱导植物多倍体是一种常见技术手段,植物组织在创伤部位的染色体容易加倍,其上的不定芽会发展成多倍体,此方法已成功应用于茄科植物如马铃薯、龙葵等。高低温也能诱导多倍体的产生,如极端的高温与低温处理白杨雌花芽均能产生三倍体植株。另外,辐射诱变也是一种常用的诱变方式。有学者通过低能氮离子(N+)离子束诱导了蒙古黄芪多倍体,发现 N+注入显著提高了秋水仙碱诱导蒙古黄芪多倍体的效果。

（二）化学方式诱导多倍体

化学方式诱导是当前应用最广泛的多倍体形成方式,这种方法通过使用化学药品与植物体内的遗传物质发生一系列生化反应,从而实现染色体的加倍,通常应用于植物生命活动最旺盛、最活跃的部位。常用的诱导剂包括秋水仙碱、吲哚乙酸及异生长素等,其中秋水仙碱应用最为普遍。

1. 秋水仙碱诱导多倍体的原理 秋水仙碱是从秋藏红花或草甸藏红花(秋水仙)的鳞茎和种子中提取的一种生物碱,具有极强的毒性。秋水仙碱诱导染色体加倍的原理在于其能够特异性地结合微管蛋白,阻止微管的聚合组装,从而抑制纺锤体的形成。当纺锤体无法正常形成时,染色体无法被牵引到细胞两极,导致细胞内染色体数目加倍。

2. 秋水仙碱诱发多倍体的原则

（1）处理植株部位的选择:秋水仙碱对处于分裂活跃状态的组织才能发挥有效的诱变作用。因此,常使用处于萌发或萌动状态的种子、幼苗的生长点、腋芽等活体,以及茎段、茎尖、原球茎等组织作为诱变的材料。

（2）药剂浓度和处理时间:秋水仙碱通常会被配制成水溶液或羊毛脂制剂等形式。常见的水溶液质量分数一般在 0.01%~1.0%。处理的有效浓度、时间和方法因植物的种类、部位、生育期等而有所差异。一些植物的诱导参数可参考表 11 - 3。

表 11－3 秋水仙碱诱导植物多倍体

物 种	处理材料	药剂浓度(%)	处理时间	温 度	处 理 方 法	诱导率(%)
蝴蝶兰	原球茎	0.05	15 d	25℃	秋水仙碱共培法进行诱导,原球茎在含秋水仙碱的固体培养基中共培养后,用无菌水冲洗后,转接至正常的培养基上,存活植株继代培养 2~3 次	50.0
象鼻兰	种子	0.2	10 d	25℃	秋水仙碱浸泡法诱导,种子先在液体培养基中培养 5 d,再采用 0.20%秋水仙碱处理 10 d	27.8
石斛	原球茎	0.15	3 d	25℃	秋水仙碱浸泡原球茎	26.6
鼠尾草	种子	0.25	24 h	25℃	秋水仙碱浸泡种子	9.7
杜仲	种子	0.3	48 h	25℃	秋水仙碱浸泡种子后,接入无激素的 MS 培养基中培养	76.1
连翘	种子	0.4	72 h	25℃	秋水仙碱浸泡种子法诱导	14.4
小黑麦杂种一代	幼株	0.05	4 d	10~15℃	把分蘖期幼株的根茎横向做一切口(不能伤害生长锥),连根浸入溶液中淹没切口,处理后移植到 10℃左右的温室中	10.8
三棱大麦与六棱大麦	种苗	0.25	20~30 min	10~15℃	高 3~6 mm 的种苗浸入溶液	41.4~58.8

（3）秋水仙碱诱导多倍体的方法：活体处理方法通常有浸渍法、涂抹法、滴渗法、套罩法、注射法等,离体处理方法通常有共培法、浸泡法、点滴法等。

1）浸渍法：适用于浸渍幼苗、插条、接穗甚至种子。对于插条和接穗,一般处理 1~2 d。对于幼苗,为避免根系受损,可将嫩茎的生长点倒置或横插入盛有药剂的容器中。由于秋水仙碱可能阻碍根系的发育,因此在处理后需要用清水洗净。

2）涂抹法：将秋水仙碱按照一定的浓度配成乳剂,然后均匀地涂抹于幼苗或枝条的顶端。在涂抹的过程中,可以适当地遮盖处理部位,以减少蒸发并避免雨水对处理的冲洗。

3）滴渗法：处理较大植株的顶芽、腋芽时,通常使用质量分数为 0.1%~0.4%的秋水仙碱溶液。处理过程中,可以每日滴一至数次,并反复处理数日,以确保溶液透过表皮浸入组织内起到作用。另一种方法是先用小片脱脂棉包裹幼芽,然后滴药剂使棉花浸湿。

4）套罩法：保留新梢的顶芽,将顶芽下面的几片叶去除,然后套上防水胶囊,内部装有一定浓度的药剂和 0.6%的琼脂。经过 24 h 后,可以将胶囊取下,完成处理过程。

5）注射法：诱导禾谷类作物,如玉米等,可采用注射法。使用注射器将秋水仙碱溶液注射到分生组织部位,促使再生的分生组织成为多倍体。这种方法有助于实现对分生组织的针对性处理。

（三）生物学方式诱导多倍体

通过有性杂交、细胞融合、组织培养及体细胞无性系变异等方法获得染色体加倍植株的方式称为生物学方式。

1. 有性杂交　在植物的大孢子和小孢子时期,如果减数分裂发生异常,就可能产生配子,其中一个亲本产生 2n 配子,或者双亲均能产生 2n 配子,这都有助于改变杂交后代的倍性水平。

2. 细胞融合　细胞融合又称为原生质体融合,是在细胞水平上进行的一种杂交形式,通过将同一种植物或不同种、属的原生质体融合,形成新的细胞,并诱导其分化生成新的植株个体。细胞融合的方式主要包括化学融合、电融合和 PEG 介导融合法。这种方法可以克服远缘杂交的障碍,不仅能够实现单倍体花粉和二倍体花粉的自体融合,还能进行异体融合。

3. 组织培养　　随着生物技术的不断发展,组织培养成为多倍体诱导的一种广泛应用的方法。其中,最直接的应用之一是通过胚乳培养获得三倍体植株。被子植物的胚乳是双受精的产物之一,同时也是一种具有全能性的天然三倍体组织。胚乳培养已经成功地应用于猕猴桃、枸杞及枣类等作物的多倍体培养中,具有广阔的应用前景。

4. 体细胞无性系变异　　体细胞无性系变异指的是源自植物体细胞中自然发生的遗传物质变异。这种变异有时也涉及染色体数目的改变,导致多倍性芽变的产生。例如,四倍体鸭梨就是由二倍体鸭梨发生的体细胞芽变,四倍体大粒玫瑰香则是由二倍体玫瑰香发生的芽变。

三、多倍体的鉴定

倍性鉴定是多倍体育种的一个重要环节,鉴定方法有以下几种。

（一）形态学鉴定法

形态学鉴定是识别植株是否为加倍株的主要方法之一,它简便而迅速。形态学鉴定法包括细胞形态学鉴定和植物形态学鉴定等。其中,气孔鉴定法是一种简单易行的方法。该方法通过观察植株叶片气孔特征来判断其倍性。气孔保卫细胞的长度是一对相对稳定的性状,受染色体倍性的控制,因此可以反映植株的倍性。例如,在研究四倍体姜百合花时,采用了气孔观察法,发现四倍体气孔长度和宽度较二倍体显著增大。

（二）染色体计数鉴定法

染色体计数法是鉴定植物倍性最准确、最直接的方法之一,主要包括常规压片法和去壁低渗法两种。在常规压片法中,通常以愈伤组织、卷须、茎尖、根尖等为材料,观察细胞分裂中期的染色体并进行计数。有研究者结合了 4′,6 -二脒基-2 -苯基吲哚(DAPI)染色和荧光显微镜检测的去壁滴渗法,发现能够更清晰地观察染色体,适用于多种木本植物。

（三）流式细胞仪鉴定法

流式细胞术(flow cytometry,FCM)是一种可靠且快速的方法,其原理是通过测量单个细胞中的 DNA 含量,利用 DNA 含量与染色体倍数的相关性来鉴定倍性。研究者使用 FCM 成功地分析了包括越橘、郁金香、海葵、甘蔗等各种植物野生种和栽培品种的倍性。

（四）分子标记鉴定法

分子标记鉴定法是一种在基因组层面进行倍性鉴定的快速而准确的方法,该方法利用的是多倍体植物基因组的倍增长特性及 DNA 的多态性。主要的分子标记技术包括 SSR、DArT(多样性阵列技术)、AFLP、SNP 等。例如,研究者在多倍体柳树中使用高度可变的单拷贝全信息 SSR 进行标记辅助选择,对 48 株柳树进行了倍体辨别。

四、多倍体材料的加工和选育利用

（一）多倍体材料的加工和选育

人工诱导产生的多倍体材料通常具有各自的优缺点,获得的多倍体类型未必就是优良的新品种。为了在实际生产中应用,这些材料需要经过进一步的加工和选育。在进行多倍体育种时,必须建立大规模的多倍体群体,包括丰富的基因型,以便进行有效的选择。因此,在进行选择时,需要淘汰那些失去育种价值的劣变,选择经济性状优良的类型做进一步的鉴定和培育。同时,可以有选择地进行不同多倍体品系的杂交,以促进优良基因的聚合和优缺点的互补。在众多后代群体中进行严格的选择,综合考虑优良性状,逐步克服存在的缺点,最终培育出具有生产效益的新品种或新作物。

（二）药用植物多倍体育种的应用

药用植物多倍体具有特殊性状,是占比较高的群体。在已统计染色体核型的 563 种药用植物中,存在多倍化及杂倍性基因组的物种达到 51 种,如菘蓝 *Isatis indigotica* Fort.、紫苏 *Perilla frutescens*（L.）Britt. 有二倍体、四倍体,郁金 *Curcuma wenyujin* Y. H. Chen et C. Ling 有三倍体、四倍体,北柴胡 *Bupleurum chinense* DC. 有四倍体（$2n = 4x = 24$）、八倍体（$2n = 8x = 48$）,薯蓣 *Dioscorea opposita* Thunb.（$2n = 4x = 40$）为四倍体,栝楼属 *Trichosanthes* Linn. 植物存在 $2n = 22、44、66、88$ 倍性,滇黄精 *Polygonatum kingianum* Coll. et Hemsl. 为 $2n = 26、30、64$ 倍性,多花黄精为 $2n = 18、20、22、24$ 倍性等。

随着对多倍体的深入研究,药用植物的生产和育种也取得了相当大的进展。到目前为止,已有 200 余种多倍体药用植物实现了人工栽培。在大多数药用植物中,多倍化现象以有性和无性生殖形式进行繁殖,这种多倍化与药用植物的营养器官重量、植株抗性、活性成分含量等积极特征密切相关(图 11-7),这一现象对中药品质改良和新品种育种具有重要的理论意义和应用价值。在本部分,我们分别以用药部位对近年来药用植物多倍体的应用情况进行介绍。

图 11-7　多倍化对药用植物的影响

A. 多倍化使植株高大;B. 多倍化增加叶长、宽度和厚度;C. 多倍化增加根重;D. 多倍化增加腺毛大小和密度;E. 多倍化提高植株抗性。除菘蓝外,以根茎类入药的多倍化植物还有白术、丹参、黄芩等。WT. 野生型;D1. 多倍体

1. 根茎类　对于根茎类入药的植物,多倍化常可增加植物根系重量、提升植株抗性等,其中菘蓝是较具代表性的植物,它的四倍体品系在 1994 年就已完成试种与推广。人工诱变的四倍体具有更高的产

量和药效成分,具体表现为多倍化的叶子宽大而厚实、发育迟缓、茎秆粗壮,花器的各部分、花粉粒、果实及叶的气孔相较二倍体也明显增大,特别是保卫细胞中的叶绿体数和花粉沟数。叶中靛蓝含量可成倍增加,靛玉红含量也有显著提高,根中总氨基酸含量增加4.8%。

2. 全草类与叶类　叶是植物光合作用的部位,多倍化引起的叶片性状的改变使得植物代谢活性和蛋白合成量的放大,对药用植物产量及活性成分含量具有重要影响。全草类药材是指可供药用的草本植物的全株或其地上部分,以全草入药的多倍体植株包括薄荷、黄花蒿、穿心莲、蒲公英等,通常以四倍化居多。多倍化的改变可以通过增加植物叶片的面积和厚度来增加产量及活性成分含量,如薄荷染色体加倍虽在田间条件下生长延迟,但叶片较大、较厚、较深,根系更强;百里香经氨磺灵诱导产生的四倍体植株,重量、高度、叶长、宽度和厚度增加,主要成分百里香酚、香芹酚含量分别提高18.01%和0.49%;比较甜叶菊二倍体、三倍体、四倍体和混合倍体,发现混合倍体和四倍体中甜菊苷含量及甜叶菊苷含量更高。除此之外,改善叶片腺毛的密度和大小也是提高活性物质产量的途径之一,精油是由腺毛产生和分泌的,也是全草类和叶类中药的重要活性物质。有研究表明,薄荷的多倍化降低了氯化钠胁迫引起的精油产量和品质的降低,原因与腺毛的大小和密度增加有关,且能改变精油生物合成途径基因的表达。

3. 花类　花类中药的入药部位包括花朵(花蕾)、花序、花冠、花粉等,目前代表性中药为金银花(植物名为忍冬)和菊花。与根类、全草类和叶类中药相似,多倍化同样引起了植株和叶片巨型化特性,改善了植物的抗逆性。与之不同的是,由于入药部位为花,这种多倍化引起的花大小的提高,是提升活性成分含量及产量的关键。以忍冬的顶芽和嫩枝茎段为外植体,以愈伤组织和不定芽为诱导材料,0.2%秋水仙碱诱导可产生忍冬四倍体。从性状来看,二倍体试管苗表现为正常绿色、叶面平坦、光滑、叶缘无锯齿、叶柄细长、叶脉大小正常、茎淡绿色;而多倍体试管苗显示出巨型化特征,表现为植株高大、叶深绿色、叶表面粗糙增厚、叶缘有锯齿、叶柄叶脉粗大、茎粗壮等,并且叶具有较厚的表皮(上和下)和栅栏组织以及更密集的短柔毛。从生态耐受性角度看,四倍体可提高植株的抗旱性和抗热胁迫。研究发现,对具有不同倍性水平的幼苗进行热胁迫(42℃热应激6 h,恢复10 h),热胁迫增加了两个品种的总可溶性糖、脯氨酸和丙二醛的含量;显著降低了两个品种的最大光化学效率、电子传递速率、光系统的有效量子产率和光化学猝灭。此外,热胁迫降低了四倍体的非光化学猝灭,但二倍体增加。叶绿素荧光参数和代谢变化表明,四倍体比二倍体具有更强的抗热逆性,并且具有更好的恢复率。比较水分胁迫植株的气体交换、叶绿素荧光和部分代谢物的含量发现,四倍体品种对水分胁迫的抗性和恢复速度均高于二倍体。

"怀白"为著名的药用菊花品种,然而,由于其长期无性繁殖,植株极易产生严重病害。且茎细长,植株容易倒伏,严重影响产量和药用品质。研究发现,以五倍体"怀白"诱导的十倍体植株表现出较好的农艺特性,包括株高较矮、茎根较厚、叶深绿色、开花大、气孔大等。此外,多倍体植株的产量和抗病性也均有显著提高,其中十倍体花中绿原酸、3,5-O-二甲基奎宁酸的含量均显著高于五倍体。

4. 果实和种子类　以植物果实入药的中药,多倍化有连翘、阿育魏实、银杏等。阿育魏实是伞形科糙果芹属植物阿育魏的成熟果实,是传统的维吾尔医药。有研究表明,秋水仙碱诱导的四倍体阿育魏比二倍体的白里香酚含量提高19.53%。以植物种子类入药的中药,多倍化常见于车前草、罂粟、苦荞麦、孜然等。例如,车前草,四倍体植株比二倍体具有更高的株高、较厚的叶、较大的穗和种子、较大的花粉粒和每穗较多的种子,并且种子具有更多的黏液。此外,四倍体气孔更大,保护细胞中叶绿素含量(a、b和总含量)、类胡萝卜素含量及叶绿体数量也更高。

第五节　研究热点与展望

单倍体育种的基本流程可简单概括为单倍体诱导、单倍体鉴别及单倍体加倍三部分,其中单倍体的获得是核心环节。除极少部分自然产生的单倍体株系外,单倍体主要通过人工诱导产生,包括单倍体体外诱导和单倍体体内诱导。体外诱导主要包括胚胎拯救和植物再生、未受精胚珠/子房培养、花药/小孢子培养这三种方式,但这种方法依赖于组织培养,培育周期长,且基因型依赖程度高。体内诱导方法包括单性生殖、种间杂交和种内杂交。其中以种子为基础的种内杂交具有劳动强度低、成本低的特点,成为单倍体育种的主要方法。单倍体诱导系是种内杂交单倍体诱导方法的核心。单倍体诱导系最早在玉米中发现,通过对玉米单倍体诱导系分子机制研究定位到单倍体诱导关键基因:花粉特异性磷脂酶 ZmPLA1/MTL/NLD 和 DUF679 结构域膜蛋白 ZmDMP,其中 *PLA1/MTL/NLD* 基因仅在单子叶植物中鉴定到,*DMP* 基因在单子叶和双子叶植物中都存在。随着单倍体诱导关键基因的定位及分子机制研究的深入,通过遗传改造创制单倍体诱导系成为可能。近几年,已通过基因编辑马铃薯 *StDMP* 基因、番茄 *SlDMP* 基因、西瓜 *ClDMP3/4*、黄瓜 *CsDMP*、蒺藜苜蓿 *MtDMP8/9D*、棉花 *GhDMP8*、水稻 *OsDMP* 及水稻 *OsPLA1*、大麦 *HvMTL*、谷子 *SiMTL* 等获得了相关物种的单倍体诱导系,研究思路如图 11-8 所示。

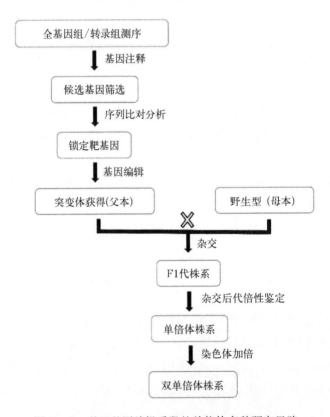

图 11-8　基于基因编辑手段的单倍体育种研究思路

尽管目前利用基因编辑手段在主要作物中已经创制出许多单倍体诱导系,并将其用于育种研究。但在药用植物中,尚未见有报道。通过序列比对和系统进化树分析,我们发现药用植物中也存在相关同源基因。未来通过对相关基因的敲除获得单倍体诱导系将成为药用植物单倍体育种研究的热点方案。多倍体育种技术已在主要作物育种中展示了其价值。尽管多倍体育种技术在药用植物育种中的研究较少,却具有广阔的应用前景。当前,基于基因组测序在药用植物研究中的广泛应用,中药育种研究者得以通过构建多倍体材料的基因组图谱来阐明多倍化后优良品质的遗传和分子机制。如此，我们不仅可以探明多倍体优势的原理，更可为进一步开展育种工作提供目标性状及靶点基因。

研究案例1　基因组测序揭示紫苏起源进化

（一）研究背景

α-亚麻酸是人体自身无法合成的必需脂肪酸，只能从膳食中获得，但主要油料作物如大豆、花生、油菜中α-亚麻酸的含量很低。紫苏是陆生植物中α-亚麻酸含量最高的物种之一。紫苏的分类是根据形态学、农艺学或化学特征进行的，这通常会导致命名上的混乱，品种间的区别较为模糊，比较基因组学可以解析紫苏多倍体化的遗传基础，对农艺和药学性状进行GWAS和mGWAS分析，能够更好地了解自多倍体化以来紫苏的最新进化现状，为药用植物的研究、制药和开发奠定坚实基础。

（二）研究思路

研究案例引自Zhang等（2021），该研究思路如图11-9所示。

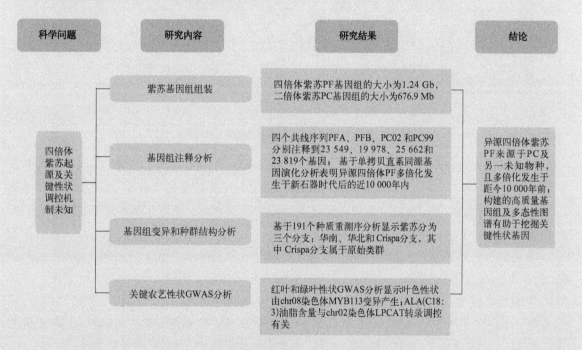

图 11-9　基因组测序揭示紫苏起源进化研究思路

（三）研究结果

1. 紫苏基因组的组装　通过构建高通量的染色体构象捕获（Hi-C）文库，将支架锚定在染色体上。总共54.7 Gb唯一映射有效的Hi-C读取用于支架。结果显示，1.203 Gb（97.5%）的组装被放置在20条染色体上（图11-10A）。

2. 重复、基因注释及最近的多倍体进化研究　分析两个物种之间的基因组共时性（图11-10B），发现每个二倍体紫苏（PC）段都有两个同步的四倍体紫苏（PF）对应物。对4个同源序列的基于快速傅里叶变换的多序列比对，重建每个保守位置的祖先核苷酸，计算突变率和方向，结果发现，两个不同的共线序列PFA和PC02之间所有6种核苷酸突变的频率大致相同。进一步评估15 484对同系性PFA-PFB基因对的同源基因表达偏倚。PFA/PFB的表达比在一定程度上呈对称分布，在0.2左右有一个小峰，与亚基因组显性假说一致。

图 11-10 紫苏基因组的组装

A. 紫苏植株图；B. 紫苏基因组组装图

3. 基因组变异和种群结构 对来自国内外 191 个四倍体种质进行全基因组重测序,其中杂合度较高的种质有 27 份。为了阐明这些种质的分类,进行了系统发育树构建、主成分分析和种群结构分析。结果表明,贵州省是中国西南地区主要的紫苏栖息地。使用来自 MAFFT 比对的 PC02 的 PFA 特异性 SNP 进一步阐明了紫苏系统发育。

4. 关键农艺性状的全基因组关联研究 通过将叶色表型映射到相邻连接树上,结果发现在 CRISPA 品系分支中观察到大多数红线。进一步支持了 Myb113 在紫苏叶色中的关键作用。对种子 α-亚麻酸含量进行了 mGWAS 分析,在溶血卵磷脂酰基转移酶(LPCAT)同源物附近的 chro2 上发现一个强信号,证实了 LPCAT 参与油籽 α-亚麻酸积累。跨越 GWAS 峰间隔的 40 kb 片段缺失标记了 α-亚麻酸含量,表明 LPCAT 的转录调控导致缺失系的 α-亚麻酸含量降低。

(四) 研究结论

本研究发现紫苏亚基因组间的不对称进化非常明显,并揭示了紫苏易同源交换和非整倍体的遗传基础。紫苏高质量基因组和密集多态性图谱将有助于鉴定农艺和化学性状的关键基因,以期为进一步了解早期二倍体化及紫苏和其他唇形科物种的遗传改良奠定基础。

(五) 亮点点评

该研究首先组装了高油高产异源四倍体紫苏品系 PF40 和其 AA 二倍体野生亲本的染色体水平的高质量基因组,首次观察到了亚基因组间的平衡互换现象,并确认了同源替换在染色体近端粒区域富集的规律,深入揭示了早期多倍化后新基因组的进化动态及其生物学机制,是植物多倍化研究的重要进展;基于在国内外收集的近两百份紫苏种质资源,通过全基因组重测序,全面揭示了四倍体紫苏的起源与进化路径;通过采用 AA 亚基因组特异的碱基突变构建进化树,巧妙地确认了回回苏属于四倍体紫苏的早期类型。同时,该研究还对紫苏的产量、千粒重、株型、脂肪酸含量、单萜类挥发性化合物等重要农艺和药学性状进行了全面深入的遗传学解析,获得了决定其表型的关键基因及其变异。在此基础上,研究人员结合药用成分定量评价,进行了紫苏新品种的定向杂交选育。目前已有4个新品种在北京、湖北等地获得审定。

研究案例2　栽培菊花的基因组组装揭示其起源和进化

（一）研究背景

菊花(*Chrysanthemum morifolium*)原产于中国,品种丰富,可作为观赏、茶用、药用等,但其起源尚无定论。深入探究栽培菊花的起源和育种历史,可为下一步解析菊花重要园艺性状(花型、花色、株型、抗逆等)形成的分子机制和定向育种奠定基础。

（二）研究思路

研究案例引自 Song 等(2023),该研究思路如图 11-11 所示。

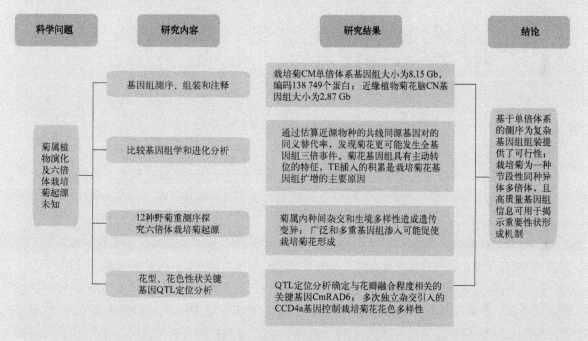

图 11-11　栽培菊花的基因组组装揭示其起源和进化研究思路

（三）研究结果

1. 基因组测序、组装和注释　通过整合从头预测、同源预测和转录数据,注释出 138 749 个蛋白编码基因,最终获得菊花染色体级别的高质量参考基因组。此外,重新测序并组装染色体水平的菊花脑基因组(3.09 Gb),其与菊花基因组的共线性分析呈清晰的 1:3 关系(图 11-12 A, B)。

2. 比较基因组学和进化分析　通过比较基因组学分析(图 11-12B),发现菊科与伞形科在约 92.4 Mya(百万年前)分化,菊科中菊属与蒿属在约 6.5 Mya(百万年前)分化。利用高质量基因组信息发现并明确了菊属植物共享的全基因组三倍化(WGT)事件(约 6 Mya),以及菊花特有的 WGT 事件(约 3 Mya)和菊科共享的 WGT 事件(约 57 Mya),表明菊花在核心真双子叶植物共享的 WGT-γ 事件(122~164 Mya)后,又经历 3 次 WGT 事件。而近期(<0.5 Mya)长末端重复序列反转座子的爆发(占据近 80% 的基因组序列),最终塑造菊花大基因组。

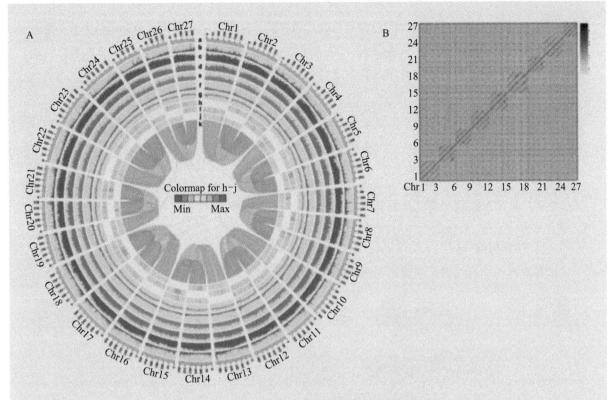

图 11 - 12　菊花基因组及其与菊花脑基因组的共线性

A. 基因组组装;B. 基于 Hi - C 测序的染色体组装

3. 栽培菊花的起源　对分布在我国的 12 个菊属野生种进行基因组重测序。系统进化树、特异性序列、identity score(IS)和渐渗分析结果表明菱叶菊(*Chrysanthemum rhombifolium*)和南京野菊(*Chrysanthemum indicum* Nanjing)对于栽培菊花基因组的影响最大。进一步通过染色体特异性短片段、Smudgeplot 及荧光原位杂交(FISH)实验,同时结合前期研究结果表明菊花基因组主体为"AA′B"结构,是包含大量菊属野生种基因组片段渐渗的节段异源多倍体(segmental allopolyploid)。

4. 花进化与发育的遗传基础　基于基因组序列,利用加权基因共表达网络分析(BSA + WGCNA)方法鉴定得到多个菊花花型发育调控基因。通过对 *CCD4a* 基因的系统发育分析,发现中国传统菊和园林小菊、日本传统菊及欧美切花菊具有独立的花色育种历史。这一结果与菊花起源于中国,最初为黄色,至唐代开始出现少量白色、紫色新品种并传入日本,至明清传入欧洲的历史文献相符。

(四) 研究结论

该研究首次解析六倍体栽培菊花染色体水平参考基因组图谱,为明确菊花的进化历史和筛选菊花园艺性状的控制基因提供了重要依据,同时促进分子标记辅助育种和基因组编辑技术在菊花栽培中的广泛应用。此外,菊花异源多倍体基因组的成功解析可为其他高杂合度、来源不确定的大型复杂多倍体基因组的组装提供参考价值。

(五) 亮点点评

该研究采用多种测序平台,组装出 8.15 Gb 的菊花基因组,并基于 Hi - C 数据将 96.46% 的基因组序列挂载到菊花 27 条染色体上($2n = 6x = 54$),破译了六倍体栽培菊花基因组,报道了国际上首个节段异源多倍体基因组(segmental allopolyploid),深入探究了栽培菊花的起源和育种历史。

思 考 题

1. 如何高效地创制多倍体的药用植物新品种?

2. 为何要创制单倍体的药用植物育种材料,利用单倍体挖掘功能基因有何优势?

3. 为更好地保护品种知识产权,你认为倍性育种的发展方向是什么,如何去推进实施?

第十二章
药用植物品种遗传改良技术

中药材品质受多重因素影响,而选育优良品种是保障中药材品质的关键因素之一。选育和繁育优质高产的药用植物新品种,是提升中药材质量的有效途径。遗传改良技术是利用遗传学和生物技术手段,采用选择、杂交和基因编辑等方法,改良药用植物的遗传性状,从而获得品质优、产量高、抗病性强的优良品种。因此,利用现代遗传育种技术改良药用植物的品种特性,是实现中药材优质、安全、稳定、可控生产的根本保证。

第一节　体细胞无性系变异创制与品种改良

体细胞无性系变异(somaclonal variation)是指植物体细胞在组织培养过程中发生遗传变异,导致再生植株的遗传特性发生改变。这种变异通常表现为染色体数目及结构的变异、点突变、基因扩增和丢失、转座子活化和 DNA 甲基化等形式。与染色体变异相比,基因水平上的变异更为普遍,通常不会对再生植株的正常生长和发育产生显著影响。体细胞无性系变异具有物种范围广、变异频率高等优点,是基于突变的营养器官进行无性繁种,进而达到改良品种的目的。

一、染色体数目变异

资源
12-1

植物体细胞无性系再生植株的染色体水平变异,包括染色体数量和结构的变化,通常在体外增殖和分化过程中产生。在植物细胞培养中,由于多级纺锤体的形成、染色体不分离或滞后及核裂等现象,愈伤组织染色体稳定性较差,容易导致染色体数目或结构的变异。染色体数目变异包括整倍性(euploidy)变异和非整倍性(aneuploidy)变异。整倍性变异是以染色体组为单位的整套染色体数目的增加或减少,而非整倍性变异是以染色体为单位的数目缺失或增加。这种变异在人类、动物和植物中均能发生(资源 12-1)。

二、染色体结构变异

资源
12-2

染色体结构变异是指染色体的断裂和重排,特定染色体片段的缺失、重复、反转或异位,以及产生环状染色体和微核。染色体结构变异首先在果蝇中被鉴定发现,后来在人类中也发现一些染色体结构变异。这些变异可以改变基因表达,从而引起生物体性状发生改变。在动植物中,染色体的结构变化是进化过程中基因组重排的主要机制,能够引起表型的变化,对于特定物种及其近亲来说这种变化可以提高染色体工程改造作物的效率和精度(资源 12-2)。

三、基因突变

基因突变通常是指生物体、病毒或染色体外 DNA 中核苷酸序列发生变化,并可以通过复制遗传给子代。基因突变包括点突变(即单个碱基突变)以及多碱基缺失、重复及插入。发生突变的主要诱因是遗传基因在 DNA 复制过程中的复制错误,或者受到了化学物质、基因毒性、辐射或病毒等影响。发生突变的基因称为突变型,未发生突变的原始基因称为野生型。突变体是指相对于某一性状野生型基因发生改变后表现出来的性状发生改变的生物个体、群体或者株系。通常,野生型表现出具备某种能力的性状,用"+"表示,与之相对的突变型则表现出缺乏这种能力的性状,用"-"表示(资源 12-3)。

资源
12-3

(一) 基因丢失

在个体发育过程中,细胞通过丢失某些基因从而去除这些基因的活性,达到基因调控的目的。在个体发育过程中的基因丢失只在少数低等生物中被发现,在高等生物正常细胞中目前尚未被发现,但在癌细胞中常有基因丢失的现象。

(二) 基因扩增

基因扩增是基因组中特定序列在某些情况下会复制产生许多拷贝的现象。基因扩增和基因丢失都是基因调控的一种机制,即通过改变基因数量调节基因表达产物。基因扩增增加了转录模板的数量,使细胞在短期内产生大量的基因产物以满足生长发育的需要。

(三) 基因重排

基因重排(又称 DNA 重排)是通过基因的转座、DNA 的断裂错接而使正常基因顺序发生改变的现象。基因重排广泛存在于药用植物基因中,可能导致基因结构的变化、产生新基因或改变基因表达模式。这种重排也是基因表达活性调节的一种方式,也可引发基因组的不稳定性(资源 12-4)。

资源
12-4

四、转座子激活

转座子(transposon)为一类 DNA 序列,一个转座子由基因组的一个位置移动到另一个位置的过程称为转座。转座子几乎存在于所有植物基因组中,这些可移动的重复序列在植物物种之间的丰度、结构、转座机制、活性和插入特异性方面具有高度多样性。当外界环境改变或植物生理状态改变时会发生转座子激活现象。在玉米的体细胞无性系中,转座子激活可导致染色体断裂。大多数转座元件在愈伤组织形成期间被激活,而长期的愈伤组织培养会导致基因组不稳定。

转座子最早由美国科学家芭芭拉·麦克林托克(Barbara McClintock)于 20 世纪 40~50 年代间发现于玉米中,他本人也因此于 1983 年获得诺贝尔生理学或医学奖。自麦克林托克发现转座子以来,已鉴定出三种基本类型的转座子,包括逆转录转座子(Ⅰ类转座子)、Ⅱ类转座子和微型反向重复转座子(MITE,即Ⅲ类转座子)。Ⅰ型转座子即逆转录转座子,以 DNA 为模板,在逆转录酶的作用下转录为 mRNA,再从 mRNA 合成 cDNA,从而增加转座子的拷贝数。因此,这种方式通常被称为"复制粘贴式"转座,在植物中尤为普遍。根据其两端是否含有长末端重复序列(long terminal repeat, LTR),可进一步分为:① LTR 型逆转录转座子,其 DNA 序列两端都有长末端重复序列;② 非 LTR 型逆转录转座子,又可细分为两类,分别命名为长散在核元件(long interspersed nuclear element, LINE)和短散在核元件(short interspersed nuclear element, SINE)。根据是否能"自给自足",又将其分为自主型和非自主型反转座子,前者编码所有转座所必需的蛋白,后者编码一部分必需的蛋白,需要在自主型反转座子协同下完成转座(资源 12-5)。

资源
12-5

五、DNA 甲基化

DNA 甲基化是指在 DNA 甲基转移酶(DNA methyltransferase, DNMT)的作用下,DNA 的某些区域结合一个甲基基团的表观遗传修饰过程。DNA 甲基化通过与转录因子互作或改变染色质结构来影响基因的表达,在细胞分化和应对环境胁迫等方面发挥重要作用。

（一）从头甲基化的复杂机制

在植物中，从头甲基化是 DNA 甲基化的关键模式之一，其机制复杂多样。该过程以 RNA 指导的 DNA 甲基化途径（RNA-directed DNA methylation，RdDM）为核心，涉及多个重要步骤。

（二）维持甲基化的多重机制与相互影响

维持甲基化在植物 DNA 甲基化中至关重要，确保了 DNA 甲基化在细胞分裂和 DNA 复制时的稳定性。不同类型的 DNA 序列受到不同维持甲基化机制的调控，这些机制相互交织，形成复杂的维持甲基化的网络，对植物基因组稳定性起着重要的作用。

（三）DNA 甲基化的可逆性和生物学重要性

资源
12-6

DNA 甲基化是一种可逆的表观遗传修饰，这为植物在应对不同环境条件和生长阶段时提供了灵活性。DNA 去甲基化是这一可逆性的关键过程，有助于激活之前处于沉默状态的基因。DNA 甲基化可以通过被动和主动去甲基化实现其可逆性（资源 12-6）。

六、细胞质基因组的改变

在藻类及高等植物的细胞内，除了细胞核染色体作为主要的遗传物质携带植物体大多数遗传信息外，细胞质中还有线粒体（mitochondrion）和质体（plastid）携带的相关遗传信息。线粒体是一种半自主细胞器，具有自身的遗传物质和遗传体系，但其基因组大小有限。质体是植物细胞中由双层膜包裹的一类细胞器的总称，存在于真核植物细胞内。在组织培养过程中，白化苗、雄性不育等变异现象常因细胞质基因组的改变而发生。

（一）白化苗

资源
12-7

白化苗是指植物体内缺乏叶绿素，茎叶呈白色，无法正常生长而最终死亡的幼苗。研究表明，植物白化是多基因组控制的隐性性状表现的结果。研究发现，白化苗产生的直接原因是质体基因组的缺失（资源 12-7）。

（二）雄性不育

资源
12-8

细胞质雄性不育（cytoplasmic male sterility，CMS），又称为质核互作雄性不育（nucleo-cytoplasmic male sterility），是生殖器官不能释放花粉或产生的花粉无活性所导致的。这种不育状态虽然不影响植物接受外来花粉受精并产生后代，但其发生是线粒体不育基因和育性恢复基因（restorer of fertility，Rf）共同调控的。线粒体基因组与核基因组相互作用导致质核不协调，干扰正常代谢，致使线粒体能量代谢紊乱，引起了不正常的生理反应和败育现象。CMS 可分为孢子体不育和配子体不育两种不育遗传模式：孢子体不育受母体孢子体基因型控制，与花粉本身无关；配子体不育由花粉自身基因型控制，表现为花粉形成过程中的不育表型（资源 12-8）。

七、后生变异

后生变异（epigenetic variation）是指离体培养形成的小植株在培养过程中受到影响，可能在移植到自然环境后继续影响植株的生长。从细胞水平上看，后生变异是在细胞发育和分化过程中发生的基因表达调控变化，但并不涉及基因结构的改变。

后生变异不同于生理变化，后者是对外界刺激所做出的生理反应，且一旦刺激停止，变化也就消失。然而后生变异是在消除诱发条件以后，获得的变化还能在一定时间内继续存在，即表现所谓的"驯化"（habituation）现象。驯化在植物组织培养中是指经过长期继代培养的植物组织，最初需要添加生长调节物质以促进生长，但随着驯化过程的进行，这些植物组织逐渐能够适应在没有或只有少量生长调节物质的环境中生长的现象。但后生变异一般不能通过再生过程传递给植株，亦不能通过有性生殖传递给子代。因此,鉴别遗传变异和后生变异的可靠标准,就是看变异的性状能否通过有性过程传递给子代。值得注意的是,有些在再生植株上不表达,但在二次培养物中再现的变异,也可能属于真实遗传的变异。这是因为某些基因可能仅在未分化的培养细胞中表达,而在植株水平上处于沉默状态。

第二节 诱变技术在药用植物育种上的应用

诱变育种技术是一种现代育种方法,通过物理或化学诱变因子诱发植物的遗传变异,然后根据实际的育种工作目标,经过多代的人工定向选择、鉴定、选育出新的植物品种。该技术结合了传统育种与现代理化技术,能够促进药用植物的改良与新品种的选育。

一、化学诱变育种

化学诱变育种是指利用化学诱变剂处理植物的种子、幼苗、花药、花粉、愈伤组织和幼胚等组织器官,通过 DNA 缺失及修补,借助基因重组或者基因突变引起有机体变异,从而创造新的种质。这种育种技术不对作物基因组进行大的调整,引起的变异稳定且可遗传,下一代不会出现嵌合体,近年来成为运用较为广泛的诱变技术。

(一)化学诱变剂种类及诱变机制

常用的化学诱变剂可分为三类:第一类是碱基类似物诱变剂,如 5-溴尿嘧啶(5-BU)、2-氨基嘌呤(AP);第二类是直接诱变 DNA 结构的诱变剂,如烷化剂、亚硝酸钠;第三类是诱发移码突变的诱变剂,如吖啶类诱导剂。在药用植物育种中应用较广泛的是甲基磺酸乙酯(ethyl methyl sulfonate, EMS)、秋水仙碱及亚硝酸钠。尽管有多种药物和方法可用于诱变多倍体,但除秋水仙碱外,大多数都不够理想,存在诱变率低等问题。秋水仙碱目前仍是诱变多倍体最有效的化学药品。

(二)化学诱变技术的诱变步骤

1. 选取适合的植物材料 通常选取生长旺盛、健康的幼苗或种子作为诱变处理的材料。

2. 预处理 包括清洗、消毒等步骤,以去除植物材料表面的污垢和细菌等。

3. 化学诱变剂处理 将植物材料浸泡在含有化学诱变剂的溶液中,或使用其他方式将化学诱变剂作用于植物材料。

4. 筛选和鉴定 处理后的植物材料根据需要,选择具有优良性状的突变体进行繁殖和筛选,最终得到稳定的突变品种。

需要注意的是,化学诱变的机制尚不完全清楚,不同类型的化学诱变剂对植物的作用机制也有所不同。因此,使用化学诱变剂时需要根据具体的植物种类和目的选择合适的化学诱变剂和处理方法,以达到最佳的处理效果。同时,还需考虑化学诱变剂的安全性和残留问题,避免对人体和环境造成不良影响。

二、辐射诱变育种

辐射诱变育种是指利用人工辐射源照射植物种子、花粉、球茎等植物器官或幼苗,诱发 DNA 结构变化或化学键断裂,产生表型差异,从而在较短时间内获得有利用价值的突变体,最终形成新品种的育种技术。在联合国粮食及农业组织/国际原子能机构(Food and Agriculture Organization of the United Nations/International Atomic Energy Agency, FAO/IAEA)登记的 3 402 个人工诱变新品种中,大约 80%是辐射诱变获得的。我国植物辐射诱变育种技术的研究始于 20 世纪 50 年代后期,多年来一直受到国家和相关部委的重视,通过辐射诱变与现代育种技术结合的方式,在提高作物产量及品质、建设诱变育种体系、加强辐射诱变规律总结及探究辐射诱变机制等研究领域取得了丰硕成果。

辐射诱变育种又称核诱发突变技术,属于物理因素诱变,包括电离辐射和非电离辐射两种。电离辐射指能引起物质原子和分子发生电离的辐射,如 γ、β、X 射线和中子等。非电离辐射则指能量不足以将物质中的原子和分子电离,只能起到激发作用的辐射,如激光和紫外线等。

（一）辐射诱变剂种类

1. X 射线　X 射线又称伦琴射线,是一种不带电荷的中性射线。其频率范围为 30 PHz ~ 300 EHz,对应波长为 0.01 ~ 10 nm,能量为 100 eV ~ 10 MeV。其穿透能力强,能诱导种子产生基因突变,导致染色体发生变异、结构重组和断裂等。同时,它所产生的诱变也表现出较强的累积性,从而达到了合理积累突变、强化突变调控的目的。

2. γ 射线　γ 射线是由放射性同位素 ^{60}Co 或 ^{137}Cs 等产生的高能射线,具有穿透力强的特性,也是植物辐射诱变育种最常见的辐射方式。γ 射线辐射生物体会产生大量活性氧（reactive oxygen species, ROS）,这些活性氧会攻击 DNA 分子,导致 DNA 链断裂及鸟嘌呤氧化,继而在基因重组过程中使错配率增高,出现基因缺失、易位和倒位等突变。γ 射线属于电离辐射,然而其传能线密度（linear energy transfer, LET）小且不可调控,仅能通过增加剂量率和辐射剂量的方式诱导受辐射材料产生不同的生物学效应。此外,由于 γ 射线的使用更为广泛,诱变机制也更为明确,往往作为参照用来比较其他物理辐射源的生物学效应。γ 射线辐射诱变技术应用在多个育种领域,包括花卉、农作物、牧草及树木等。截至 2022 年底,γ 射线仍是我国农作物辐射诱变技术专利中应用最多的辐射源。

3. 激光　激光也是当前常用的手段,其自身与 γ 射线存在较大的相似之处,属于电横波的一种,但其特点不同,自身的波长也较长,呈现出能量低且方向好等特点。与此同时,电磁波在应用过程中还存在其他明显的效应,如电磁场效应、热效应及压力效应等,属于当前新型的技术,在诱变育种中的应用正在逐步加大。

4. 重离子束　重离子通常指比氦重的原子剥离部分或剥离全部外围电子后的带正电荷的原子核,通过大型加速器赋予这些离子一定能量后,即为高能重离子束。重离子束具有在通往靶物质的射程末端释放大量能量,而过程中能量几乎不损失的物理学特性,因而重离子束能实现宏观意义上的定点诱变。比较不同电离辐射穿过介质时能量沉积的特点,通常用 LET 值（指直接电离的粒子在其单位长度径迹上消耗的平均能量）进行评价。与低 LET 射线相比,如 X 射线和 γ 射线等,高 LET 的重离子束可以沿着其径迹在局部区域密集沉积高能量,从而导致 DNA 分子上的双链断裂及团簇损伤,并且这种损伤往往难以正确修复而导致突变产生。重离子束的 LET 高于 X 射线和 γ 射线,而且可以按照不同需求调节 LET 的大小。重离子束单位剂量诱发植物突变的能力是 X 射线或 γ 射线的 10 倍左右,说明重离子束在诱变育种中具有很大的优越性,可以采用较小的剂量达到诱变目的,并具有突变率高、突变易稳定和育种周期短的特点。

（二）辐射材料选择

1. 种子　通常情况下,种子辐射常被应用在有性繁殖的植物中,灵活利用其运输方便、处理及时及简单便捷的优势进行高效处理。因为种子中具有多细胞结构,经处理后容易产生嵌合体,这可能引起生长点细胞的突变。待处理的种子形态不限,可以是干种子、湿种子和萌动种子。其中,萌动种子的诱变效率最高,因为辐射在细胞分裂时期进行,更容易产生突变。

2. 花粉　花粉辐射处理的方法有两种:一种是针对花粉生命力强、寿命较长的植物,对其花粉进行合理的收集处理;或直接对开花枝条处理后授粉。另一种是对植株上的花粉直接辐射。花粉处理的辐射剂量通常较低,研究发现,花粉、种子、枝条的辐射处理可诱发 29% ~ 43% 的突变率。

3. 营养器官　营养器官主要是指当前植物自身用于进行无性繁殖的部分器官,如幼芽、枝条、块茎、球茎等。所发生的突变一旦出现在表型上,就可以通过无性生殖进行繁殖,比花粉和种子的处理结果更早显现,且更易鉴定。

4. 植株　植株辐射是指在植物生长过程中,对植物某一发育阶段或者整个生长期进行照射。例如,对生根试管苗进行较大群体辐射处理,或对花序、花芽或者生长点进行局部照射。对于不需要辐射的部位,应当用铅板保护。

5. 其他器官　其他器官辐射主要是指对植物的花药、叶片、胚状体、合子、愈伤组织、单倍体及原生质体等,采取有效的方式进行辐射,并减少嵌合体产生。合理对单倍体材料进行辐射处理,能够在细胞水平或个体水平上显现出突变效应,经加倍可获得二倍体纯系。

（三）辐射诱变在药用植物中的应用

辐射诱变技术在药用植物育种中的应用于我国起步较晚,但随着国家对中药材产业的重视,近几年关于药用植物的辐射诱变研究逐渐增多,主要关注辐射对药材种子萌发状况、生物学性状变异、生理生化、光合特性、次生代谢产物及分子水平的影响。目前,通过重离子束和 γ 辐射诱变技术已经获得了"岷归 3 号"（当归）、"渭党 3 号"（党参）、"科蒿 1 号"（黄花蒿）、"浙薏 2 号"（薏苡仁）等新品种。

1. 辐射诱变影响药用植物生物性状　干种子是药用植物辐射研究中最常见的辐射起始材料,经射线辐射处理后的植物干种子,其萌发率、幼苗存活率及叶片形态等生长参数会发生变化。例如,用不同辐射剂量的 $^{60}Co-\gamma$ 射线辐射穿心莲干种子,发现其出苗率、根长和气孔数随着辐射剂量的增加而呈下降的趋势;株高、叶面积、鲜重、干重等指标随着辐射剂量的增加而呈现先升高后降低的趋势。使用 $^{12}C^{6+}$ 重离子束辐射黄花蒿干种子,发现辐射剂量越高,对黄花蒿的存活率和根长的抑制作用越强,而较低剂量辐射对下胚轴生长有刺激作用,株高总体上随剂量升高而降低。类似的现象在胡麻、鸢尾、乌拉尔甘草等的研究中也同样存在,说明辐射对药用植物当代生长有抑制作用。

2. 辐射诱变影响药用植物生理生化特性　辐射后植物会产生一系列复杂的生理生化反应,包括光合色素含量、抗氧化酶活性、可溶性糖、可溶性蛋白及代谢物合成途径关键酶的变化。这些变化不仅反映了辐射诱变产生的生理生化效应,也可用于评价植物的辐射敏感性。例如,$^{60}Co-\gamma$ 射线辐射 4 类品种的百合,发现所有品种超氧化物歧化酶（superoxide dismutase, SOD）活性均先升高后降低,丙二醛（malondialdehyde, MDA）含量随剂量升高而增加。随着辐射剂量的增加,卷丹百合的可溶性糖含量先升高后降低,其他品种的可溶性糖含量逐渐增加。这提示不同基原植物经辐射后生理个别指标存在差异而整体变化相似。

3. 辐射诱变药用植物有效成分积累的影响　药用植物辐射育种不仅关注产量,更注重主要活性成分的积累。例如,增强紫外线 B（UVB）对于淫羊藿生长及代谢产物积累有一定影响,且不同基原淫羊藿对辐射耐受能力差异较大,其中心叶淫羊藿主要活性成分含量有所增加。采用 X 射线辐射光果甘草种子,发现 X 射线处理既可显著提高甘草样品的生物量,也可促进 18α-甘草酸和 18β-甘草酸的积累。但诱变育种也存在一些不足,如存在重复性差、相当大的随机性、无法实现真正意义上的调控诱变、诱变的方向和性质难以控制、有利变异少及需大量处理材料等。

三、空间诱变育种

空间诱变育种又称航天诱变育种和太空育种,是指利用航天技术,通过返回式航天器（卫星、飞船或高空气球）等将作物种子、组织、器官及苗木等生物种质材料带到 200~400 km 的太空,利用太空宇宙射线、微重力、超重力、弱磁场、高真空等特殊的环境诱变使生物基因产生变异,再返回地面选育具有目的性状的种子、新材料,培育新品种的作物育种新技术。

空间诱变育种具有以下优势和特点:① 突变具有广谱性,变异频率高、变异幅度大,有益变异较多,大多数变异性状稳定较快;② 育种周期缩短,稳定快,变异性状一般在 3、4 代开始稳定;③ 不存在转基因的潜在安全隐患,即植物损失小,航天搭载对植物的生长发育无显著影响,更无显著的限制作用,但对植株的生育进程、器官和果实大小等数量性状有一定影响,其中对植物生育进程的影响最显著;④ 易出现特殊突变体,能创造自然界所没有的新性状和新基因,单株间出现一些有利特殊突变体是地面上其他理化因素诱变难以获得的。

（一）空间诱变对药用植物农艺性状的影响

太空环境对药用植物生物学性状的影响表现为种子性状、出苗率、发芽率等的变化,对种子经过空间诱变后获得的第一代植株（SP₁）生长发育期的影响,形态特征变化等,既有正向突变也有反向突变。研究发现,不同品种的药用植物在航天环境下的种子特性存在差异,其中部分品种表现出较高的出苗率,促进幼苗生长,使植物体开花时间提早,单株结实率下降,单株籽粒质量提高,千粒重明显增加,地上部分枝数、主穗长、根系生物量增加,另外一部分品种表现出较高的产量,但在 DNA 水平上易发生突变,具有可遗传的特征,个别品种在装载后无明显差异,多数为增产。另外,经过太空环境影响的药用植物还表现出抗病性,如太空搭载选育出的丹参感染根腐病与根结线虫病的发病率低于对照组;搭载的药用植物当归、洋金花、甘草、决明子等种子中,当归 SP₁ 代种苗移栽后返青率和早期抽薹率显著高于对照。

（二）空间诱变对药用植物生理生化代谢的影响

在光合作用中,叶绿体产生的各种色素使光能被植物利用,从而改变植物的生物量,而不同类型的光合色素,也会对植物的光合能力产生影响。通过对太空丹参选育出的株系进行研究,研究人员发现太空丹参叶绿素、类胡萝卜素的总量在丹参的不同生长阶段均高于地面对照组,叶绿素 a 在花期和花后期明显地高于地面对照组,不同生长期太空丹参叶片中的叶绿素 a 与叶绿素 b 的比值较地面对照组有不同程度的降低。也有研究表明第四代航天决明的叶绿素含量均低于地面对照组,可见太空诱变能对植物体叶绿素含量及光合作用产生一定影响。

（三）空间诱变对药用植物染色体结构及遗传物质的影响

植物种子经过空间飞行后,其细胞结构和染色体可能发生改变。例如,红豆草经过空间诱导后,其叶片细胞壁不规则增厚,液泡变大,叶绿体变小,基粒片层数量明显增多。在染色体方面,经过空间诱导的植物,分裂过程中的 G₁ 期延长,有丝分裂指数减少,染色体在分裂中期不沿赤道板排列等现象也有可能出现。太空丹参相比于地面对照组染色体数目及类型基本相似,但在染色体的形态及臂比方面存在差异。

（四）空间诱变对药用植物化学成分的影响

有效成分含量是药用植物育种区别于常规作物育种的重要指标,航天搭载对药用植物有效成分的影响在太空育种上具有重要意义。在化学成分方面,空间诱变可能引起药用植物中有效成分的变化,这些变化可能对药用植物的药效和治疗作用产生影响。例如,经过空间诱变的铁皮石斛新品系"仙斛 2号",其有效成分多糖含量大幅增加,远高于野生铁皮石斛。利用傅里叶红外光谱法对 SP₁ 代葫芦巴种子的品质分析表明,空间诱变并没有对葫芦巴的化学成分产生影响。空间诱变育种在药用植物中的应用具有较大的潜力,然而空间诱变育种的成功不仅取决于植物的种类,还受处理条件等多种因素的影响,该技术在药用植物中的应用还需进一步探索。

第三节　杂交育种技术在药用植物品种改良上的应用

杂交育种通常是指把不同遗传类型的动物或植物进行交配,使优良性状结合于杂种后代中,通过培育和选择,创造出新品种的方法,是动植物育种工作的基本方法之一。在杂交育种中应用最为普遍的是品种间杂交(两个或多个品种间的杂交),其次是远缘杂交(种间以上的杂交)。生产上,常常把杂交方法培育优良品种或利用杂种优势的过程都称为杂交育种。近年来,杂交育种技术在水稻、小麦和玉米等农作物以及花卉、果实等植株上均取得进展,常用于改良作物品质、提高作物单位面积产量。

一、杂交育种概述

(一)杂交育种的定义

杂交育种是通过将两个或多个品种的优良性状集聚在一起,并通过选择和培育获得新品种的过程。它通过基因重组产生新的基因型,使不同的优良性状得以聚合。尽管杂交育种能够预见性状的表现,但由于不会产生新基因,后代性状分离现象较为普遍,因此需要连续自交以选育出优良的品种。这一过程复杂且周期较长,且选择范围有限。

(二)杂交育种的步骤

资源
12-9

杂交育种的具体步骤如下(资源12-9): ① 选择父本和母本,父母本的选择主要取决于育种目标和目的。亲本植物必须从当地进行挑选,而且一定要适合当地条件。② 去雄,将雌亲本雄蕊在开裂散落之前去除,单性生殖植物基本上不需要去雄,但双性生殖或自花授粉植物需要去雄。③ 套袋,去雄的雌花或花序需立即套袋,避免外来花粉对其进行授粉。④ 贴标签,去雄后的花朵需在套袋后贴上标签,将其用线系在花或花序的基部即可,标签上的内容要简洁但必须涵盖以下内容:去雄日期、杂交日期、母本名称后加叉号,父本名称等。⑤ 收获,这是 F_1 代植物,F_1 代植物是杂交种子的后代。

二、杂交育种在药用植物上的应用

随着对中药材需求量的不断增加,其价格也随之不断上涨,中药材生态环境也被严重破坏。近年来,科研人员将杂交育种技术运用到了药用植物的栽培实践中,以期提高中药材的品质及产量。

(一)杂交育种在药用植物育种上的应用

杂交育种不仅能通过基因重组获得综合双亲优良性状的基因型,而且还能表现出杂种优势,从而获得在某一性状比双亲更优良的基因型。由于中药材的外观性状和内在品质都是影响药用以及经济效益的重要因素,因此,对于药用植物来说,可以通过选用抗病虫害、产量高、有效物质成分含量高的优良品种与其他优质品种进行组合杂交,来提高优良品种的质量,也可与品质一般的品种达到优良性状互补的效果。研究表明,杂交育种对于改善性状和提高抗性等有重要作用,目前有关药用植物杂交育种研究和记录的有金银花、杜仲、灵芝、丹参和天麻等。

1. 金银花　金银花为雌雄同花植物,有 5 枚花药且较大,去雄方便,而且异交结果率高。因此,金银花的杂交育种具有较强的可操作性。以封丘大毛花、亚特金银花、红白忍冬、九丰一号和羊角花这五种忍冬种质为试验材料,研究了去雄和授粉的最佳时间。此外,实验还发现自花不结果、自交结实率低、不同杂交组合浆果数和种子数与父母本有关。

2. 灵芝　以山东 1993 年引入的韩芝作为对照组,山东泰安泰山野生赤灵芝、吉林长白山野生灵芝及昆嵛山野生灵芝作为实验组对灵芝进行杂交育种。实验结果获得 2 个新品种灵芝,且质量较高。以赤芝和中华灵芝作为亲本,通过单孢杂交技术成功选育出杂交菌株。通过实验发现赤芝和紫芝的杂交菌株可以出菇,但杂交后很多灵芝的总体产量不高,说明两个产量高的亲本,其后代未必具有高产的特性,有效成分含量亦是如此。通过考察分析来自长白山菌种资源库的 10 个灵芝菌株在不同基质上的菌丝体生长速度、生育期、灵芝产量、子实体形态特征等,发现 3 种菌株菌丝生长能力强、生育期较短、产量较高、生物性状较好,可作为杂交的优势灵芝菌株。以国家认定品种"泰山赤灵芝 1 号(TL-1)"和野生灵芝菌株"4895"为亲本,通过原生质体单核化杂交育种技术选育出集亲本优势于一体的灵芝新品种"TL-3",具有较高的推广应用价值。

3. 丹参 通过杂交育种技术对丹参的两个不同品种进行杂交,并对杂种 F_1 代大量扩繁后,采用秋水仙碱化学诱导异源多倍体,为进一步选育优良品种奠定了基础。选择丹参不育株系 Sh-B 作母本,陕西丹参作父本,通过对后代 F_1 表型调查,发现不同组合的 F_1 育性存在明显差异,其中有 2 个杂交种的丹参酮ⅡA 含量表现出超亲优势。通过人工授粉法,使用四川丹参分别与河南丹参、山东丹参进行正反交,结果表明,山东丹参×四川丹参和河南丹参×四川丹参这两个杂交组合的种子大小、千粒重、结实率、发芽率较高,较适合作杂交育种的亲本组合;四川丹参×河南丹参、河南丹参×四川丹参及山东丹参×四川丹参这三个杂交组合的子代是进行下一步杂交育种研究的优良资源。

4. 杜仲 以 10 个杜仲优良品种(无性系)作为杂交亲本,按照析因交配设计进行人工控制授粉,发现杜仲的生长和叶片相关性状在家系间和家系内都存在较大的差异。在此基础上,对 3 年生和 4 年生杂交子代的重要性状进行了遗传分析,选出综合性状表现优秀的家系,以及树高和地径表现优良的单株。考虑到杜仲良种化栽培程度不高,不能满足各行业对杜仲资源开发和利用的需求,将选出的杜仲优良单株无性系化,并在陕西省杨陵区和略阳县两个试验点做苗期对比试验,选育出了一批表现优良的无性系,为杜仲优良品种的选育作准备。

5. 天麻 以陕西红天麻和云南乌天麻作为亲本,运用杂交育种技术获得四种天麻组合种苗,结果表明,在同一栽培条件下天麻四种组合间种苗质量等级存在较大差异。利用家栽红杆猪屎麻、湘黔野生乌杆卵形麻、锥形麻等几个品种进行杂交育种试验,经多年栽培验证表明,杂交后代在产量和质量上均具有杂交优势。对长白山乌天麻与陕西红天麻进行杂交,发现杂交种可实现剑麻、白麻和总产量等方面的显著增产,同时还表现出了亲本的抗寒基因和商品麻品质的优良基因。

6. 其他 不少研究人员通过系列实验为部分药用植物的杂交育种提供技术和理论支撑。实验发现,以光果甘草 S-7 和 S-12 为母本的杂交组合结荚率低,但能够获得发芽率高的种子;以乌拉尔甘草 GDN-16 为母本的杂交组合结荚率高,但种子发芽率低,说明在甘草杂交中父本和母本的选择对结荚率有重要影响。我国花椒种质资源丰富、多样性高,不同品种之间遗传性状差异显著,表现在产量和品质方面具有很大不同,有日后进行杂交育种的条件。

(二) 分子标记辅助杂交育种

杂交育种可将双亲的优良性状结合于后代,其技术的关键在于 F_1 杂种的真实性鉴定。近年来,随着分子生物学和基因组学的快速发展,分子选择育种应运而生。利用已掌握的植物表型与基因型相关信息,研究人员可以直接利用基因型数据对 F_1 进行鉴定。分子标记技术种类较多,大致可分为以下几类:① 基于 DNA-DNA 分子杂交的分子标记,如 RFLP 标记、CAPS 标记、VNTR 标记等;② 基于 PCR 的分子标记,如 SSR 标记、ISSR 标记、反向序列标签重复(inverse sequence-tagged repeat, ISTR)标记、STS 标记等;③ 基于 PCR 与限制性酶切技术结合的分子标记,如 AFLP 标记等;④ 基于测序的单核苷酸多态分子标记,如 SNP 标记。相对于第一代基于分子杂交的 RFLP 标记,基于 PCR 的 SSR 标记大大减少了基因分型的费用和时间,从而促进了分子育种的快速发展与应用。SSR 标记具有共显性、技术简单、准确性高、重复性好等特点,在不同作物杂交后代及杂交种鉴定中得到了广泛的应用。相比之下,

SNP 标记在基因组中覆盖率更广。近年来,随着测序技术的快速发展,多种作物中大量的 SNP 标记被开发出来,并构建了高密度分子图谱,从而为分子育种奠定了坚实的基础。

育种首先需要设定育种目标,育种目标也是最终需要实现的结果。有了分子标记这个工具,育种不再需要像传统育种项目那样进行大规模的表型测试,只需要提取杂交后代的 DNA,然后利用已有的分子标记对这些材料进行基因型筛选即可。这大大提高了育种速度,让育种的目标和结果都变得更加容易掌控。不少研究人员将此项技术应用于药用植物杂交育种,对杂种后代进行鉴定。例如,以来自河南和山东两个地道产区的金银花栽培种为亲本,建立了金银花的杂交种。结果表明,过氧化物酶(peroxidase,POD)同工酶电泳能够用于金银花杂交品种的鉴定,杂交获得的两个品种产生了新的条带,说明这两个品种获得了新的性状,这些性状可能有助于提高金银花的品质。

通过上述对部分药用植物杂交育种研究进展,可知:① 杂交育种是一种培育新品种的有效方式,此方法可将双亲的优良性状结合于杂种后代或实现微效多基因的聚合;② 杂交育种的技术关键在于鉴定杂种 F_1 的真实性,分子标记技术辅助育种已成为遗传育种领域不可或缺的一环,此项技术首要任务是寻找控制目标性状的基因,以期通过精准选择目标性状提高育种效率,加快育种进程;③ 目前,对于药用植物杂交育种的相关研究仍处于初级阶段。我国中药材资源丰富、气候多样性较高,因此药用植物的杂交育种潜力巨大。

三、杂交育种的安全性

由于一些媒体对杂交育种作物相关危害的报道,人们对杂交育种作物的安全性产生了极大的担忧。事实上,中国对于杂交育种作物具有严格的管理政策和完整的安全评价体系,只有经过系列评估后才会发放相关安全证书。2022 年,国家相关部门发布《中药材生产质量管理规范》,第三十六条明确规定,鼓励企业开展中药材优良品种选育,但应当符合以下规定:① 禁用人工干预产生的多倍体或单倍体品种、种间杂交品种和转基因品种;② 如需使用非传统的种间嫁接材料、诱变品种(包括物理、化学、太空诱变等)和其他生物技术选育的品种等,企业应提供充分的风险评估和实验数据,证明新品种的安全、有效且质量可控。

第四节　基因工程技术在药用植物品种改良上的应用

植物基因工程(plant genetic engineering)是植物分子生物学的一门分支学科,主要研究内容包括利用转基因技术、基因编辑技术研究药用植物中重要活性成分生物合成的调控机制,用于培育出具有抗逆能力、优良品质和具备复合性状的转基因药用植物,并实现活性成分在特定组织或细胞中的定向合成。

一、植物基因工程技术

植物基因工程指的是利用基因工程理论技术,将从供体分离克隆的外源基因,在植物体外与载体 DNA 重组后,经遗传转化导入受体植物基因组中,并获得有效表达及稳定遗传的工程。植物基因工程是在分子水平上对基因做编辑重组,是一种最理想的育种方法,能按照人们的愿望进行严密的设计,有目的地改造生物种性,进而培育出符合人们需求的基因工程新品种、生产所需的产品。与传统的杂交育种技术相比,基因工程育种方法具有转化体系易得、转化成功率高、表达易控制、表型易观察、培育时间短及能够降低生产成本等优势。植物基因工程的技术路线包括目的基因获取、目的基因表达载体构建、将目的基因导入受体细胞、转基因植株的获得及目的基因的检测和鉴定(资源 12 - 10)。基因工程最终

资源
12 - 10

目的是培基因工程新品种或植物生物反应器,因此,转化外源目的基因的表达是十分重要的,只有目的基因正常表达才能取得成功。

二、基因工程技术在药用植物育种上的应用

(一) 转基因技术的应用

随着药用植物在发展中国家和发达国家的使用量逐年上升,对药用植物的需求和消耗也在不断增加,许多野生药用植物资源濒临枯竭,同时大量人工种植的药用植物资源存在病害严重、有效成分含量减少、品种退化等问题。因此,如何有效地进行品种改良,提高药用植物对生物胁迫和非生物胁迫的抗性,以及增加药用植物有效成分的含量,成为当今面临的重大问题。利用转基因技术可将优良性状基因导入植物体内,以赋予其新的有利特性,提高植株的抗病性和抗逆性,改善代谢途径,并提高其活性成分含量等,对实现遗传改良和培育新品种具有重要意义。

我国研究的转基因药用植物种类越来越多,包括金银花、连翘、人参和丹参等数十种中药。然而,这些药用植物研究的深度和系统性还远不及水稻、大豆、棉花、玉米等经济作物。目前,大多数转基因药用植物的研究还处于实验室阶段,但随着生物学技术的发展,预计会有越来越多的转基因药用植物进入商业化阶段。

1. 提高药用植物抗性　药用植物往往生长在非最适宜的生境条件下,常受到各种逆境条件及病毒、虫害等不利因素的影响,导致药用植物的产量远低于其潜在产量。因此,利用转基因技术提高药用植物的抗性具有重要的现实意义。目前,人们已鉴定和克隆出一大类与植物抗病、抗虫、抗盐碱、抗旱、抗寒和抗除草剂等抗逆性有关的基因,它们分别来自微生物、植物、动物和人体。将这些基因通过遗传转化导入药用植物可增强其抗性,目前相关研究已取得显著进展。通过组织培养和植株再生,可以开展转基因等多种基因功能研究,这是植物遗传研究的基本操作。然而,大部分药用植物尚未实现组织培养,因此在模式植物中对这些药用植物的基因进行功能验证是可行的。例如,在干旱胁迫下,沙棘 (*Hippophae rhamnoides* L.) 中 *HrTCP20* 基因表达量显著上调。将该基因在拟南芥中过表达后,发现 SOD、多酚氧化酶和叶绿素含量都显著增加,而 MDA 含量降低。

2. 改善药用植物品质　部分药用植物中功效成分含量甚微,如蛇足石杉 *Huperzia serrata* (Thunb. ex Murray) Trevis. 内石杉碱甲含量仅为 0.006% 左右。而利用栽培措施大幅度地提高功效成分含量往往有很大的难度。在解析药用植物次生代谢产物代谢途径分子机制的基础上,借助转基因技术来调节基因的表达和酶的合成,可达到提高目标产物含量的目的。例如,莨菪碱 6β -羟化酶 (hyoscyamine 6β - hydroxylase, H6H) 是莨菪烷生物碱生物合成途径中催化莨菪碱合成 6β -莨菪碱的关键酶,将 H6H 基因转入到颠茄发状根中后,获得转基因植株,发现该基因能够增强羟化酶的活性,使植株叶片中东莨菪碱的含量有明显提高。

(二) 基因编辑技术的应用

作为传统基因工程育种技术,转基因技术存在效果预见性不强、基因沉默、非预期变异及安全性未知等问题。而基因编辑技术的出现为植物的遗传改良和基因功能的研究提供了新的思路与途径。基因编辑技术具有靶向突变、删除、插入、替换目的基因和获得不含外源基因的非转基因植株等优点,能很好弥补常规转基因育种方法存在的问题。将它们相互结合已成为一种全新的、强有力的育种方法,正在迅猛发展。

目前,基因组编辑技术已经在多个模式植物、动物及其他生物中得到成功应用。CRISPR - Cas 系统是近年来被广泛应用于基因组编辑的一项新型技术,这一系统来源于细菌和古细菌的适应性免疫系统,该技术在生产药用植物品系的途径包括:设计 sgRNA、组装和转化、再生和筛选及获得 CRISPR - Cas 基

因编辑植株(资源12-11)。目前,CRISPR 系统已被大量挖掘,其中Ⅱ类 CRISPR/Cas9 作为基因组编辑工具已被广泛应用于微生物、植物细胞和动物细胞。CRISPR/Cas9 基因编辑可以准确地在基因组水平对目标基因进行多靶点定向突变或敲除,能在较短育种周期内获得目标性状植株,而且该技术对基因的编辑效果类似于自然变异,公众的接受度更高。CRISPR/Cas9 系统有望在改善中药材的品质、解析药用植物药效成分合成的代谢通路、提高药用植物产量、提高药用植物抗病虫性、提高药用植物除草剂抗性及加速药用植物的驯化等多个方面促进药用植物的基础研究和生产应用,以实现药用植物的精确分子育种。目前该技术在药用植物中已经取得了一定的研究进展,如丹参、地黄、灵芝、大麻等(资源12-12)。

资源
12-11

资源
12-12

三、转基因药用植物的安全性评价

转基因植物的安全性是转基因技术在药用植物中应用中最受人关注的问题,也是现今争论的热点问题之一。为促进转基因技术的健康发展并保障转基因生物安全,各国根据国际食品法典委员会、联合国粮食及农业组织及世界卫生组织等制定的转基因生物安全评价标准,建立了相应的评价体系,并在此基础上颁布了各自的评价原则和技术方法。

与农作物不同,药用植物在种植和应用方面有其特殊性。在品种培育试验与生产应用过程中,应遵循《农业转基因生物安全管理条例》和《农业转基因生物安全评价管理办法》,对受体植物、基因操作和转基因植物及其产品进行安全性评价。除了规定的毒理学评价、致敏性评价、关键成分分析和全食品安全性评价外,还必须进行用药安全性评价,关注转基因前后药用价值的变化。此外,生态环境安全性的评价也值得重视,包括外源基因对基因自然进化的影响、转基因植物形成杂草或与近缘杂草杂交形成超级杂草对自然种群的影响、转基因品种对土壤微生态的影响,以及转基因作物通过食物链对生物多样性的影响。随着转基因技术在药用植物育种中的应用增加,是否需要制订出专门针对药材转基因应用的管理规定,值得认真、慎重地讨论。

第五节　研究热点与展望

体细胞无性系变异通过在培养细胞中积累并遗传给后代,可以创制出具有新性状和优良品质的植物新品种,为中药材生产提供丰富的种质资源。虽然体细胞无性系变异育种能有效改良抗病性、抗旱性和抗盐性等特性,但也面临变异类型复杂、变异方向不可预测等挑战。目前的研究主要停留在表型分析水平,限制了特定优良突变类型在生理学研究中的应用。要提升体细胞无性系变异育种的有效性,需要深入了解其发生的原因、性质及遗传规律。诱变技术在药用植物育种中有广泛应用,通过诱变处理可以使植物基因突变,产生新的性状,如提高药用成分含量和抗逆性,进而为优良品种的筛选和培育提供更多可能性。诱变技术不仅能拓展药用植物的种质资源,还能与现代生物技术相结合,深入了解基因功能和作用机制。然而,诱变的随机性和不确定性增加了筛选难度,还可能带来不可预测的负面影响。因此,未来在药用植物育种中,诱变技术将继续发展,但也需要加强安全性评估和规范管理。

药用植物杂交育种仍处于探索阶段,特别是远缘杂交和种间杂交研究。远缘杂交虽能创造出具有显著杂种优势的品种,但其后代性状分离更为严重。相比普通杂交,远缘杂交的研究和应用相对滞后。因此,药用植物育种需要加强对原有种群和野生种质资源的调查、搜集、保存与研究,做好遗传变异规律及多样性研究评价,摸清药用植物的资源种类及繁殖方式特点,为药用植物育种奠定资源基础。基因工程技术在提高农作物品质上已具有显著成果,但在药用植物领域的研究较为薄弱。基因工程技术可用于提高药用植物的活性成分含量、抗逆能力和产量,改善药材品质,并有助于资源保护。然而,转基因药用植物的安全性一直备受争议,未来需要建立专门的安全性评价体系,以促进该技术在药用植物领域的健康发展。

研究案例 1 利用 RAPD 标记分析菊花品种体细胞无性系变异及分子特征

(一) 研究背景

菊花具有较高的观赏与药用价值,而观赏植物市场往往需要具有多样化特性的新品种。由于菊花品种间存在自交不亲和问题,因此这些新品种很难通过杂交获得,这可能导致杂交的高失败率。传统上,新品种是从自发突变中获得的,其中一些变异比较稳定。在过去几年中,由组织培养过程产生的诱导突变和体细胞无性系变异被用作变异来源。而基因转化有助于获得含有目标基因的菊花植株。一旦获得了新品种,就必须保证其特性稳定。

采用组织培养繁殖的植物可能会出现遗传变异,外植体的起源和性质可能会影响变异的发生。许多研究都集中在菊花体细胞无性系变异的发生上,然而大多数研究没有对这一现象进行分子分析。RAPD 标记是常用的分子技术,该技术已在分子生物学领域得到了广泛的应用。

(二) 研究思路

研究案例引自 Miñano 等(2009),该课题研究思路如图 12−1 所示。

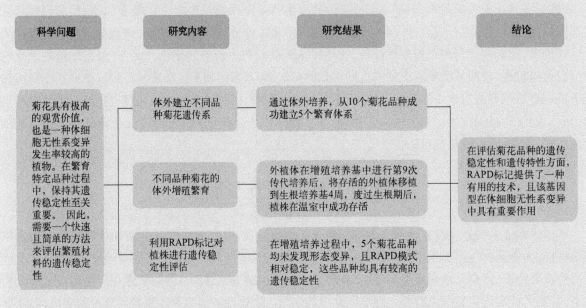

图 12−1 RAPD 标记分析菊花品种体细胞无性系变异研究思路图

(三) 研究结果

采用 10 种不同的引物对菊花品种进行 RAPD 分析,共获得 188 个标记。扩增产物的变化范围为 300~1 300 bp。在每个品种中,所有植株均表现出相同的条带模式。这些结果证实了母体植物的同质性,这来自再生产公司通过组织培养过程获得的原始材料的克隆繁殖。自培养开始,检测到体外培养的 5 个品种之间产生差异。在各品种和各培养基类型的 70 个分生组织中,只有23%在品种"Davis"中发育良好。同样,在品种"Pasodoble"中获得的结果也不理想,其在两种培养基中恢复40%的分生组织。另一方面,品种"Refocus"在培养基 MS+0.1 mg/L NAA+0.1 mg/L 6−BA 和培养基 MS+2.0 mg/L IAA+0.5 mg/L 激动素(Kin)中获得76%和78%的分生组织。对于其他两个品种,结果更接近于"Refocus"的结果。在"Red Reagan"中,结果分别为71%和68%,65%和60%。在任何一个品种中,两种测试培养基之间都没有观察到显著差异。在分生组织培养中观察到的"Davis"和"Pasodoble"的反应在增殖过程中也表现出同样的不良反应。一些嫩芽出现坏死,最终死亡。因此,这些品种的外植体只能保留到第6次传代培养周期。

3个品种中有2个(RR和SS)均未见变化,在90个标志物中,共检测到16个有变化。为了分析哪些时期可能出现变化,研究了之前传代培养周期的同系(保存冷冻)RAPD带模式,检查了来自相关品系的样本,均未发现变异。在整个过程中(从第一次传代到适应),对该增殖培养基中的35个样品进行了分析,只有一个样品表现出不同的条带模式,即只有2.86%的分析样品存在变异。从该品种的总评分条带(35个样本考虑90个条带),得到3 150个标记,其中只有16个条带可变。最终的变异频率为0.50%。在增殖培养过程中,任何一个品种都没有发现形态变异,甚至在显示RAPD模式的外植体中也有变异。同样地,从品种"Red Reagan""Refocus"和"Sheena Select"中适应的植物显示了这些植物的正常形态和花序没有任何变异。

(四) 研究结论

本研究使用MS+0.1 mg/L NAA+0.2 mg/L 6-BA在菊花品种的35个样品中检测到一个变异样本"Refocus"。第7次传代之后。在其他增殖培养基或本研究中纳入的其他品种中均未检测到变异,这表明这些品种具有较高的遗传稳定性。由于其他两个被选择的品种("Pasodoble"和"Davis")的增殖反应不良,从第一个亚培养周期到已适应植物的品种"Red Reagan"、"Refocus"和"Sheena Select"进行稳定性筛选。然而,在这两个品种中进行分析,直到第6个传代培养周期,在所有被研究的样品和两种培养基中,都显示出相同的稳定的RAPD模式。

(五) 亮点点评

RAPD标记在评估菊花品种的遗传稳定性和遗传特性方面提供了一种有用的技术,允许引物数量相对较少的品种,甚至是同科同属的品种。RAPD标记证明在菊花品种遗传稳定性的研究,以及该基因型在体细胞无性系变异出现中具有重要性。

研究案例2 低剂量γ辐射可增加人参愈伤组织和不定根培养物的生物量和人参皂苷含量

(一) 研究背景

人参(*Panax ginseng* C. A. Mey.)是五加科人参属的多年生药用植物,具有极高的医学和商业价值。目前,人参皂苷主要通过栽培人参获取,但其生产成本较高。此外,人参种植周期长、产量低,且在栽培过程中易受到各种环境因子(土壤、温度、湿度、光照和病虫害等)的影响。为了克服这些挑战,植物体外培养技术已被应用,以在较短时间内获得大量的人参生物量及目标次生代谢产物。然而,现有的人参愈伤组织培养系统仍然面临人参皂苷产量低的问题,这限制了人参产业的快速发展。辐射诱变技术能够为人参培育出高生产力和高人参皂苷含量的新型品系。最近的研究表明,使用γ射线诱变生成的突变品系,其人参皂苷含量比野生型高1.7倍(图12-2)。然而,γ射线对人参愈伤组织及不定根的生物量和人参皂苷含量的具体影响仍然未知,这在一定程度上阻碍了高生物量和高人参皂苷含量的新型人参品系开发。

(二) 研究思路

研究案例引自Le等(2019),该课题研究思路如图12-2所示。

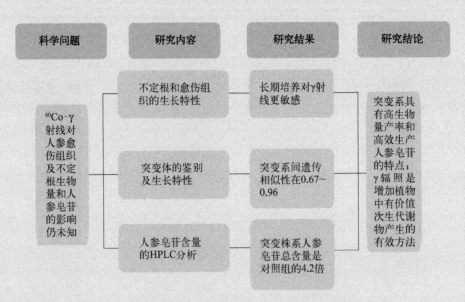

图 12-2 低剂量 γ 辐射增加人参愈伤组织和不定根的生物量
且提升人参皂苷含量的研究思路图

（三）研究结果

本研究采用不定根培养物的 γ 辐照，开发了高生物量和高人参皂苷含量的新型人参品系。在这项研究中，γ 射线被用于诱导产生具有高生物量和高人参皂苷含量的突变人参不定根品系。用不同剂量的 γ 射线照射短期(1 年)和长期(20 年)培养的人参愈伤组织和不定根。结果显示，较高剂量的 γ 射线照射会导致长期培养的外植体坏死。利用引物和独特的 RAPD 标记鉴定了四个不定根突变品系，这些突变品系之间的遗传相似性在 0.67~0.96。本研究还利用 HPLC 分析了 12 种人参皂苷的含量。结果表明，突变株的人参皂苷含量是对照组的 4.2 倍。与未经处理的对照组和其他突变品系相比，突变品系 1G-20-19 人参皂苷含量最高。

（四）研究结论

研究结果表明，人参的愈伤组织和不定根培养物的长期培养比短期培养物对 γ 射线更为敏感。根据不定根的 DNA 指纹图谱，突变株被分为两组，其中 1G-20-12 和 1G-20-16 与对照组差异最大。利用 γ 射线照射产生的四个突变品系在生物量和人参皂苷生产效率上表现优异。与对照组和其他突变品系相比，突变根系 1G-20-19 的生物量、人参皂苷含量和人参皂苷产量均为最高。由此可见，γ 辐照是提高人参次生代谢产物(尤其是人参皂苷)产量的有效方法。

（五）亮点点评

基因突变技术通过在基因水平上引入理想的突变，在突变体培育计划中有多种应用方式。其中，辐射诱变被认为是最常用且最有效的诱变工具。本研究首次采用 γ 射线辐射诱变技术，成功诱导培育出具有高生物量和人参皂苷含量的突变人参不定根品系。研究揭示了不定根突变株系之间遗传相似性的差异，并分析了 12 种人参皂苷的含量。此研究为辐射诱变在药用植物次生代谢物生物合成及突变愈伤组织再生植株中的应用提供了新的思路，有望推动人参育种及人参皂苷商业化生产的进一步发展。

研究案例3　天麻优良杂交组合筛选及繁育技术研究

（一）研究背景

目前,天麻生产中多采用同株自花授粉所获得的种子进行繁殖,而多代近亲繁殖导致天麻种性退化严重,缺乏优质高产天麻良种;加之天麻盲目引种、自繁自育现象较普遍,导致天麻种质混乱。此外,天麻栽培所用种苗,除一部分来自专业公司生产供应外,还有很多来自农户自行生产和销售。天麻种苗质量标准缺失,繁育技术不规范,导致种苗质量不稳定,最终影响天麻的质量和产量。

（二）研究思路

研究案例引自梁(2020),该课题研究思路如图12-3所示。

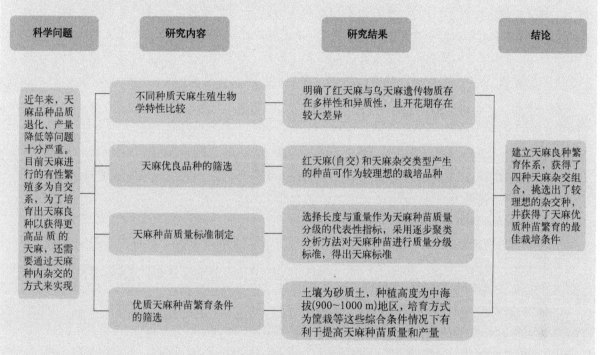

图12-3　天麻优良杂交组合筛选及繁育技术研究思路图

（三）研究结果

本研究以陕西红天麻和云南乌天麻作为种质资源,首先对两者的开花物候期进行了统计,并观察了其花粉形态特征,发现红天麻与乌天麻遗传物质存在多样性和异质性,两者进化程度也有所不同。研究显示,红天麻的进化程度较高,而乌天麻则相对原始,这为开展杂交育种工作提供了物质基础。此外,研究发现两种天麻的开花期存在显著差异,因此在杂交育种工作时需采取相应措施以确保花期相遇。其次,研究进行了乌天麻与红天麻的自交及杂交育种试验,对四种杂交组合的种子、果实及植株形态进行了观察和分析,并筛选出优良的杂交组合。结果表明,红天麻(自交)和天麻杂交类型所产生的种苗可作为较理想的栽培品种。然后,通过逐步聚类分析法,对天麻种苗进行质量分级。标准如下:Ⅰ级种苗:长度≥68.78 mm,重量≥19.83 g;Ⅱ级种苗:68.78 mm>长度≥17.45 mm,19.83 g>重量≥0.76 g,未达以上标准的为不合格种苗。最后,研究了繁育条件(海拔、土壤类型、栽培方式)对天麻种苗质量及产量的影响,探讨并总结出天麻种苗的最适栽培条件。结果表明,土壤为砂质土,种植高度为中海拔(900~1 000 m)地区,培育方式为筐栽等这些综合条件情况下有利于提高天麻种苗质量和产量。

（四）研究结论

天麻两种种质资源花粉特征的近缘性与差异性方面符合中药材杂交育种对种质资源的要求。通过对天麻主产区零代子长、宽、重等指标的测定及各指标在分级中的作用，最终以天麻种苗的块茎长度、重量作为分级标准，采用逐步聚类分析方法，初步制定天麻种苗的分级质量标准。此外，依据评判标准综合分析，红天麻（自交）和天麻杂交类型生产的种苗可作为较理想的栽培品种。研究还得出了天麻优质种苗繁育的最佳栽培条件：土壤为砂质土壤，种植高度为高海拔（900~1 000 m）地区，培育方式为筐栽。

（五）亮点点评

本研究运用杂交育种技术，将产量高但形状不好的红天麻与形状好但产量较低的乌天麻进行杂交育种，建立天麻良种繁育体系，并获得了四种杂交组合。研究初步制定了天麻种苗的分级质量标准，并确定了天麻优质种苗繁育的最佳栽培条件。该实验设计完善，对加强中药材规范化生产基地建设，研究和制定天麻药用种苗的质量标准具有重要意义，为确保天麻规范化、产业化健康发展奠定了坚实基础。

研究案例4　CRISPR/Cas9 介导的丹参 *SmbZIP2* 基因定点突变促进酚酸生物合成

（一）研究背景

丹参（*Salvia miltiorrhiza* Bge.）为唇形科鼠尾草属植物，是一味具有活血祛瘀、通经止痛、凉血消痈等功效的传统中药，被广泛用于治疗心脑血管疾病。丹酚酸 B 和迷迭香酸等酚酸类化合物是丹参中重要的活性成分。丹参中的酚酸含量可通过脱落酸（abscisic acid, ABA）诱导而增加，但其中的潜在调节机制尚未完全解析。

（二）研究思路

研究案例引自 Shi 等（2021），该课题研究思路如图 12-4 所示。

（三）研究结果

通过构建系统进化树和多序列比对分析，发现 *SmbZIP2* 与其他植物物种中同一亚族的成员具有较高同源性，包含 4 个保守区和 1 个 bZIP 结构域。这些亚组成员已被证实参与植物中多种代谢途径。亚细胞定位结果表明，*SmbZIP2* 位于细胞核。双萤光素酶报告基因检测和酵母单杂交分析实验结果显示，*SmbZIP2* 能够与位于 *PAL* 基因启动子区域的 ABRE2 元件相结合，进而抑制 *PAL* 基因的表达。为了进一步研究 *SmbZIP2* 对丹参中酚酸积累的调控作用，本研究利用过表达和 CRISPR/Cas9 基因编辑技术获得转基因毛状根品系。结果表明，在过表达品系中，丹参产生的酚酸浓度明显较低，仅为对照组的一半；而在 CRISPR/Cas9 品系中，酚酸含量显著增加，从 47.70 mg/g 干重增至 59.35 mg/g 干重，增幅为 23%~53%，并且 *PAL* 基因的表达量也高于对照组。

（四）研究结论

响应 ABA 诱导且在根中高表达的转录因子 *SmbZIP2* 能够通过与 *PAL* 基因启动子区的 ABRE2 元件结合来抑制 *PAL* 基因的表达，进而在丹参的酚酸生物合成途径中发挥负调控作用。

（五）亮点点评

该研究利用双萤光素酶报告基因检测和酵母单杂交分析，发现 *SmbZIP2* 通过与 ABRE2 元件

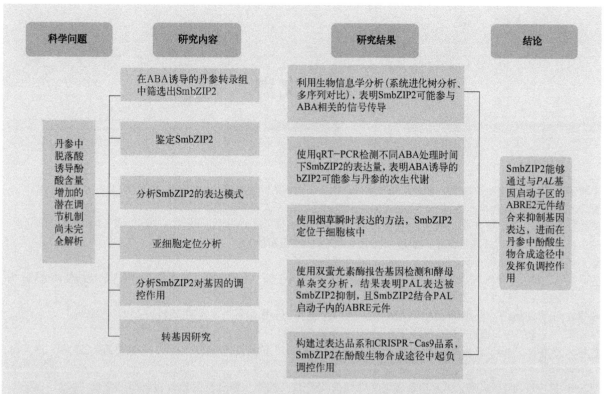

图 12-4　CRISPR/Cas9 介导的丹参 *SmbZIP2* 基因定点突变促进酚酸生物合成的研究思路图

结合进而抑制 *PAL* 基因表达。利用基因过表达和 CRISPR/Cas9 基因编辑技术,成功获得了丹参转基因毛状根材料,验证了 *SmbZIP2* 在酚酸生物合成途径中作为负调控因子的作用,为酚酸生产提供了一种新的策略。

思 考 题

1. 简述体细胞无性系变异在植物育种应用中的局限性。
2. 药用植物诱变育种的监管和评估需要考虑哪些因素?
3. 如何将基因编辑技术应用于药用植物的育种?

参考文献

毕慧萍,刘晓楠,李清艳,等,2022.植物天然产物微生物重组合成研究进展[J].生物工程学报,38(11):4263-4282.

曹晖,邵鹏柱,毕培曦,2016.中药分子鉴定技术与应用[M].北京:人民卫生出版社.

陈纯贤,孙敬三,朱立煌,1997.花粉白化苗高频发生的遗传基础[J].植物学通报,43(4):14-18.

陈士林,2012.中药 DNA 条形码分子鉴定[M].北京:人民卫生出版社.

陈士林,2022.药用植物分子遗传学[M].北京:科学出版社.

陈中坚,马小涵,董林林,等,2017.药用植物 DNA 标记辅助育种(三)三七新品种:"苗乡抗七 1 号"的抗病性评价[J].中国中药杂志,42(11):2046-2051.

戴住波,王勇,周志华,等,2018.植物天然产物合成生物学研究[J].中国科学院院刊,33(11):1228-1238.

单奇伟,高彩霞,2015.植物基因组编辑及衍生技术最新研究进展[J].遗传,37(10):953-973.

董林林,陈中坚,王勇,等.药用植物 DNA 标记辅助育种(一):三七抗病品种选育研究[J].中国中药杂志,2017,42(1):56-62.

范宏虹,徐婷婷,苏江硕,等,2019.切花菊耐寒性相关 SNP 位点挖掘与候选基因分析[J].园艺学报,46(11):2201-2212.

高文远,2014.中药生物工程[M].上海:上海科学技术出版社.

龚振辉,申书兴,2013.植物组织培养[M].北京:化学工业出版社.

郭双双,2016.发根农杆菌诱导黄芩毛状根的形成与质量研究[D].长春:吉林农业大学.

何海燕,付跃,覃拥灵,等,2023.三叶青细胞悬浮培养体系的条件优化和总黄酮含量的测定研究[J].饲料研究,46(7):77-80.

黄璐琦,2014.分子生药学系列:中药分子鉴定操作指南[M].上海:上海科学技术出版社.

李春,2019.合成生物学[M].北京:化学工业出版社.

李红杰,贾亚男,张彦军,等,2023.国内外转基因与基因编辑作物监管现状[J].中国农业大学学报,28(9):1-11.

李锦超,刘淑祺,师晨玮,等,2023.不同光强和光周期对山药珠芽生长发育的影响[J].种子,42(3):112-119.

李琦,2018.植物原生质体融合方法的研究进展[J].种子科技,36(6):38,40.

李香串,2014.潞党参四倍体优良株系 LDSS-5 号的性状观察及多糖含量研究[J].中国野生植物资源,33(6):21-25.

李煜,2015.杜仲高密度遗传连锁图谱构建与重要数量性状的分子标记[D].杨凌:西北农林科技大学.

栗谦,2022.连翘同源四倍体的诱导及其对低温和干旱胁迫的响应[D].郑州:河南农业大学.

梁彤,2020.天麻优良杂交组合筛选及繁育技术研究[D].杨凌:西北农林科技大学.

林芝,胡致伟,瞿旭东,等,2021.苄基异喹啉类生物碱的微生物合成研究进展及挑战[J].合成生物学,2(5):716-733.

刘昶,黄林芳,2020.中药药用植物叶绿体基因组图谱.(第一册)[M].北京:科学出版社.

刘昶,黄林芳,2023.中药药用植物叶绿体基因组图谱.(第二册)[M].北京:科学出版社.

刘闵豪,徐郡傆,叶靖,等,2020.农杆菌介导的杜仲叶片愈伤组织遗传转化体系[J].林业科学,56(2):79-88.

刘庆昌,2020.植物生物技术导论[M].北京:中国农业大学出版社.

刘婉秋,庞俊秀,曹艳楠,等,2021.丹参三倍体与二倍体叶片特征及抗旱性分析[J].天津农学院学报,28(1):1-5.

罗月芳,唐婕妤,彭菲,等,2019.益母草悬浮细胞系的建立及转化外源氢醌生成熊果苷研究[J].中国中医药信息杂志,26(2):80-83.

马小军,莫长明,2017.药用植物分子育种展望[J].中国中药杂志,42(11):2021-2031.

毛延妍,邱恬,薛洁,等,2021.苦蘵毛状根体系的建立[J].杭州师范大学学报(自然科学版),20(6):628-633.

潘媛,陈大霞,宋旭红,等,2018.基于 SCoT 标记的栽培栀子种质资源遗传多样性研究[J].中草药,49(14):3376-3381.

平阿敏,侯雷平,邢国明,等,2016.铁棍山药茎尖组培及茎段侧芽成苗研究[J].黑龙江农业科学,(9):6-10.

钱润,周骏辉,杨健,等,2020.中药材分子标记辅助育种技术研究进展[J].中国中药杂志,45(20):4812-4818.

沈奇,张栋,孙伟,等,2017.药用植物 DNA 标记辅助育种(Ⅱ)丰产紫苏新品种 SNP 辅助鉴定及育种研究[J].中国中药杂志,42(9):1668-1672.

石海霞,肖承鸿,周涛,等,2018.地黄种质资源的 SCoT 分子标记遗传多样性分析[J].中药材,41(7):1577-1580.

司春灿,林英,2021.毛状根培养技术在获得药用植物次生代谢产物中的应用[J].景德镇学院学报,36(3):57-60.

谭木秀,莫乔程,刘凤鸣,等,2021.红腺忍冬遗传转化体系的优化[J].中药材,44(9):2045-2050.

陶兴魁,张兴桃,冯凡,等,2022.宿半夏悬浮细胞培养及体细胞胚发生的研究[J].宿州学院学报,37(6):31-35.

滕中秋,申业,2015.药用植物基因工程的研究进展[J].中国中药杂志,40(4):594-601.

田海燕,张海娜,王永强,等,2024. SNP 分子标记及其在作物品种鉴定中的应用[J].中国农学通报,40(6):115-121.

王宝霞,齐永红,肖雅尹,等,2018.半夏茎尖脱毒培养及病毒检测[J].植物生理学报,54(12):1813-1819.

王茯苓,2020.龙牙百合茎尖脱毒技术体系的初步研究[D].长沙:湖南农业大学.

王岗,2016.山楂(Crataegus spp.)遗传图谱构建及叶片黄酮性状定位研究[D].沈阳:沈阳农业大学.

王胡军,2017.东北红豆杉悬浮细胞放大培养研究[D].长春:吉林大学.

王宁宁,孙斌,周玉丽,等,2020.黑果枸杞的愈伤诱导及细胞悬浮体系的建立[J].基因组学与应用生物学,39(11):5186-5193.

王少铭,罗莉斯,侯颖辉,等,2021.贵州生姜组培脱毒快繁体系的建立[J].贵州农业科学,49(1):98-102.

王燕燕,王丹,崔馨文,等,2023.植物毛状根应用的研究[J].食品与发酵工业,49(21):293-302.

王悦,黄晓钰,陈平,等,2024.罗布红麻多倍体诱导条件优化及生物学特征变化分析[J/OL].分子植物育种,1-14.

魏建和,陈建伟,2017.中药生物技术[M].9版.北京:中国中医药出版社.

魏军坤,2014.杜仲杂交后代遗传分析与分子标记辅助选择[D].杨凌:西北农林科技大学.

吴顺,马晓静,邱云,等,2022.丹参多倍体开花前后丹酚酸生物合成关键酶活性的变化[J].中国农学通报,38(19):73-76.

吴问广,董林林,陈士林,2020.药用植物分子育种研究方向探讨[J].中国中药杂志,45(11):2714-2719.

西芸霏,韩忠明,苏文慧,等,2023.防风毛状根遗传转化体系的建立及质量评价研究[J/OL].吉林农业大学学报,1-6.

徐惠龙,汪英俊,陈鸣,等,2017.基于 ISSR 标记的福建省多花黄精与长梗黄精种质鉴别及遗传多样性分析[J].福建农业学报,32(6):619-624.

许玲,何秋伶,梁宗锁,2021.药用植物育种现状、存在的问题及对策[J].科技通报,37(8):1-7.

严玉平,2018.药用植物学简明教程[M].北京:中国中医药出版社.

杨生超,郭巧生,2020.药用植物育种学[M].北京:高等教育出版社.

杨雨迎,2018.三七悬浮细胞培养技术及皂苷积累规律[D].大连:大连工业大学.

殷丽琴,付绍红,杨进,等,2016.植物单倍体的产生、鉴定、形成机理及应用[J].遗传,38(11):979-991.

余龙江,2017.次生代谢产物生物合成:原理与应用[M].北京:化学工业出版社.

袁伯川,2017.柴胡属药用植物的分子鉴定及柴胡药材的质量考察[D].北京:北京中医药大学.

詹羽姣,盛萍,姚蓝,等,2015.新疆伊贝母种质资源的 ISSR 遗传多样性分析[J].中成药,37(9):1998-2003.

张成才,王升,王月枫,等,2023.药用植物组织培养技术在中药资源可持续发展中的应用研究[J].中国中药杂志,48(5):1186-1193.

张献龙,2023.植物生物技术[M].3版.北京:科学出版社.

赵丰兰,孙梦楚,史梦如,等,2018.药用植物中转基因元件筛查策略研究[J].中草药,49(15):3703-3709.

赵书君,赵凯歌,杨建峰,等,2023.发根农杆菌诱导毛状根合成次生代谢物的研究及应用[J].分子植物育种,21(22):7554-7565.

赵旭东,李周岐,邓鹏,2017.杜仲杂交子代优良单株分子标记辅助选择[J].森林与环境学报,37(3):372-378.

郑淇尹,黄鹏,曾建国,等,2021.毛状根生产次生代谢产物研究进展[J].农业生物技术学报,29(5):995-1006.

周正,李卿,陈万生,等,2021.药用植物天然产物生物合成途径及关键催化酶的研究策略[J].生物技术通报,37(8):25-34.

朱玉贤,2019.现代分子生物学[M].北京:高等教育出版社.

朱智慧,晁二昆,钱广涛,等,2019.药用植物毛状根研究体系及应用方向[J].中国现代中药,21(11):1475-1481,1496.

庄云,马尧,陈映,2013.秋水仙素处理柴胡诱导多倍体形成的形态学研究[J].种子,32(2):48-51.

Abe A, Kosugi S, Yoshida K, et al, 2012. Genome sequencing reveals agronomically important loci in rice using MutMap[J]. Nature Biotechnology, 30(2): 174-178.

Afridi M S, Kumar A, Javed M A, et al, 2024. Harnessing root exudates for plant microbiome engineering and stress resistance in plants[J]. Microbiological Research, 279: 127564.

Ahmad Sadat Noori S, Norouzi M, Karimzadeh G, et al, 2017. Effect of colchicine-induced polyploidy on morphological characteristics and essential oil composition of ajowan (*Trachyspermum ammi* L.) [J]. Plant Cell, Tissue and Organ Culture (PCTOC), 130(3): 543-551.

Ajikumar P K, Xiao W H, Tyo K E J, et al, 2010. Isoprenoid pathway optimization for taxol precursor overproduction in *Escherichia coli*[J]. Science, 330(6000): 70-74.

Alcalde M A, Müller M, Munné-Bosch S, et al, 2022. Using machine learning to link the influence of transferred *Agrobacterium rhizogenes* genes to the hormone profile and morphological traits in *Centella asiatica* hairy roots[J]. Frontiers in Plant Science, 13: 1001023.

An C P, Deng L, Zhai H W, et al, 2022. Regulation of jasmonate signaling by reversible acetylation of TOPLESS in *Arabidopsis* [J]. Molecular Plant, 15(8): 1329-1346.

Cao X S, Xie H T, Song M L, et al, 2023. Cut-dip-budding delivery system enables genetic modifications in plants without tissue culture[J]. The Innovation, 4(1): 100345

Caputi L, Franke J, Farrow S C, et al, 2018. Missing enzymes in the biosynthesis of the anticancer drug vinblastine in Madagascar periwinkle[J]. Science, 360(6394): 1235-1239.

Chen E G, Tsai K L, Chung H H, et al, 2018. Chromosome doubling-enhanced biomass and dihydrotanshinone I production in *Salvia miltiorrhiza*, A traditional Chinese medicinal plant[J]. Molecules, 23(12): 3106.

Cheng Z X, Sun Y, Yang S H, et al, 2021. Establishing *in planta* haploid inducer line by edited *SiMTL* in foxtail millet (*Setaria italica*)[J]. Plant Biotechnology Journal, 19(6): 1089-1091.

Chen R B, Bu Y J, Ren J Z, et al, 2021. Discovery and modulation of diterpenoid metabolism improves glandular trichome formation, artemisinin production and stress resilience in *Artemisia annua*[J]. New Phytologist, 230(6): 2387-2403.

Chen R B, Gao J Q, Yu W, et al, 2022. Engineering cofactor supply and recycling to drive phenolic acid biosynthesis in yeast [J]. Nature Chemical Biology, 18: 520-529.

Chen S L, Yin X M, Han J P, et al, 2023. DNA barcoding in herbal medicine: retrospective and prospective[J]. Journal of Pharmaceutical Analysis, 13(5): 431-441.

Chen X, Hagel J M, Chang L M, et al, 2018. A pathogenesis-related 10 protein catalyzes the final step in thebaine biosynthesis [J]. Nature Chemical Biology, 14(7): 738-743.

Chen X Y, Pan S F, Li F, et al, 2022. Plant-derived bioactive compounds and potential health benefits: involvement of the gut microbiota and its metabolic activity[J]. Biomolecules, 12(12): 1871.

Cheng Y T, Zhang L, He S Y, 2019. Plant-microbe interactions facing environmental challenge[J]. Cell Host & Microbe, 26 (2): 183-192.

Choi H S, Koo H B, Jeon S W, et al, 2022. Modification of ginsenoside saponin composition *via* the CRISPR/Cas9-mediated knockout of protopanaxadiol 6-hydroxylase gene in *Panax ginseng*[J]. Journal of Ginseng Research, 46(4): 505-514.

Choudhri P, Rani M, Sangwan R S, et al, 2018. *De novo* sequencing, assembly and characterisation of *Aloe* vera transcriptome and analysis of expression profiles of genes related to saponin and anthraquinone metabolism[J]. BMC Genomics, 19(1): 427.

Christianson D W, 2017. Structural and chemical biology of terpenoid cyclases[J]. Chemical Reviews, 117(17): 11570-11648.

Chung H H, Shi S K, Huang B, et al, 2017. Enhanced agronomic traits and medicinal constituents of autotetraploids in *Anoectochilus formosanus Hayata*, a top-grade medicinal orchid[J]. Molecules, 22(11): 1907.

Courdavault V, O'Connor S E, Jensen M K, et al, 2021. Metabolic engineering for plant natural products biosynthesis: new procedures, concrete achievements and remaining limits[J]. Natural Product Reports, 38(12): 2145-2153.

Cui M L, Liu C, Piao C L, et al, 2020. A stable *Agrobacterium rhizogenes*-mediated transformation of cotton (*Gossypium hirsutum* L.) and plant regeneration from transformed hairy root *via* embryogenesis[J]. Frontiers in Plant Science, 11: 604255.

De La Peña R, Hodgson H, Liu J C T, et al, 2023. Complex scaffold remodeling in plant triterpene biosynthesis[J]. Science, 379(6630): 361-368.

Demir A, 2015. Possible effect of biotechnology on plant gene pools in Turkey[J]. Biotechnology & Biotechnological Equipment, 29(1): 1-9.

Deng D, Sun S L, Wu W Q, et al, 2022. Disease resistance and molecular variations in irradiation induced mutants of two pea cultivars[J]. International Journal of Molecular Sciences, 23(15): 8793.

Deng L M, Luo L F, Li Y, et al, 2023. Autotoxic ginsenoside stress induces changes in root exudates to recruit the beneficial

Burkholderia strain B36 as revealed by transcriptomic and metabolomic approaches[J]. Journal of Agricultural and Food Chemistry, 71(11): 4536-4549.

Dong L, Li L N, Liu C L, et al, 2018. Genome editing and double-fluorescence proteins enable robust maternal haploid induction and identification in maize[J]. Molecular Plant, 11(9): 1214-1217.

Dunwell J M, 2010. Haploids in flowering plants: origins and exploitation[J]. Plant Biotechnology Journal, 8(4): 377-424.

Du Y, Luo S W, Zhao J, et al, 2021. Genome and transcriptome-based characterization of high energy carbon-ion beam irradiation induced delayed flower senescence mutant in *Lotus japonicus*[J]. BMC Plant Biology, 21(1): 510.

Eibl R, Meier P, Stutz I, et al, 2018. Plant cell culture technology in the cosmetics and food industries: current state and future trends[J]. Applied Microbiology and Biotechnology, 102(20): 8661-8675.

Fekih R, Takagi H, Tamiru M, et al, 2013. MutMap+: genetic mapping and mutant identification without crossing in rice[J]. PLoS One, 8(7): e68529.

Galanie S, Thodey K, Trenchard I J, et al, 2015. Complete biosynthesis of opioids in yeast[J]. Science, 349(6252): 1095-1100.

Gao J C, Zuo Y M, Xiao F, et al, 2023. Biosynthesis of catharanthine in engineered *Pichia pastoris*[J]. Nature Synthesis, 2: 231-242.

Gao L, Su C, Du X X, et al, 2020. FAD-dependent enzyme-catalysed intermolecular [4+2] cycloaddition in natural product biosynthesis[J]. Nature Chemistry, 12: 620-628.

Gao Y F, Ma J C, Chen J Q, et al, 2022. Establishing tetraploid embryogenic cell lines of *Magnolia officinalis* to facilitate tetraploid plantlet production and phenotyping[J]. Frontiers in Plant Science, 13: 900768.

Garg V, Khan A W, Kudapa H, et al, 2019. Integrated transcriptome, small RNA and degradome sequencing approaches provide insights into *Ascochyta* blight resistance in chickpea[J]. Plant Biotechnology Journal, 17(5): 914-931.

Goodwin S, McPherson J D, McCombie W R, 2016. Coming of age: ten years of next-generation sequencing technologies[J]. Nature Reviews Genetics, 17(6): 333-351.

Guo D D, Zhu Z Y, Wang Z, et al, 2024. Multi-omics landscape to decrypt the distinct flavonoid biosynthesis of *Scutellaria baicalensis* across multiple tissues[J]. Horticulture Research, 11(1): uhad258.

Guo M X, Chen H Y, Dong S T, et al, 2022. CRISPR-Cas gene editing technology and its application prospect in medicinal plants[J]. Chinese Medicine, 17(1): 33.

Guo Z Y, Hao K, Lv Z Y, et al, 2023. Profiling of phytohormone-specific microRNAs and characterization of the miR160-ARF1 module involved in glandular trichome development and artemisinin biosynthesis in *Artemisia annua*[J]. Plant Biotechnology Journal, 21(3): 591-605.

Habibi M, Shukurova M K, Watanabe K N, 2022. Testing two chromosome doubling agents for *in vitro* tetraploid induction on ginger lilies, *Hedychium gardnerianum* Shepard ex Ker Gawl. and *Hedychium coronarium* J. Koenig[J]. In Vitro Cellular & Developmental Biology - Plant, 58(3): 489-497.

He G M, Elling A A, Deng X W, 2011. The epigenome and plant development[J]. Annual Review of Plant Biology, 62: 411-435.

He L, Fu S H, Xu Z C, et al, 2017. Hybrid sequencing of full-length cDNA transcripts of stems and leaves in *Dendrobium officinale*[J]. Genes, 8(10): 257.

He X Y, Chen Y W, Xia Y T, et al, 2024. DNA methylation regulates biosynthesis of tanshinones and phenolic acids during growth of *Salvia miltiorrhiza*[J]. Plant Physiology, 194(4): 2086-2100.

Hong B K, Grzech D, Caputi L, et al, 2022. Biosynthesis of strychnine[J]. Nature, 607(7919): 617-622.

Hong C E, Kim J U, Lee J W, et al, 2019. Metagenomic analysis of bacterial endophyte community structure and functions in *Panax ginseng* at different ages[J]. 3 Biotech, 9(8): 300.

Hu H Y, Shen X F, Liao B S, et al, 2019. Herbgenomics: a stepping stone for research into herbal medicine[J]. Science China Life Sciences, 62(7): 913-920.

Hwang H H, Yu M D, Lai E M, 2017. *Agrobacterium*-mediated plant transformation: biology and applications[J]. The Arabidopsis Book, 15: e0186.

Ito H, 2022. Environmental stress and transposons in plants[J]. Genes & Genetic Systems, 97(4): 169-175.

Jiang B, Gao L, Wang H J, et al, 2024. Characterization and heterologous reconstitution of *Taxus* biosynthetic enzymes leading to baccatin Ⅲ[J]. Science, 383(6683): 622-629.

Jiang L, Li M H, Zhao F X, et al, 2018. Molecular identification and taxonomic implication of herbal species in genus *Corydalis*

（Papaveraceae）［J］. Molecules, 23(6): 1393.

Jiang L W, Wang X M, Geng Z X, et al, 2022. Autopolyploidy enhances agronomic traits and active ingredients in 'Huaibai', a top-grade medicinal *Chrysanthemum*［J］. Plant Cell, Tissue and Organ Culture (PCTOC), 151(2): 433 – 442.

Jinek M, Chylinski K, Fonfara I, et al, 2012. A programmable dual-RNA-guided DNA endonuclease in adaptive bacterial immunity［J］. Science, 337(6096): 816 – 821.

Johnson L M, Du J M, Hale C J, et al, 2014. SRA- and SET-domain-containing proteins link RNA polymerase V occupancy to DNA methylation［J］. Nature, 507(7490): 124 – 128.

Kelliher T, Starr D, Richbourg L, et al, 2017. MATRILINEAL, a sperm-specific phospholipase, triggers maize haploid induction［J］. Nature, 542(7639): 105 – 109.

Khan S A, Siddiqui M H, Osama K, 2019. Bioreactors for hairy roots culture: a review［J］. Current Biotechnology, 7(6): 417 – 427.

Kim J Y, Symeonidi E, Pang T Y, et al, 2021. Distinct identities of leaf phloem cells revealed by single cell transcriptomics［J］. The Plant Cell, 33(3): 511 – 530.

Kim Y J, Silva J, Zhang D B, et al, 2016. Development of interspecies hybrids to increase ginseng biomass and ginsenoside yield［J］. Plant Cell Reports, 35(4): 779 – 790.

Korenblum E, Massalha H, Aharoni A, 2022. Plant-microbe interactions in the rhizosphere *via* a circular metabolic economy ［J］. The Plant Cell, 34(9): 3168 – 3182.

Kumar R, Devi J, Kumar D, et al, 2023. *Arnebia benthamii* cell suspension cultures as a source of natural red pigments: optimization of shaking speed and inoculum density to maximize process productivity during sequential scaleup［J］. Plant Biotechnology Reports, 17(3): 353 – 367.

Le K C, Ho T T, Paek K Y, et al, 2019. Low dose gamma radiation increases the biomass and ginsenoside content of callus and adventitious root cultures of wild ginseng (*Panax ginseng* Mayer)［J］. Industrial Crops and Products, 130: 16 – 24.

Li B, Ge J Y, Liu W, et al, 2021. Unveiling spatial metabolome of *Paeonia suffruticosa* and *Paeonia lactiflora* roots using MALDI MS imaging［J］. New Phytologist, 231(2): 892 – 902.

Li H, Ou Y J, Zhang J D, et al, 2024. Dynamic modulation of nodulation factor receptor levels by phosphorylation-mediated functional switch of a RING-type E3 ligase during legume nodulation［J］. Molecular Plant, 17(7): 1090 – 1109.

Li J H, Mutanda I, Wang K B, et al, 2019. Chloroplastic metabolic engineering coupled with isoprenoid pool enhancement for committed taxanes biosynthesis in *Nicotiana benthamiana*［J］. Nature Communications, 10: 4850.

Li J, Li C L, Deng Y X, et al, 2023. Characteristics of *Salvia miltiorrhiza* methylome and the regulatory mechanism of DNA methylation in tanshinone biosynthesis［J］. Horticulture Research, 10(7): uhad114.

Lin W, Li Y, Liang J C, et al, 2024. Establishment of *Dendrobium wilsonii* Rolfe *in vitro* regeneration system［J］. Scientia Horticulturae, 324: 112598.

Li S B, Liu L, Zhuang X H, et al, 2013. MicroRNAs inhibit the translation of target mRNAs on the endoplasmic reticulum in *Arabidopsis*［J］. Cell, 153(3): 562 – 574.

Liu C K, Lei J Q, Jiang Q P, et al, 2022. The complete plastomes of seven *Peucedanum* plants: comparative and phylogenetic analyses for the *Peucedanum* genus［J］. BMC Plant Biology, 22(1): 101.

Liu C Y, Jiang M T, Yuan M M, et al, 2023. Root microbiota confers rice resistance to aluminium toxicity and phosphorus deficiency in acidic soils［J］. Nature Food, 4(10): 912 – 924.

Liu K, Sun B, You H, et al, 2020. Dual sgRNA-directed gene deletion in basidiomycete *Ganoderma lucidum* using the CRISPR/Cas9 system［J］. Microbial Biotechnology, 13(2): 386 – 396.

Liu Q, Cheng L, Nian H, et al, 2023. Linking plant functional genes to rhizosphere microbes: a review［J］. Plant Biotechnology Journal, 21(5): 902 – 917.

Liu Q K, Wang F, Axtell M J, 2014. Analysis of complementarity requirements for plant microRNA targeting using a *Nicotiana benthamiana* quantitative transient assay［J］. The Plant Cell, 26(2): 741 – 753.

Liu Q, Liang Z, Feng D, et al, 2021. Transcriptional landscape of rice roots at the single-cell resolution［J］. Molecular Plant, 14(3): 384 – 394.

Liu Y, Luo S H, Schmidt A, et al, 2016. A geranylfarnesyl diphosphate synthase provides the precursor for sesterterpenoid (C_{25}) formation in the glandular trichomes of the mint species *Leucosceptrum canum*［J］. The Plant Cell, 28(3): 804 – 822.

Liu Z F, Ma H, Ci X Q, et al, 2021. Can plastid genome sequencing be used for species identification in Lauraceae? ［J］.

Botanical Journal of the Linnean Society, 197(1): 1 - 14.

Li X H, Zhang X B, Gao S, et al, 2022. Single-cell RNA sequencing reveals the landscape of maize root tips and assists in identification of cell type-specific nitrate-response genes[J]. The Crop Journal, 10(6): 1589 - 1600.

Li Y P, Yang Y K, Li L, et al, 2024. Advanced metabolic engineering strategies for increasing artemisinin yield in *Artemisia annua* L[J]. Horticulture Research, 11(2): uhad292.

Lopez-Anido C B, Vatén A, Smoot N K, et al, 2021. Single-cell resolution of lineage trajectories in the *Arabidopsis* stomatal lineage and developing leaf[J]. Developmental Cell, 56(7): 1043 - 1055. e4.

Lu G Y, Qiao J J, Wang L, et al, 2022. An integrated study of violae herba (*Viola philippica*) and five adulterants by morphology, chemical compositions and chloroplast genomes: insights into its certified plant origin[J]. Chinese Medicine, 17(1): 32.

Luo X Z, Reiter M A, D'Espaux L, et al, 2019. Complete biosynthesis of cannabinoids and their unnatural analogues in yeast [J]. Nature, 567(7746): 123 - 126.

Madani H, Hosseini B, Karimzadeh G, et al, 2019. Enhanced thebaine and noscapine production and modulated gene expression of tyrosine/dopa decarboxylase and salutaridinol 7-O-acetyltransferase genes in induced autotetraploid seedlings of *Papaver bracteatum* Lindl[J]. Acta Physiologiae Plantarum, 41(12): 194.

Ma L, Liu K W, Li Z, et al, 2023. Diploid and tetraploid genomes of *Acorus* and the evolution of monocots[J]. Nature Communications, 14(1): 3661.

Ma L Q, Kong F Q, Sun K, et al, 2021. From classical radiation to modern radiation: past, present, and future of radiation mutation breeding[J]. Frontiers in Public Health, 9: 768071.

Manghwar H, Lindsey K, Zhang X L, et al, 2019. CRISPR/Cas system: recent advances and future prospects for genome editing[J]. Trends in Plant Science, 24(12): 1102 - 1125.

Ma N, Zhang Z Y, Liao F L, et al, 2020. The birth of artemisinin[J]. Pharmacology & Therapeutics, 216: 107658.

Marks R A, Hotaling S, Frandsen P B, et al, 2021. Representation and participation across 20 years of plant genome sequencing [J]. Nature Plants, 7(12): 1571 - 1578.

Matías-Hernández L, Jiang W M, Yang K, et al, 2017. AaMYB1 and its orthologue AtMYB$_6$1 affect terpene metabolism and trichome development in *Artemisia annua* and *Arabidopsis thaliana*[J]. The Plant Journal, 90(3): 520 - 534.

Ma Y N, Xu D B, Li L, et al, 2018. Jasmonate promotes artemisinin biosynthesis by activating the TCP14-ORA complex in *Artemisia annua*[J]. Science Advances, 4(11): eaas9357.

Miñano H S, González-Benito M E, Martín C, 2009. Molecular characterization and analysis of somaclonal variation in *Chrysanthemum cultivars* using RAPD markers[J]. Scientia Horticulturae, 122(2): 238 - 243.

Netherway T, Bengtsson J, Buegger F, et al, 2024. Pervasive associations between dark septate endophytic fungi with tree root and soil microbiomes across Europe[J]. Nature Communications, 15(1): 159.

Nguyen J M, Qualmann K J, Okashah R, et al, 2015. 5p deletions: Current knowledge and future directions[J]. American Journal of Medical Genetics Part C: Seminars in Medical Genetics, 169(3): 224 - 238.

Niazian M, 2019. Application of genetics and biotechnology for improving medicinal plants[J]. Planta, 249(4): 953 - 973.

Ning K, Hou C, Wei X Y, et al, 2022. Metabolomics analysis revealed the characteristic metabolites of hemp seeds varieties and metabolites responsible for antioxidant properties[J]. Frontiers in Plant Science, 13: 904163.

Oldroyd G E D, Leyser O, 2020. A plant's diet, surviving in a variable nutrient environment[J]. Science, 368(6486): eaba0196.

Oyama T, Imashiro C, Kuriyama T, et al, 2021. Acoustic streaming induced by MHz-frequency ultrasound extends the volume limit of cell suspension culture[J]. The Journal of the Acoustical Society of America, 149(6): 4180 - 4189.

Pang Z Q, Mao X Y, Xia Y, et al, 2022. Multiomics reveals the effect of root rot on polygonati rhizome and identifies pathogens and biocontrol strain[J]. Microbiology Spectrum, 10(2): e0238521.

Parsons J L, Martin S L, James T, et al, 2019. Polyploidization for the genetic improvement of *Cannabis sativa*[J]. Frontiers in Plant Science, 10: 476.

Philippot L, Chenu C, Kappler A, et al, 2024. The interplay between microbial communities and soil properties[J]. Nature Reviews Microbiology, 22(4): 226 - 239.

Pila Quinga L A, Pacheco de Freitas Fraga H, do Nascimento Vieira L, et al, 2017. Epigenetics of long-term somatic embryogenesis in *Theobroma* cacao L.: DNA methylation and recovery of embryogenic potential[J]. Plant Cell, Tissue and Organ Culture (PCTOC), 131(2): 295 - 305.

Qi G H, Hao L J, Gan Y T, et al, 2024. Identification of closely related species in *Aspergillus* through analysis of whole-genome [J]. Frontiers in Microbiology, 15: 1323572.

Rai N, Kumari Keshri P, Verma A, et al, 2021. Plant associated fungal endophytes as a source of natural bioactive compounds [J]. Mycology, 12(3): 139 – 159.

Renz C, Asimaki E, Meister C, et al, 2024. Ubiquiton—An inducible, linkage-specific polyubiquitylation tool[J]. Molecular Cell, 84(2): 386 – 400. e11.

Rich-Griffin C, Stechemesser A, Finch J, et al, 2020. Single-cell transcriptomics: a high-resolution avenue for plant functional genomics[J]. Trends in Plant Science, 25(2): 186 – 197.

Roberts R J, Vincze T, Posfai J, et al, 2015. REBASE—a database for DNA restriction and modification: enzymes, genes and genomes[J]. Nucleic Acids Research, 43(D1): D298-D299.

Ro D K, Paradise E M, Ouellet M, et al, 2006. Production of the antimalarial drug precursor artemisinic acid in engineered yeast[J]. Nature, 440(7086): 940 – 943.

Sabzehzari M, Hoveidamanesh S, Modarresi M, et al, 2019. Morphological, anatomical, physiological, and cytological studies in diploid and tetraploid plants of *Plantago psyllium*[J]. Plant Cell, Tissue and Organ Culture (PCTOC), 139(1): 131 – 137.

Sahebi M, Hanafi M M, van Wijnen A J, et al, 2018. Contribution of transposable elements in the plant's genome[J]. Gene, 665: 155 – 166.

Saifi M, Yogindran S, Nasrullah N, et al, 2019. Co-expression of anti-miR319g and miRStv_11 lead to enhanced steviol glycosides content in *Stevia rebaudiana*[J]. BMC Plant Biology, 19(1): 274.

Sawada Y, Sato M, Okamoto M, et al, 2019. Metabolome-based discrimination of *Chrysanthemum cultivars* for the efficient generation of flower color variations in mutation breeding[J]. Metabolomics, 15(9): 118.

Seguí-Simarro JM, Moreno JB, Fernández MG, et al, 2021. Doubled haploid technology[J]. Methods in Molecular Bsiology, 2287: 50.

Semchenko M, Barry K E, de Vries F T, et al, 2022. Deciphering the role of specialist and generalist plant-microbial interactions as drivers of plant-soil feedback[J]. New Phytologist, 234(6): 1929 – 1944.

Shi M, Du Z, Hua Q, et al, (2021) CRISPR/Cas9-mediated targeted mutagenesis of *bZIP2* in *Salvia miltiorrhiza* leads to promoted phenolic acid biosynthesis[J]. Industrial Crops and Products, 167: 113560.

Song A P, Su J S, Wang H B, et al, 2023. Analyses of a chromosome-scale genome assembly reveal the origin and evolution of cultivated *Chrysanthemum*[J]. Nature Communications, 14(1): 2021.

Spindel J, Wright M, Chen C, et al, 2013. Bridging the genotyping gap: using genotyping by sequencing (GBS) to add high-density SNP markers and new value to traditional bi-parental mapping and breeding populations[J]. Theoretical and Applied Genetics, 126(11): 2699 – 2716.

Srinivasan P, Smolke C D, 2020. Biosynthesis of medicinal tropane alkaloids in yeast[J]. Nature, 585: 614 – 619.

Stark R, Grzelak M, Hadfield J, 2019. RNA sequencing: the teenage years[J]. Nature Reviews Genetics, 20(11): 631 – 656.

Su J M, Wang Y Y, Bai M, et al, 2023. Soil conditions and the plant microbiome boost the accumulation of monoterpenes in the fruit of *Citrus reticulata* 'Chachi'[J]. Microbiome, 11(1): 61.

Sun H B, Chu S S, Jiang L, et al, 2023. Integrative analysis of chloroplast genome, chemicals, and illustrations in Bencao literature provides insights into the medicinal value of *Peucedanum huangshanense*[J]. Frontiers in Plant Science, 14: 1179915.

Sun S J, Shen X F, Li Y, et al, 2023. Single-cell RNA sequencing provides a high-resolution roadmap for understanding the multicellular compartmentation of specialized metabolism[J]. Nature Plants, 9: 179 – 190.

Sun X, Zhang X K, Zhang G S, et al, 2022. Environmental response to root secondary metabolite accumulation in *Paeonia lactiflora*: insights from rhizosphere metabolism and root-associated microbial communities[J]. Microbiol Spectr, 10(6): e0280022.

Taberlet P, Coissac E, Pompanon F, et al, 2012. Towards next-generation biodiversity assessment using DNA metabarcoding [J]. Molecular Ecology, 21(8): 2045 – 2050.

Tang H L, Qiu Y L, Wang W X, et al, 2023. Development of a haploid inducer by editing HvMTL in barley[J]. Journal of Genetics and Genomics, 50(5): 366 – 369.

Tang J, Chen S Y, Jia G F, 2023. Detection, regulation, and functions of RNA N^6-methyladenosine modification in plants[J]. Plant Communications, 4(3): 100546.

Tang M C, Zou Y, Watanabe K, et al, 2017. Oxidative cyclization in natural product biosynthesis[J]. Chemical Reviews, 117 (8): 5226-5333.

Tian S W, Zhang J, Zhao H, et al, 2023. Production of double haploid watermelon *via* maternal haploid induction[J]. Plant Biotechnology Journal, 21(7): 1308-1310.

Tränkner C, Günther K, Sahr P, et al, 2020. Targeted generation of polyploids in *Hydrangea macrophylla* through cross-based breeding[J]. BMC Genetics, 21(1): 147.

Tu L C, Su P, Zhang Z R, et al, 2020. Genome of *Tripterygium wilfordii* and identification of cytochrome P450 involved in triptolide biosynthesis[J]. Nature Communications, 11: 971.

Tu Y Y, 2016. Artemisinin—a gift from traditional Chinese medicine to the world (Nobel lecture)[J]. Angewandte Chemie International Edition, 55(35): 10210-10226.

Tzipilevich E, Russ D, Dangl J L, et al, 2021. Plant immune system activation is necessary for efficient root colonization by auxin-secreting beneficial bacteria[J]. Cell Host & Microbe, 29(10): 1507-1520. e4.

Walsh C T, Tang Y, 2020. 天然产物生物合成化学原理与酶学机制[M]. 胡有才译. 北京：化学工业出版社.

Wang M, Sun R, Zhang B, et al, 2019. Pollen tube pathway-mediated cotton transformation[J]. Methods in Molecular Biology, 1902: 67-73.

Wang M X, Ge A H, Ma X Z, et al, 2024. Dynamic root microbiome sustains soybean productivity under unbalanced fertilization[J]. Nature Communications, 15(1): 1668.

Wang S, Meyer E, McKay J K, et al, 2012. 2b-RAD: a simple and flexible method for genome-wide genotyping[J]. Nature Methods, 9(8): 808-810.

Wang X H, Gao B W, Nakashima Y, et al, 2022. Identification of a diarylpentanoid-producing polyketide synthase revealing an unusual biosynthetic pathway of 2-(2-phenylethyl)chromones in agarwood[J]. Nature Communications, 13: 348.

Wang Z, Chen M, Yang H, et al, 2023. A simple and highly efficient strategy to induce both paternal and maternal haploids through temperature manipulation[J]. Nature Plants, 9(5): 699-705.

Wei L, Li S H, Liu S G, et al, 2014. Transcriptome analysis of *Houttuynia cordata* Thunb. by Illumina paired-end RNA sequencing and SSR marker discovery[J]. PLoS One, 9(1): e84105.

Wu D, Austin R S, Zhou S J, et al, 2013. The root transcriptome for North American ginseng assembled and profiled across seasonal development[J]. BMC Genomics, 14(1): 564.

Xie H Q, Chu S S, Zha L P, et al, 2019. Determination of the species status of *Fallopia multiflora*, *Fallopia multiflora* var. *angulata* and *Fallopia multiflora* var. *ciliinervis* based on morphology, molecular phylogeny, and chemical analysis[J]. Journal of Pharmaceutical and Biomedical Analysis, 166: 406-420.

Xu F J, Valappil A K, Mathiyalagan R, et al, 2023. *In vitro* cultivation and ginsenosides accumulation in *Panax ginseng*: a review[J]. Plants, 12(17): 3165.

Xu J, Liao B S, Yuan L, et al, 2022. 50th anniversary of artemisinin: From the discovery to allele-aware genome assembly of *Artemisia annua*[J]. Molecular Plant, 15(8): 1243-1246.

Xu W J, Jin X Y, Yang M, et al, 2021. Primary and secondary metabolites produced in *Salvia miltiorrhiza* hairy roots by an endophytic fungal elicitor from *Mucor fragilis*[J]. Plant Physiology and Biochemistry, 160: 404-412.

Xu Y, Zhu M J, Feng Y B, et al, 2023. *Panax notoginseng*-microbiota interactions: from plant cultivation to medicinal application[J]. Phytomedicine, 119: 154978.

Yang C S, Wang Y, Su Z, et al, 2024. Biosynthesis of the highly oxygenated tetracyclic core skeleton of Taxol[J]. Nature Communications, 15: 2339.

Yang K M, Fu R X, Feng H C, et al, 2023. RIN enhances plant disease resistance *via* root exudate-mediated assembly of disease-suppressive rhizosphere microbiota[J]. Molecular Plant, 16(9): 1379-1395.

Yao Y, Dong L J, Fu X H, et al, 2022. HrTCP20 dramatically enhance drought tolerance of sea buckthorn (*Hippophae rhamnoides* L). by mediating the JA signaling pathway[J]. Plant Physiology and Biochemistry, 174: 51-62.

Ye J B, Zhang X, Tan J P, et al, 2020. Global identification of *Ginkgo biloba* microRNAs and insight into their role in metabolism regulatory network of terpene trilactones by high-throughput sequencing and degradome analysis[J]. Industrial Crops and Products, 148: 112289.

Ye M, Gao J Q, Zhou Y J. (2023) Global metabolic rewiring of the nonconventional yeast saponin adjuvants from the soapbark tree[J]. Science, 379: 1252-1264.

Ye Y J, Zhou Y W, Tan J J, et al, 2023. Cross-compatibility in interspecific hybridization of different *Curcuma* accessions[J].

Plants, 12(10): 1961.

Yin S, Li S, Sun L, et al, 2024. Mutating the maternal haploid inducer gene CsDMP in cucumber produces haploids in planta [J]. Plant Physiology, 194(3): 1282 – 1285.

Yin Z B, Huang W J, Li K, et al, 2024. Advances in mass spectrometry imaging for plant metabolomics—expanding the analytical toolbox[J]. The Plant Journal, 119(5): 2168 – 2180.

Young A D, Gillung J P, 2020. Phylogenomics—principles, opportunities and pitfalls of big-data phylogenetics[J]. Systematic Entomology, 45(2): 225 – 247.

Yu C N, Hou K L, Zhang H S, et al, 2023. Integrated mass spectrometry imaging and single-cell transcriptome atlas strategies provide novel insights into taxoid biosynthesis and transport in *Taxus mairei* stems[J]. The Plant Journal, 115(5): 1243 – 1260.

Yu X L, Wei P, Chen Z, et al, 2023. Comparative analysis of the organelle genomes of three *Rhodiola* species provide insights into their structural dynamics and sequence divergences[J]. BMC Plant Biology, 23(1): 156.

Yu Z X, Wang L J, Zhao B, et al, 2015. Progressive regulation of sesquiterpene biosynthesis in *Arabidopsis* and patchouli (*Pogostemon cablin*) by the miR156-targeted SPL transcription factors[J]. Molecular Plant, 8(1): 98 – 110.

Zhang C C, Guo X Z, Wang H Y, et al, 2023. Induction and metabolomic analysis of hairy roots of *Atractylodes lancea*[J]. Applied Microbiology and Biotechnology, 107(21): 6655 – 6670.

Zhang D, Li W, Xia E H, et al, 2017. The medicinal herb *Panax notoginseng* genome provides insights into ginsenoside biosynthesis and genome evolution[J]. Molecular Plant, 10(6): 903 – 907.

Zhang D B, Hussain A, Manghwar H, et al, 2020. Genome editing with the CRISPR-Cas system: an art, ethics and global regulatory perspective[J]. Plant Biotechnology Journal, 18(8): 1651 – 1669.

Zhang F Y, Qiu F, Zeng J L, et al, 2023. Revealing evolution of tropane alkaloid biosynthesis by analyzing two genomes in the Solanaceae family[J]. Nature Communications, 14: 1446.

Zhang J, Hansen L G, Gudich O, et al, 2022. A microbial supply chain for production of the anti-cancer drug vinblastine[J]. Nature, 609(7926): 341 – 347.

Zhang Y J, Shen Q, Leng L, et al, 2021. Incipient diploidization of the medicinal plant *Perilla* within 10, 000 years[J]. Nature Communications, 12(1): 5508.

Zhang Y J, Wiese L, Fang H, et al, 2023. Synthetic biology identifies the minimal gene set required for paclitaxel biosynthesis in a plant chassis[J]. Molecular Plant, 16(12): 1951 – 1961.

Zhang Z L, Zhang Y, Song M F, et al, 2019. Species identification of *Dracaena* using the complete chloroplast genome as a super-barcode[J]. Frontiers in Pharmacology, 10: 1441.

Zhao W, Chen Z B, Yang X Q, et al, 2023. Metagenomics reveal arbuscular mycorrhizal fungi altering functional gene expression of rhizosphere microbial community to enhance lris tectorum's resistance to Cr stress[J]. Sci Total Environ, 895: 164970.

Zhao Y H, Su K, Wang G, et al, 2017. High-density genetic linkage map construction and quantitative trait locus mapping for hawthorn (*Crataegus pinnatifida* bunge)[J]. Scientific Reports, 7: 5492.

Zhao Z R, Zhang Y J, Li W L, et al, 2023. Transcriptomics and physiological analyses reveal changes in paclitaxel production and physiological properties in *Taxus cuspidata* suspension cells in response to elicitors[J]. Plants, 12(22): 3817.

Zheng D H, Xu J W, Lu Y Q, et al, 2023. Recent progresses in plant single-cell transcriptomics[J]. Crop Design, 2(2): 100041.

Zheng H, Fu X Q, Shao J, et al, 2023. Transcriptional regulatory network of high-value active ingredients in medicinal plants [J]. Trends in Plant Science, 28(4): 429 – 446.

Zhou P N, Chen H Y, Dang J J, et al, 2022. Single-cell transcriptome of *Nepeta tenuifolia* leaves reveal differentiation trajectories in glandular trichomes[J]. Frontiers in Plant Science, 13: 988594.

Zhou Y J, Gao W, Rong Q X, et al, 2012. Modular pathway engineering of diterpenoid synthases and the mevalonic acid pathway for miltiradiene production[J]. Journal of the American Chemical Society, 134(6): 3234 – 3241.

Zhou Z, Li Q, Xiao L, et al, 2021. Multiplexed CRISPR/Cas9-mediated knockout of laccase genes in *Salvia miltiorrhiza* revealed their roles in growth, development, and metabolism[J]. Frontiers in Plant Science, 12: 647768.

Zhou Z, Tan H X, Li Q, et al, 2018. CRISPR/Cas9-mediated efficient targeted mutagenesis of RAS in *Salvia miltiorrhiza*[J]. Phytochemistry, 148: 63 – 70.

Zhou Z, Tan H X, Li Q, et al, 2020. TRICHOME and artemisinin regulator 2 positively regulates trichome development and artemisinin biosynthesis in *Artemisia annua*[J]. New Phytologist, 228(3): 932 – 945.